数据库技术
应用人才培养新形态丛书

MySQL数据库原理及应用

慕•课•版

郑晓霞 张艳艳 刘超◎编著

人民邮电出版社
北京

图书在版编目（CIP）数据

MySQL数据库原理及应用 : 慕课版 / 郑晓霞, 张艳艳, 刘超编著. -- 北京 : 人民邮电出版社, 2024. 8.
(数据库技术应用人才培养新形态丛书). -- ISBN 978-7-115-64679-8

Ⅰ. TP311.138

中国国家版本馆CIP数据核字第2024SX2465号

内 容 提 要

本书全面系统地讲解了MySQL数据库的基本原理及应用，结构合理，内容完整，符合高校教育教学的发展规律。

本书共15章，主要内容包括数据库基础、MySQL数据类型、MySQL运算符、数据库操作、数据表操作、数据操作、数据查询、视图和索引、触发器、存储过程和存储函数、用户管理、数据备份与还原、日志与事务处理、基于Java环境操作MySQL数据库、校园生活购物系统的数据库设计与实现。

本书可作为高校计算机科学与技术、软件工程及其他相关专业的教材，也可供从事计算机软件开发工作的工程技术人员及其他相关人员使用，还可作为数据库管理员的参考书。

◆ 编　　著　郑晓霞　张艳艳　刘　超
责任编辑　王　宣
责任印制　陈　犇

◆ 人民邮电出版社出版发行　　北京市丰台区成寿寺路11号
邮编　100164　　电子邮件　315@ptpress.com.cn
网址　https://www.ptpress.com.cn
三河市中晟雅豪印务有限公司印刷

◆ 开本：787×1092　1/16
印张：18.75　　　　2024年8月第1版
字数：552千字　　　2024年8月河北第1次印刷

定价：69.80元

读者服务热线：(010)81055256　印装质量热线：(010)81055316
反盗版热线：(010)81055315
广告经营许可证：京东市监广登字20170147号

欢迎读者阅读本书。本书注重深度整合多媒体资源，以实现全面、多感官方式的知识传递；通过将传统文本与视听资源相融合，致力于为读者提供极具创新性的学习体验，以满足不同学习风格和不同层次读者的需求。这种多元素的融合旨在创造一种更富趣味性、更高效的学习氛围，促使读者更深刻地理解和掌握 MySQL 数据库的知识。

写作初衷

本书旨在培养读者的数据库设计与管理能力。本书涵盖数据建模、数据查询与分析、数据库性能优化、数据安全保护及事务处理等方面的知识，可以培养读者解决实际问题的核心竞争力。在后端开发领域，MySQL 作为一种流行的关系数据库管理系统，可以为开发人员提供强大的数据库设计与管理能力。读者通过学习本书，可以实现高效的数据建模、数据查询与分析、数据库性能优化、数据安全保护及事务处理，提高解决实际问题的能力。本书编者团队在课程建设中创新改革，建设了线上线下混合式课程，可以为读者提供系统而高效的学习资源。

本书内容

本书共 15 章。

第 1 章为数据库基础，主要介绍数据库的产生和发展、数据管理、数据库技术和 MySQL 数据库基础知识。

第 2 章为 MySQL 数据类型，主要介绍数值、日期和时间、字符串、二进制等数据类型。

第 3 章为 MySQL 运算符，主要介绍算术、比较、逻辑、位、赋值等运算符，以及运算符的优先级。

第 4 章为数据库操作，主要介绍各类数据库存储引擎，以及创建、查看、选择和删除数据库。

第 5 章为数据表操作，主要介绍数据表的完整性约束，以及数据表的创建、修改、删除和查看等。

第 6 章为数据操作，主要介绍数据的插入、更新和删除。

第 7 章为数据查询，主要介绍单表查询、连接查询、运用函数查询、子查询和运用正则表达式查询等多种查询方式。

第 8 章为视图和索引，主要介绍视图的概念和作用，并详细讲解视图的创建、查看、修改、更新和删除，以及索引的创建和删除。

第 9 章为触发器，主要介绍触发器的创建、查看、运用和删除。

第 10 章为存储过程和存储函数，主要介绍存储过程和存储函数的创建、调用、查看、修改和删除。

第 11 章为用户管理，主要介绍权限表、管理用户和权限管理等内容。

第 12 章为数据备份与还原，主要介绍数据的备份、还原和数据库的迁移，以及表的导出与导入。

第 13 章为日志与事务处理，主要介绍二进制日志、错误日志、通用查询日志和慢查询日志，以及事务和锁。

第 14 章为基于 Java 环境操作 MySQL 数据库，主要介绍基于 Java 环境的 MySQL 数据库的连接、操作、备份与还原。

第 15 章为校园生活购物系统的数据库设计与实现，从数据库设计概述、需求分析、系统功能分析与开发环境搭建、系统数据库设计、系统详细设计等方面对校园生活购物系统这个具体应用进行分析、设计和实现。

本书特色

1．层层递进讲解知识，重视理实结合育人

本书深度剖析 MySQL 数据库的基本原理，以层层递进的知识结构为支撑，将随堂实例与章末应用示例贯穿全书，生动呈现抽象的理论知识；重视理论与实践相结合，培养读者的实际操作能力。

2．丰富实例辅助讲解，强化读者操作技能

本书通过丰富的随堂实例与章末应用示例辅助理论讲解，使理论知识更加贴近实际应用场景，可以帮助读者从理论到实践逐步掌握 MySQL 数据库的关键概念和操作技能。

3．学练结合内化吸收，助力巩固所学知识

本书针对每章的学习目标，引入多样化的习题，帮助读者检测学习效果，巩固所学知识，实现内化吸收。

4．提供数字化教辅资源，支持开展混合式教学

本书以科技智能为核心，以线上线下混合式课程为引领，利用智慧树平台，帮助教师开展线上线下混合式教学。书中以二维码为载体的微课视频和部署在智慧树平台上的慕课视频，可满足不同读者的需求。此外，编者为本书配套建设了 PPT、教学大纲、教案、习题答案、源代码等丰富的教辅资源，高校教师可以到人邮教育社区（www.ryjiaoyu.com）下载使用。

编者团队

本书由国家级线上线下混合式一流课程负责人郑晓霞教授带领团队成员张艳艳、刘超、孙煜彤、闫乃玉、郁宇、王帅编写而成，其中郑晓霞编写第 1 章和第 12 章，张艳艳编写第 2 章、第 5 章和 9.4～9.6 节，刘超编写第 7 章，孙煜彤编写第 6 章、13.1～13.4 节和第 14 章，闫乃玉编写第 4 章、第 10 章、第 11 章和 13.5～13.7 节，郁宇编写 9.1～9.3 节和第 15 章，王帅编写第 3 章和第 8 章，郑晓霞负责总体策划与统稿，潘可耕负责主审全稿。

特别说明：在 Windows 系统中进行 MySQL 数据库操作时，默认情况下不区分大小写。本书中的所有命令均以小写形式呈现，但请注意，系统默认生成的某些内容，可能会以大写形式出现。

致　谢

在编写本书的过程中，我们受益于众多专业领域的先进研究和实践经验，特此致以诚挚的谢意。同时，感谢所有参与本书编写和审阅的专家与同人，他们的贡献使得本书更加完善。希望本书能够成为读者深入学习 MySQL 数据库的有力工具，为日后的学术研究和职业发展奠定坚实基础。祝愿读者朋友学有所成，收获满满！

编　者

2024 年春于黑龙江

目录

CONTENTS

第1章 数据库基础

第2章 MySQL 数据类型

第3章 MySQL 运算符

第4章 数据库操作

第 5 章 数据表操作

第 6 章 数据操作

第 7 章 数据查询

第 8 章 视图和索引

第 9 章 触发器

第 10 章 存储过程和存储函数

第 11 章 用户管理

第 12 章 数据备份与还原

第 13 章 日志与事务处理

第 14 章 基于 Java 环境操作 MySQL 数据库

第 15 章 校园生活购物系统的数据库设计与实现

第 1 章 数据库基础

数据库（Database，DB）是长期存储在计算机内、按照数据结构进行组织和存储、可共享的数据集合。为了方便数据的存储和管理，数据库将数据按照特定的规律存储在磁盘上，然后通过数据库管理系统有效地组织和管理这些数据。当前，较为常见的数据库有 Oracle、SQL Server 和 MySQL 等。

本章学习目标

（1）了解数据库的产生和发展。

（2）理解数据管理。

（3）掌握数据库系统的组成。

（4）熟练掌握数据库的体系结构。

（5）理解数据模型。

（6）了解常用的数据库。

（7）了解 MySQL 数据库的发展、特点和优势。

1.1 数据库概述

1.1.1 数据库的产生和发展

数据库的发展

关于“数据库”的起源，相传美国因为战争的需要把各种情报收集在一起，存储（隐藏）在计算机内，并把这些存储在计算机内的数据叫作数据库。如今数据库已经发展成一门计算机基础学科，其以数据模型和数据库管理系统（Database Management System，DBMS）核心技术为主，内容丰富、涉及的领域宽广，并形成了一个巨大的软件产业，数据库管理系统及其相关产品在发展的同时给人们的生产和生活带来了巨大改变。同时，数据库的建设规模、数据库信息量的大小和使用频率已成为衡量一个国家信息化程度的重要指标。

数据库的演变经历了 3 代，即层次/网状数据库系统、关系数据库系统、新一代数据库系统家族，造就了 3 位图灵奖得主：

查理士·巴赫曼（C. W. Bachman）被誉为“网状数据库之父”，是 1973 年的图灵奖获得者；

埃德加·弗兰克·科德（E. F. Codd）被誉为“关系数据库之父”，是 1981 年的图灵奖获得者；

詹姆士·格雷（James Gray）被誉为“数据库技术和事务处理专家”，是 1998 年的图灵奖获得者。

数据库从诞生到现在，取得了巨大成就。下面介绍数据库的发展历程。

1962 年，“数据库”一词流行于美国硅谷系统研发公司的技术备忘录中。随后，在系统研发公司为美国海军基地研制数据库的过程中被使用。

1968 年，网状数据库系统出现，伴随阿波罗登月计划，商业数据库初具雏形，出现了信息管理系统（Information Management System，IMS）、Mainframe（一种大型商业服务器）以及 Navigational 数据库。

1970 年，IBM 公司的研究员埃德加・弗兰克・科德发表了《大型共享数据库的关系模型》一文。

1974 年，IBM 公司在校企联合计划中与美国加利福尼亚大学伯克利分校 Ingres 数据库研究项目组携手创建了关系数据库管理系统（Relational Database Management System，RDBMS）的原型——R 系统。

1979 年，美国加利福尼亚大学伯克利分校 Ingres 数据库研究项目组联合 Oracle 创建了第一个商业 RDBMS。

1983 年，IBM 公司自主开发了关系数据库管理系统 DB2。

1984 年，大卫・马尔（David Marer）所著的《关系数据库理论》一书的出版，标志着数据库在理论和应用上进入成熟阶段。

1985 年，个人计算机数据库应用出现，如 Ashton-Tate 公司的 dBASEIII、微软公司的 Access 等，同时个人计算机开始使用数据库。

1986 年，首个面向对象的商业数据库出现。

1988 年，IBM 公司的研究员提出并解释了“数据仓库”一词的行业标准。

1989 年，第一款内存数据库发布，内存栅障及高速缓存冲刷指令为内存数据库提供了简单、高效的原子性，保证了其与中央处理器（Central Processing Unit，CPU）本身原子操作的一致性服务。

1991 年，第一款开源文件数据库发布，它提供的是一系列直接访问数据库的函数。

1992 年，第一款多维数据库 Essbase 出现。它支持联机分析处理（Online Analytical Processing，OLAP），可以迅速提供复杂数据库查询的结果。

1995 年，MySQL AB 公司发布并开始推广第一款开源数据库 MySQL。

1996 年，工业界第一款关系数据库管理系统 Illustra Server 发布，它支持对复杂数据库类型的面向对象管理，同时提供高效的查询语言。

1998 年，第一款商用时序数据库 Kdb 发布，它封装了丰富的命令以实现运行控制、内存操纵、寄存器操纵等功能。

1999 年，英国的 Endeca 公司发布第一款商用数据库搜索产品，标志着互联网时代的数据库出现。

2002 年，专攻高效能资料仓储软硬件整合装置市场的 Netezza 公司将存储、处理、数据库和分析功能融入一个高性能数据仓库设备中，资料仓库（如硬件整合数据仓库）出现。

2005 年，复杂事件处理技术解决方案提供商 Streambase 发布第一款 Time-Series DBMS，它使用 index 技术快速挖掘相似的时间序列。

2007 年，第一款内容管理数据库 ModeShape 发布。

2008 年，Facebook 公司基于静态批处理的 Hadoop 封装并发布了一个开源项目——数据仓库 Hive。

2009 年，分布式文档存储数据库 MongoDB 掀起一场去 SQL 化的浪潮。

2010 年，HBase 发布，在 Hadoop 之上提供了类似于 Bigtable 的功能，是一个适合于非结构化数据存储的数据库，采用基于列而不是基于行的模式。

2011 年，基于资源描述框架（资源—属性—属性值）的高性能图形数据库管理系统（或称为三记录法数据库管理系统）出现。

2012 年，第一款事务存储型开源数据库发布。

2014 年，Spark 和 Scala 紧密集成，其中的 Scala 可以像操作本地集合对象一样轻松地操作分布式数据集；有共享无体系结构的多模型数据库热词“Multi-Model DBMS”出现。

2015 年，大数据处理作为云服务体系介入企业应用；市场需要应用可以自行判断数据流的激活状态并快速集成数据进行实时分析处理；Apache 软件基金会发布超过 25 个数据工程项目。

2016 年，Amazon 公司发布了代表性的云数据库 Aurora。

2019 年，谷歌公司联合美国麻省理工学院、美国布朗大学的研究人员共同推出了新型数据库系统 SageDB。同年，华为公司发布了全球首款 AI 原生（AI-Native）数据库 GaussDB。

数据库系统技术在数据模型、新技术内容、应用领域上继续发展。

1．面向对象的方法和技术对数据库发展的影响极为深远

数据库研究人员借鉴和吸收了面向对象的方法和技术，提出了面向对象的数据库模型（简称对象模型）。

2．数据库技术与多学科技术的有机结合

数据库技术与多学科技术的有机结合是当前数据库发展的重要特征，一系列新型的数据库被建立和实现，如分布式数据库、并行数据库、演绎数据库、知识库、多媒体库、移动数据库等，它们共同构成了数据库大家族。

3．面向专门应用领域的数据库技术的研究

为了适应市场对数据库应用多元化的需求，在传统数据库基础上，结合各个专门应用领域的特点，研究适合该应用领域的数据库技术，其表现为数据种类越来越多、越来越复杂以及数据量剧增、应用领域越来越广泛。可以说数据管理无处不需、无处不在，数据库技术和系统已经成为信息基础设施的核心技术和重要基础。

1.1.2 数据管理

数据管理方式大致经历了人工管理阶段、文件系统阶段和数据库系统阶段。

1．人工管理阶段

20 世纪 50 年代后期之前数据管理处于人工管理阶段。这一阶段的计算机主要用于科学计算，它没有存储设备，也没有操作系统和管理数据的软件，它的数据处理方式是批处理。

该阶段数据管理的特点如下。

（1）数据不保存：需要时输入数据，计算后保存结果，原始数据是不用保存的。

（2）没有管理数据的软件系统：程序员规定数据的逻辑结构，在程序中设计物理结构，包括存储结构、存取方法、输入/输出方式等。因此程序中存取数据的子程序随着存储内容的改变而改变，数据与程序不具有一致性。

（3）没有文件的概念：数据的组织方式由程序员自行设计。

（4）一组数据只对应一个程序：数据无法共享、无法相互利用和互相参照，存在数据冗余。

2．文件系统阶段

20 世纪 50 年代后期到 20 世纪 60 年代中期数据管理进入文件系统阶段。这一阶段计算机不仅用于科学计算，也用于管理数据，出现了存储设备和管理数据的软件。

该阶段数据管理的特点如下。

（1）数据保存在外存上供反复使用：可以对数据进行查询、修改、插入和删除等操作。

（2）程序和数据有了一定的独立性：操作系统提供了文件管理功能和访问文件的方法，程序和数据之间有了存取数据的接口，程序可以通过文件名调用数据，数据有了物理结构和逻辑结构的区别，但此时程序和数据的独立性仍不充分。

（3）文件的形式多样化：有了索引文件、链表文件等，因而，对文件的访问可以是顺序访问，也可以是直接访问。

（4）数据的存取基本上以记录为单位：数据是记录的集合。

3．数据库系统阶段

20 世纪 60 年代后期至今，数据管理进入数据库系统阶段。这一阶段数据库中的数据不再是面向某个应用或某个程序，而是面向整个企业（组织）或整个应用的。

该阶段数据管理的特点如下。

（1）采用复杂的结构化的数据模型：数据库系统不仅要描述数据本身，还要描述数据之间的联系，这种联系是通过存取路径来实现的。

（2）较高的数据独立性：数据和程序彼此独立，数据存储结构的变化尽量不影响程序的使用。

（3）最低的冗余度：数据库系统中的重复数据被降到最低程度，力争在有限的存储空间内可以存放更多的数据并减少存取时间。

（4）数据控制功能：数据库系统能保证数据的安全性，防止数据丢失和被非法使用；具有数据完整性，以保证数据正确、有效和相容；支持数据并发控制，避免并发程序相互干扰；具有数据恢复功能，在数据库被破坏或数据不可靠时，数据库系统有能力把数据库恢复到最近某个时刻的正确状态。

1.2 数据库技术

1.2.1 数据库系统的组成

数据库系统（Database System，DBS）通常由软件、硬件、数据库和人员 4 个部分组成。

1．软件

软件包括操作系统、数据库管理系统及应用程序。数据库管理系统是数据库系统的核心软件，安装在操作系统上，它的功能是有效地组织和存储数据，高效获取和维护数据，具体包括数据的定义功能、数据的操纵功能、数据库的运行管理和数据库的建立与维护功能。

2．硬件

硬件是构成计算机系统的各种物理设备，包括外部的存储设备。

3．数据库

数据库是指长期存储在计算机内、有组织、可共享的数据的集合。数据库中的数据按一定的数学模型组织、描述和存储，具有较小的冗余度、较高的数据独立性和易扩展性，并可为各种用户共享。

4．人员

人员主要包括 5 类，负责数据库系统的需求分析和规范说明工作的系统分析员和负责数据库中数据的确定、数据库各级模式设计的数据库设计人员；负责编写数据库系统的程序员，这些应用程序可对数据进行检索、建立、删除或修改；利用数据库系统的接口或查询语言访问数据库的最终用户；负责数据库总体信息控制的数据库管理员（Database Administrator，DBA），其负责创建、监控和维护整个数据库系统，使数据能被任何有权使用的人有效使用。

数据库系统的特点是数据结构化、数据的共享性好、数据的独立性好、数据存储粒度小、为用户提供了友好的接口。

数据库系统结构

1.2.2 数据库的体系结构

从数据库管理系统来看，数据库通常采用三级模式结构，这是数据库管理系统内部的体系结构。

从数据库最终用户来看，数据库的体系结构是数据库系统外部的体系结构。

1．数据库管理系统内部的体系结构

（1）数据库的三级模式结构

数据库的三级模式结构是指数据库系统由模式、外模式和内模式三级构成。

模式：也称概念模式或逻辑模式，数据库中全体三级的逻辑结构和特征描述，是所有用户的公共数据视图。模式是数据库的三级模式结构的中间层，不涉及数据的物理存储细节和硬件环境，与具体的应用程序和高级程序语言无关。

实际上，模式是数据库数据在逻辑上的视图，一个数据库只有一个模式。数据库考虑了所有用户的需求并将这些需求有机地结合成一个逻辑整体。

外模式：也称子模式或用户模式，它是数据库用户（包括数据库管理员和最终用户）看见和使用的局部数据的逻辑结构和特征描述，是数据库用户的数据视图，是与某一应用有关的数据的逻辑表示。

外模式是模式的子集，一个数据库有多个外模式，由于它是各个用户的数据视图，如果不同的用户在应用需求、看待数据的方式、对数据保密的要求等方面有差异，则他们的外模式描述是不同的，即使是模式中的同一数据，其在外模式中的结构、类型、长度、保密级别都可以不同。另一方面，同一外模式可以为某一用户的多个应用系统所用，但是一个应用系统只能对应一个外模式。

外模式是保证数据库安全性的一个有力措施，每个用户只能看见和访问其对应的外模式中的数据，数据库中的其余数据对他们来说是不可见的。

内模式：也称存储模式，它是数据物理结构和存储结构的描述，是数据在数据库内部的表示方式。例如记录的存储方式是顺序存储、按照 B 树结构存储还是按散列方法存储；索引按照什么方式组织；数据是否压缩存储、是否加密；数据的存储记录结构有何规定等。一个数据库只有一个内模式。

（2）外模式、模式、内模式间的映像关系

数据库的三级模式给出了数据库的数据框架结构，数据是数据库中的真正实体，但这些数据必须按框架所描述的结构进行组织。以模式为框架所组成的数据库为概念数据库（Conceptual Database），以外模式为框架所组成的数据库为用户数据库（User’s Database），以内模式为框架所组成的数据库为物理数据库（Physical Database）。这 3 种数据库中只有物理数据库是真实存在于计算机外存中的，另外两种数据库并不真正存在于计算机中，而是通过映像关系由物理数据库映射而成。

数据库的三级模式反映了 3 种情形。其中，内模式处于最内层，它反映了数据在计算机物理结构中的实际存储形式；模式处于中间层，它反映了设计者对数据的全局逻辑要求；而外模式处于最外层，它反映了用户对数据的要求。

数据库的三级模式是针对数据的 3 个抽象级别，它把数据的具体组织留给数据库管理系统管理，使用户能有逻辑地、抽象地处理数据，而不必关心数据在计算机中的具体表示方式与存储方式。为了能够在内部实现这 3 个抽象级别的联系和转换，数据库在三级模式之间提供了两层映像：外模式/模式映像和模式/内模式映像。正是这两层映像保证了数据库中的数据具有较高的逻辑独立性和物理独立性。

① 外模式/模式映像。每个外模式都有一个对应的模式映射，模式描述的是数据的全局逻辑结构，外模式描述的是数据的局部逻辑结构。对应同一个模式的可以有任意多个外模式。对于每一个外模式，数据库系统都有一个外模式/模式映像，它定义了该外模式与模式之间的对应关系。

模式改变时，会改变外模式/模式映像，应用程序是依据数据的外模式编写的，外模式不变，从而应用程序也不必修改，保证了数据与应用程序的逻辑独立性。

② 模式/内模式映像。模式/内模式映像定义了数据全局逻辑结构与物理存储结构之间的对应关系。当数据库的存储结构改变（例如换了另一个磁盘来存储该数据库）时，由数据库管理员对模式/内模式映像做相应改变，使模式保持不变，从而保证了数据的物理独立性。

2．数据库系统外部的体系结构

数据库系统外部的体系结构分为单用户结构、主从式结构、分布式结构、客户机/服务器（Client/Server，C/S）结构和浏览器/服务器（Browser/Server，B/S）结构。

（1）单用户结构

单用户结构将应用程序、数据库管理系统、数据库都部署在同一台机器上，由一个用户单独使用，不同计算机之间不能共享数据。桌面型数据库是为单机环境设计的，其特点是可操作性强、易开发和管理简单等。

（2）主从式结构

主从式结构是大型主机带多终端的多用户结构。相应数据库系统的优点是结构简单、易于管理与维护；缺点是所有处理任务由主机完成，对主机的性能要求比较高，当终端的数量太多时，主机处理的任务会变得过重，易形成瓶颈，使系统性能下降，系统出现故障时整个系统无法使用。

（3）分布式结构

分布式结构根据数据的存放位置将数据库分为以下几类。数据在物理上是分布的：数据库中的数据不集中放在一台服务器上面，而是分布在不同地域的服务器上面，每台服务器称为一个节点。所有数据在逻辑上是一个整体：数据在物理上是分布的，但在逻辑上是相关联的，是相互联系的整体，节点上分布存储的数据相对独立。

（4）客户机/服务器结构

客户机/服务器结构把数据库管理系统的功能与程序分开，某个节点专门用于执行数据库管理系统的功能，完成数据管理工作，作为数据库服务器；其他节点安装数据库管理系统的应用开发工具和相关数据库应用程序，作为客户机，共同组成数据库系统。数据库管理系统和数据库放在数据库服务器中，应用程序和相关开发工具放在客户机中。

客户机/服务器结构的主要优点：网络运行效率大大提高；应用程序的运行和计算处理工作由客户机完成，减少了与服务器不必要的通信开销，减少了服务器的处理工作，即减轻了服务器的负载。

客户机/服务器结构的主要缺点：维护和升级很不方便，需要在每个客户机上安装前端客户程序，而且当应用程序修改后，就必须在所有安装应用程序的客户机上面重新安装此应用程序。

（5）浏览器/服务器结构

浏览器/服务器结构是针对客户机/服务器结构的不足而提出的，客户端安装通用的浏览器软件，实现用户的输入/输出，应用程序安装在客户机和服务器之间的另外一个称为应用服务器的服务器端，弥补了客户机/服务器结构的不足，配置与维护非常方便。

1.2.3 数据模型

数据模型是数据库的基础，是描述数据、数据联系、数据语义以及一致性约束的概念工具的集合。计算机不能直接处理现实世界中的客观事物，要对客观事物进行管理，就需要对客观事物进行抽象、模拟，建立适合数据库系统进行管理的数据模型。数据模型是对现实世界数据特征的模拟和抽象。

1．数据模型的组成

数据模型所描述的内容包括 3 个部分：数据结构、数据操作和数据约束。

数据结构：主要描述数据的类型、内容、性质及数据间的联系等。数据结构是数据模型的基础，数据操作和数据约束都建立在数据结构上。

数据操作：主要描述相应数据结构上的操作类型和操作方式。

数据约束：主要描述数据结构内数据间的语法、词义联系，它们之间的制约和依存关系，以及数据动态变化的规则，以保证数据正确、有效和相容。

2．数据模型的分类

（1）数据模型按应用层次分类

① 概念数据模型（Conceptual Data Model），一种面向用户、面向客观世界的模型。数据库的设计人员在设计的初始阶段用它来描述世界的概念化结构，只分析数据以及数据之间的联系，与具体的数据库管理系统无关。概念数据模型必须转换为逻辑数据模型，才能在数据库管理系统中实现，常用的转换工具是E-R模型、扩充的E-R模型、面向对象模型及谓词模型。

② 逻辑数据模型（Logical Data Model），一种面向数据库系统的模型，是具体的数据库管理系统所支持的数据模型，如网状数据模型（Network Data Model）、层次数据模型（Hierarchical Data Model）等。此模型既要面向用户，又要面向系统，主要用于数据库管理系统的实现。

③ 物理数据模型（Physical Data Model），一种面向计算机物理表示的模型，描述数据在存储介质上的组织结构，它与数据库管理系统、操作系统和硬件都有关。每种逻辑数据模型在实现时都有其对应的物理数据模型。数据库管理系统为了保证其独立性与可移植性，大部分物理数据模型的实现工作由系统自动完成，而设计者只设计索引、聚集等特殊结构。

（2）数据发展过程中产生的数据模型

常用的数据模型

① 层次模型（Hierarchical Model），其设计思想是把系统划分成若干小部分，然后再按照层次结构逐级组合成一个整体。层次模型如图1-1所示，体现了这种分层结构的构造方法，类似于数据结构中的树结构的倒置。

层次模型的特点如下。

a. 仅存在一个无父节点的节点——根节点，如图1-1中的文字处理系统。

b. 其他节点有且仅有一个父节点，如图1-1中的输入、输出、编辑、排版、检索、存储、修改、添加、插入、删除。

c. 适合于表示一对多的联系，如图1-1中的编辑对应的操作有修改、添加、插入、删除。

层次模型表示的是一种很自然的层次关系，如行政关系、家族关系等，它直观，容易理解，也是数据库中最早出现的模型。1968年，IBM公司推出的第一个大型商用数据库管理系统——IMS（Information Management System）就是基于层次模型设计的，但是层次模型并不能表示自然界中所有的关系。

② 网状模型（Network Model）指用网状结构表示实体及其之间联系的模型，即一个事物和另外的几个都有联系，构成一张网状图。网状模型如图1-2所示，教师、课程、学生和成绩间为多对多的联系。

网状模型的特点如下。

a. 一个子节点可以有两个或多个父节点，如图1-2中的成绩，它的父节点是课程和学生。

b. 可以有一个以上的节点无父节点。

c. 两个节点之间可以有两种或多种联系，如图1-2中的学生，它和成绩互为父节点和子节点。

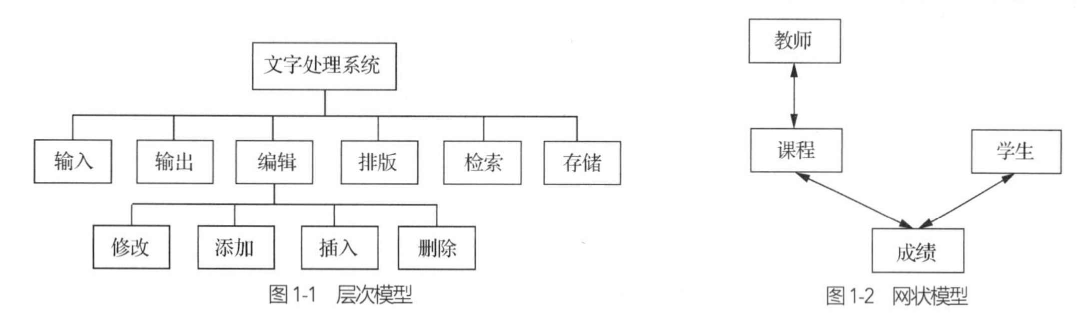

图1-1　层次模型

图1-2　网状模型

第一个数据库管理系统是美国通用电气公司查理士•巴赫曼等人在1964年开发的IDS（Integrated Datastore）。IDS奠定了网状数据库的基础。

网状模型的优点如下。

a. 可以描述客观世界，表示实体间的多种复杂联系。

b. 性能好，存取效率较高。

网状模型的缺点如下。

a. 数据库结构比较复杂，用户不容易掌握和使用。

b. 数据独立性差，访问数据时需要实体间的复杂路径表示。

③ 关系模型（Relational Schema），20 世纪 70 年代初，由埃德加・弗兰克・科德首先提出。关系模型简化了实体间的图关系，转而将数据关系用表格表示，用表的集合表示数据和数据间的联系，每个表有多个列，每列有唯一的列名，我们称它为属性，它的取值范围称为域。

关系模型的特点如下。

a. 描述的一致性。客观世界中的实体和实体间的联系都是关系描述，对应数据操作语言，让插入、删除、修改等操作成为运算。

b. 利用公共属性连接。关系模型中各个关系之间都是通过公共属性产生联系的。例如学生关系和选课关系是通过公共属性"学号"连接在一起的，而选课关系与课程关系又可以通过公共属性"课程号"产生联系。

c. 采用表结构，简单直观。有利于和用户进行交互，方便实现。

d. 有严格的关系数据理论作为理论基础。对二维表进行的数据操作相当于在关系理论中对关系进行关系运算。

e. 语言表达简练，用 T-SQL 实现。数据操作语句的表达非常简单、直观。

f. 关系模型的概念单一。用关系表示实体和实体之间的联系。

1.2.4 常用的数据库

1. Access 数据库

Microsoft Office Access 是微软公司发布的关系数据库管理系统。它结合了微软公司针对文件型数据库所发展的 Microsoft JET 数据库引擎和图形用户界面两项特点，是 Microsoft Office 的系统程序之一。1992 年 11 月，Microsoft Access 1.0 发布，自此便不断更新，截至本书编写时的最新版本是 Access 2020。

Access 数据库以它自己的格式将数据存储在基于 Microsoft Jet 的数据库引擎里。它还可以直接导入或者链接数据（这些数据存储在其他应用程序和数据库中）。

软件开发人员和数据架构师可以使用 Access 数据库开发应用软件。和其他办公软件一样，Access 数据库支持 Visual Basic 宏语言（即 VBA 语言），这是一个面向对象的编程语言，可以引用各种对象，包括数据访问对象（Data Access Object，DAO）、ActiveX 数据对象以及许多其他的 ActiveX 组件。可视对象用于显示表和报表，它们的方法和属性可以在 VBA 编程环境下设置，且 VBA 代码模块可以声明和调用 Windows 操作系统函数。

Access 数据库开始界面和 Access 数据库操作界面如图 1-3 和图 1-4 所示。

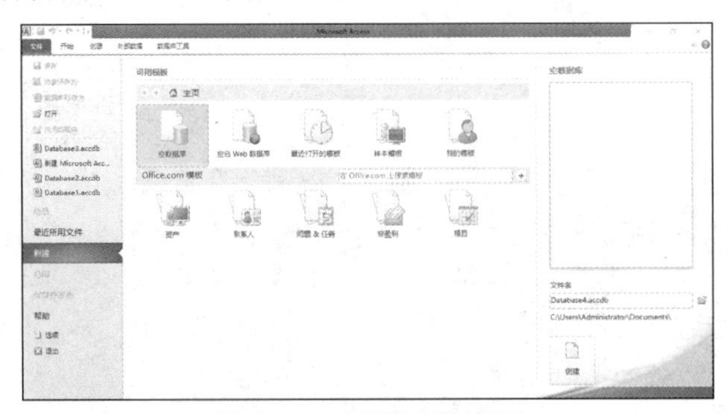

图 1-3 Access 数据库开始界面

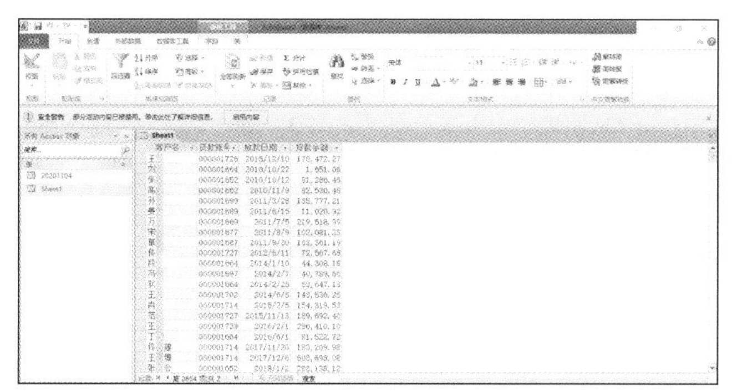

图1-4 Access数据库操作界面

2．MySQL数据库

MySQL数据库于1998年1月发行第一个版本。MySQL数据库采用系统提供的多线程机制，实现了完全的多线程运行模式，提供面向C、C++、Eiffel、Java、Perl、PHP、Python及Tcl等编程语言的应用程序编程接口，支持多种字段类型并且提供完整的操作符支持查询中的select和where操作。MySQL数据库因其速度快、可靠性高、适应性强而备受关注。

MySQL是一种开放源代码的关系数据库管理系统，使用最常用的数据库管理语言——结构化查询语言（Structured Query Language，SQL）进行数据库管理。由于MySQL数据库是开放源代码的，因此任何人都可以在GPL（General Public License）的许可下下载并根据个性化的需求对其进行修改。MySQL数据库因其体积小、速度快、总体拥有成本低而受到中小企业的热捧，在不需要进行大规模事务化处理的情况下，MySQL是管理数据内容的理想选择。

截至本书编写时，MySQL数据库已更新到8.0版本，很多大型的网站也用到了MySQL数据库。MySQL数据库的发展前景是非常光明的！

3．Oracle数据库

Oracle数据库是Oracle公司提供的以分布式数据库为核心的一组软件产品，是目前最流行的C/S或B/S体系结构的数据库之一。Oracle数据库是目前使用最为广泛的数据库管理系统之一，作为一个通用的数据库系统，它具有完整的数据管理功能；作为一个关系数据库管理系统，它是一个完备关系的产品；作为分布式数据库，它实现了分布式处理功能。它具有极强的通用性，只要在一种机型学习了Oracle数据库的知识，便能在各种类型的机器上使用它。

1979年，第一款商用Oracle产品诞生，自此便不断更新，截至本书编写时，Oracle数据库最新版本为Oracle Database 20c。Oracle Database 12c引入了一个新的多承租方架构，使用该架构可轻松部署和管理数据库云。此外，一些创新特性可最大限度地提高资源使用率和灵活性，如Oracle Multitenant可快速整合多个数据库，而Automatic Data Optimization和Heat Map能以更高的密度压缩数据和对数据分层。这些技术的进步再加上在可用性、安全性和大数据支持方面的提升，使得Oracle数据库成为私有云和公有云部署的理想平台。

4．SQL Server数据库

SQL Server是微软公司推出的关系数据库管理系统，具有使用方便、可扩展性好、与相关软件集成程度高等优点，从运行Microsoft Windows 98的笔记本电脑到运行Microsoft Windows 11的大型多处理器服务器等多种平台都可使用。

SQL Server是一个全面的数据库平台，使用集成的商务智能（Business Inetlligence，BI）工具提供企业级的数据管理功能。SQL Server数据库为关系数据和结构化数据提供了更安全、更可靠的存储功能，使用户可以构建和管理用于业务的高可用和高性能的数据应用程序。

SQL Server 数据库最初是由微软、Sybase 和 Ashton-Tate 这 3 家公司共同开发的。在 Windows NT 操作系统推出后，微软公司将 SQL Server 移植到 Windows NT 操作系统上，专注于开发、推广 SQL Server 的 Windows NT 版本。Sybase 公司则较专注于 SQL Server 在 UNIX 操作系统上的应用。

1.3 MySQL 数据库基础

1.3.1 MySQL 与开源技术

Windows 环境下 MySQL 8.0.33 安装和配置

所谓“开源”，就是开放资源（Open Source）的意思，不过在程序界，更多人习惯将其理解为“开放源代码”。开放源代码运动起源于自由软件和黑客文化，最早来自 1997 年在美国加利福尼亚州召开的一个研讨会，参加研讨会的有一些黑客和程序员，也有来自 Linux 国际协会的人员，此会议通过了一个新的术语——“开源”。1998 年 2 月，网景公司正式宣布开源其发布的 Navigator 浏览器的源代码，这一事件成为开源软件发展历史的转折点。

开源倡导一种公开的、自由的精神。软件开源的发展历程为软件行业及非软件行业带来了巨大的参考价值。虽然获取开发软件的源代码是免费的，但是对源代码的使用、修改却需要遵循该开源软件所作的许可声明。开源软件常用的许可证方式包括 BSD（Berkeley Software Distribution）、Apache Licence、GPL 等，其中 GNU 的 GPL 是最常见的许可证之一，为许多开源软件所采用。

在计算机发展的早期阶段，软件几乎都是开放的，在程序员社区中，大家互相分享软件，共同提高知识水平。这种自由的氛围给大家带来了欢乐和进步。在开源文化的强力推动下，诞生了强大的开源操作系统 Linux，其他还有 Apache 服务器、Perl 程序语言、MySQL 数据库、Mozilla 浏览器等。

1.3.2 MySQL 的发展

MySQL 的历史最早可以追溯到 1979 年，蒙蒂·维德纽斯（Monty Widenius）在其合伙的名为 TcX 的小公司工作时，用 BASIC 语言设计了一个报表工具，该工具可以在 4MHz 主频和 16KB 内存的计算机上运行。随着时间的推移，这个小工具被用 C 语言重写并迁移到 UNIX 上运行。当时，它只是一个很底层的面向报表的存储引擎，再配上一个报表前端（名为 Unireg）使用。

1985 年，戴维·艾克马克（David Axmark）、艾伦·拉森（Allan Larsson）和蒙蒂·维德纽斯（业界通常称呼他为 Monty）成立了一家公司，该公司就是 MySQL AB 公司的前身。他们设计了一种利用索引顺序存取数据的方法，也就是 ISAM（Indexed Sequential Access Method）存储引擎核心算法的前身，利用 ISAM 结合 mSQL 来实现应用需求。在早期，他们主要为瑞典的一些大型零售商提供数据仓储服务。在系统使用过程中，随着数据量越来越大、系统复杂度越来越高，ISAM 和 mSQL 的组合逐渐不堪重负。在分析性能瓶颈之后，他们发现问题出在 mSQL 上面。为了解决问题，他们抛弃了 mSQL，重新开发了一套功能类似的数据存储引擎，即 ISAM 存储引擎。

1990 年，客户要求提供访问数据的 SQL 接口。Monty 对商用数据库的执行速度并不满意，他尝试将 mSQL 的代码用作 SQL 层，并将自己的低层级存储引擎集成进来，但效果也不好。于是，Monty 决心自己重编写一个 SQL 数据库。

1996 年，MySQL 1.0 发布，但仅面向少数用户。同年 10 月，MySQL 3.11.1 发布，只提供了 Solaris 下的二进制版本。一个月后，Linux 二进制包发布。此时的 MySQL 还非常简陋，除了在一个表上做一些插入、更新、删除和选择操作之外，没有其他的功能。

接下来的两年里，MySQL 依次移植到各个平台下。它发布时，采用的许可策略允许免费商用，但是不能将 MySQL 与自己的产品绑定在一起发布。如果想一起发布，就必须得到特殊许可。

MySQL 3.22 是里程碑式的版本，它提供了基本的 SQL 支持，还带有一个复杂的优化器，该版本速度很快，且非常稳定。尽管如此，它仍不支持事务、子查询、外键、存储过程和视图，只存在表级别的锁。

1999 年，MySQL AB 的独立公司成立，其 MySQL 提供访问 Berkeley DB 数据文件的 SQL 接口。Berkeley DB 具备事务功能之后，就赋予了 MySQL 支持事务的特质，弥补了它的不足。在为集成的 Berkeley DB 做了一些修改后，MySQL 3.23 发布。

2000 年，MySQL AB 公司 MySQL 公布的源代码，MySQL 采用 GPL 协议，正式进入开源领域。同年，不支持事务的存储引擎 ISAM 被重写，并以 MyISAM 的形式发布。经过大量的改良，MySQL 可以支持全文搜索。

2001 年，MySQL 集成支持行级锁和事务的 InnoDB 存储引擎。

2003 年 3 月，MySQL 4.0 正式发布。新增特性除了 MySQL/InnoDB 组合之外，还有查询缓存，优化器的改良，C/S 协议通过 SSL 实现了加密。

2004 年 10 月，MySQL 4.1 发布。该版本新增子查询功能，空间索引支持也加到了 MyISAM 引擎中，Unicode 支持也被实现了，C/S 协议也有了大量的改进，而且支持预处理语句。

2005 年 10 月，里程碑版本 MySQL 5.0 发布。该版本集成了存储过程、服务器端游标、触发器、视图、分布式事务（即 XA 事务）以及其他的一些特性，查询优化器显著改进。

2008 年，MySQL AB 公司被 Sun 公司收购。Sun 公司对 MySQL 进行了大量的推广、优化、Bug 修复等工作。同年，MySQL 5.1 发布，它提供了分区、事件管理，以及基于行的复制和基于磁盘的 NDB 集群系统，同时修复了大量的 Bug。

2009 年，Oracle 公司收购 Sun 公司，MySQL 数据库进入 Oracle 时代。

2010 年，Oracle 公司发布 MySQL 5.5 和 MySQL Cluster 7.1。最重要的是 InnoDB 存储引擎成为 MySQL 的默认存储引擎，同时加强了 MySQL 各个方面的企业级特性。

2013 年，MySQL 5.6 发布，提供了多个新功能，具备更好的性能和更高的可用性。

2015 年，MySQL 5.7 发布，引入了更多的新功能并进行了性能改进，例如 JSON 支持、优化了查询性能等。

2018 年，MySQL 8.0.11 发布。

2020 年，推出带有集成 MySQL 分析引擎的 Oracle MySQL 数据库服务，该服务针对 Oracle 云基础设施（Oracle Cloud Infrastructure，OCI）平台进行了优化。

2021 年，MySQL Autopilot 被推出。它是 MySQL HeatWave 服务的一个新组件，是 Oracle 云基础设施中 MySQL 数据库服务的内存查询加速引擎。

2022 年，MySQL HeatWave Lakehouse 发布，它使客户能够以各种文件格式处理和查询对象存储中数百 TB 的数据。MySQL HeatWave Lakehouse 在 400TB 的工作负载上提供的查询性能比 Snowflake 快 17 倍，比 Redshift 快 6 倍。

2023 年，Oracle 宣布 MySQL HeatWave Lakehouse 全面可用，它使客户能够像查询数据库内的数据一样快速地查询对象存储中的数据。这一改进可谓是业界首创。

1.3.3 MySQL 的特点与优势

1. MySQL 的特点

（1）使用核心线程的完全多线程服务，这意味着可以采用多 CPU 体系结构。

（2）可运行在不同平台上。

（3）使用 C 和 C++语言编写，并使用多种编译器进行测试，保证了源代码的可移植性。

（4）支持 AIX、FreeBSD、HP-UX、Linux、macOS、Netware、OpenBSD、OS/2 Wrap、Solaris、Windows 等多种操作系统。

（5）为 C、C++、Eiffel、Java、Perl、PHP、Python、Ruby 和 Tcl 等编程语言提供了应用程序编程接口。

（6）优化了 SQL 查询算法，可有效地加快查询速度。

（7）既能够作为一个单独的应用程序用在 C/S 网络环境中，也能够作为一个库嵌入其他软件，提供多语言支持。

（8）提供 TCP/IP、ODBC 和 JDBC 等多种数据库连接途径。

（9）提供可用于管理、检查、优化数据库操作的管理工具。

（10）能够处理拥有上千万条记录的大型数据库。

2．MySQL 的优势

（1）技术趋势明显。

互联网技术发展有一个趋势，从业人员都喜欢选择开源产品。再优秀的产品，如果是闭源的，在大行业背景下也会变得越来越小众。举一个例子，如果一个互联网公司选择 Oracle 数据库，就会碰到技术壁垒，使用方会很被动，因为最基本、最核心的框架掌握在别人手里。和 Oracle 数据库相比，MySQL 是开放源代码的数据库，这就使得任何人都可以获取 MySQL 的源代码，并修正其中的缺陷。这是一款允许自由使用的软件，而对于很多互联网公司，选择使用 MySQL 是一个化被动为主动的过程，无须再因为依赖别人封闭的数据库产品而受牵制。

（2）成本低。

任何人都可以从官方网站下载 MySQL，社区版的 MySQL 都是免费的，只有一些附加功能需要收费。Oracle、DB2 和 SQL Server 价格不菲，如果考虑到搭载的服务器和存储设备，那么成本是巨大的。

（3）跨平台性好。

MySQL 不仅可以在 Windows 系列的操作系统上运行，还可以在 UNIX、Linux 和 macOS 等操作系统上运行。很多网站都选择 UNIX、Linux 作为网站的服务器，这时 MySQL 跨平台的优势就体现出来了。虽然微软公司的 SQL Server 是一款很优秀的商业数据库，但是其只能在 Windows 系列的操作系统上运行。

（4）性价比高，操作简单。

MySQL 是一个真正的多用户、多线程的 SQL 数据库服务器，能够快速、高效、安全地处理大量的数据。MySQL 和 Oracle 数据库的性能并没有太大的差距，在低端硬件配置环境下，MySQL 分布式的方案同样可以解决问题，而且比较经济，从产品质量、成熟度、性价比来讲，MySQL 都是非常不错的。另外，MySQL 的管理和维护非常简单，初学者很容易上手，学习成本较低。

（5）集群功能强大。

当一个网站的业务量发展得越来越大，Oracle 数据库的集群已经不能很好地支撑整个业务时，架构解耦势在必行。这意味着要拆分业务，继而拆分数据库，如果业务只需要十几个或者几十个集群就能承载，Oracle 数据库就可以胜任，但是大型互联网公司的业务常常需要成百上千台机器来承载，对于这样的规模，MySQL 这样的轻量级数据库更合适。

以上是 MySQL 数据库的一些基本优势，简而言之，MySQL 好用、开源、免费，深受中小企业欢迎。

本章小结

本章主要介绍了数据库的产生和发展，以及数据库的相关基础知识，例如数据管理、数据库系统的组成、数据库的体系结构和数据模型，其中，数据库的体系结构和数据模型是本章难点。同时，本章介绍了市场中常用的一些数据库及其特点，方便用户在具体应用时选择合适的数据库。本章重点介绍了MySQL数据库的发展及优势。

习 题

1. 选择题

1-1 数据库的层次模型应满足的条件是（　　）。

A. 允许一个以上的节点无父节点，也允许一个节点有多个父节点

B. 必须有两个以上的节点

C. 有且仅有一个节点无父节点，其余节点都只有一个父节点

D. 每个节点有且仅有一个父节点

1-2 下列不属于数据库系统的特点的是（　　）。

A. 数据结构化　　B. 数据由数据库管理系统统一管理和控制

C. 数据冗余度高　　D. 数据独立性强

1-3 要保证数据库的逻辑数据独立性，需要修改的是（　　）。

A. 外模式/模式映像　　B. 模式/内模式映像

C. 模式　　D. 三级模式

1-4 数据库管理系统是（　　）。

A. 操作系统的一部分　　B. 在操作系统支持下的系统软件

C. 一种编译程序　　D. 一种操作系统

1-5 层次、网状和关系数据库的划分依据是（　　）。

A. 记录长度　　B. 文件的大小　　C. 联系的复杂程度　　D. 数据之间的联系

1-6 目前，（　　）数据库系统正逐渐淘汰网状数据库和层次数据库，成为当今最为流行的商用数据库系统。

A. 关系　　B. 面向对象　　C. 分布　　D. 对象-关系

1-7 数据库的三级模式结构即外模式、模式与内模式，是针对（　　）的3个抽象级别。

A. 信息世界　　B. 数据库系统　　C. 数据　　D. 数据库管理系统

1-8 模式和内模式（　　）。

A. 至少有两个　　B. 最多只能有一个　　C. 只能各有一个　　D. 可以有多个

1-9 在数据库中存储的是（　　）。

A. 数据　　B. 数据和数据之间的联系

C. 信息　　D. 数据模型的定义

2. 简答题

2-1 简述数据库的发展。

2-2 简述数据库的三级模式结构和两层映像。

第2章 MySQL数据类型

MySQL 数据表中的每列都应该有适当的数据类型，用于限制该列中存储的数据。数据类型定义了列中可以存储什么数据，并且说明相关的存储规则。如果使用错误的数据类型，可能会严重影响应用程序的功能和性能，更改包含数据的列也可能会导致数据丢失，因此，通常在创建表时就必须为每列设置正确的数据类型和长度。MySQL 的数据类型大概可以分为数值类型、日期和时间类型、字符串类型、二进制类型等。

本章学习目标

（1）了解 MySQL 中常用的数据类型。

（2）理解每种数据类型的特点和用途。

（3）学会选择合适的数据类型来存储和处理不同类型的数据。

（4）掌握如何在创建表时指定正确的数据类型。

2.1 数值类型

整数类型和小数类型可以统称为数值类型。小数类型又分为定点数类型和浮点数类型。对于数值类型列，如果要存储的数字是整数，则使用整数类型；如果要存储的数字是小数，则可以选用定点数类型或浮点数类型。

2.1.1 整数类型

整数类型主要用来存储整数。MySQL 提供了多种整数类型，不同的整数类型提供不同的取值范围，可以存储的值范围越大，所需的存储空间也越大。MySQL 主要提供的整数类型有 tinyint、smallint、mediumint、int、bigint，相应字段可以添加自增约束条件（auto_increment）。

不同类型的整数存储所需的字节数不同，所需字节数最少的是 tinyint 类型，所需字节数最多的是 bigint 类型，所需字节越多的类型所能表示的数值范围越大。

根据所需字节数可以求出每一种数据类型的取值范围。例如，tinyint 需要 1 字节（8bit）来存储，那么 tinyint 无符号数的最大值为 2^8-1，即 255；tinyint 有符号数的最大值为 2^7-1，即 127。其他类型的整数的取值范围计算方法相同，MySQL 中的整数类型如表 2-1 所示。

表 2-1　MySQL 中的整数类型

类型	存储需求	范围（有符号）	范围（无符号）
tinyint	1 字节	-128～127	0～255
smallint	2 字节	-32768～32767	0～65535
mediumint	3 字节	-8388608～8388607	0～16777215
int	4 字节	-2147483648～2147483647	0～4294967295
bigint	8 字节	-9223372036854775808～9223372036854775807	0～18446744073709551615

正确选择数据类型，不仅可以使表占用的存储空间变小，也能提高性能。因为与较长的列相比，较短的列的处理速度更快。当读取较短的值时，所需的磁盘读写操作会更少，并且可以把更多的键值放入内存索引缓冲区里。

在 MySQL 中，整数类型的可选属性是指在定义整数类型的列时，可以选择的一些属性或选项，用于指定该列的行为和对该列的限制。以下是一些常见的整数类型的可选属性。

1．unsigned

unsigned 表示无符号整数，即只能存储非负数值。使用无符号整数可以扩大可表示的范围，但不能存储负数。

2．zerofill

zerofill 表示在显示整数时，如果位数不足，就用 0 填充。例如，定义一个长度为 4 的 zerofill 整数列，值为 9，则显示为 0009。

3．auto_increment

auto_increment 表示自动递增。当插入新行时，如果该列被定义为 auto_increment，MySQL 会自动为该列生成唯一的递增值。

4．serial

serial 是 MySQL 特有的一个属性，等同于定义为 int auto_increment primary key，用于创建一个自动递增的主键列。

5．signed

signed 表示有符号整数，即可以存储正数、负数和 0。这是整数类型的默认属性。

zerofill 和 unsigned 可以同时使用，例如 int unsigned zerofill，表示设置无符号整数，并且在显示时不足的位使用 0 填充。

这些可选属性可以根据具体的需求来选择，以满足数据存储和操作的要求。以下是一个例子。

假设要创建一个数据表 students，其中名为 student_id 的列用于存储学生的唯一标识符。可以使用整数类型的可选属性来定义这一列。

```
create table students (
     student_id int unsigned auto_increment primary key,
     name varchar(50),
     age int,
    grade int unsigned
);
```

上述代码中，使用了以下可选属性。

auto_increment 表示 student_id 列是自动递增的主键列。每当插入新的学生记录时，MySQL 会自动为 student_id 生成一个唯一的递增值。

unsigned 表示 grade 列是无符号整数，只能存储非负数，即年级不能为负数。

没有使用 zerofill 属性，因此整数在显示时不会用 0 填充。

通过使用这些可选属性，定义了一个具有特定行为和限制的整数类型列，以满足 students 表中学生标识符的需求。

2.1.2 小数类型

MySQL 中使用浮点数和定点数来表示小数。

浮点数类型有两种，分别是单精度浮点数类型 float 和双精度浮点数类型 double；定点数类型只有一种，就是 decimal。MySQL 中的小数类型如表 2-2 所示。

表 2-2　MySQL 中的小数类型

类型	存储需求	范围（有符号）	范围（无符号）
float	4 字节	−3.402823466 E+38～−1.175494351 E−38	0，1.175494351 E−38～3.402823 466351 E+38
double	8 字节	−1.7976931348623157 E+308～−2.2250738585072014 E−308	0，2.2250738585072014 E−308～1.7976931348623157 E+308
decimal	对于 decimal(m,d)，如果 m>d，则为 M+2 字节，否则为 D+2 字节	依赖于 m 和 d 的值	依赖于 m 和 d 的值

在 MySQL 中，float 类型占 4 字节，double 类型占 8 字节。float 能够表示的数值范围较小，适合于不需要极高精度的场合。double 类型比 float 类型占用存储空间大得多，能够表示非常大或非常小的数，适合于需要高精度计算的场合，如科学计算。从 double 类型的角度来说，浮点数类型的优点是可以在固定的存储空间内表示很大的数值范围，但缺点是可能会有精度损失，特别是对于非常大或非常小的数值。

decimal 类型是用于存储精确数值的类型，特别是那些需要固定精度的小数，如金融数据。decimal 类型使用 m 和 d 来定义其精度。其中，m 是数值的总位数，包括小数点和小数部分的位数；d 是小数点后的位数，称为标度。如果不指定 m 和 d，decimal 类型的默认值为 decimal(10,0)，即总共有 10 位数字，小数点后有 0 位。decimal 类型所占用的存储空间取决于 m 和 d 的值。它使用足够的字节数来存储所有的位数，加上小数点和小数部分。decimal 类型可以存储的数值范围远小于 float 或 double，但它提供了极高的精度。decimal 类型可以指定为无符号的，这意味着它可以存储更大的正数。

如果数值类型需要存储的数据为货币，如人民币，在计算时，使用到的值常带有元和分两个部分。它们看起来像是浮点值，但 float 类型和 double 类型都存在四舍五入的误差问题，因此不太适合。因为人们对自己的金钱都很敏感，所以需要一个可以提供完美精度的数据类型，如 decimal(m,2)类型，其中 m 为所需取值范围的最大宽度。这种类型的数值可以精确到小数点后两位。decimal 类型的优点在于不存在舍入误差，计算是精确的。

电话号码、信用卡号和社会保险号等都会使用非数字字符，而空格和短划线不能直接存储到数值类型列里，即使去掉了其中的非数字字符，也不能把它们存储成数值类型，因为会丢失开头的 0。

2.2 日期和时间类型

日期和时间是重要的信息，在数据库系统中，几乎所有的数据表都用得到。原因是用户需要知道数据的时间标签，从而进行数据查询、统计和处理。MySQL 中有多种表示日期和时间的数据类型：year、time、date、datetime、timestamp。MySQL 中的日期和时间类型如表 2-3 所示。每一个类型都有合法的取值范围，当指定不合法的值时，系统会将 0 值插入数据库中。

表 2-3　MySQL 中的日期和时间类型

类型	存储需求	范围	格式
date	3 字节	1000-01-01 到 9999-12-31	YYYY-MM-DD
time	3 字节	−838:59:59 到 838:59:59	hh:mm:ss
year	1 字节	1901 到 2155	YYYY

续表

类型	存储需求	范围	格式
datetime	8 字节	1000-01-01 00:00:00 到 9999-12-31 23:59:59	YYYY-MM-DD hh:mm:ss
timestamp	4 字节	1970-01-01 00:00:01 UTC 到 2038-01-19 03:14:07 UTC 结束时间是第 2147483647 秒，即北京时间 2038-1-19 11:14:07，格林尼治时间 2038-1-19 03:14:07	YYYY-MM-DD hh:mm:ss

1. year 类型

year 类型用于表示年份，是一个单字节类型，此类型数据在存储时只需要 1 字节。可以使用多种格式指定 year 值，如下所示。

（1）以 4 位字符串或者 4 位数字格式表示的 year，范围为'1901'～'2155'或 1901～2155。输入格式为'YYYY'或者 YYYY，例如，输入'2010'或 2010，插入数据库的值均为 2010。

（2）以两位字符串格式表示的 year，范围为'00'～'99'。'00'～'69'和'70'～'99'范围的值分别被转换为 2000～2069 和 1970～1999 范围的 year 值。'0'与'00'的作用相同。插入超过取值范围的值将被转换为 2000。

（3）以 2 位数字表示的 year，范围为 1～99。1～69 和 70～99 范围的值分别被转换为 2001～2069 和 1970～1999 范围的 year 值。注意，在这里 0 值将被转换为 0000，而不是 2000。

2. time 类型

time 类型用来表示时间，不包含日期部分，此类型数据在存储时需要 3 字节。时间格式为 hh:mm:ss（hh 表示小时，mm 表示分钟，ss 表示秒）。time 类型的取值范围为-838:59:59～838:59:59，小时部分如此大的原因是 time 类型不仅可以用于表示一天的时间（必须小于 24 小时），还可以表示某个事件过去的时间或两个事件之间的时间间隔（可大于 24 小时，或者为负数）。

我们可以使用各种格式指定 time 值，如下所示。

（1）'D hh:mm:ss'格式的字符串。还可以使用“非严格”的格式：'hh:mm:ss'、'hh:mm'、'D hh'或'ss'。这里的 D 表示日，范围为 0～31。在插入数据库时，D 被转换为小时保存，换算公式为 D×24+HH。

（2）'hhmmss'格式、没有间隔符的字符串或者 hhmmss 格式的数值。例如，'101112'被理解为'10:11:12'，但是'106112'是不合法的（它有一个没有意义的分钟部分），在存储时将变为 00:00:00。

3. date 类型

date 类型用于表示日期，没有时间部分，此类型数据在存储时需要 3 字节。日期格式为'YYYY-MM-DD'，其中 YYYY 表示年，MM 表示月，DD 表示日。在给 date 类型的字段赋值时，可以使用字符串类型或数值类型的数据，只要符合 date 的日期格式即可，如下所示。

（1）以'YYYY-MM-DD'或者'YYYYMMDD'字符串格式表示的日期，取值范围为'1000-01-01'～'9999-12-31'。例如，输入'2015-12-31'或者'20151231'，插入数据库的日期都为 2015-12-31。

（2）以'YY-MM-DD'或者'YYMMDD'字符串格式表示的日期，YY 表示两位的年值。MySQL 解释两位年值的规则：'00'～'69'范围的年值转换为'2000'～'2069'，'70'～'99'范围的年值转换为'1970'～'1999'。例如，输入'15-12-31'，插入数据库的日期为 2015-12-31；输入'991231'，插入数据库的日期为 1999-12-31。

（3）以 YYMMDD 数字格式表示的日期，与前面相似，00～69 范围的年值转换为 2000～2069，70～99 范围的年值转换为 1970～1999。例如，输入 151231，插入数据库的日期为 2015-12-31；输入 991231，插入数据库的日期为 1999-12-31。使用 current_date 或者 now()可以插入当前系统日期。

4．datetime 类型

datetime 类型用于表示同时包含日期和时间信息的值，此类型数据在存储时需要 8 字节。日期和时间格式为'YYYY-MM-dd hh:mm:ss'，其中 YYYY 表示年，MM 表示月，DD 表示日，hh 表示小时，mm 表示分钟，ss 表示秒。在给 datetime 类型的字段赋值时，可以使用字符串类型或数值类型的数据，只要符合 datetime 的日期格式即可，如下所示。

（1）以'YYYY-MM-DD hh:mm:ss'或者'YYYYMMDDhhmmss'字符串格式表示的日期和时间，取值范围为'1000-01-01 00:00:00'～'9999-12-31 23:59:59'。例如，输入'2014-12-31 05:05:05'或者'20141231050505'，插入数据库的日期和时间都为 2014-12-31 05:05:05。

（2）以'YY-MM-DD hh:mm:ss'或者'YYMMDDhhmmss'字符串格式表示的日期和时间，YY 表示两位的年值。与前面相同，'00'～'69'范围的年值转换为'2000'～'2069'，'70'～'99'范围的年值转换为'1970'～'1999'。例如，输入'14-12-31 05:05:05'，插入数据库的日期和时间为 2014-12-31 05:05:05；输入'991231050505'，插入数据库的日期和时间为 1999-12-31 05:05:05。

（3）以 YYYYMMDDhhmmss 或者 YYMMDDhhmmss 数字格式表示的日期和时间。例如，输入 20141231050505，插入数据库的日期和时间为 2014-12-31 05:05:05；输入 141231050505，插入数据库的日期和时间为 2014-12-31 05:05:05。

5．timestamp 类型

timestamp 的显示格式与 datetime 相同，显示宽度固定在 19 个字符，日期格式为 YYYY-MM-DD hh:mm:ss，此类型数据在存储时需要 4 字节。但是 timestamp 类型的取值范围小于 datetime 的取值范围，只能存储 1970-01-01 00:00:01 UTC 到 2038-01-19 03:14:07 UTC 的时间。其中，UTC 表示世界统一时间，也叫作世界标准时间。timestamp 与 datetime 除了存储字节和支持的范围不同外，还有一个最大的区别是 datetime 在存储日期数据时，按实际输入的格式存储，即输入什么就存储什么，与时区无关；而 timestamp 值是以 UTC 格式保存的，查询时，根据当前时区的不同，显示的时间值是不同的。

2.3 字符串类型

字符串类型可以用来存储字符串数据，还可以用来存储图片和声音的二进制数据。MySQL 中的字符串类型有 char、varchar、tinytext、text、mediumtext、longtext、enum、set 等。

MySQL 中的字符串类型如表 2-4 所示，括号中的 m 表示可以为其指定长度。对于可变长的列类型，各行的值所占的存储量是不同的，这取决于实际存放在列中的值的长度，这个长度在表中用 l 表示。

表 2-4　MySQL 中的字符串类型

类型	说明	存储需求
char(m)	固定长度非二进制字符串	m 字节，1≤m≤255
varchar(m)	可变长度非二进制字符串	（l+1）字节，l≤m 且 1≤m≤65535
tinytext	非常小的非二进制字符串	（l+1）字节，$l<2^{8}$
text	小的非二进制字符串	（l+2）字节，$l<2^{16}$
mediumtext	中等大小的非二进制字符串	（l+3）字节，$l<2^{24}$
longtext	大的非二进制字符串	（l+4）字节，$l<2^{32}$
enum	枚举类型，只能有一个枚举字符串值	1 或 2 字节，取决于枚举值的数目（最大为 65535）
set	集合，列可以有 0 个或多个集合成员	1、2、3、4 或 8 字节，取决于集合成员的数量（最多 64 个成员）

2.3.1 char 和 varchar 类型

char(m)为固定长度字符串，在定义时需指定字符串列长，即 m，取值范围是 0～255。如果不指定 m，则默认为 1。定义 char 类型字段时，声明的字段长度即为 char 类型字段所占的存储空间的字节数。定长字符串类型的数据不管其字符数有没有达到它允许的 m 个，都要占用 m 个字符的空间。如果保存时输入的字符数超过其允许的 m 个，会对所保存的字符串进行截断处理，但是当输入字符数比允许的 m 个少时，会在右侧填充空格以达到指定的长度。当 MySQL 检索 char 类型的数据时，char 类型的字段会去除尾部的空格。例如，char(4)定义了一个固定长度的字符串列，包含的字符个数最大为 4，当检索到 char 值时，尾部的空格将被删除。

varchar(m)是长度可变的字符串，m 表示最大列的长度，取值范围是 0～65535（MySQL 5.0 以上版本）。varchar(m)定义时，必须指定长度 m，否则会报错。MySQL 4.0 及以下版本，varchar(20)指的是 20 字节，如果存放 UT-F8 汉字，只能存 6 个（每个汉字 3 字节）；MySQL 5.0 及以上版本，varchar(20)指的是 20 字符。varchar 的最大实际长度由最长的行的大小和使用的字符集确定，而实际占用的空间为字符串的实际长度加 1。

varchar 值在保存和检索时尾部的空格仍保留。例如，varchar(50)定义了一个最大长度为 50 的字符串，如果插入的字符串只有 10 个字符，则实际存储的字符串为 10 个字符和一个字符串结束字符，共 11 个字符。

下面将不同的字符串保存到 char(4)和 varchar(4)列来说明 char 和 varchar 的区别，char(4)和 varchar(4)的对比如表 2-5 所示。

表 2-5　char(4)和 varchar(4)的对比

插入值	char(4)	存储需求	插入值	varchar(4)	存储需求
''	' '	4 字节	''	''	1 字节
'CH'	'CH '	4 字节	'CH'	'CH'	3 字节
'CHI'	'CHI'	4 字节	'CHI'	'CHI'	4 字节
'CHIN'	'CHIN'	4 字节	'CHIN'	'CHIN'	5 字节
'CHINA'	'CHIN'	4 字节	'CHINA'	'CHIN'	5 字节

可以看到，char(4)定义了固定长度为 4 的列，无论存入的数据的长度为多少，所占用的空间均为 4 字节。varchar(4)定义的列所占的字节数为实际长度加 1。

2.3.2 text 类型

text 列保存非二进制字符串，如文章内容、评论等。当保存或查询 text 列的值时，不删除尾部空格。

text 类型分为 4 种：tinytext、text、mediumtext 和 longtext。它们的存储空间和数据长度不同。

tinytext 表示长度为 0～255 字节的 text 列。

text 表示长度为 0～65535 字节的 text 列。

mediumtext 表示长度为 0～16777215 字节的 text 列。

longtext 表示长度为 0～4294967295 字节的 text 列。

2.3.3 enum 类型

enum 类型也叫作枚举类型，enum 类型的取值范围需要在定义字段时进行指定。设置字段值时，enum 类型只允许从成员中选取单个值，不能一次选取多个值。其所需要的存储空间由定义 enum 类型时指定的成员个数决定。当 enum 类型包含 1～255 个成员时，需要 1 字节的存储空间；当 enum 类型包含 256～65535 个成员时，需要 2 字节的存储空间；enum 类型的成员个数的上限为 65535。语法格式如下。

```
<字段名> enum( '值1', '值2', ……, '值n' )
```

字段名指将要定义的字段，值 *n* 指枚举列表中第 *n* 个值。enum 值（即枚举值）在系统内部用整数表示，每个枚举值均有一个索引编号；枚举值从 1 开始编号，MySQL 存储的就是这个索引编号。

假设有一个名为 tablell 的表，用于存储分数信息，其中有一个名为 level 的列，定义为 enum 类型，用户希望该列只能取 3 个值之一：'excellent'、'good'或'bad'。创建表的语句如下。

```
create table tablell(soc int,level enum('excellent','good','bad'));
```

然后向 tablell 表中插入数据。

```
insert into tablell values(70,2),(90,1),(75,2),(50,3);
```

tablell 表插入数据后的运行结果如图 2-1 所示。

```
mysql> select * from tablell;
+------+-----------+
| soc  | level     |
+------+-----------+
|   70 | good      |
|   90 | excellent |
|   75 | good      |
|   50 | bad       |
+------+-----------+
4 rows in set (0.00 sec)
```

图 2-1　tablell 表插入数据后的运行结果

由此例可见，MySQL 会自动将枚举的值映射为整数索引，从 1 开始，即'excellent'为 1，'good'为 2，'bad'为 3。

提示

enum 列总有一个默认值。如果将 enum 列声明为 null，null 则为该列的一个有效值，并且默认值为 null。如果 enum 列被声明为 not null，其默认值为允许的值列表的第 1 个元素。

2.3.4 set 类型

在 MySQL 中，set 用于表示一组预定义的值中的一个或多个。每个 set 列可以包含 0 个或多个预定义值，最多可以有 64 个成员，每个值用逗号分隔，并且在表的每一行中都是唯一的。语法格式如下。

```
<字段名>set('值1','值2',……,'值n')
```

与 enum 类型相同，set 值在系统内部用整数表示，列表中每个值都有一个索引编号。创建表时，set 值的尾部空格将自动删除。例如，有一个用户表 users，记录了用户的姓名、邮箱及兴趣爱好，兴趣爱好可以有多种，所以在定义 interests 列时用到了 set 类型。创建表的语句如下。

```
create table users (
  id int auto_increment primary key,
  username varchar(50) not null,
  email varchar(100) not null,
  interests set('Reading', 'Sports', 'Travel', 'Cooking', 'Gaming')
);
```

然后向 users 表中插入数据。

```
insert into users (username, email, interests)
values ('JohnDoe', 'john.doe@example.com', 'Reading,Travel'),
         ('JaneSmith', 'jane.smith@example.com', 'Sports,Cooking'),
         ('AlexJohnson', 'alex.johnson@example.com', 'Reading,Sports,Gaming');
```

users 表插入数据后的运行结果如图 2-2 所示。

从上述代码可以看出，与 enum 类型不同的是 enum 类型的字段只能从定义的列值中选择一个值插入，而 set 类型的列可从定义的列值中选择多个字符的组合。

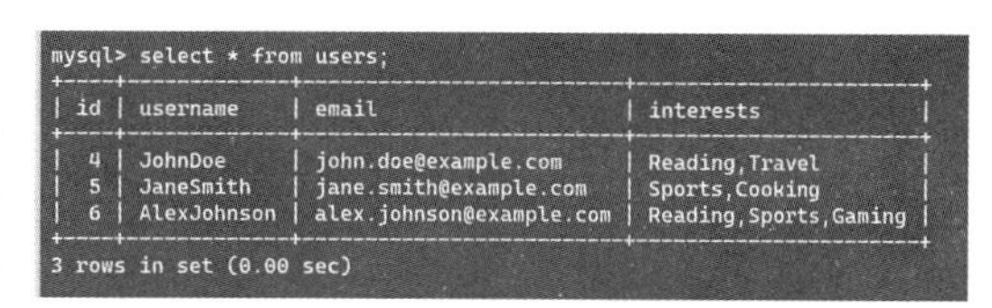

```
mysql> select * from users;
+----+-------------+-------------------------+----------------------+
| id | username    | email                   | interests            |
+----+-------------+-------------------------+----------------------+
|  4 | JohnDoe     | john.doe@example.com    | Reading,Travel       |
|  5 | JaneSmith   | jane.smith@example.com  | Sports,Cooking       |
|  6 | AlexJohnson | alex.johnson@example.com | Reading,Sports,Gaming |
+----+-------------+-------------------------+----------------------+
3 rows in set (0.00 sec)
```

图 2-2　users 表插入数据后的运行结果

enum 和 set 类型的数据是以字符串形式出现的，但在内部，MySQL 以数值的形式存储它们。

2.4 二进制类型

MySQL 中的二进制类型是一种特殊的数据类型，它能够以一定的格式来存储任何数据。与其他类型不同，它不需要规范格式，也不会改变原始数据，只会将数据存储到数据库中，不做任何更改。在 MySQL 数据库中，二进制类型可以用于存储文件、图像等格式不定的数据。MySQL 中的二进制类型有 bit、binary、varbinary、tinyblob、blob、mediumblob 和 longblob。MySQL 中的二进制类型如表 2-6 所示，括号中的 m 表示可以为其指定的长度。

表 2-6　MySQL 中的二进制类型

类型	说明	存储需求
bit(m)	位字段类型	大约（m+7）/8 字节
binary(m)	固定长度二进制字符串	m 字节
varbinary(m)	可变长度二进制字符串	（m+1）字节
tinyblob(m)	可变长度二进制字符串	最多（2^8–1）字节
blob(m)	可变长度二进制字符串	最多（2^{16}–1）字节
mediumblob(m)	可变长度二进制字符串	最多（2^{24}–1）字节
longblob(m)	可变长度二进制字符串	最多（2^{32}–1）字节

2.4.1 bit 类型

bit 类型即位字段类型。bit(m)中的 m 表示每个值的位数，范围为 1～64。如果 m 被省略，默认值为 1。如果为 bit(m)列分配的值的长度小于 m 位，在值的左边用 0 填充。例如，一个列的数据类型为 bit(6)，那么为该列分配'101'的效果与为该列分配'000101'是相同的。

bit 类型用来保存位字段值。例如，以二进制的形式保存数据 13，13 的二进制形式为 1101，这里需要位数至少为 4 位的 bit 类型，则可以定义列类型为 bit(4)。大于二进制数 1111 的数据不能插入 bit(4)类型的字段中。

2.4.2 binary 和 varbinary 类型

binary 和 varbinary 类型类似于 char 和 varchar 类型，不同的是它们包含二进制字节字符串。语法格式如下。

```
<字段名> binary(m)或者 varbinary(m)
```

binary 类型的长度是固定的，指定长度后，插入不足最大长度的字符串时，将在右边填充“\0”补齐，以达到指定长度。例如，指定列的数据类型为 binary(3)，当插入 a 时，存储的内容实际为“a\0\0”；当插入 ab 时，存储的内容实际为“ab\0”。无论存储的内容是否达到指定的长度，占用的存储空间均为指定的

m 字节。

varbinary 类型的长度是可变的，最大长度为 65535。在创建表时指定最大长度后，字符串长度可以在 0 到最大长度之间，存储空间使用多少就分配多少。例如，指定列的数据类型为 varbinary(20)，如果插入的字符串长度只有 10，则实际占用的存储空间为 10 加 1 字节（字符串的实际长度加 1）。

2.4.3 blob 类型

在 MySQL 中，blob（Binary Large Object）是一种用于存储大量二进制数据的数据类型。它可以用于存储图像、音频、视频、文件等任何二进制数据。blob 类型在以下情况下很有用。

（1）存储图片和多媒体文件：blob 类型可以用于存储图片、音频和视频文件，这对网站或应用程序中的多媒体内容的存储非常有用。

（2）存储文件附件：在一些应用程序中，用户可能需要上传文件附件，如 PDF 文件、文本文档、电子表格等，这些文件可以存储为 blob 类型。

（3）缓存数据：有时候，为了提高数据库性能，可以将一些经常使用的数据缓存到数据库中，blob 类型可以用来存储这些缓存数据。

注意，虽然 blob 类型可以存储大量的二进制数据，但过度使用 blob 类型的字段可能会影响数据库性能。在某些情况下，最好将二进制数据存储在文件系统中，并在数据库中存储其路径或标识符，以获得更好的性能和可维护性。

2.5 其他类型

1．布尔类型

bool 或 boolean：用于存储布尔值，即 true、false 或 null。

2．自增数据类型

auto_increment：不是独立的数据类型，可应用于整数列（通常是主键），在每次插入新行时自动递增值，非常适合生成每行唯一标识符。

3．json 类型

json（JavaScript Object Notation）是一种轻量级的数据交换格式。json 可以将 JavaScript 对象中表示的一组数据转换为字符串，便可以在网络或者程序之间轻松地传递这个字符串，并在需要的时候将它还原为各编程语言所支持的数据格式。

4．空间类型

MySQL 空间类型扩展支持地理特征的生成、存储和分析。这里的地理特征表示世界上任何具有地理位置的对象，可以是一个实体，例如一座山；可以是空间，例如一座办公楼；也可以是一个可定义的位置，例如一个十字路口等。MySQL 中使用 geometry 来表示所有地理特征。geometry 用于表示一个点或点的集合，代表世界上任何具有位置的事物。MySQL 的空间数据类型（Spatial Data Type）对应于 OpenGIS 类，包括以下类型。

单值类型：geometry、point、linestring、polygon。

集合类型：multipoint、multilinestring、multipolygon、geometrycollection。

2.6 应用示例：博客系统中的数据类型设置

假设需要设计一个简单的博客系统，该系统包含博客文章和评论。使用 MySQL 来创建两个表，一个用于存储博客文章，另一个用于存储评论。在这两个表中需要使用不同的数据类型。

1．整数类型的应用

（1）在博客文章表中，可以使用 int 类型来存储文章的 ID，它可以作为主键和自增字段，为每篇文章分配唯一的 ID。

（2）在评论表中，可以使用 int 类型来存储评论的 ID 和文章的 ID，以便与博客文章表关联。

2．字符串类型的应用

（1）在博客文章表中，可以使用 varchar 类型来存储文章的标题和作者名。

（2）在评论表中，可以使用 varchar 类型来存储评论者的名称和评论内容。

3．日期和时间类型的应用

（1）在博客文章表中，可以使用 date 类型来存储文章的发布日期。

（2）在评论表中，可以使用 datetime 类型来存储评论的发布时间，以记录每条评论的具体发布时间。

4．布尔类型的应用

在博客文章表中，可以使用 bool 类型来标记文章是否置顶或是否允许评论。

5．blob 类型的应用

（1）在博客文章表中，可以使用 blob 类型来存储文章的内容，特别是对于较长的文章或包含富文本格式的文章。

（2）在评论表中，如果允许评论时上传图片或其他附件，可以使用 blob 类型来存储这些附件数据。

6．enum 类型的应用

在博客文章表中，可以使用 enum 类型来定义文章的状态，如 draft（草稿）、published（已发布）、archived（已归档）等。

7．json 类型的应用

在博客文章表中，可以使用 json 类型来存储一些与文章相关的元数据，如标签、作者信息等。

基于以上内容创建 blog_articles 表和 blog_comments 表，如图 2-3 所示。

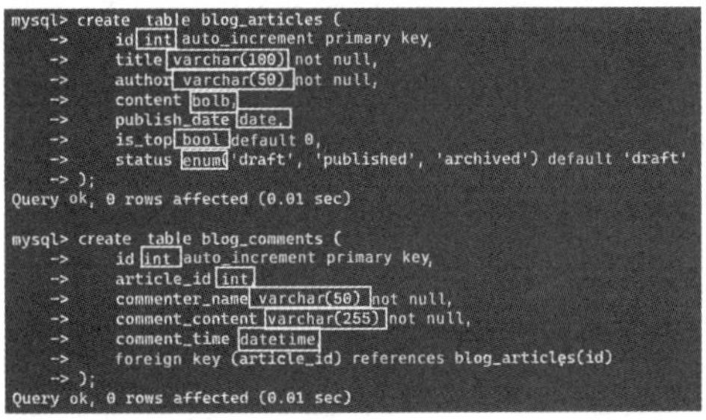

```
mysql> create  table blog_articles (
    ->      id int auto_increment primary key,
    ->      title varchar(100) not null,
    ->      author varchar(50) not null,
    ->      content bolb,
    ->      publish_date date,
    ->      is_top bool default 0,
    ->      status enum('draft', 'published', 'archived') default 'draft'
    -> );
Query ok, 0 rows affected (0.01 sec)

mysql> create  table blog_comments (
    ->      id int auto_increment primary key,
    ->      article_id int,
    ->      commenter_name varchar(50) not null,
    ->      comment_content varchar(255) not null,
    ->      comment_time datetime,
    ->      foreign key (article_id) references blog_articles(id)
    -> );
Query ok, 0 rows affected (0.01 sec)
```

图 2-3　创建 blog_articles 表和 blog_comments 表

blog_articles 表包含 id、title、author、content、publish_date、is_top、status 等字段，blog_comments 表包含 id、article_id、commenter_name、comment_content、comment_time 等字段。

下面在表中插入 3 篇博客文章，并插入几条评论。

用以下代码插入博客文章数据。

```
insert into blog_articles (title, author, content, publish_date, is_top, status)
values
    ('Getting Started with MySQL','John Doe','This is the content of the article…',
'2023-07-25', 1, 'published'),
```

```
    ('Advanced SQL Techniques','Jane Smith','In this article, we will explore advanced
SQL concepts…', '2023-07-26', 0, 'published'),
    ('MySQL Performance Optimization', 'Mike Johnson', 'Here are some tips to optimize
your MySQL database…', '2023-07-23', 0, 'published');
```

用以下代码插入评论数据。

```
insert into blog_comments (article_id, commenter_name, comment_content, comment_time)
values
    (1, 'User123', 'Great article!', '2023-07-25 10:30:00'),
    (1, 'NewUser', 'Thanks for the helpful information.', '2023-07-25 12:15:00'),
    (2, 'Reader456', 'Looking forward to more advanced tutorials.', '2023-07-26 14:00:00');
```

查看 blog_articles 表和 blog_comments 表中的数据结果，如图 2-4 所示。

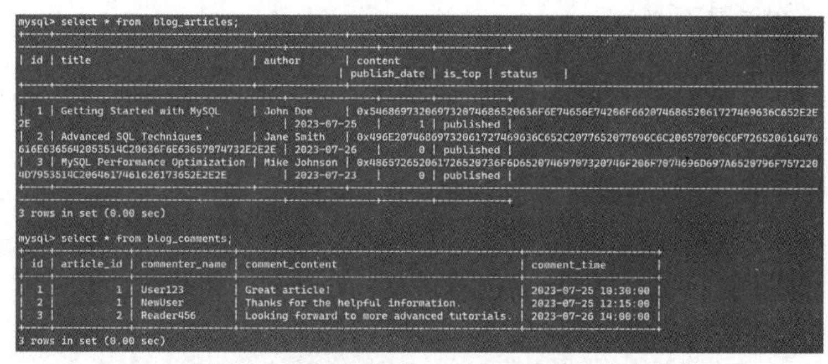

```
mysql> select * from  blog_articles;
| id | title                          | author       | content
                                      | publish_date | is_top | status    |
|  1 | Getting Started with MySQL     | John Doe     | 0x546869732069732074686520636F6E74656E74206F66207468652061727469636C652E2E
2E                                    | 2023-07-25   |      1 | published |
|  2 | Advanced SQL Techniques        | Jane Smith   | 0x496E207468697320617274696636C652C20776520776696C6C206578706C6F726520616476
616E6365642053514C20636F6E63657074732E2E2E | 2023-07-26   |      0 | published |
|  3 | MySQL Performance Optimization | Mike Johnson | 0x486572652061726520736F6D6520746970732074 6F206F7074696D697A6520796F757220
4D7953514C2064617461626173652E2E2E        | 2023-07-23   |      0 | published |
3 rows in set (0.00 sec)

mysql> select * from blog_comments;
| id | article_id | commenter_name | comment_content                              | comment_time        |
|  1 |          1 | User123        | Great article!                               | 2023-07-25 10:30:00 |
|  2 |          1 | NewUser        | Thanks for the helpful information.          | 2023-07-25 12:15:00 |
|  3 |          2 | Reader456      | Looking forward to more advanced tutorials.  | 2023-07-26 14:00:00 |
3 rows in set (0.00 sec)
```

图 2-4　查看 blog_articles 表和 blog_comments 表中的数据结果

需要说明的是，在 MySQL 中，blob 类型用于存储二进制数据，如图像、音频、视频、文档等大型对象。当使用查询语句检索 blob 类型的数据时，MySQL 默认将其以十六进制字符串的形式进行显示。如果要让 blob 类型的数据以原有的样式显示，可以使用编程语言或 MySQL 客户端工具来处理 blob 类型的数据并正确显示其内容。以下是一些常见的方法。

（1）使用编程语言处理数据

在应用程序中，可以使用编程语言（如 Python、Java、PHP 等）连接到 MySQL 数据库，并执行查询语句来检索 blob 数据。然后可以使用编程语言提供的相关库和方法来将 blob 类型的数据转换回原始格式，例如将二进制数据转换为图像、音频或视频格式的数据。最后，应用程序正确地呈现这些数据，以使用户可以查看它们。

（2）使用 MySQL 客户端工具处理数据

一些 MySQL 客户端工具（如 MySQL Workbench、phpMyAdmin 等）提供了图形界面，可以直接查看 blob 类型的数据。在 MySQL Workbench 中查看 blob 类型的数据，以二进制数据转换成十六进制数据的形式展示评论和以文本形式展示评论，分别如图 2-5 和图 2-6 所示。

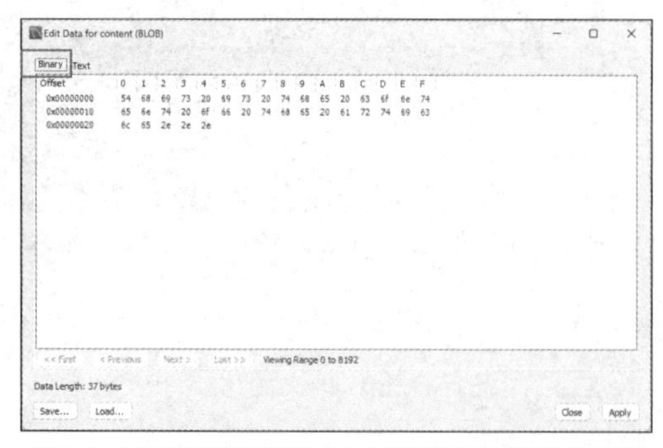

图 2-5　以二进制数据转换成十六进制数据的形式展示评论

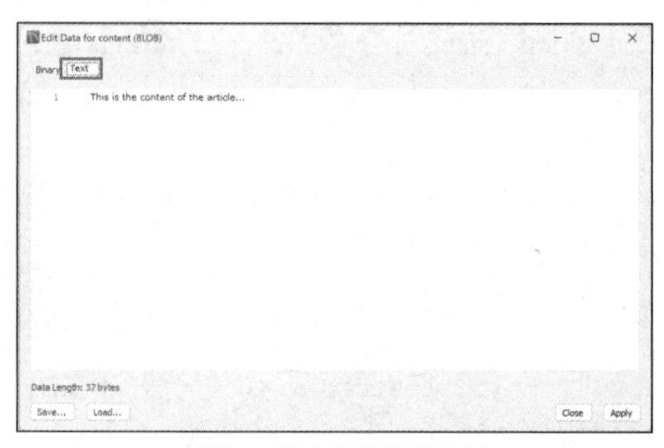

图 2-6　以文本形式展示评论

本章小结

MySQL 作为一个功能强大的关系数据库管理系统，提供了广泛的数据类型供用户使用。每种类型都有其特点和用途。例如整数类型用于存储整数，浮点数类型用于存储近似数值，定点数类型用于精确计算；字符串类型用于存储文本；日期和时间类型用于处理日期和时间数据；blob 类型可存储大型二进制数据等。此外，还有其他数据类型，如布尔类型、空间类型等。选择正确的数据类型对保障数据库性能和数据完整性至关重要。合理使用不同的数据类型，可以优化存储空间、提高查询效率，并确保数据的准确性和一致性。在数据库设计过程中，要根据实际需求和数据特性选择合适的数据类型，以实现高效、可靠的数据库系统。

习　题

1. 选择题

1-1 在设计一个用户表时，(　　) 类型最适合存储用户的电子邮件地址。

A. varchar　　B. int　　C. date　　D. boolean

1-2 在存储一个产品的价格时，(　　) 类型最适合。

A. decimal　　B. text　　C. enum　　D. blob

1-3 在 MySQL 中，(　　) 类型可以存储最大的整数。

A. tinyint　　B. smallint　　C. int　　D. bigint

1-4 在存储一个用户的性别时，(　　) 类型最适合。

A. enum　　B. tinyint　　C. double　　D. blob

1-5 在 MySQL 中，(　　) 类型可以存储精确的小数。

A. float　　B. double　　C. decimal　　D. numeric

2. 填空题

2-1 在 MySQL 中，小数的表示分为_______和定点数两种。

2-2 _______类型的字段用于存储固定长度的字符串，最多可以存储_______个字符。

2-3 _______类型用于表示空值，可以在字段中存储空值或者使用______约束来限制字段的空值。

2-4 如果需要存储订单的状态，状态值包括待支付、已支付和已取消，应该选择_____类型。

2-5 如果需要存储产品的价格，价格的范围是 0 到 1000（不包括 0），且需要保留两位小数，应该选择的数据类型是_________。

第3章 MySQL 运算符

MySQL运算符是用于在MySQL数据库中进行各种操作和计算的特殊符号或关键字，这些运算符在数据查询、插入、更新、删除及条件判断等方面起着重要作用。熟练地使用 MySQL 运算符可以高效地处理数据，并实现复杂的查询和数据操作。

关系操作

本章学习目标

（1）熟悉 MySQL 中的各种运算符。

（2）理解每种运算符的功能和使用方法。

（3）掌握运算符的优先级和结合性，以正确编写复杂的表达式。

（4）熟悉一些常见的运算符用例和实际应用场景，以提高查询和处理数据的效率。

3.1 MySQL 运算符概述

MySQL 提供的运算符可以直接对表中数据或字段进行运算，从而满足用户的各种需求。在 MySQL 中，可以通过运算符来获取表结构以外的另一种数据。例如，学生表中存在一个 birth 字段，这个字段表示学生的出生年份。如果想得到学生的实际年龄，可以使用 MySQL 中的算术运算符用当前的年份减去学生出生的年份，求出的结果就是学生的实际年龄了。

MySQL 支持以下 5 种运算符。

1．算术运算符

算术运算符用于执行算术运算，例如加、减、乘、除等。

2．比较运算符

比较运算符包括＞、＜、=、! =等，主要用于数值的比较、字符串的匹配等。

3．逻辑运算符

逻辑运算符包括 AND、OR、NOT 等，逻辑运算的返回值为真值（1 或 TRUE）或假值（0 或 FALSE）。

4．位运算符

位运算符包括 &、|、^、～、»、«等。位运算必须先将数据转换为补码，再根据数据的补码进行操作。运算完成后，将得到的值转换为原来的类型的值（十进制数），再返回给用户。

5．赋值运算符

赋值运算符使运算符左侧的用户变量取其右侧的值，右侧的值可以是字面量、另一个变量，或者生成标量值的任何合法表达式，包括查询结果（前提是该值是标量值）。可以在同一语句中执行多个赋值操作。

3.2 算术运算符

算术运算符是 MySQL 中最基本的运算符，包括+、-、*、/和%等，它们是最常用、最简单的一类运算符。

下面详细说明 MySQL 中的算术运算符。

1．+（加）

+用于将两个数值相加。例如以下代码。

```
select 10 + 5;
```

上述代码返回结果为 15。

2．-（减）

-用于将一个数值减去另一个数值。例如以下代码。

```
select 20 - 8;
```

上述代码返回结果为 12。

3．*（乘）

*用于将两个数值相乘。例如以下代码。

```
select 4 * 6;
```

上述代码返回结果为 24。

4．/（除）

/用于将一个数值除以另一个数值。例如以下代码。

```
select 8 / 5;
```

上述代码返回结果为 1.6。

5．%（取模）

%用于取得两个数值相除后的余数。例如以下代码。

```
select 20 % 3;
```

上述代码返回结果为 2，因为 20 除以 3 得 6 余 2。

6．div 和 mod

运算符 div 与/一样，均能实现除法运算，区别在于用 div 进行除法运算时，结果会去掉小数部分，只返回整数部分。例如以下代码。

```
select 8 div 5;
```

上述代码返回结果为 1。

运算符 mod 与%一样，均能实现取模运算，mod(a,b)与 a%b 的效果一样。取模结果的正负与被模数（%左边的操作数）的符号相同，与模数的符号无关。例如以下代码。

```
select mod(20, 7);
```

上述代码返回 20 除以 7 的余数，结果是 6。

在进行算术运算时，MySQL 会根据数据类型进行隐式类型转换。如果操作数包含小数，结果将自动转换为浮点数；否则，结果将保持整数类型。

此外，算术运算符也可以与其他运算符结合使用，如与比较运算符结合来进行复杂的数值比较，或者与赋值运算符结合来对数据库中的数据进行更新。举个例子，假设有一个包含订单信息的表 orders，其中有订单数量 quantity 和单价 price 两个字段。要计算每个订单的总金额并将结果更新到表中的 total_amount 字段中，可以使用如下 update 语句。

```
update orders set total_amount = quantity * price;
```

上述代码将会把每个订单的数量乘以对应的单价，计算出总金额，并更新到 total_amount 字段中。

MySQL 的算术运算符为开发者提供了灵活的数值计算功能，使得在数据库中进行算术运算变得更加便捷。同时，开发者也应当注意在运算过程中避免可能导致数值溢出或除 0 错误的情况，以确保运算的正确性和安全性。

3.3 比较运算符

MySQL 中的比较运算符用于比较两个值之间的关系，该类运算符允许在查询中构建条件，过滤出符合指定条件的数据。MySQL 提供了多种比较运算符，下面进行详细说明。

1. =（等于）

=用于判断两个值是否相等。例如以下代码。

```
select * from students where age = 18;
```

上述代码会返回所有年龄为 18 岁的学生记录。

2. <>或 !=（不等于）

<>或!=用于判断两个值是否不相等。例如以下代码。

```
select * from products where price <> 0;
```

上述代码会返回所有价格不等于 0 的产品记录。

3. >（大于）

>用于判断左边的值是否大于右边的值。例如以下代码。

```
select * from orders where total_amount > 1000;
```

上述代码会返回订单总金额大于 1000 元的订单记录。

4. <（小于）

<用于判断左边的值是否小于右边的值。例如以下代码。

```
select * from products where stock_quantity < 10;
```

上述代码会返回库存数量小于 10 的产品记录。

5. >=（大于或等于）

>=用于判断左边的值是否大于或等于右边的值。例如以下代码。

```
select * from employees where salary >= 50000;
```

上述代码会返回薪资大于或等于 50000 元的员工记录。

6. <=（小于或等于）

<=用于判断左边的值是否小于或等于右边的值。例如以下代码。

```
select * from customers where age <= 30;
```

上述代码会返回年龄小于或等于 30 岁的顾客记录。

7. is null 和 is not null

is null 用于判断一个值是否为空，如果为空则返回 1，否则返回 0。is not null 则与之相反。

```
select * from students where age is not null;
```

上述代码将返回所有年龄不为空的学生的记录。

8. between…and…

between…and…用于判断一个值是否在两个指定值之间。其语法格式如下。

```
value between low and high
```

其中，value 表示要判断的值，low 和 high 分别表示区间的下限值和上限值。如果在区间内（包含 low 和 high），则返回 1，否则返回 0。例如以下代码。

```
select * from employees where age between 25 and 35;
```

上述代码将返回年龄在 25 岁到 35 岁内（包括 25 岁和 35 岁）的员工记录。

9. in 和 not in

in 运算符用来判断某值是否在列表中，如果是则返回为 1，否则返回 0。not in 则与之相反。in 的语法格式如下。

```
value in (value1, value2,…)
```

value 表示要进行测试的值，(value1, value2,…)表示要进行比较的一组值。例如以下代码。

```
select * from products where price in (10, 20);
```

上述代码将返回价格为 10 元或 20 元的产品记录。

10. like

like 用于在 SQL 查询中进行模式匹配，它与通配符一起使用来匹配字符串中的部分内容。like 运算符的语法格式如下。

```
value like pattern
```

其中，value 表示要进行匹配的字符串，pattern 表示要匹配的模式。可以使用%和_通配符来表示任意多个字符和任意单个字符。例如以下代码。

```
select * from employees where name like '%son%';
```

上述代码将返回所有姓名中包含 son 的员工记录，例如 Johnson、Jackson 等。

需要注意的是，在使用 like 运算符时，匹配字符串的时候区分大小写。如果要忽略大小写，可以使用 lower()或 upper()函数将字符串转换为小写或大写形式再进行匹配。

11. regexp

正则表达式主要用来查询和替换符合某个模式（规则）的文本内容。例如，从一个文件中提取电话号码，查找一篇文章中重复的单词或替换文章中的敏感词汇等，这些都可以使用正则表达式来实现。正则表达式强大且灵活，常用于复杂的查询。在 MySQL 中，使用 regexp 操作符指定正则表达式的字符匹配模式，其基本语法格式如下。

```
字段名 regexp '匹配方式'
```

其中，“字段名”表示需要查询的字段名称；“匹配方式”表示以哪种方式来匹配查询。如果匹配成功则返回 1，否则返回 0。“匹配方式”中有很多的模式匹配字符，它们分别表示不同的意思，常用的匹配方式如表 3-1 所示。

表 3-1　常用的匹配方式

匹配符及格式	说明	例子	匹配值示例
^	匹配文本的开始字符	'^b'表示匹配以字母 b 开头的字符串	book、big、banana、bike
$	匹配文本的结束字符	'st$'表示匹配以 st 结尾的字符串	test、resist、persist
.	匹配任何单个字符	'b.t'表示匹配任何 b 和 t 之间有一个字符的字符串	bit、bat、but、bite
*	匹配 0 个或多个在它前面的字符	'f*n'表示匹配字符 n 前面有任意个字符 f 的字符串	fn、fan、faan、abcn
+	匹配其前面的字符一次或多次	'ba+'表示匹配以 b 开头，后面至少紧跟一个 a 的字符串	ba、bay、bare、battle
<字符串>	匹配包含指定字符串的文本	'fa'表示匹配包含 fa 的文本	fan、afa、faad
[字符集合]	匹配字符集合中的任何一个字符	'[xz]'表示匹配包含 x 或者 z 的字符串	dizzy、zebra、x-ray、extra
[^]	匹配不在括号中的任何字符	'[^abc]'表示匹配任何不包含 a、b 和 c 的字符串	desk、fox、f8ke
字符串{*n*,}	匹配前面的字符串至少 *n* 次	'b{2}'表示匹配两个或更多的 b	bbb、bbbb、bbbbbbb
字符串{*n*,*m*}	匹配前面的字符串至少 *n* 次，至多 *m* 次	'b{2,4}'表示最少匹配两个 b，最多匹配 4 个 b	bbb、bbbb

例如：语句 select 'CHINA' regexp 'NA'; 的返回值为 1，语句 select 'CHINA' regexp '^NA'; 的返回值为 0。

这些比较运算符可以在 select 语句的 where 子句中使用，也可以在 update、delete 等语句中用于指定条件。它们可以与逻辑运算符（and、or、not）结合使用，构建复杂的条件表达式。

此外，比较运算符在处理 null 值时需要特别注意以下几点。

（1）使用等于运算符（=）判断 null 值时，返回的结果是未知，即 null。

（2）使用不等于运算符（<>或!=）判断 null 值时，返回的结果也是未知，即 null。

（3）要判断一个值是否为 null，应使用 is null；要判断一个值是否不为 null，应使用 is not null。

比较运算符在 MySQL 中的应用是非常重要和广泛的，可以帮助我们在数据库中过滤和选择符合条件的数据，为数据查询和处理提供了强大的功能支持。合理使用比较运算符可以更加灵活高效地操作数据库，从而满足不同的业务需求。

3.4 逻辑运算符

MySQL 中的逻辑运算符用于连接多个条件表达式，从而构建复杂的查询条件。逻辑运算符主要包括 and、or 和 not。这些运算符在 where、having 子句中常常用于筛选满足特定逻辑条件的数据。下面详细讲解 MySQL 中的逻辑运算符。

1. and（与）

and 运算符用于连接两个条件表达式，并且只有当两个条件都为真（true）时，整个条件表达式才会为真。例如以下代码。

```
select * from students where age > 18 and gender = 'male';
```

上述代码将返回年龄大于 18 且性别为男的学生记录。

2. or（或）

or 运算符用于连接两个条件表达式，当其中一个条件为真时，整个条件表达式即为真。例如以下代码。

```
select * from products where category = 'Electronics' or category = 'Appliances';
```

上述代码将返回分类为 Electronics 或 Appliances 的产品记录。

3. not（非）

not 运算符用于取反一个条件表达式的结果，将真变为假，将假变为真。例如以下代码。

```
select * from employees where not department = 'HR';
```

上述代码将返回部门不是 HR 的员工记录。

逻辑运算符在复杂的查询中非常有用，可以根据需要组合多个条件，对数据进行灵活的筛选和过滤。此外，逻辑运算符还可以与其他运算符结合使用，例如与比较运算符一起形成更复杂的查询条件。同时，通过使用括号，可以控制条件之间的优先级，确保逻辑表达式的正确性。

在编写 SQL 查询语句时，正确使用逻辑运算符对于获取准确的查询结果至关重要。开发者应该清楚地理解每个逻辑运算符的含义和作用，避免常见的逻辑错误，确保查询条件的合理性和准确性。逻辑运算符为 MySQL 数据库查询提供了强大的逻辑控制支持，是数据库开发中不可或缺的重要工具。

3.5 位运算符

MySQL 中的位运算符用于对二进制数据进行操作，它们可以在位级别上对整数类型的数据进行位运算。位运算符在 MySQL 中的应用相对较少，通常用于处理存储在数据库中的二进制数据或进行一些特殊的位操作。下面详细讲解 MySQL 中的位运算符。

1. &（按位与）

&运算符用于对两个进制数的每一位进行与操作，只有当两个相应位均为 1 时，结果的对应位才为 1。例如以下代码。

```
select 10 & 6;
```

上述代码将返回 2，因为 10（二进制形式为 1010）与 6（二进制形式为 0110）进行按位与运算后得到 2（二进制形式为 0010）。

2. |（按位或）

|运算符用于对两个进制数的每一位进行或操作，只要两个相应位中有一个为 1，结果的对应位就为 1。例如以下代码。

```
select 10 | 6;
```

上述代码将返回 14，因为 10（二进制形式为 1010）与 6（二进制形式为 0110）进行按位或运算后得到 14（二进制形式为 1110）。

3．^（按位异或）

^运算符用于对两个二进制数的每一位进行异或操作，当两个相应位不同时，结果的对应位为 1，否则为 0。例如以下代码。

```
select 10 ^ 6;
```

上述代码将返回 12，因为 10（二进制形式为 1010）与 6（二进制形式为 0110）进行按位异或运算后得到 12（二进制形式为 1100）。

4．~（按位取反）

~运算符用于对一个二进制数的每一位进行取反操作，将 0 变为 1，将 1 变为 0。例如以下代码。

```
select ~10;
```

上述代码将返回-11，因为将 10（二进制形式为 1010）进行按位取反后得到-11（二进制形式为-1011）。

5．<<（位左移）

<<运算符使指定的二进制数的所有位都左移指定的位数。左移指定位数之后，左边高位的数值将被移出并丢弃，右边低位空出的位置用 0 补齐。语法格式如下。

```
expr<<n
```

其中，*n* 指定值 expr 要移位的位数。例如以下代码。

```
select 4<<1;
```

上述代码将返回 8，因为 4 的二进制形式为 100，左移一位后变为 1000，转换成十进制数为 8。

6．>>（位右移）

>>运算符使指定的二进制数的所有位都右移指定的位数。右移指定位数之后，右边低位的数值将被移出并丢弃，左边高位空出的位置用 0 补齐。语法格式如下。

```
expr>>n
```

其中，*n* 指定值 expr 要移位的位数。例如以下代码。

```
select 4>>1;
```

上述代码将返回 2，因为 4 的二进制形式为 100，右移一位后变为 10，转换成十进制数为 2。

位运算符在 MySQL 中主要用于对二进制数据进行处理，如 IP 地址的存储和处理，或者在特定场景下进行位掩码计算。在一般的数据查询和处理中，位运算符并不常用。用得最多的位运算符应该是位移运算符<<和>>，按位右移 1 位就表示二进制数除以 2，按位左移 1 位就表示二进制数乘以 2。因为位运算涉及底层的二进制操作，理解和使用它们需要对二进制数据有深入的了解，开发者在使用位运算符时应当小心谨慎，避免引起不必要的错误。

3.6 赋值运算符

在 MySQL 中，=既可以作为比较运算符，用于比较数据是否相等；也可以作为赋值运算符，用于赋值。为了避免系统分不清=是赋值运算符还是比较运算符，MySQL 添加了一个新的符号 :=来表示赋值。

这两个符号是有区别的。

（1）:=是真正意义上的赋值操作，将左边的变量设置为右边的值。

```
set @variable_name := value;
```

上述代码中，@variable_name 是变量的名称，value 是要赋给变量的值。可以使用任何有效的 MySQL 表达式作为值，包括列名、函数、常量等。

（2）=则只在 set 语句里面用于赋值。

```
set var = value;
```

但当使用 select 语句的时候，如=用到 where 子句中，代码如下。

```
select…from…
where username=Tom;
```

这里的=则作为比较运算符使用。

3.7 运算符的优先级

运算符的优先级可以简单理解为运算符在一个表达式中参与运算的先后顺序。优先级越高，则越早参与运算；优先级越低，则越晚参与运算。在 MySQL 中，不同类型的运算符具有不同的优先级，这决定了它们在表达式中的计算顺序。当一个表达式中包含多个运算符时，MySQL 会按照优先级来决定先执行哪个运算，以确保表达式的正确计算，MySQL 中常见运算符的优先级如表 3-2 所示。

表 3-2　MySQL 中常见运算符的优先级

优先级（由高到低）	运算符
16	()（括号）
15	!
14	-（负号）、~（按位取反）
13	^（按位异或）
12	*（乘）、/（除）、%（取模）
11	+（加）、-（减）
10	<<（位左移）、>>（位右移）
9	&（按位与）
8	|（按位或）
7	=（比较运算符）、>=、>、<=、<、<>、!=、is、like、in、regexp
6	between
5	not
4	and
3	xor
2	or
1	=（赋值运算符）、:=

如果一个复杂的表达式中含有多种运算符，可以使用括号来明确指定运算的优先级，以防止计算顺序错误。例如，下面的表达式使用括号明确指定了计算的顺序。

```
select (2 + 3) * 4;
```

在这个表达式中，先进行括号内的算术运算，然后乘以 4，最终结果为 20。

同级别的运算符具有相同的优先级，除赋值运算符从右到左运算外，其余同级别的运算符在同一表达式中出现时，执行顺序为从左到右。

若要提升运算符的优先级，可以使用括号( )，当表达式中同时出现多个括号时，最内层的括号中的表达式的优先级最高。在实际操作时，遇到复杂的表达式需要适当地添加括号，使结构更清晰，避免因分不清运算顺序而导致运算错误。

3.8 应用示例：不同环境下的运算符使用

1．数值比较运算符的应用示例

假设有一个名为 students 的数据表，包含 name 和 age 两个字段。我们可以使用比较运算符来筛选出年龄大于或等于 18 岁的学生。以下查询将返回所有年龄大于或等于 18 岁的学生的姓名和年龄。

```
select name, age from students where age >= 18;
```

2．算术运算符的应用示例

假设有一个名为 orders 的数据表，包含 quantity 和 price 两个字段。我们可以使用算术运算符计算订单总金额，并将结果作为新的字段返回。以下查询将返回每个订单的数量、单价和总金额（数量和单价相乘得到的新字段）。

```
select quantity, price, quantity * price as total_amount from orders;
```

3．字符串比较运算符的应用示例

字符串比较运算符的使用如下。

（1）假设有一个名为 users 的数据表，包含 username 和 email 两个字段。我们可以使用字符串运算符来筛选出邮箱地址以“.com”结尾的用户。以下查询使用了字符串运算符 like 和通配符 %。like 用于模式匹配，% 表示匹配任意字符任意次数。所以以下查询将返回邮箱地址以“.com”结尾的用户的用户名和邮箱地址。

```
select username, email from users where email like '%.com';
```

（2）假设有一个名为 employees 的数据表，包含 name 和 salary 两个字段。我们可以使用 is null 运算符来筛选出没有薪水信息的员工。以下查询将返回没有薪水信息的员工的姓名。

```
select name from employees where salary is null;
```

（3）假设有一个名为 orders 的数据表，包含 order_id 和 status 两个字段。我们可以使用 in 运算符来筛选出特定状态的订单。这个查询将返回状态为 pending 或 processing 的订单的订单号和状态。

```
select order_id, status from orders where status in ('pending', 'processing');
```

4．不同优先级运算符的应用示例

以下是一个例子，涉及不同优先级的多个运算符，并附带解释。

假设有一个名为 orders 的数据表，包含 order_id、customer_id、order_date 和 total_amount 共 4 个字段。现有以下查询。

```
select order_id, customer_id, order_date, total_amount
```

```
from orders
where (order_date >= '2023-01-01' and order_date <= '2023-12-31')
  and (total_amount > 1000 or (customer_id in (select customer_id from
                                high_value_customers) and total_amount > 500))
  order by order_date desc, total_amount desc;
```

这个查询涉及多个运算符和命令，具体如下。

（1）>= 和 <=：比较运算符，用于比较日期范围。

（2）and 和 or：逻辑运算符，用于将多个条件连接起来。

（3）in：用于检查某个值是否在子查询的结果集中。

（4）select：用于执行子查询。

（5）order by：用于按照指定的字段对结果进行排序。

（6）desc：表示降序排列。

在这个查询中，运算符的优先级如下。

（1）括号中的条件首先被计算，因为括号具有最高的优先级。

（2）比较运算符（如 >=、<=）在逻辑运算符之前被计算。

（3）and 运算符的优先级比 or 运算符高，因此在同一级别的条件中，and 运算符会先被计算。

（4）子查询会在主查询之前被执行。

因此，该查询的执行顺序如下。

第一步：计算括号中的条件 order_date >= '2023-01-01' and order_date <= '2023-12-31'和 customer_id in (select customer_id from high_value_customers) and total_amount > 500。

第二步：将括号中的条件与外部的 total_amount > 1000 进行连接，使用 or 运算符。

第三步：执行子查询 select customer_id from high_value_customers，并将其结果与外部的条件 customer_id in (...) 进行连接。

第四步：按照 order by 子句中的 order_date desc, total_amount desc 使结果降序排列。

这个查询将返回满足条件的订单的订单号、客户号、订单日期和总金额，并按照订单日期和总金额降序排列。

本章小结

本章介绍了 MySQL 中的运算符，MySQL 是一种被广泛使用的关系数据库管理系统，它支持各种运算符来实现数据的查询、比较和计算等操作。本章介绍了算术运算符、比较运算符、逻辑运算符、位运算符、赋值运算符等，并介绍了运算符的优先级。通过对本章的学习，读者将对 MySQL 中的运算符进行全面的了解，掌握了如何在查询中灵活运用这些运算符来实现数据的高效获取和处理。了解 MySQL 运算符的用法对于开发者和数据库管理员在日常工作中优化查询和提高数据库性能都具有重要的意义。

习　题

选择题

1-1　在 MySQL 中，（　　）运算符用于比较两个字符串是否相等。

A. =　　B. like　　C. ==　　D. is

1-2　在 MySQL 中，（　　）运算符用于比较两个值是否不在指定范围内。

A. not between　　B. between　　C. not in　　D. in

1-3　在 MySQL 中，（　　）运算符具有最高的优先级。

A. and　　B. or　　C. not　　D. between

1-4　以下语句的返回结果为（　　）。

```
select (10 + 5) * 2 / 3-4 % 2;
```

A. 3　　B. 4　　C. 5　　D. 10

1-5　（多选）假设有两个变量 a 和 b，它们的初始值分别为 $a=10$、$b=5$，现有比较表达式：

```
a >= b
a != b
```

则以下结果正确的是（　　）。

A. $a>=b$ 的结果是 true　　B. $a>=b$ 的结果是 false

C. $a!=b$ 的结果是 true　　D. $a!=b$ 的结果是 false

第4章 数据库操作

数据库是一种可以通过一定的组织形式来存放数据的介质，其好比一个办公区域，该办公区域按照办公职责的不同划分出不同办公室，例如某个办公室是人事部门的办公室，某个办公室是劳资部门的办公室，某个办公室是经理办公室，某个办公室存放文件等，而数据库中存储的数据对象也会按照某些规则存放，这样可以方便数据的管理和操作。数据库操作包括选择存储引擎、创建数据库和删除数据库等。

本章学习目标

（1）了解 MySQL 数据库支持的存储引擎。

（2）熟练掌握创建数据库的方法。

（3）掌握删除数据库的方法。

4.1 数据库存储引擎概述

存储引擎是 MySQL 数据库中的名词，其影响数据表的存储方式。在实际应用过程中选择合适的存储引擎，可以提高操作数据库管理系统的效率。不同的存储引擎所支持的数据表的类型是不同的，如果数据表需要建立聚簇索引，那么不建议选择 MyISAM 存储引擎，但是如果数据表中涉及 auto_increment，就要选择 MyISAM 存储引擎。这就说明数据库开发人员要先了解数据表的类型，然后才能选择合适的存储引擎。

数据库操作——存储引擎

4.1.1 MySQL 数据库支持的存储引擎

MySQL 8.0.33 支持 9 种存储引擎，这些存储引擎有各自的特点，因此，在不同的情况下选择合适的存储引擎来提高效率显得尤为重要。

在 MySQL 中查看 MySQL 所支持的存储引擎可以使用如下命令。

```
show engines;
```

MySQL 所支持的存储引擎执行结果如图 4-1 所示。

```
mysql> show engines;
+--------------------+---------+----------------------------------------------------------------+--------------+------+------------+
| Engine             | Support | Comment                                                        | Transactions | XA   | Savepoints |
+--------------------+---------+----------------------------------------------------------------+--------------+------+------------+
| FEDERATED          | NO      | Federated MySQL storage engine                                 | NULL         | NULL | NULL       |
| MRG_MYISAM         | YES     | Collection of identical MyISAM tables                          | NO           | NO   | NO         |
| MyISAM             | YES     | MyISAM storage engine                                          | NO           | NO   | NO         |
| BLACKHOLE          | YES     | /dev/null storage engine (anything you write to it disappears) | NO           | NO   | NO         |
| CSV                | YES     | CSV storage engine                                             | NO           | NO   | NO         |
| MEMORY             | YES     | Hash based, stored in memory, useful for temporary tables      | NO           | NO   | NO         |
| ARCHIVE            | YES     | Archive storage engine                                         | NO           | NO   | NO         |
| InnoDB             | DEFAULT | Supports transactions, row-level locking, and foreign keys     | YES          | YES  | YES        |
| PERFORMANCE_SCHEMA | YES     | Performance Schema                                             | NO           | NO   | NO         |
+--------------------+---------+----------------------------------------------------------------+--------------+------+------------+
```

图 4-1　MySQL 所支持的存储引擎执行结果

与 show engines; 等价的命令如下。

```
show engines \G
```

执行 show engines \G 命令的结果如图 4-2 所示。

对比图 4-1 和图 4-2 不难发现，命令 show engines \G 得到的查询结果条目更加清晰。

由图 4-1 和图 4-2 可知，MySQL 数据库包括 FEDERATED、MRG_MYISAM、MyISAM、BLACKHOLE、CSV、MEMORY、ARCHIVE、InnoDB 和 PERFORMANCE_SCHEMA 这 9 种存储引擎。Engine 表示存储引擎的名称；Support 表示 MySQL 数据库是否支持该存储引擎——YES 表示支持，NO 表示不支持，DEFAULT 表示该存储引擎为 MySQL 数据库默认的存储引擎；Comment 表示对该存储引擎的评价；Transactions 表示该存储引擎是否支持事务——YES 表示支持，NO 表示不支持；XA 表示该存储引擎支持的分布式是否符合 XA 规范——YES 表示符合，NO 表示不符合；Savepoints 表示该存储引擎是否支持事务处理的保存点——YES 表示支持，NO 表示不支持。

```
mysql> show engines \G
*************************** 1. row ***************************
      Engine: FEDERATED
     Support: NO
     Comment: Federated MySQL storage engine
Transactions: NULL
          XA: NULL
  Savepoints: NULL
*************************** 2. row ***************************
      Engine: MRG_MYISAM
     Support: YES
     Comment: Collection of identical MyISAM tables
Transactions: NO
          XA: NO
  Savepoints: NO
*************************** 3. row ***************************
      Engine: MyISAM
     Support: YES
     Comment: MyISAM storage engine
Transactions: NO
          XA: NO
  Savepoints: NO
*************************** 4. row ***************************
      Engine: BLACKHOLE
     Support: YES
     Comment: /dev/null storage engine (anything you write to it disappears
Transactions: NO
          XA: NO
  Savepoints: NO
*************************** 5. row ***************************
      Engine: CSV
     Support: YES
     Comment: CSV storage engine
Transactions: NO
          XA: NO
  Savepoints: NO
*************************** 6. row ***************************
      Engine: MEMORY
     Support: YES
     Comment: Hash based, stored in memory, useful for temporary tables
Transactions: NO
          XA: NO
  Savepoints: NO
*************************** 7. row ***************************
      Engine: ARCHIVE
     Support: YES
     Comment: Archive storage engine
Transactions: NO
          XA: NO
  Savepoints: NO
*************************** 8. row ***************************
      Engine: InnoDB
     Support: DEFAULT
     Comment: Supports transactions, row-level locking, and foreign keys
Transactions: YES
          XA: YES
  Savepoints: YES
*************************** 9. row ***************************
      Engine: PERFORMANCE_SCHEMA
     Support: YES
     Comment: Performance Schema
Transactions: NO
          XA: NO
  Savepoints: NO
9 rows in set (0.00 sec)
```

图 4-2　执行 show engines \G 命令的结果

4.1.2 InnoDB 存储引擎

InnoDB 是 MySQL 数据库存储引擎的一种。InnoDB 给 MySQL 中的表提供了事务、回滚、崩溃修复和多版本并发控制的能力。InnoDB 是 MySQL 第一个提供外键约束的表引擎，而且 InnoDB 对事务处理的能力是 MySQL 存储引擎中最完善的。MySQL 5.6 之后，除系统数据库之外，默认的存储引擎由 MyISAM 改为 InnoDB；MySQL 8.0 在原先的基础上将系统数据库的存储引擎也改成了 InnoDB。

InnoDB 存储引擎的特点如下。

（1）支持自动增长（auto_increment）列。自动增长列的值不能为空，且值必须唯一。MySQL 中规定自动增长列必须为主键。在插入值时，如果自动增长列不输入值，插入的值就为自动增长后的值；如果输入的值为 0 或空（null），插入的值也为自动增长后的值；如果插入某个确定的值，且该值在前面没有出现过，就可以直接插入。

（2）支持外键（foreign key）约束。外键所在的表为子表，外键所依赖的表为父表。父表中被子表外键关联的字段必须为主键。当删除、更新父表的某条信息时，子表必须有相应的改变。

（3）存储数据和索引有共享表空间存储和单表表空间存储两种方式，通过参数 innodb_file_per_table 控制，0 表示共享表空间（默认值），1 表示单表表空间。两种方式的表结构都保存在.frm 文件中。

① 共享表空间：可以将表空间分为多个文件放在不同的磁盘上，支持分布 I/O 操作，以提高性能。采用共享表空间存储，存储空间的大小不受文件系统的限制，表空间的最大限制是 64TB。表数据和表结构放在一起，方便管理。但由于所有的数据和索引都在一个文件中混合存储，若对一个表做了大量的删除操作，表空间会产生大量的空隙。

② 单表表空间：每一个表都有自己独立的表空间，表结构依然保存在.frm 文件中，还有一个扩展名为.ibd 的文件，保存了该表的数据和索引。由于每个表都有自己独立的表空间，可实现单表在不同数据库间移动。运行 drop table;语句会自动回收空间，删除数据后，通过运行 alter table empengine=InnoDB;语句也可以回收不用的表空间。这样数据库的效率和性能会好一些。但由于每个表的数据都用一个单独的文件来存放，所以会受到文件系统的限制。

（4）在 MySQL 数据目录下创建一个名为 ibdata1 的 10MB 大小的自动扩展数据文件，以及两个名为 ib_logfile0 和 ib_logfilel 的 5MB 大小的日志文件。

InnoDB 存储引擎的优势在于提供了良好的事务管理、崩溃修复和并发控制；缺点是其读写效率稍差，占用的数据空间相对较大。

4.1.3 MyISAM 存储引擎

MyISAM 存储引擎是 MySQL 中常见的存储引擎，曾是 MySQL 的默认存储引擎。MyISAM 存储引擎是基于 ISAM 存储引擎发展起来的，其增加了很多有用的扩展。

MyISAM 存储引擎的表存储成 3 个文件。文件的名字与表名相同，扩展名包括.frm、.myd 和.myi。.frm 文件为存储表结构的文件；.myd 文件为存储数据的文件，.myd 是 MYData 的缩写；.myi 文件为存储索引的文件，.myi 是 MYIndex 的缩写。在创建表时可以通过 data directory 和 index directory 属性来指定数据文件和索引文件的存储路径，这样可以均衡分布 I/O 操作，加快访问速度。

基于 MyISAM 存储引擎的表支持 3 种存储格式，即静态型（fixed）、动态型（dynamic）和压缩型（compressed）。其中静态型为 MyISAM 存储引擎的默认存储格式，其字段是固定长度的，当表不包含变长列（如 varchar、text、blob 等类型的列）时，可以采用该存储格式，它存储迅速，出现故障时容易恢复，但占用空间比动态型表大。静态型表在进行数据存储时会按照事先定义的列宽补足空格，但在访问的时候会去掉尾部空格。动态型包含变长字段，创建表时用 row_format=dynamic 指定表使用动态格式存储，它占用空间小，但频繁的更新和删除操作会产生碎片，我们需要定期用 optimize table;语句或 myisamchk -r 命令来改善其性能，并且出现故障后较难恢复。压缩型表由 MyISAMPack 工具创建，只占用非常小的磁盘空间，因为每个记录都是被单独压缩的。

MyISAM 存储引擎的优点在于占用空间小，处理速度快；缺点是不支持事务的完整性和并发性。

4.1.4 MEMORY 存储引擎

MEMORY 存储引擎是 MySQL 中的一类特殊存储引擎。其使用存储在内存中的内容来创建表，而且所有数据都放在内存中。这些特性与 InnoDB 存储引擎、MyISAM 存储引擎不同。每个基于 MEMORY 存储引擎的表实际对应一个磁盘文件（扩展名为.frm），该文件的文件名与表名相同，文件中只存储表的结构，而其数据都存储在内存中，这样有利于对数据进行快速处理，提高处理整个表的效率。MEMORY 存储引擎的特点决定了服务器需要有足够的内存来维持表的使用。如果内存不需要使用了，就可以释放一些，甚至可以删除不需要的表。MEMORY 存储引擎默认使用散列（hash）索引，故查询速度要比 B 树（btree）索引快。

基于 MEMORY 存储引擎的表的大小主要取决于两个参数，分别是 max_rows 和 max_heap_table_size。其中，max_rows 可以在创建表时指定；max_heap_table_size 的大小默认为 16MB，可以按需要进行扩大。由于数据存储在内存中，故这类表的处理速度非常快，但数据易丢失，且生命周期短。基于这个缺陷，选择 MEMORY 存储引擎时需要特别谨慎。

MEMORY 的主要特性如下。

（1）每个表可以有 32 个索引，每个索引 16 列，最大键长度为 500B。表中可以有非唯一键，对可包含 null 值的列索引采用 hash 和 btree 索引。

（2）表使用一个固定的记录长度格式。

（3）支持 auto_increment 列，不支持 blob 或 text 列。

（4）表在所有客户端之间共享。

4.1.5 MRG_MYISAM 存储引擎

MRG_MYISAM 也被称为 merge 存储引擎，其表是一组 MyISAM 表的组合，这些表的结构必须完全相同，merge 表本身有数据，对它的操作实际上是对内部 MyISAM 表的操作。它解决了原本对单个 MyISAM 表的大小限制，通过将不同的表分布在多个磁盘上，提高访问效率。它用于将一系列 MyISAM 表以逻辑方式聚合在一起，并作为一个对象被引用。merge 表在磁盘上保存两个文件——.frm 文件和.mrg 文件，.frm 文件存储表的定义，.mrg 文件存储组合表的信息。

【例 4-1】 merge 存储引擎例题。

（1）创建数据表 merge1、merge2 和 merge3，并指定数据表 merge1 和 merge2 的存储引擎为 MyISAM，merge3 的存储引擎为 merge，代码如下。

```
create database medb;
use medb;
drop table if exists merge1,merge2,merge3;
create table merge1
     (
      id int,
      name varchar(11),
      salary decimal(8,2))engine=myisam;
create table merge2
     (
      id int,
      name varchar(11),
      salary decimal(8,2))engine=myisam;
create table merge3
     (
      id int,
      name varchar(11),
      salary decimal(8,2)
     )engine=merge union =(merge1,merge2) insert_method=last;
```

对上述代码的说明如下。

① drop table if exists mergel, merge2,merge3;：判定是否存在数据表 mergel、merge2 和 merge3，如果存在，则执行删除表操作。

② engine=merge union=(mergel,merge2)insert_method=last;：union(mergel,merge2)表示将 mergel、merge2 这两个表进行组合；insert_method=last 表示对 merge 表执行插入操作时的作用对象，若为 first，则作用于第一张 MyISAM 表，即 merge1 表，若为 last，则作用于最后一张 MyISAM 表，即 merge2 表，若为 no 或者不指定，则表示不能对该 merge 表进行插入操作。

（2）通过 show 语句对特定数据库的表状态进行查询，代码如下。

```
show table status from medb where name = 'mergel' \G
```

medb 数据库 merge1 表的详细信息运行结果，如图 4-3 所示。

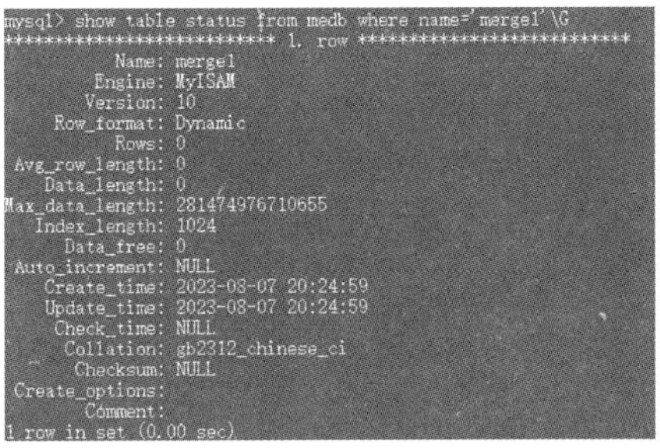

```
mysql> show table status from medb where name='merge1' \G
*************************** 1. row ***************************
           Name: merge1
         Engine: MyISAM
        Version: 10
     Row_format: Dynamic
           Rows: 0
 Avg_row_length: 0
    Data_length: 0
Max_data_length: 281474976710655
   Index_length: 1024
      Data_free: 0
 Auto_increment: NULL
    Create_time: 2023-08-07 20:24:59
    Update_time: 2023-08-07 20:24:59
     Check_time: NULL
      Collation: gb2312_chinese_ci
       Checksum: NULL
 Create_options:
        Comment:
1 row in set (0.00 sec)
```

图 4-3　数据表 merge1 的详细信息运行结果

通过 select 语句对 information_schema.tables 进行查询，代码如下。

```
select * from information_schema.tables where table_name='merge2' \G
select * from information_schema.tables where table_schema='medb' and  table_name=
'merge3' \G
```

数据表 merge2 的详细信息运行结果和数据表 merge3 的详细信息运行结果分别如图 4-4 和图 4-5 所示。

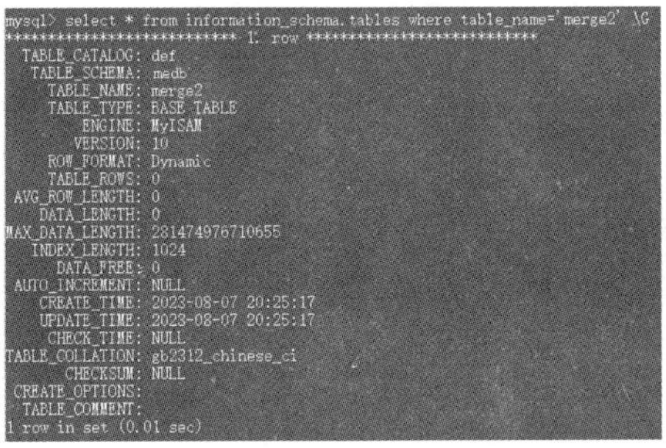

```
mysql> select * from information_schema.tables where table_name='merge2' \G
*************************** 1. row ***************************
  TABLE_CATALOG: def
   TABLE_SCHEMA: medb
     TABLE_NAME: merge2
     TABLE_TYPE: BASE TABLE
         ENGINE: MyISAM
        VERSION: 10
     ROW_FORMAT: Dynamic
     TABLE_ROWS: 0
 AVG_ROW_LENGTH: 0
    DATA_LENGTH: 0
MAX_DATA_LENGTH: 281474976710655
   INDEX_LENGTH: 1024
      DATA_FREE: 0
 AUTO_INCREMENT: NULL
    CREATE_TIME: 2023-08-07 20:25:17
    UPDATE_TIME: 2023-08-07 20:25:17
     CHECK_TIME: NULL
TABLE_COLLATION: gb2312_chinese_ci
       CHECKSUM: NULL
 CREATE_OPTIONS:
  TABLE_COMMENT:
1 row in set (0.01 sec)
```

图 4-4　数据表 merge2 的详细信息运行结果

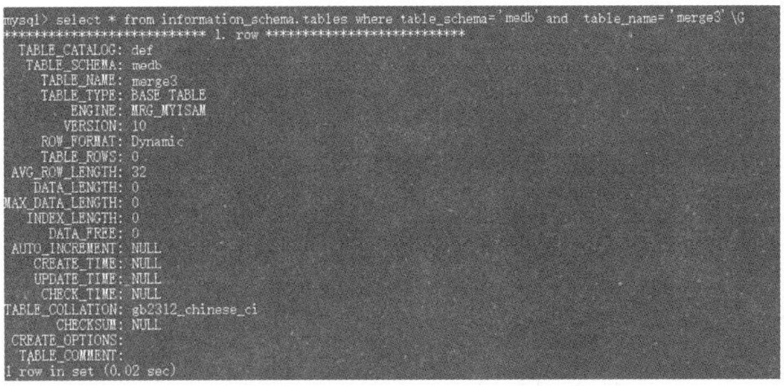

```
mysql> select * from information_schema.tables where table_schema='medb' and  table_name='merge3' \G
*************************** 1. row ***************************
  TABLE_CATALOG: def
   TABLE_SCHEMA: medb
     TABLE_NAME: merge3
     TABLE_TYPE: BASE TABLE
         ENGINE: MRG_MYISAM
        VERSION: 10
     ROW_FORMAT: Dynamic
     TABLE_ROWS: 0
 AVG_ROW_LENGTH: 32
    DATA_LENGTH: 0
MAX_DATA_LENGTH: 0
   INDEX_LENGTH: 0
      DATA_FREE: 0
 AUTO_INCREMENT: NULL
    CREATE_TIME: NULL
    UPDATE_TIME: NULL
     CHECK_TIME: NULL
TABLE_COLLATION: gb2312_chinese_ci
       CHECKSUM: NULL
 CREATE_OPTIONS:
  TABLE_COMMENT:
1 row in set (0.02 sec)
```

图 4-5　数据表 merge3 的详细信息运行结果

（3）验证数据表 merge1、merge2 和 merge3 之间的关系，分别向这 3 个表中插入记录，代码如下。向数据表 merge1、merge2 和 merge3 插入记录运行结果分别如图 4-6、图 4-7 和图 4-8 所示。

```
insert into mergel values
    (001,'Abby',30000.00)
    (002,'Rita',35000.00);
    select * from mergel;
```

```
insert into merge2 values
    (003,'Thomas',20000)
    (004,'COCO',28000);
    select * from merge2;
```

```
insert into merge3 values
    (005,'Vivian',19000)
    (006,'Lily',10000);
    select * from merge3;
```

```
mysql> select * from merge1;
+----+------+----------+
| id | name | salary   |
+----+------+----------+
|  1 | Abby | 30000.00 |
|  2 | Rita | 35000.00 |
+----+------+----------+
2 rows in set (0.00 sec)
```

图 4-6　向数据表 merge1 插入记录运行结果

```
mysql> select * from merge2;
+----+--------+----------+
| id | name   | salary   |
+----+--------+----------+
|  3 | Thomas | 20000.00 |
|  4 | COCO   | 28000.00 |
+----+--------+----------+
2 rows in set (0.00 sec)
```

图 4-7　向数据表 merge2 插入记录运行结果

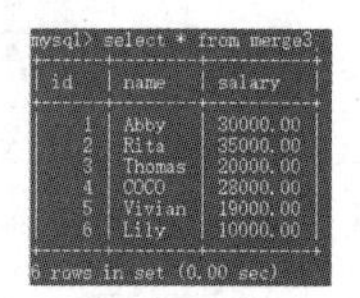

```
mysql> select * from merge3;
+----+--------+----------+
| id | name   | salary   |
+----+--------+----------+
|  1 | Abby   | 30000.00 |
|  2 | Rita   | 35000.00 |
|  3 | Thomas | 20000.00 |
|  4 | COCO   | 28000.00 |
|  5 | Vivian | 19000.00 |
|  6 | Lily   | 10000.00 |
+----+--------+----------+
6 rows in set (0.00 sec)
```

图 4-8　向数据表 merge3 插入记录运行结果

向 merge3 表插入记录后，再执行对 merge1、merge2 和 merge3 表的查询操作，代码如下，就可以明显地看出结果的差异向数据表 merge3 插入记录后，数据表 merge1 和 merge2 中记录的变化如图 4-9 所示。

```
select * from merge1;
select * from merge2;
select * from merge3;
```

```
mysql> select * from merge1
+----+------+----------+
| id | name | salary   |
+----+------+----------+
|  1 | Abby | 30000.00 |
|  2 | Rita | 35000.00 |
+----+------+----------+
2 rows in set (0.00 sec)
```

（a）数据表 merge1 的记录

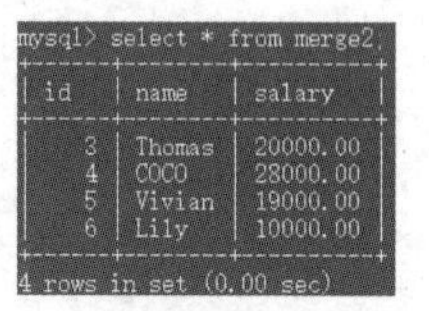

```
mysql> select * from merge2;
+----+--------+----------+
| id | name   | salary   |
+----+--------+----------+
|  3 | Thomas | 20000.00 |
|  4 | COCO   | 28000.00 |
|  5 | Vivian | 19000.00 |
|  6 | Lily   | 10000.00 |
+----+--------+----------+
4 rows in set (0.00 sec)
```

（b）数据表 merge2 的记录

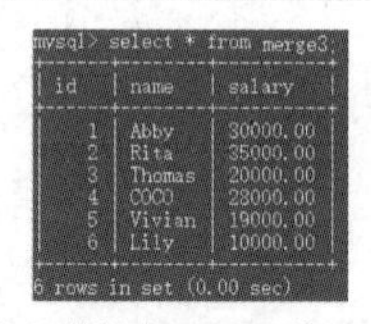

```
mysql> select * from merge3;
+----+--------+----------+
| id | name   | salary   |
+----+--------+----------+
|  1 | Abby   | 30000.00 |
|  2 | Rita   | 35000.00 |
|  3 | Thomas | 20000.00 |
|  4 | COCO   | 28000.00 |
|  5 | Vivian | 19000.00 |
|  6 | Lily   | 10000.00 |
+----+--------+----------+
6 rows in set (0.00 sec)
```

（c）数据表 merge3 的记录

图 4-9　向数据表 merge3 插入记录后，数据表 merge1 和 merge2 中记录的变化

通过以上操作不难看出，当对 merge3 表进行插入记录操作之后，对应的 ENGINE=MERGE UNION=(merge1,merge2) INSERT_METHOD=LAST 语句就起作用了，该语句对 UNION=(merge1,merge2)中 last 表（即数据表 merge2）进行记录的补充。

接下来对数据表 merge3 中的记录执行删除操作，代码如下。删除数据表 merge3 的记录后，数据表 merge1、merge2 和 merge3 中的记录如图 4-10 所示。

```
delete from merge3;
select * from merge1;
select * from merge2;
select * from merge3;
```

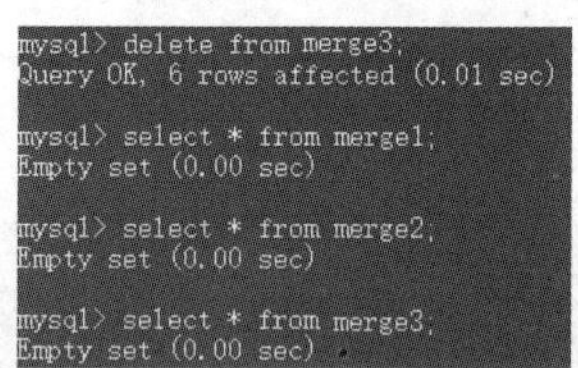

```
mysql> delete from merge3;
Query OK, 6 rows affected (0.01 sec)

mysql> select * from merge1;
Empty set (0.00 sec)

mysql> select * from merge2;
Empty set (0.00 sec)

mysql> select * from merge3;
Empty set (0.00 sec)
```

图 4-10　删除数据表 merge3 的记录后，数据表 merge1、merge2 和 merge3 中的记录

通过这个操作可以看出，当删除数据表 merge3 中的记录后，数据表 merge1 和数据表 merge2 中的记录也都被删除了。

4.1.6 CSV 存储引擎

CSV 存储引擎可以将.csv 文件作为 MySQL 的表进行处理。使用该存储引擎的 MySQL 数据表会在 MySQL 安装目录 data 文件夹中与该表所在数据库名相同的目录中生成一个.csv 文件，该文件为普通文本文件，每个数据行占用一个文本行，但不支持索引，即表没有主键列，不允许表中的字段为空。另外，CSV 的编码转换需要格外注意，因为可将 CSV 类型的文件当表处理，如果从电子表格软件（如 Excel）输出一个.csv 文件将其存放在 MySQL 服务器的数据目录中，服务器就能马上读取文件内容。同样，如果写数据库到一个 CSV 表中，外部程序也可以立刻读取它。

CSV 存储引擎的特点如下。

（1）以 CSV 格式进行数据存储，其文件以字符序列形式存储表格数据（数字和文本）。.csv 文件的记录以某种换行符分隔，最常见的是逗号和制表符。

（2）所有的列必须都不允许为 null。

（3）不支持索引，所以不适合在线处理数据量较大的表格。

（4）可以直接编辑数据文件。找到文件的存储位置，使用 Excel 就可以直接打开该文件进行编辑。

4.1.7 FEDERATED 存储引擎

FEDERATED 存储引擎可以将不同的 MySQL 服务器联合起来，逻辑上组成一个完整的数据库。它非常适合分布式数据库应用，支持本地访问远程数据库中的数据，针对这种存储引擎表的查询会被发送到远程数据库的表上执行，本地是不存储任何数据的。在 MySQL 8.0 的默认状态下，这个存储引擎是不被开启的，但是用户可以通过在 my.ini 文件中添加 federated 这个属性来对其进行手动开启。

4.1.8 ARCHIVE 存储引擎

ARCHIVE 存储引擎提供了压缩功能，拥有较好的插入性能，但不支持索引，所以查询性能较差，它支持 insert、replace 和 select 操作，但是不支持 update 和 delete 操作。

下面是 ARCHIVE 存储引擎的两种典型应用。

（1）用于数据归档。因为它的压缩比非常高，存储空间大概是 InnoDB 的 1/15～1/10，所以它用来存储历史数据非常合适。由于它不支持索引，也不能缓存索引和数据，因此不适合作为并发访问表的存储引擎。

（2）由于具有高压缩和快速插入的特点，因此非常适合作为日志表的存储引擎，前提是不经常对该表进行查询操作。

4.1.9 BLACKHOLE 存储引擎

BLACKHOLE 存储引擎支持事务，而且支持多版本并发控制（Multi-Version Concurrency Control，MVCC）的行级锁，写入的任何数据都会消失，主要用于日志记录或同步归档的中继存储。

下面是 BLACKHOLE 存储引擎的两种典型应用。

（1）基于该存储引擎的表不存储任何数据，但如果 MySQL 启用了二进制日志，SQL 语句被写入日志并被复制到从服务器，它就可以作为主从复制中的中继重复器或在其上添加过滤器机制。例如，假设应用需要从服务器侧过滤规则，但传输所有二进制日志数据到从服务器需要较多的网络流量。在这种情况下，在主服务器主机上建立一个伪从服务器进程即可。

（2）配置一主多从服务器。多个从服务器会在主服务器上分别开启自己对应的线程，并执行 binlogdump 命令。为了避免因多个从服务器同时请求同样的事件而导致主服务器工作效率降低，可以单独建立一个采用这种存储引擎的分发服务器。

4.1.10 PERFORMANCE_SCHEMA 存储引擎

PERFORMANCE_SCHEMA 存储引擎主要用于收集数据库服务器的性能参数。

PERFORMANCE_SCHEMA 存储引擎的主要功能如下。

（1）提供进程等待的详细信息，包括锁、互斥变量、文件信息。

（2）保存历史事件的汇总信息，为评估 MySQL 服务器性能提供详细的资料。

（3）新增和删除监控事件点都非常容易，并可以随意改变 MySQL 服务器的监控周期，例如 CYCLE、MICROSECOND。MySQL 普通用户不能创建这种存储引擎的表，它仅供 DBA 使用，可帮助 DBA 较详细地了解 MySQL 性能降低的原因。

4.1.11 常用存储引擎的选择

在实际使用 MySQL 数据库时，如何恰当地选择存储引擎是一个非常复杂的问题，因为每种存储引擎都有自己的特性、优势和应用场合，所以不能绝对地说哪个好。为了能够正确地选择存储引擎，必须掌握各种存储引擎的特性。

下面对几个常用存储引擎进行事务安全、存储限制、空间使用、内存使用、插入数据的速度和对外键的支持等方面的对比，常用存储引擎对比如表 4-1 所示。

表 4-1　常用存储引擎对比

特性	InnoDB	MyISAM	MEMORY
事务安全	支持	无	无
存储限制	64TB	有	有
空间使用	高	低	低
内存使用	高	低	高
插入数据的速度	低	高	高
对外键的支持	支持	无	无
锁机制	行锁	表锁	表锁
数据可压缩	无	支持	无
批量插入速度	低	高	高
B 树索引	支持	支持	支持
聚集索引	支持	无	无
全文索引	支持	支持	无
散列索引	无	无	支持

表 4-1 给出了 InnoDB、MyISAM 和 MEMORY 这 3 种常用存储引擎特性的对比。下面根据它们不同的特性给出相应的建议。

1．InnoDB 存储引擎

InnoDB 存储引擎支持事务处理，支持外键，同时具备崩溃修复能力且支持并发控制。如果对事务的完整性要求比较高，要求实现并发控制，那么选择 InnoDB 存储引擎有很大的优势。需要频繁地进行更新、删除操作的数据库也可以选择 InnoDB 存储引擎，因为该存储引擎可以实现事务的提交（commit）和回滚（rollback）。

2．MyISAM 存储引擎

MyISAM 存储引擎插入数据快，空间和内存使用率较低。如果表主要用于插入新记录和读出记录，那么选择 MyISAM 存储引擎能实现高效率的处理。如果对完整性和并发度要求很低，也可以选择 MyISAM 存储引擎。

3．MEMORY 存储引擎

MEMORY 存储引擎的所有数据都在内存中，数据的处理速度快，但安全性不高。如果需要很快的读写速度，对数据的安全性要求较低，就可以选择 MEMORY 存储引擎。MEMORY 存储引擎对表的大小有要求，不能建立太大的表。

这些选择存储引擎的建议是根据各个存储引擎的不同特点提出的，并不是绝对的，实际应用中还需要根据实际情况进行分析。

在同一个数据库中，不同的表可以使用不同的存储引擎。如果一个表要求支持事务处理，就可以选择 InnoDB 存储引擎；如果一个表会被频繁查询，就可以选择 MyISAM 存储引擎；如果是一个用于查询的临时表，就可以选择 MEMORY 存储引擎。

4.2 创建数据库

数据库操作——创建、查看、删除

创建数据库是指在数据库系统中划分一块空间，用来存储相应的数据。这是进行数据表操作的基础，也是进行数据库管理的基础。

在MySQL中，创建数据库需通过SQL语句create database实现。其语法格式如下。

```
create database [if not exists] 数据库名
[default charachter set 字符集名 | default collate 排序规则名| default encryption
{'Y'|'N'}];
```

对上述代码的说明如下。

（1）“数据库名”参数表示所要创建的数据库的名称。

（2）if not exists参数用于设置在数据库创建之前判定该数据库名是否存在，如果不存在，则执行创建操作。如果不使用这个参数，可以在创建数据库之前使用show databases;来显示已有的数据库。

（3）“default charachter set字符集名”参数用于设置数据库字符集编码，如果数据库中的数据涉及中文，那么可以将“字符集名”定义为gbk或者gb2312这一类支持中文的字符集。

（4）“default collate排序规则名”参数用于设置字符的排序规则。

（5）default encryption {'Y'|'N'}参数用于设置是否加密，'Y'表示加密，'N'表示不加密。

【例4-2】 创建数据库school。

```
create database if not exists school default character set gbk;
```

成功创建数据库school运行结果如图4-11所示。

```
mysql> create database  if not exists  school  default character set gbk;
Query OK, 1 row affected (0.00 sec)
```

图4-11 成功创建数据库school运行结果

4.3 查看数据库

查看数据库可以通过show命令来实现。

查看数据库有以下两种方式。

（1）成功创建数据库后查看数据库系统中是否存在新建的数据库，或者创建数据库之前查看数据库中是否已经存在即将创建的数据库。

```
show databases;
```

查看数据库运行结果如图4-12所示，数据库school创建成功。

（2）数据库创建后，查看数据库的详细信息。

```
show create database school;
```

数据库school的详细信息运行结果如图4-13所示。

图4-12 查看数据库运行结果

```
mysql> show create database school;
+----------+------------------------------------------------------------------+
| Database | Create Database                                                  |
+----------+------------------------------------------------------------------+
| school   | create database `school` /*!40100 default character set gb2312 */ |
+----------+------------------------------------------------------------------+
1 row in set (0.00 sec)
```

图4-13 数据库school的详细信息运行结果

4.4 选择数据库

既然数据库是数据库对象的容器，而在数据库管理系统中一般又存在许多数据库，那么在操作数据库对象之前，需要确定要操作哪一个数据库，即在对数据库对象进行操作前，需要选择一个数据库。

在 MySQL 中选择数据库通过 use 命令来实现，其语法格式如下。

```
use 数据库名;
```

上述代码中，“数据库名”参数表示所要选择的数据库的名称。示例如下。

```
use school;
```

选择数据库 school 运行结果如图 4-14 所示，选择该数据库后，后续的创建表以及对表内数据的操作等都将在该数据库中完成。

在选择具体的数据库之前，要先确定数据库管理系统中存在该数据库，如果选择一个不存在的数据库，就会出现图 4-15 所示的错误。

```
mysql> use school;
Database changed
```

图 4-14　选择数据库 school 运行结果

```
mysql> use nothing;
ERROR 1049 (42000): Unknown database 'nothing'
```

图 4-15　选择不存在的数据库

4.5 删除数据库

删除数据库是指在数据库系统中删除已经存在的数据库。删除数据库之后，原来分配的空间将被收回。需要说明的是，删除数据库会删除该数据库中所有的表及其数据，因此要特别小心。在 MySQL 中，删除数据库是通过 drop database 命令来实现的。其语法格式如下。

```
drop database [if exists] 数据库名;
```

上述代码中，if exists 参数表示判断即将删除的数据库是否存在，“数据库名”参数表示所要删除的数据库的名称。示例如下。

```
drop database if exists zyy;
show databases;
```

删除数据库 zyy 前后对比如图 4-16 所示。

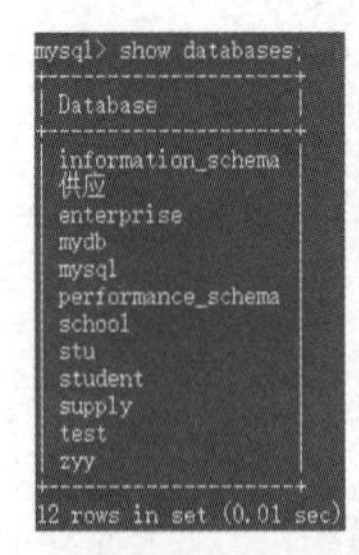

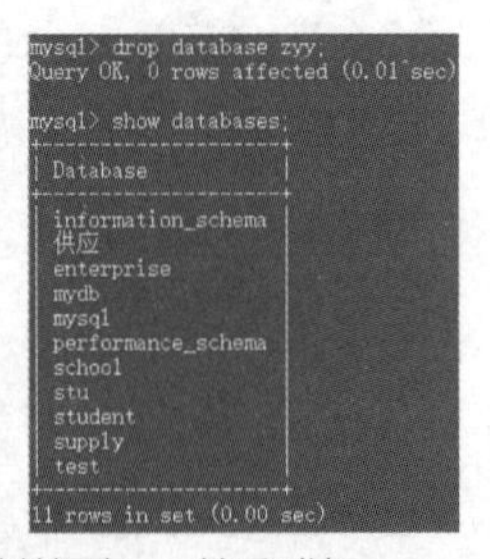

图 4-16　删除数据库 zyy 前后对比

4.6 应用示例：“供应”数据库的操作

示例要求：登录 MySQL，创建“供应”数据库和 choose 数据库，并查看数据库是否创建成功，如果创建成功，删除 choose 数据库，然后查看数据库系统中有哪些数据库。

实现过程如下。

（1）打开 MySQL，进入身份验证界面如图 4-17 所示。

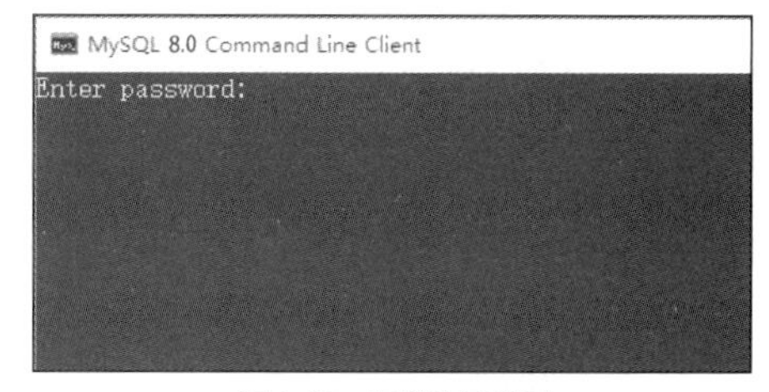

图 4-17　身份验证界面

在身份验证界面输入进入 MySQL 的密码，验证成功后会显示 MySQL 的基本信息，表示成功登录 MySQL，如图 4-18 所示。

（2）查看 MySQL 中是否存在即将要创建的数据库，代码如下。

```
show databases;
```

运行结果如图 4-19 所示。

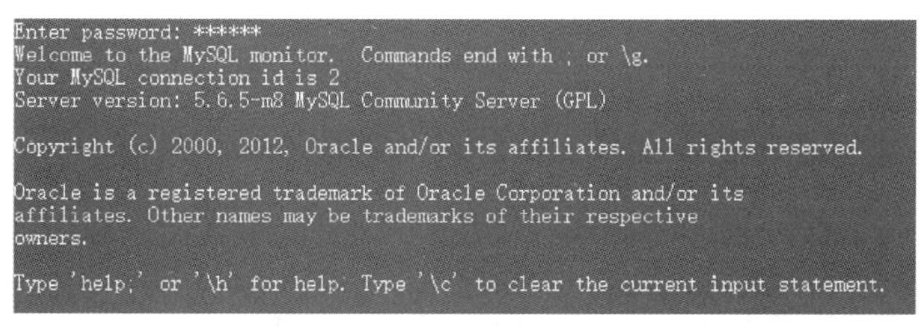

图 4-18　成功登录 MySQL

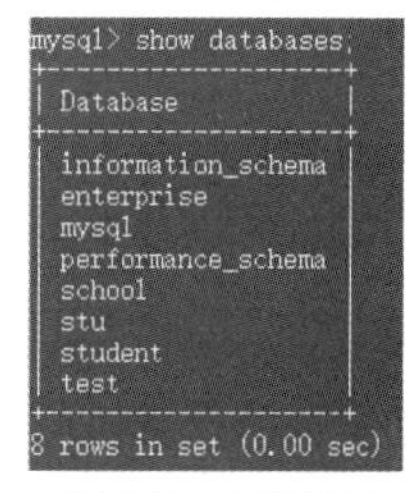

图 4-19　运行结果

如果不存在，那么即可创建数据库。

（3）创建“供应”数据库和 choose 数据库，代码如下。

```
create database 供应;
create database choose;
```

（4）查看“供应”数据库和 choose 数据库是否创建成功，代码如下。

```
show databases;
```

查看“供应”数据库和 choose 数据库是否创建成功运行结果如图 4-20 所示。

（5）删除 choose 数据库，代码如下。

```
drop database choose;
```

（6）查看 choose 数据库是否成功删除，代码如下。

```
show databases;
```

查看 choose 数据库的删除情况运行结果如图 4-21 所示。

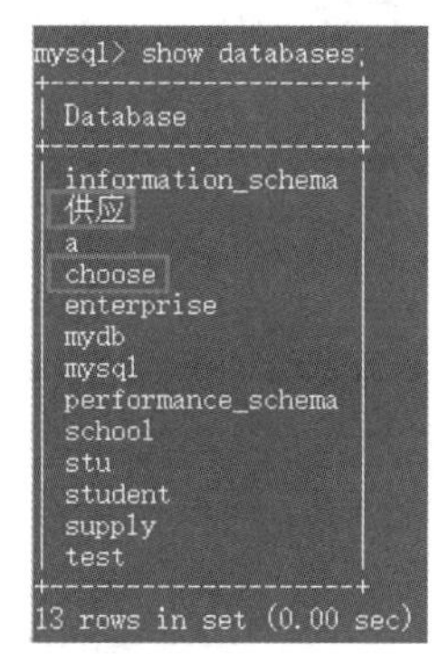

图 4-20　查看“供应”数据库和 choose 数据库是否创建成功运行结果

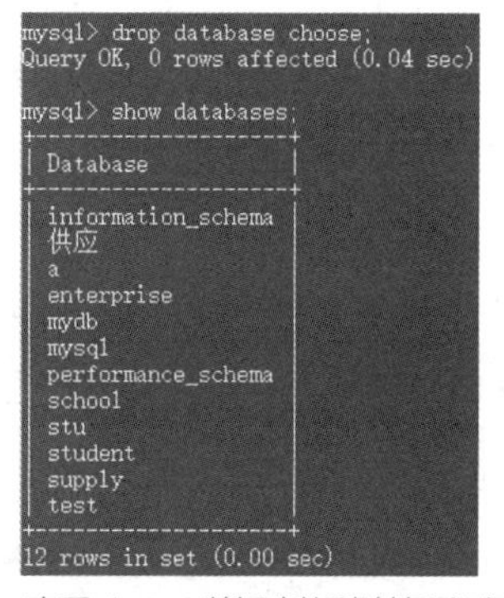

图 4-21　查看 choose 数据库的删除情况运行结果

本章小结

本章介绍了 MySQL 数据库中的存储引擎以及如何创建数据库和删除数据库，对 MySQL 数据库所支持的各个存储引擎进行了说明，并分析了各个存储引擎的特点以及如何根据实际情况选择合适的存储引擎，这部分也是本章的难点。创建数据库和删除数据库则是本章的重点内容，要熟练掌握。

习　题

1. 选择题

1-1　以下（　　）语句可以创建数据库 sc。

A. create table sc;　B. create database sc;　C. create tables sc;　D. create databases sc;

1-2　在 MySQL 中，建立数据库用（　　）。

A. create table 命令　B. create trigger 命令
C. create index 命令　D. create database 命令

1-3　查找 MySQL 中所有的数据库用（　　）。

A. show database;　B. show tables;　C. show databases;　D. show table;

1-4　以下存储引擎中，支持事务处理的是（　　）。

A. InnoDB 存储引擎　B. MyISAM 存储引擎
C. MEMORY 存储引擎　D. MERGE 存储引擎

1-5　MySQL 8.0 的默认存储引擎是（　　）。

A. MEMORY 存储引擎　B. MyISAM 存储引擎
C. InnoDB 存储引擎　D. MERGE 存储引擎

1-6　下列 4 项中说法不正确的是（　　）。

A. 数据库降低了数据冗余　B. 数据库中的数据可以共享
C. 数据库避免了一切数据的重复　D. 数据库具有较高的数据独立性

1-7　在 MySQL 中，打开一个数据库使之成为当前数据库，使用的语句是（　　）。

A. show 数据库名　B. desc 数据库名　C. create 数据库名　D. use 数据库名

2. 简答题

2-1　请简述如何修改默认存储引擎。

2-2　请简述 MyISAM 与 InnoDB 存储引擎的五大区别。

3. 上机操作

3-1　创建数据库 employee，并查看是否创建成功，如果创建成功，就将其删除，并检查是否成功删除。

3-2　用 3 种不同的方法查看 MySQL 的默认存储引擎。

第5章 数据表操作

数据表是重要的数据库对象，是组成数据库的基本元素，由若干个字段或者记录构成。表的操作包括创建表、修改表和删除表，这些操作是数据库管理中最基本、最重要的操作。

本章学习目标

（1）理解数据表的基本概念。

（2）熟练使用数据表的基本操作。

（3）掌握数据表的完整性约束。

5.1 创建数据表

数据表的操作（1）——创建和查看（含数据类型介绍）

数据表是包含数据库中所有数据的数据库对象。数据在表中的组织方式与在电子表格中相似，都是按行和列的格式组织的。其中每一行代表一条唯一的记录，每一列代表记录中的一个字段。

数据库里表与表的关系有3种：一对一、一对多、多对多。

一对一，是指建立的主表和相关联的表之间是一一对应的，例如新建一个学生基本信息表student，然后新建一个选课表sc，数据表student中的主键sno和数据表sc中的外键sno是一一对应的。

一对多，例如新建一个班级表，而每个班级有多个学生，每个学生则对应一个班级，班级与学生的关系就是一对多的关系。

多对多，例如新建一个选课表，可能有许多科目，每个科目有很多学生选，而每个学生又可以选择多个科目，科目与学生的关系就是多对多的关系。

其实在设计数据表的时候，最多要遵循的就是第三范式，但并不是越满足第三范式就越完美，有时候增加点冗余数据，反而会提高效率，因此在实际的设计过程中要理论结合实际并灵活运用。

5.1.1 创建数据表的语法格式

MySQL中，通过create table语句来创建表，其语法格式如下。

```
use 数据库名;
create table 表名(字段名 1 数据类型 [完整性约束条件],
                 字段名 2 数据类型 [完整性约束条件],
                 …
                 字段名 n 数据类型 [完整性约束条件]);
```

上述代码中，创建数据表前要使用 use 语句选择数据库，否则会出现“ERROR 1046(3D000):No database selected”的错误，建表前未选择数据库会报错如图 5-1 所示；“表名”参数表示所要创建的数据表的名称，表名不能用 SQL 中的关键字，例如 create、update、delete 和 alter 等，同一个数据库内，不同数据表的表名不能相同；“字段名 1”到“字段名 *n*”参数表示表中字段的名称，多个字段名要用逗号分隔，最后一个字段在定义后不需要加逗号，且同一个数据表内不能有相同名称的字段；“完整性约束条件”参数为指定字段的特殊约束条件，本章后面会详细介绍。

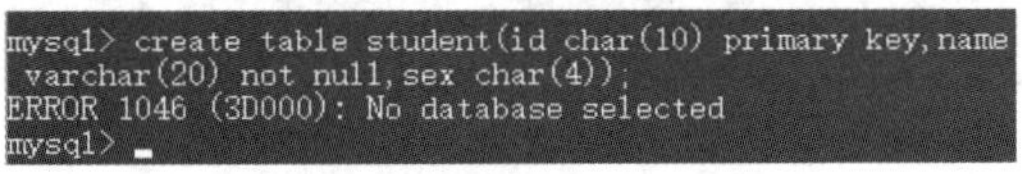

```
mysql> create table student(id char(10) primary key,name
 varchar(20) not null,sex char(4));
ERROR 1046 (3D000): No database selected
mysql>
```

图 5-1　建表前未选择数据库会报错

【例 5-1】在数据库 school 中创建数据表 teacher（数据库 school 已经创建）。

```
use school;
create table teacher (
      T_id int(11)primary key,
      T_name varchar(20),
      T_dept varchar(40));
```

由代码可知，数据表 teacher 中包含 3 个字段，T_id 字段是整数类型，T_name 字段是字符串类型，T_dept 字段是字符串类型。创建数据表 teacher 如图 5-2 所示。

如果在同一数据库中创建名称相同的数据表，则会报错，创建重名数据表会报错如图 5-3 所示，提示创建的数据表已经存在。

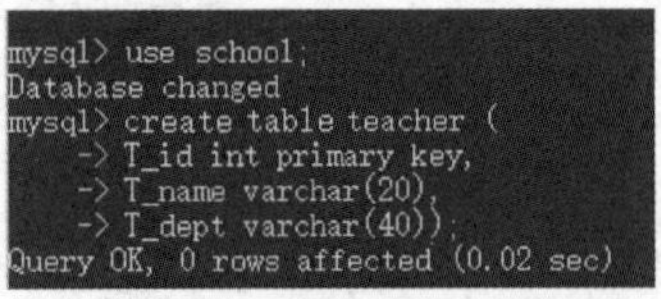

```
mysql> use school;
Database changed
mysql> create table teacher (
    -> T_id int primary key,
    -> T_name varchar(20),
    -> T_dept varchar(40));
Query OK, 0 rows affected (0.02 sec)
```

图 5-2　创建数据表 teacher

```
mysql> create table teacher(id char(10) primary key,name
 varchar(10),dept varchar(30));
ERROR 1050 (42S01): Table 'teacher' already exists
```

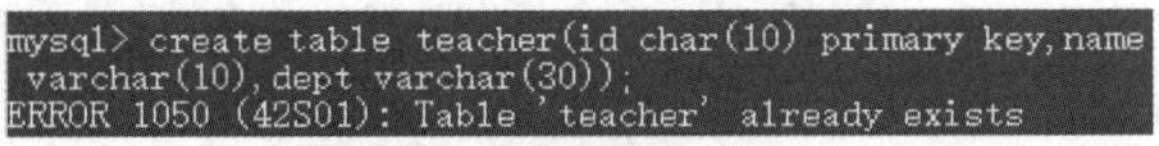

图 5-3　创建重名数据表会报错

不难看出，虽然数据表 teacher 中的字段名或者字段数据类型不同，但是只要在同一数据库中数据表名相同，就会报错。

5.1.2 数据表的主键设置

主键是表的一个特殊字段。该字段能唯一地标识该表中的每条记录。主键和记录的关系，如同身份证号和人的关系，身份证号用来标识人的身份，每个人都有唯一的身份证号，那么对于人这个实体，身份证号就是他的主键。设置表的主键就是在创建表时设置表的某个字段为该表的主键。

设置主键的主要目的是帮助 MySQL 以最快的速度查找到表中的某一条记录。要设置为主键的字段必须满足的条件就是必须是非空且唯一的，表中任意两条记录的该字段的值不能相同且不能为空值。主键可以是单一的字段，也可以是多个字段的组合。

1. 单字段主键

主键由一个字段构成时，可以直接在该字段的后面加上 primary key 将其设置为主键。语法格式如下。

```
字段名 数据类型 primary key
```

上述代码中，“字段名”参数表示表中字段的名称；“数据类型”参数用于指定字段的数据类型。

【例 5-2】在数据库 test 中创建数据表 example1，设置字段 id 为主键。

```
create database test;
use test;
create table example1(
        id int(11)primary key,
        name varchar(20));
```

由代码可知，example1 表中包含两个字段，id 字段是整数类型，name 字段是字符串类型，id 字段是主键。创建数据表 example1 如图 5-4 所示。

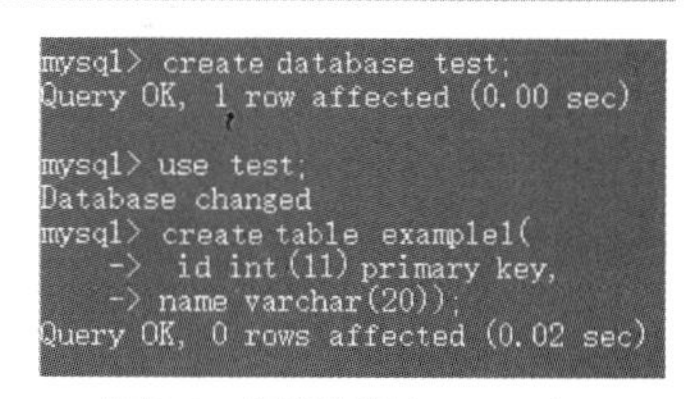

图 5-4 创建数据表 example1

2. 多字段主键

主键由多个字段组合而成时，就需要在表级进行主键设置。其语法格式如下。

```
primary key(字段名 1,字段名 2,…,字段名 n)
```

【例 5-3】创建数据表 example2，id1 和 id2 两个字段为主键。

```
create table example2(
   id1 int(11),
   id2 int(11),
   dept varchar(20),
   primary key(id1,id2));
```

由代码可知，example2 表中包含 3 个字段，id1 字段是整数类型，id2 字段是整数类型，dept 字段是字符串类型，字段 id1 和 id2 是主键。创建数据表 example2 如图 5-5 所示。

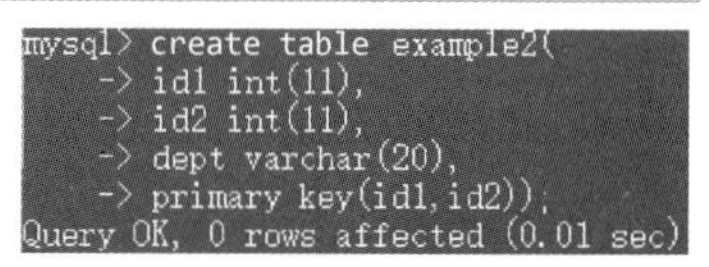

图 5-5 创建数据表 example2

在创建数据表 example2 时没有使用 use 选择数据库是因为默认延续例 5-2 的设置，即当前已经处于数据库 test 下。对比例 5-2 和例 5-3 的结果，数据表 example1 中只有一个字段为主键，数据表 example2 中有两个字段为主键，单字段主键与多字段主键如图 5-6 所示。

Field	Type	Null	Key	Default	Extra
id	int(11)	NO	PRI	NULL	
name	varchar(20)	YES		NULL	

Field	Type	Null	Key	Default	Extra
id1	int(11)	NO	PRI	0	
id2	int(11)	NO	PRI	0	
dept	varchar(20)	YES		NULL	

图 5-6 单字段主键与多字段主键

5.1.3 数据表的外键设置

外键是表的一个特殊字段。如果 T_id 是表 choose 的字段，且依赖于表 teacher 的主键，那么称表 teacher 为父表，表 choose 为子表，T_id 字段为表 choose 的外键。通过 T_id 字段在父表 teacher 和子表 choose 之间建立关联关系。设置表的外键就是在创建表时设置某个字段为外键。

外键的设置原则就是必须依赖于数据库中已存在的父表的主键，外键可以为空值。外键的作用是建立子表与其父表的关联关系。父表删除某条记录时，子表中与之对应的记录也必须有相应的改变。语法格式如下。

```
foreign key(字段名 11,字段名 12,…,字段名 1n) references 父表名(字段名 21,字段名 22,…, 字段名 2n)
```

上述代码中，“字段名 11,字段名 12,…,字段名 1*n*”参数指子表中设置的外键；“父表名”参数是指父表的名称；“字段名 21,字段名 22,…,字段名 2*n*”参数指父表中被参照的主键。

【例 5-4】创建数据表 example3，设置字段 id_1 和 id_2 为外键，关联数据表 example2 中的主键 id1 和 id2。

```
create table example3(
        id int(11)primary key,
```

```
        id_1 int(11),
        id_2 int(11),
        foreign key(id_1, id_2) references example2(id1, id2));
```

由代码可知，example3 表中包含 3 个字段。其中，id 字段是主键；id_1 和 id_2 字段是外键；example2 表是 example3 表的父表；example3 表的外键依赖于父表 example2 中的主键 id1 和 id2。创建数据表 example3 如图 5-7 所示。

由数据表 example2 和数据表 example3 之间的外键关联不难看出，外键的数据类型必须与父表中主键的数据类型一致，如果不一致，将会报错，提示不能创建数据表。

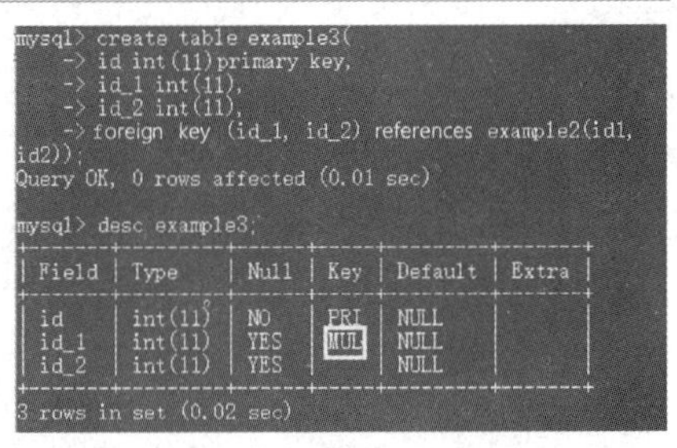

```
mysql> create table example3(
    -> id int(11) primary key,
    -> id_1 int(11),
    -> id_2 int(11),
    -> foreign key (id_1, id_2) references example2(id1,
id2));
Query OK, 0 rows affected (0.01 sec)

mysql> desc example3;
+-------+---------+------+-----+---------+-------+
| Field | Type    | Null | Key | Default | Extra |
+-------+---------+------+-----+---------+-------+
| id    | int(11) | NO   | PRI | NULL    |       |
| id_1  | int(11) | YES  | MUL | NULL    |       |
| id_2  | int(11) | YES  |     | NULL    |       |
+-------+---------+------+-----+---------+-------+
3 rows in set (0.02 sec)
```

图 5-7　创建数据表 example3

5.1.4　数据表的非空约束设置

非空约束是指字段的值不能为 null。非空约束将保证所有记录中指定字段都有值，如果用户新插入的记录中，该字段的值为空值，则 MySQL 会报错。例如，在 id 字段上设置非空约束 not null，id 字段的值就不能为空值。如果插入记录的 id 字段的值为 null，该操作将不会执行。设置表的非空约束是指在创建表时为表的某些特殊字段加上 not null 约束条件，基本语法格式如下。

```
字段名 数据类型 not null
```

【例 5-5】创建数据表 example4，为字段 id 和 name 设置非空约束。

```
create table example4(
     id int(11) not null primary key,
     name varchar(20) not null,
     id1 int(11),
     foreign key(id1) references example1(id));
```

由代码可知，example4 表中包含 3 个字段。其中，id 字段为主键；id 和 name 字段为非空字段，即这两个字段的值不能为 null；id1 字段为外键；example1 表为 example4 表的父表；表 example4 的外键 id1 依赖于表 example1 的主键 id。创建数据表 example4 如图 5-8 所示。

```
mysql> create table example4(
    -> id int(11) not null primary key,
    -> name varchar(20) not null,
    -> id1 int(11),
    -> foreign key (id1) references example1(id));
Query OK, 0 rows affected (0.01 sec)

mysql> desc example4;
+-------+-------------+------+-----+---------+-------+
| Field | Type        | Null | Key | Default | Extra |
+-------+-------------+------+-----+---------+-------+
| id    | int(11)     | NO   | PRI | NULL    |       |
| name  | varchar(20) | NO   |     | NULL    |       |
| id1   | int(11)     | YES  | MUL | NULL    |       |
+-------+-------------+------+-----+---------+-------+
3 rows in set (0.01 sec)
```

图 5-8　创建数据表 example4

5.1.5　数据表的唯一性约束设置

唯一性约束是指所有记录中指定字段的值不重复出现。设置表的唯一性约束是指在创建表时为表的某些特殊字段加上 unique 约束条件。唯一性约束将保证所有记录中指定字段的值不重复出现。例如，在 id 字段加上唯一性约束，表中记录的 id 字段就不能出现相同的值，即一条记录的 id 为 1，那么该表中就不能出现另一条 id 为 1 的记录。基本语法格式如下。

```
字段名 数据类型 unique
```

【例 5-6】创建数据表 example5，为字段 name 设置唯一性约束。

```
create table example5(
      id int(11) primary key,
      name varchar(20) not null unique);
```

由代码可知，example5 表中包含两个字段。其中，id 字段为主键，name 字段为字符串类型，该字段的值不能重复并且不能为空值。创建数据表 example5 如图 5-9 所示。

```
mysql> create table example5(
    -> id int (11) primary key,
    -> name varchar(20) not null unique);
Query OK, 0 rows affected (0.01 sec)

mysql> desc example5;
+-------+-------------+------+-----+---------+-------+
| Field | Type        | Null | Key | Default | Extra |
+-------+-------------+------+-----+---------+-------+
| id    | int(11)     | NO   | PRI | NULL    |       |
| name  | varchar(20) | NO   | UNI | NULL    |       |
+-------+-------------+------+-----+---------+-------+
2 rows in set (0.02 sec)
```

图 5-9　创建数据表 example5

5.1.6　数据表的字段值自增设置

自增数据类型 auto_increment 是 MySQL 数据库中一个特殊的约束条件，其主要用于为表中插入的新记录自动生成唯一的字段值。一个表只能有一个字段使用 auto_increment 约束，且该字段必须为主键的一部分。auto_increment 约束的字段可以是任何整数类型（tinyint、smallint、int 和 bigint 等）。其基本语法格式如下。

```
字段名 数据类型 auto_increment
```

【例 5-7】创建数据表 example6，设置字段 id 的值自动增加。

```
create table example6(
id int(11) primary key auto_increment,
name varchar(20) not null);
```

由代码可知，example6 表中包含两个字段。其中，id 字段为主键，且每插入一条新记录，id 字段的值会自动增加；name 字段为非空字段，该字段的值不能为 null。运行结果如图 5-10 所示。

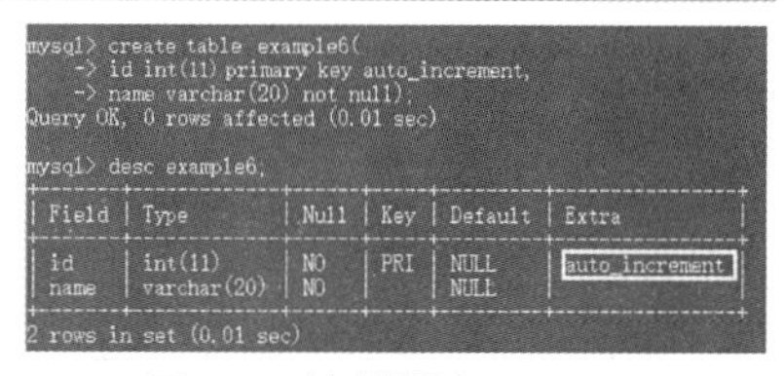

图 5-10　创建数据表 example6

当字段被 auto_increment 约束后，在插入记录时，默认情况下自增字段的值从 1 开始自增。例如，example6 表中的 id 字段被设置成自动增加，默认情况下第一条记录的 id 值为 1。以后每增加一条记录，记录的 id 值都会在前一条记录的基础上加 1。如果第一条记录设置了字段的初值，那么新增加的记录的该字段的值就从初值开始自增。例如，如果 example6 表中插入的第一条记录的 id 值设置为 10，那么新插入记录的 id 值就会从 10 开始往上增加。

5.1.7　数据表的字段默认值设置

在创建表时可以指定表中字段的默认值。如果插入一条新的记录时没有为字段赋值，那么 MySQL 会自动为这个字段插入默认值。默认值是通过 default 关键字来设置的。基本语法格式如下。

```
字段名 数据类型 default 默认值
```

【例 5-8】创建数据表 example7，设置字段 sex 的默认值为男。

```
create table example7(
       id int(11) primary key,
       name varchar(20) not null,
       sex char(4) default '男');
```

由代码可知，example7 表中包含 3 个字段。其中，id 字段为主键；name 字段为非空字段，该字段的值不能为 null；sex 字段的默认值为男。如果没有使用 default 关键字指定字段的默认值，也没有指定字段为非空，那么字段的默认值为 NULL。创建数据表 example7 如图 5-11 所示。

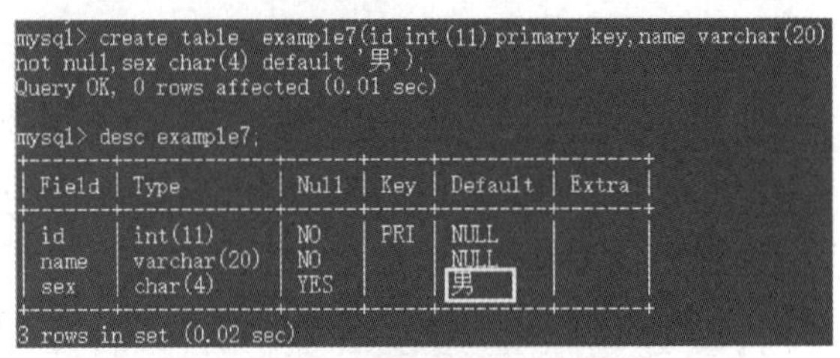
```
mysql> create table  example7(id int(11) primary key,name varchar(20)
not null,sex char(4) default '男');
Query OK, 0 rows affected (0.01 sec)

mysql> desc example7;
+-------+-------------+------+-----+---------+-------+
| Field | Type        | Null | Key | Default | Extra |
+-------+-------------+------+-----+---------+-------+
| id    | int(11)     | NO   | PRI | NULL    |       |
| name  | varchar(20) | NO   |     | NULL    |       |
| sex   | char(4)     | YES  |     | 男      |       |
+-------+-------------+------+-----+---------+-------+
3 rows in set (0.02 sec)
```

图5-11　创建数据表 example7

5.2 查看表结构

查看表结构是指查看数据库中已存在的表的定义。查看表结构的语句包括 describe 语句和 show create table 语句。通过这两个语句，可以查看表的字段名、字段的数据类型和完整性。

1．使用 describe 语句查看表结构

MySQL 中，describe 语句用于查看表的基本定义，包括字段名、字段数据类型、字段是否为主键和字段的默认值等。其语法格式如下。

```
describe 表名;
```

上述代码中，“表名”参数指所要查看的表的名称。

【例 5-9】使用 describe 语句查看数据表 teacher 的结构，代码如下。

```
use school;
describe teacher;
```

查看数据表 teacher 的结构如图 5-12 所示。

通过 describe 语句，可以查出数据表 teacher 中包含 T_id、T_name 和 T_dept 字段，同时结果中显示了字段的数据类型（Type）、是否为空（Null）、是否为主键或外键（Key）、默认值（Default）和额外信息（Extra）。

查看表结构之前，要选择数据表所在的数据库，否则代码运行后会报错，提示查看的数据表不存在，查看数据表前未选择对应的数据库会报错如图 5-13 所示。通常情况下，查看表结构时，describe 可以缩写成 desc。

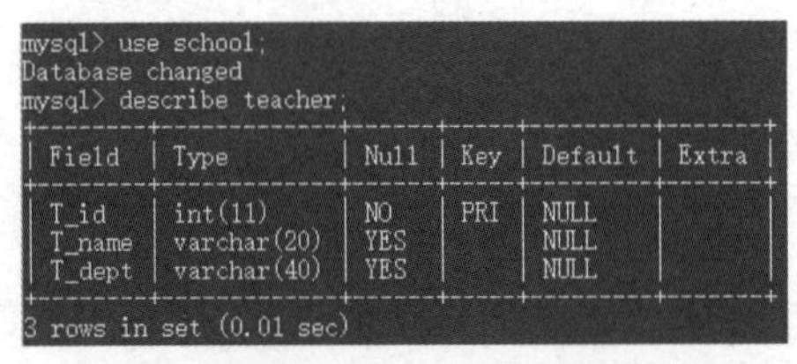
```
mysql> use school;
Database changed
mysql> describe teacher;
+--------+-------------+------+-----+---------+-------+
| Field  | Type        | Null | Key | Default | Extra |
+--------+-------------+------+-----+---------+-------+
| T_id   | int(11)     | NO   | PRI | NULL    |       |
| T_name | varchar(20) | YES  |     | NULL    |       |
| T_dept | varchar(40) | YES  |     | NULL    |       |
+--------+-------------+------+-----+---------+-------+
3 rows in set (0.01 sec)
```

图5-12　查看数据表 teacher 的结构

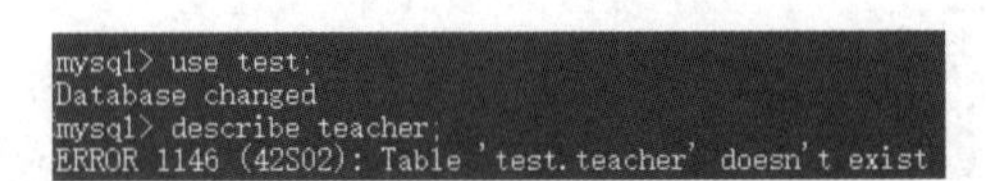
```
mysql> use test;
Database changed
mysql> describe teacher;
ERROR 1146 (42S02): Table 'test.teacher' doesn't exist
```

图5-13　查看数据表前未选择对应的数据库会报错

【例 5-10】使用 desc 语句查看数据表 teacher 的结构，代码如下。

```
desc teacher;
```

使用desc语句查看数据表teacher的结构如图5-14所示。desc语句与describe语句的运行结果一致。

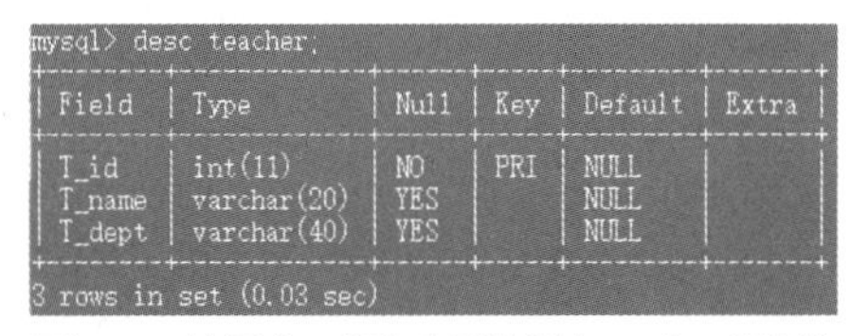

```
mysql> desc teacher;
+---------+-------------+------+-----+---------+-------+
| Field   | Type        | Null | Key | Default | Extra |
+---------+-------------+------+-----+---------+-------+
| T_id    | int(11)     | NO   | PRI | NULL    |       |
| T_name  | varchar(20) | YES  |     | NULL    |       |
| T_dept  | varchar(40) | YES  |     | NULL    |       |
+---------+-------------+------+-----+---------+-------+
3 rows in set (0.03 sec)
```

图5-14　使用desc语句查看数据表teacher的结构

2．使用show create table语句查看数据表的详细结构

MySQL中，show create table语句用于查看表的详细定义。该语句可以查看表的字段名、字段的数据类型和完整性约束条件等信息。除此之外，还可以查看表默认的存储引擎和字符编码。其语法格式如下。

```
show create table 表名;
```

上述代码中，“表名”参数指所要查看的表的名称。

【例5-11】使用show create table语句查看数据表teacher的结构。

```
show create table teacher \G
```

使用show create table语句查看数据表teacher的结构如图5-15所示。

```
mysql> show create table teacher \G
*************************** 1. row ***************************
       Table: teacher
Create Table: CREATE TABLE `teacher` (
  `T_id` int(11) NOT NULL,
  `T_name` varchar(20) DEFAULT NULL,
  `T_dept` varchar(40) DEFAULT NULL,
  PRIMARY KEY (`T_id`)
) ENGINE=InnoDB DEFAULT CHARSET=gb2312
1 row in set (0.00 sec)
```

图5-15　使用show create table语句查看数据表teacher的结构

通过show create table语句，可以查出数据表teacher中包含T_id、T_name和T_dept字段，还可以查出各字段的数据类型、完整性约束条件。同时，可以查出表的存储引擎为InnoDB，字符编码为gb2312。经过对比不难发现，使用show create table语句显示的数据表信息，比使用describe语句显示的信息全面。

5.3 修改数据表

修改数据表是指修改数据库中已存在的表的定义。修改表比重新定义表简单，不需要重新加载数据，也不会影响正在进行的服务。MySQL中，通过alter table语句来修改表。修改表包括修改表名、修改字段的数据类型、修改字段名、增加字段、修改字段的位置、删除字段、修改表的存储引擎等。

数据表的操作（2）——修改表（1）

5.3.1 使用RENAME修改表名

表名可以在一个数据库中唯一地确定一个表。MySQL通过表名来区分不同的表。例如，数据库school中有student表，那么student表就是唯一的，数据库school中不可能存在另一个名为student的表。MySQL中，修改表名是通过SQL语句alter table实现的。其语法格式如下。

```
alter table 旧表名 rename[to] 新表名;
```

上述代码中，“旧表名”参数表示修改前的表名；“新表名”参数表示修改后的表名；to参数是可选参数，其是否在语句中出现不会影响语句的执行。

【例5-12】将数据表example7改名为example0。

```
alter table example7 rename example0;
```

修改数据表example7的名称为example0如图5-16所示。

查询结果显示数据库test中存在example0表，无example7表，再查看example0表的结构可以确定，通过alter table语句已经将example7表改名为example0表。如果修改表名的数据表被其他数据表依赖，那么依赖关系中的相应表名也会被修改。

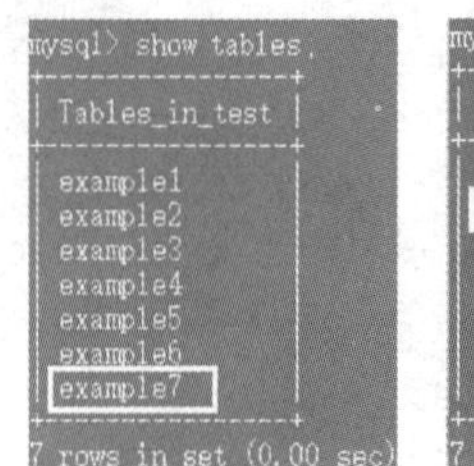

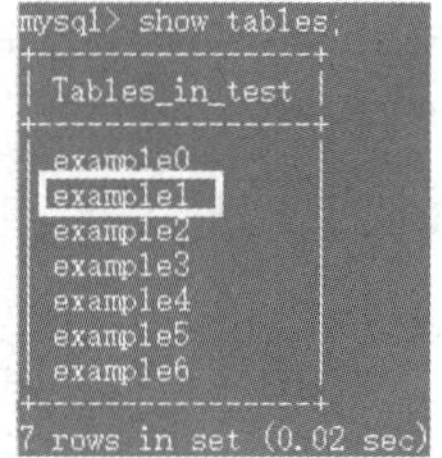

图 5-16　修改数据表 example7 的名称为 example0

【例 5-13】将数据表 example1 的名称改为 example。

```
alter table example1 rename example;
```

首先，数据表 example1 在数据库 test 中是存在的，数据库 test 中存在数据表 example1 如图 5-17 所示。同时数据表 example1 被数据表 example4 中的外键 id1 依赖，当修改数据表 example1 名称的命令执行完成后，数据库 test 中的 example1 表被 example 取代，修改数据表 example1 的名称为 example 如图 5-18 所示；数据表 example4 依赖关系中数据表 example1 的名称也会被同时修改为 example，修改数据表 example1 的名称为 example 前后的依赖关系对比如图 5-19 所示。

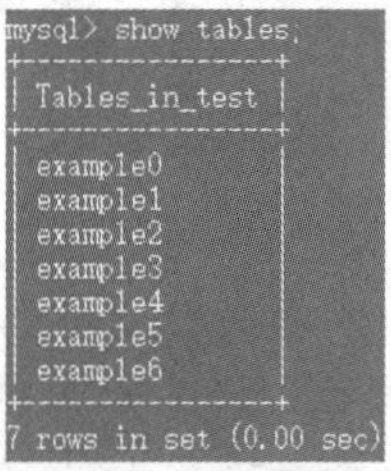

```
mysql> show tables;
+----------------+
| Tables_in_test |
+----------------+
| example0       |
| example1       |
| example2       |
| example3       |
| example4       |
| example5       |
| example6       |
+----------------+
7 rows in set (0.00 sec)
```

图 5-17　数据库 test 中存在数据表 example1

```
mysql> alter table example1 rename example;
Query OK, 0 rows affected (0.00 sec)

mysql> show tables;
+----------------+
| Tables_in_test |
+----------------+
| example        |
| example0       |
| example2       |
| example3       |
| example4       |
| example5       |
| example6       |
+----------------+
7 rows in set (0.00 sec)
```

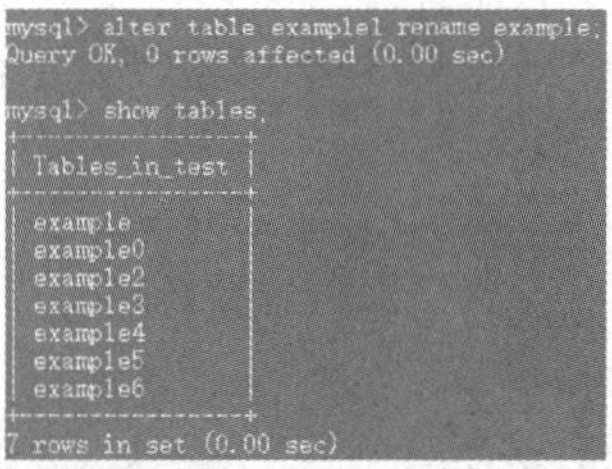

图 5-18　修改数据表 example1 的名称为 example

```
mysql> show create table example4 \G
*************************** 1. row ***************************
       table: example4
create table: create table `example4` (
  `id` int(11) not null,
  `name` varchar(20) not null,
  `id1` int(11) default null,
  primary key (`id`),
  key `id1` (`id1`),
  constraint `example4_ibfk_1` foreign key (`id1`)
references `example1` (`id`)
) engine=InnoDB default charset=gb2312
1 row in set (0.00 sec)
```

```
mysql> show create table example4 \G
*************************** 1. row ***************************
       table: example4
create table: create table `example4` (
  `id` int(11) not null,
  `name` varchar(20) not null,
  `id1` int(11) default null,
  primary key (`id`),
  key `id1` (`id1`),
  constraint `example4_ibfk_1` foreign key (`id1`)
references `example` (`id`)
) engine=InnoDB default charset=gb2312
1 row in set (0.00 sec)
```

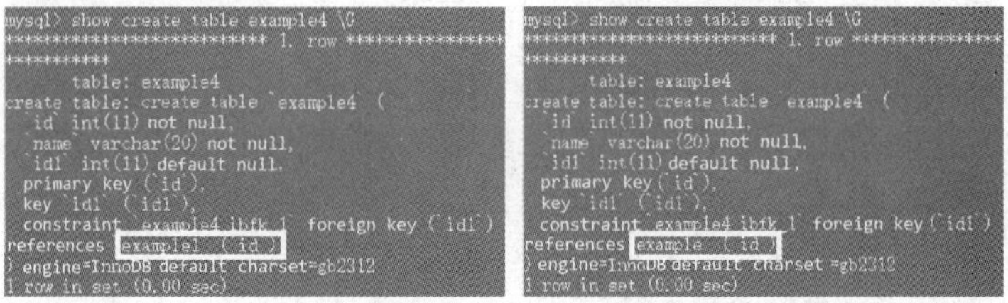

图 5-19　修改数据表 example1 的名称为 example 前后的依赖关系对比

5.3.2 修改字段的数据类型

字段的数据类型决定了数据的存储格式、约束条件和有效范围。表中的每个字段都有数据类型。MySQL 中，通过 alter table 语句也可以修改字段的数据类型。其基本语法格式如下。

```
alter table 表名 modify 字段名 数据类型;
```

上述代码中，“表名”参数指所要修改的表的名称，“数据类型”参数指修改后的新数据类型；“字段名”参数指需要修改的字段的名称。

【例 5-14】将数据表 example 中 name 字段的数据类型改为 varchar(30)。

```
alter table example modify name varchar(30);
```

代码运行前，数据表 example 中 name 字段的数据类型为 varchar(20)，数据表 example 的结构如图 5-20 所示；代码运行后，数据表 example 中 name 字段的数据类型变为 varchar(30)，修改 name 字段数据类型后的结果如图 5-21 所示。

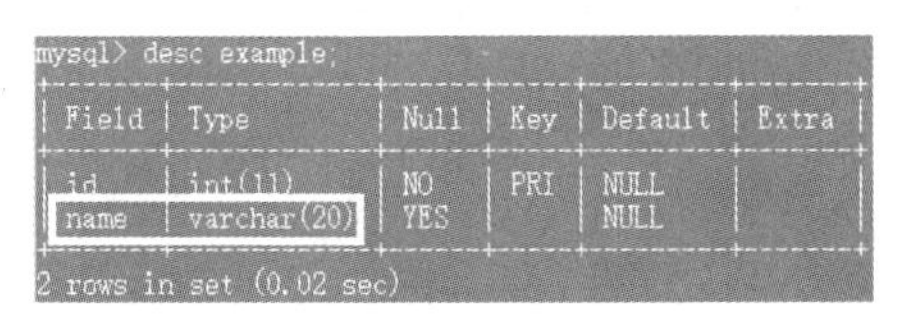

图5-20 数据表 example 的结构

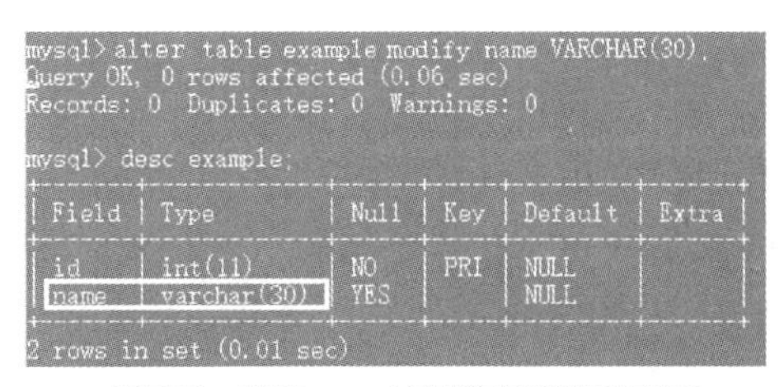

图5-21 修改 name 字段数据类型后的结果

5.3.3 修改字段名

字段名在同一张数据表中是唯一的，MySQL 可以根据字段名来区分表中的不同字段。例如，student 表中存在字段 sno，那么字段 sno 在 student 表中是唯一的，student 表中不可能存在另一个名为 sno 的字段。MySQL 中，通过 alter table 语句还可以修改表中的字段名。其基本语法格式如下。

```
alter table 表名 change 旧字段名 新字段名 新数据类型;
```

上述代码中，“旧字段名”参数指修改前的字段名；“新字段名”参数指修改后的字段名；“新数据类型”参数指修改后的数据类型，如果不需要修改，则将“新数据类型”设置成与原来一样即可。

1．仅修改字段名

使用 alter table 语句可以只修改字段名，而不改变该字段的数据类型。

【例 5-15】将数据表 example 中的字段 name 改名为 Sname，且不改变数据类型。由于不改变该字段的数据类型，因此需要知道数据表 example 中字段 name 的数据类型，数据表 example 的结构如图 5-22 所示。

由于要求不改变原有数据类型，所以修改字段名后的字段的数据类型仍是 varchar(30)。

```
alter table example change name Sname varchar(30);
```

代码运行成功后，数据表 example 中的原有字段 name 的名称被修改为 Sname，但是数据类型并没有改变，修改字段名后的数据表 example 如图 5-23 所示。

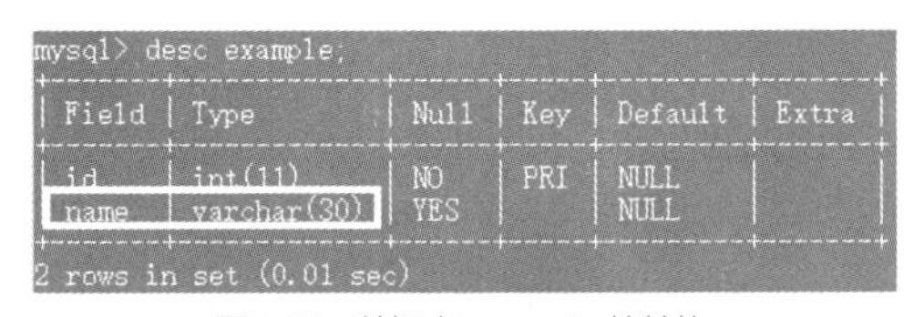

图5-22 数据表 example 的结构

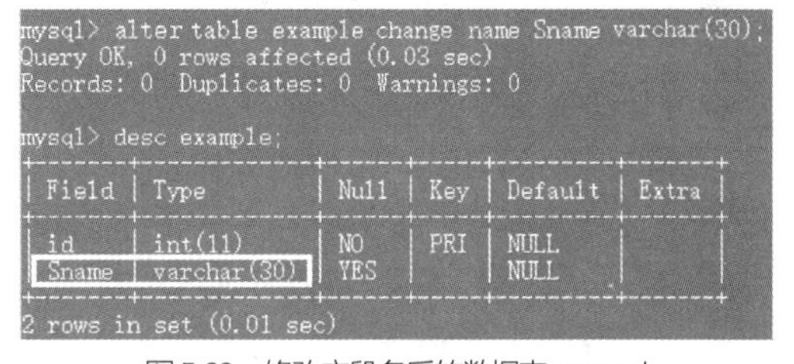

图5-23 修改字段名后的数据表 example

2．同时修改字段名和字段的数据类型

在 MySQL 中，使用 alter table 语句可以同时修改字段名和字段的数据类型。

【例 5-16】将数据表 example6 中的字段 id 改名为 user_id，数据类型改为 char(10)。

```
alter table example6 change id user_id int(11);
```

代码运行前，数据表 example6 中 id 字段的数据类型为 int，数据表 example6 的结构如图 5-24 所示；代码运行后，数据表 example6 中原有字段 id 的名称被改为 user_id，数据类型变为 char(10)，修改字段名及数据类型后的数据表 example6 如图 5-25 所示。

在修改数据类型的时候需要注意的是数据类型的取值范围，如果将取值范围较大的数据类型修改为取值范围小的数据类型，数据可能会失真，失真数据将会失去实际意义，例如将浮点数类型改为整数类型，就可能会造成数据失真，而且通常情况字符串类型最好不要改成整数类型、浮点数类型。

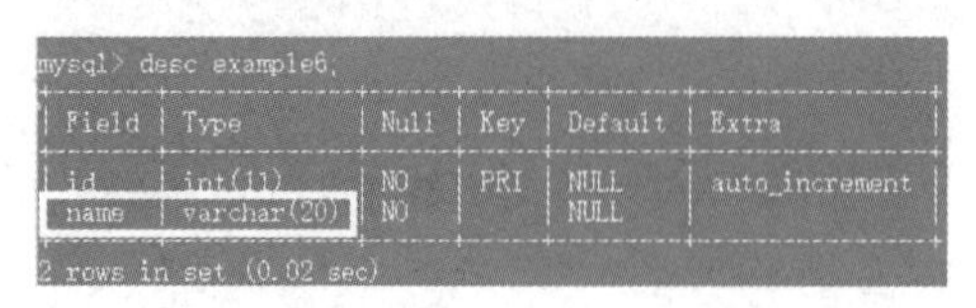

mysql> desc example6;

Field	Type	Null	Key	Default	Extra
id	int(11)	NO	PRI	NULL	auto_increment
name	varchar(20)	NO		NULL	

2 rows in set (0.02 sec)

图 5-24　数据表 example6 的结构

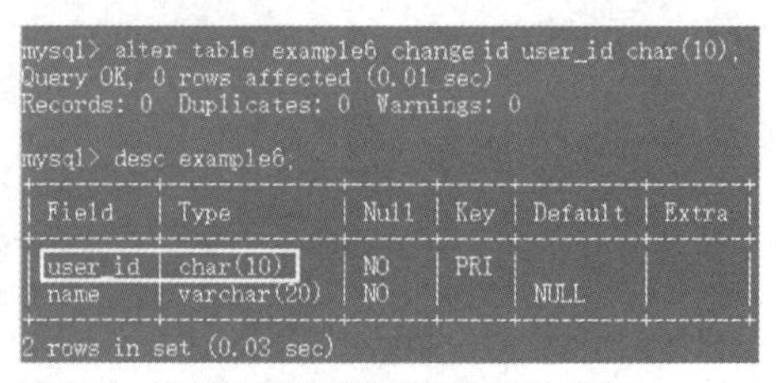

mysql> alter table example6 change id user_id char(10);
Query OK, 0 rows affected (0.01 sec)
Records: 0 Duplicates: 0 Warnings: 0

mysql> desc example6;

Field	Type	Null	Key	Default	Extra
user_id	char(10)	NO	PRI		
name	varchar(20)	NO		NULL	

2 rows in set (0.03 sec)

图 5-25　修改字段名及数据类型后的数据表 example6

5.3.4　增加字段

数据库中已经存在的数据表在定义的时候表结构就已经确定了，那么当数据表中的字段不能满足需求的时候，就需要增加字段，可以通过 alter table 语句实现。在 MySQL 中，使用 alter table 语句增加字段的基本语法格式如下。

数据表的操作（2）——修改表（2）、删除表

```
alter table 表名 add 字段名1 数据类型 [完整性约束条件] [first|after 字段名2];
```

上述代码中，“字段名 1”参数指需要增加的字段的名称；“数据类型”参数指新增加字段的数据类型；“完整性约束条件”是可选参数，用来设置新增字段的完整性约束条件；first 参数也是可选参数，其作用是将新增字段设置为表的第一个字段；“after 字段名 2”参数也是可选参数，其作用是将新增字段添加到“字段名 2”所指的字段后。如果执行的 SOL 语句中没有用 first 参数或“after 字段名 2”参数指定新增字段的位置，新增的字段默认为表的最后一个字段。

1．在数据表的最后一列后增加字段

在数据表中增加字段时，通常在默认情况下会增加到数据表的最后一列之后。

【例 5-17】在数据表 example 中增加字段 birthday，其数据类型为 date。

```
alter table example add birthday date;
```

代码运行成功后，数据表 example 的最后增加了数据类型为 DATE 的字段 birthday。增加字段 birthday 后的数据表 example 如图 5-26 所示。

【例 5-18】在数据表 example 中增加字段 phone，其数据类型为 char(15)，要求不允许输入空值。

```
alter table example add phone char(10) not null;
```

代码运行成功后，数据表 example 的最后增加了一个非空且长度最大为 10 的字符串类型字段 phone，增加字段 phone 后的数据表 example 如图 5-27 所示。

mysql> desc example;

Field	Type	Null	Key	Default	Extra
id	int(11)	NO	PRI	NULL	
Sname	varchar(30)	YES		NULL	
birthday	date	YES		NULL	

3 rows in set (0.02 sec)

图 5-26　增加字段 birthday 后的数据表 example

mysql> desc example;

Field	Type	Null	Key	Default	Extra
id	int(11)	NO	PRI	NULL	
Sname	varchar(30)	YES		NULL	
birthday	date	YES		NULL	
phone	char(10)	NO		NULL	

4 rows in set (0.02 sec)

图 5-27　增加字段 phone 后的数据表 example

2．在数据表的第一个位置增加字段

在向数据表中增加字段时，如果不希望将新增字段放在数据表的最后，那么可以通过 first 参数将新增字段放在数据表的第一个位置。

【例 5-19】在数据表 example 中增加字段 Sno 至表的第一个位置。

```
alter table example add Sno char(10) first;
```

代码运行成功后，在数据表 example 的第一个位置增加了字段 Sno，增加字段 Sno 后的数据表 example

```
mysql> desc example;
+----------+-------------+------+-----+---------+-------+
| Field    | Type        | Null | Key | Default | Extra |
+----------+-------------+------+-----+---------+-------+
| Sno      | char(10)    | YES  |     | NULL    |       |
| id       | int(11)     | NO   | PRI | NULL    |       |
| Sname    | varchar(30) | YES  |     | NULL    |       |
| birthday | date        | YES  |     | NULL    |       |
| phone    | char(10)    | NO   |     | NULL    |       |
+----------+-------------+------+-----+---------+-------+
5 rows in set (0.03 sec)
```

图5-28 增加字段Sno后的数据表example

如图5-28所示。

从图5-27和图5-28可以看出，使用first参数增加字段时可以使该字段排列在数据表的第一个位置。

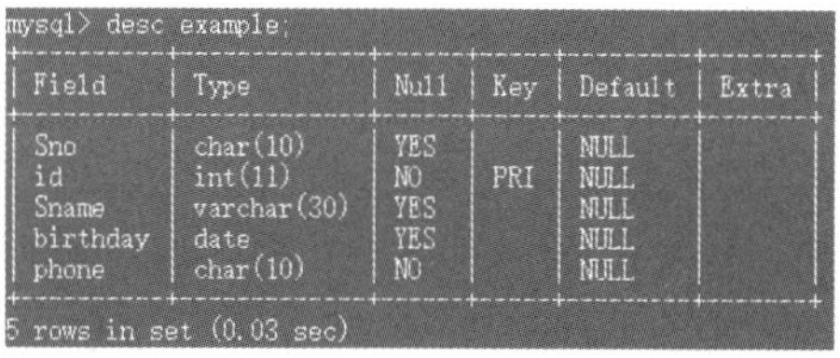

3．在数据表的指定字段后增加字段

在数据表中增加字段，除了将其增加至数据表的第一个位置和最后位置之外，还可以指定增加至具体字段后，所使用的参数是after。

【例5-20】在数据表example中增加字段sex，设置其默认值为“女”，将该字段添加至字段Sname后。

```
alter table example ADD sex char(4) default '女' after Sname;
```

代码运行成功后，数据表example的字段Sname后增加了字段sex，增加字段sex后的数据表example如图5-29所示。

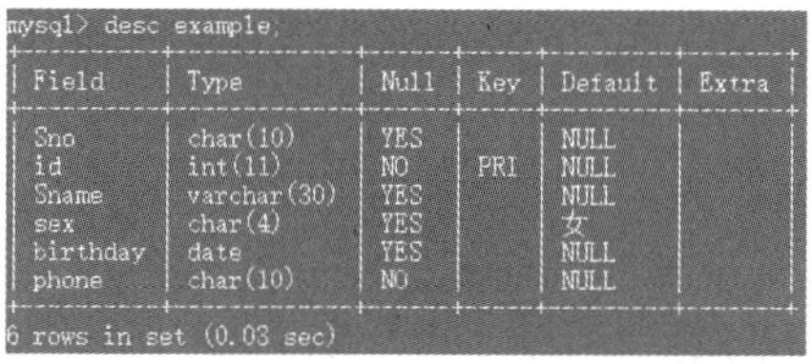

```
mysql> desc example;
+----------+-------------+------+-----+---------+-------+
| Field    | Type        | Null | Key | Default | Extra |
+----------+-------------+------+-----+---------+-------+
| Sno      | char(10)    | YES  |     | NULL    |       |
| id       | int(11)     | NO   | PRI | NULL    |       |
| Sname    | varchar(30) | YES  |     | NULL    |       |
| sex      | char(4)     | YES  |     | 女      |       |
| birthday | date        | YES  |     | NULL    |       |
| phone    | char(10)    | NO   |     | NULL    |       |
+----------+-------------+------+-----+---------+-------+
6 rows in set (0.03 sec)
```

图5-29 增加字段sex后的数据表example

5.3.5 修改字段的位置

当数据表创建成功后，如果要修改字段在表中的位置，可以通过alter table语句来实现，其基本语法格式如下。

```
alter table 数据表名 modify 字段名 数据类型 first|after 字段名1;
```

上述代码中，“数据表名”参数指需要修改的字段所在数据表的名称；“字段名”参数指要调整位置的字段的名称；“数据类型”参数指需要调整的字段的数据类型；first参数指将字段放在表的第一个位置；“after 字段名1”参数指将字段放在字段1的后面。

【例5-21】将数据表example中的字段id调整为表的第一个字段。

```
alter table example modify id int(11) first;
```

代码运行成功后，数据表example的第一个字段便是id，第一个字段为id的数据表example如图5-30所示。

【例5-22】将数据表example中的字段sex调整到字段birthday之后。

```
alter table example modify sex char(4) after birthday;
```

代码运行成功后，数据表example中的字段sex已在字段birthday之后，调整字段sex的位置后的数据表example如图5-31所示。

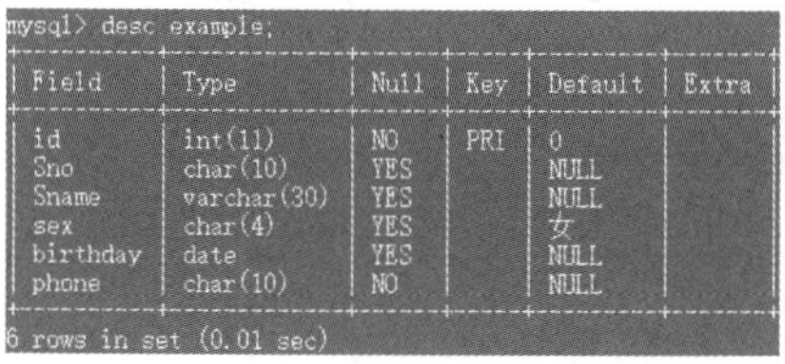

```
mysql> desc example;
+----------+-------------+------+-----+---------+-------+
| Field    | Type        | Null | Key | Default | Extra |
+----------+-------------+------+-----+---------+-------+
| id       | int(11)     | NO   | PRI | 0       |       |
| Sno      | char(10)    | YES  |     | NULL    |       |
| Sname    | varchar(30) | YES  |     | NULL    |       |
| sex      | char(4)     | YES  |     | 女      |       |
| birthday | date        | YES  |     | NULL    |       |
| phone    | char(10)    | NO   |     | NULL    |       |
+----------+-------------+------+-----+---------+-------+
6 rows in set (0.01 sec)
```

图5-30 第一个字段为id的数据表example

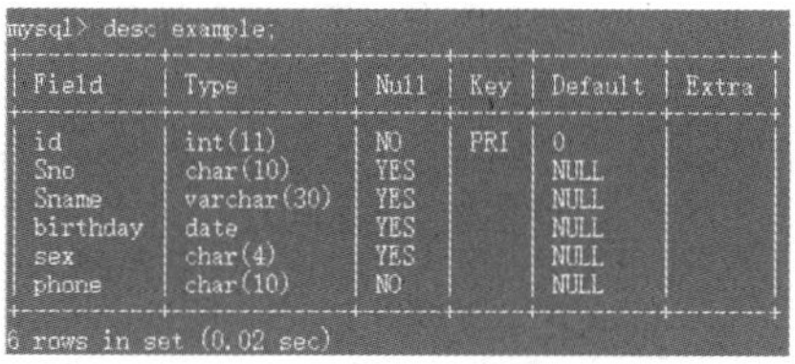

```
mysql> desc example;
+----------+-------------+------+-----+---------+-------+
| Field    | Type        | Null | Key | Default | Extra |
+----------+-------------+------+-----+---------+-------+
| id       | int(11)     | NO   | PRI | 0       |       |
| Sno      | char(10)    | YES  |     | NULL    |       |
| Sname    | varchar(30) | YES  |     | NULL    |       |
| birthday | date        | YES  |     | NULL    |       |
| sex      | char(4)     | YES  |     | NULL    |       |
| phone    | char(10)    | NO   |     | NULL    |       |
+----------+-------------+------+-----+---------+-------+
6 rows in set (0.02 sec)
```

图5-31 调整字段sex的位置后的数据表example

5.3.6 删除字段

删除字段是指删除已经定义好的数据表中的某个字段。在数据表创建完成之后，如果发现某个字段需要删除，可以采用将整个表都删除，然后重新创建一个表的做法。这样做虽然可以达到目的，但必然会影响到表中的数据，而且操作比较麻烦。MySQL 中，使用 alter table 语句也可以删除表中的字段。其基本语法格式如下。

```
alter table 表名 drop 字段名;
```

上述代码中，“字段名”参数指需要从数据表中删除的字段的名称。

【例 5-23】将数据表 example 中的字段 Sno 删除。

```
alter table example drop Sno;
```

代码运行成功后，数据表 example 中的字段 Sno 被删除，删除字段 Sno 后的数据表 example 如图 5-32 所示。

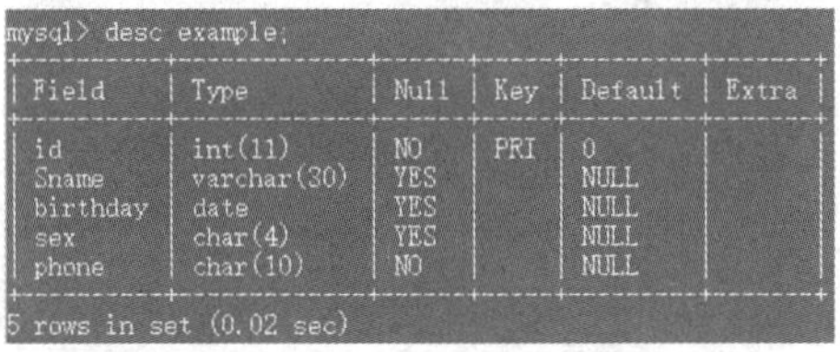

```
mysql> desc example;
+----------+-------------+------+-----+---------+-------+
| Field    | Type        | Null | Key | Default | Extra |
+----------+-------------+------+-----+---------+-------+
| id       | int(11)     | NO   | PRI | 0       |       |
| Sname    | varchar(30) | YES  |     | NULL    |       |
| birthday | date        | YES  |     | NULL    |       |
| sex      | char(4)     | YES  |     | NULL    |       |
| phone    | char(10)    | NO   |     | NULL    |       |
+----------+-------------+------+-----+---------+-------+
5 rows in set (0.02 sec)
```

图 5-32　删除字段 Sno 后的数据表 example

5.3.7 修改数据表的存储引擎

MySQL 中有多种存储引擎，不同的存储引擎代表数据库中数据表的存储类型不同，不同的存储引擎也有不同的特点。在创建表时就需要定义存储引擎。如果需要修改存储引擎，可以通过重新创建一个表来实现。这样做虽然可以达到目的，但会影响到表中的数据，而且操作比较麻烦。MySQL 中的 alter table 语句也可以更改表的存储引擎。其基本语法格式如下。

```
alter table 表名 engine=存储引擎名;
```

上述代码中，“存储引擎名”参数指设置的新存储引擎的名称。

【例 5-24】将数据表 example0 的存储引擎改为 MyISAM。

```
alter table example0 engine=MyISAM;
```

代码运行成功后，数据表 example0 的存储引擎变为 MyISAM。由于存储引擎在数据表的详细信息中，所以就不能再用 desc 命令，而要用 show create table 命令来显示。修改存储引擎前后的数据表 example0 对比如图 5-33 所示。

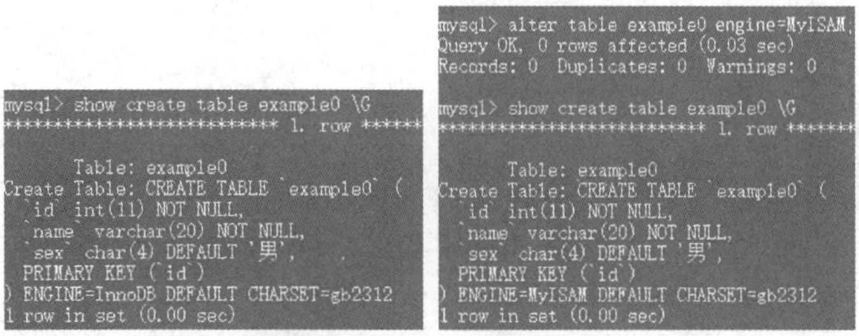

```
mysql> show create table example0 \G
*************************** 1. row ******
       Table: example0
Create Table: CREATE TABLE `example0` (
  `id` int(11) NOT NULL,
  `name` varchar(20) NOT NULL,
  `sex` char(4) DEFAULT '男',
  PRIMARY KEY (`id`)
) ENGINE=InnoDB DEFAULT CHARSET=gb2312
1 row in set (0.00 sec)
```

```
mysql> alter table example0 engine=MyISAM;
Query OK, 0 rows affected (0.03 sec)
Records: 0  Duplicates: 0  Warnings: 0

mysql> show create table example0 \G
*************************** 1. row *******
       Table: example0
Create Table: CREATE TABLE `example0` (
  `id` int(11) NOT NULL,
  `name` varchar(20) NOT NULL,
  `sex` char(4) DEFAULT '男',
  PRIMARY KEY (`id`)
) ENGINE=MyISAM DEFAULT CHARSET=gb2312
1 row in set (0.00 sec)
```

图 5-33　修改存储引擎前后的数据表 example0 的对比

5.4 删除数据表

删除数据表是指删除数据库中已存在的数据表。删除数据表时，数据表中的所有数据会同时被删除，所以进行删除数据表的操作需谨慎。在 MySQL 中，通过 drop table 语句来删除数据表。由于在创建数据表时，有些数据表之间存在依赖关系，所以在删除数据表的时候，需要考虑待删除的数据表是否被依赖，如果被依赖就需要先消除依赖关系，再进行删除表的操作。

1．删除没有被依赖的数据表

MySQL 中，没有被依赖的数据表可以直接使用 drop table 语句删除。其基本语法格式如下。

```
drop table 表名;
```

上述代码中，“表名”参数表示要删除的表的名称。

【例 5-25】删除数据表 example0。

```
drop table example0;
```

代码运行成功后，数据库中的数据表 example0 被删除，删除数据表 example0 如图 5-34 所示。

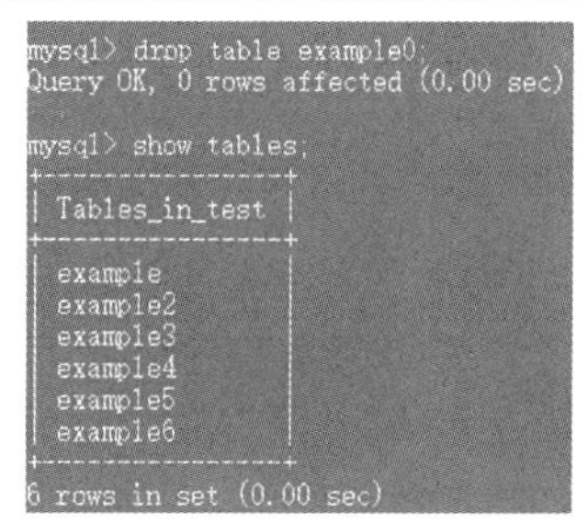

图 5-34 删除数据表 example0

2．删除被依赖的数据表

前面讲解过设置数据表的外键，外键会建立起数据表之间的依赖关系，被依赖的数据表称为父表，如果要删除父表，就不能直接使用 drop table 语句进行操作，那样会报错。

【例 5-26】删除数据表 example。

```
drop table example;
```

代码运行后报错，提示不能进行删除或者更新操作，因为有外键约束，删除父表 example 报错如图 5-35 所示。

```
mysql> drop table example;
ERROR 1217 (23000): Cannot delete or update a parent row: a foreign key constraint fails
```

图 5-35 删除父表 example 报错

在数据库 test 中，数据表 example4 的外键 id1 依赖于数据表 example 的主键。数据表 example 是数据表 example4 的父表。如果要删除数据表 example，必须先去掉这种依赖关系。最简单直接的方法是先删除子表 example4，再删除父表 example，但这样可能会影响子表的其他数据；另一种方法是先删除子表的外键约束，再删除父表，这种方法不会影响子表的其他数据，可以保证数据库的安全。

删除数据表的外键约束时，首先要清楚数据表的外键名，可以通过 show create table 语句来查看，代码如下。

```
show create table example4 \G
```

查看数据表 example4 的外键名如图 5-36 所示。确认数据表 example4 外键 id1 的名称后，便可以通过外键名删除外键约束，代码如下。

```
alter table example4 drop foreign key
example4_ibfk_1;
```

```
mysql> show create table example4 \G
*************************** 1. row ***************************
       Table: example4
Create Table: CREATE TABLE `example4` (
  `id` int(11) NOT NULL,
  `name` varchar(20) NOT NULL,
  `id1` int(11) DEFAULT NULL,
  PRIMARY KEY (`id`),
  KEY `id1` (`id1`),
  CONSTRAINT `example4_ibfk_1` FOREIGN KEY (`id1`) REFERENCES `example` (`id`)
) ENGINE=InnoDB DEFAULT CHARSET=gb2312
1 row in set (0.00 sec)
```

图 5-36 查看数据表 example4 的外键名

删除数据表 example4 的外键约束如图 5-37 所示。当依赖关系去掉后，便可以直接采用 drop table 语句删除数据表 example，代码如下。

```
drop table example;
```

代码运行成功后，查看数据库 test 中的数据表，发现数据表 example 不存在了，数据表 example 删除成功如图 5-38 所示。

```
mysql> alter table example4 drop foreign key example4_ibfk_1;
Query OK, 0 rows affected (0.02 sec)
Records: 0  Duplicates: 0  Warnings: 0
```

图 5-37　删除数据表 example4 的外键约束

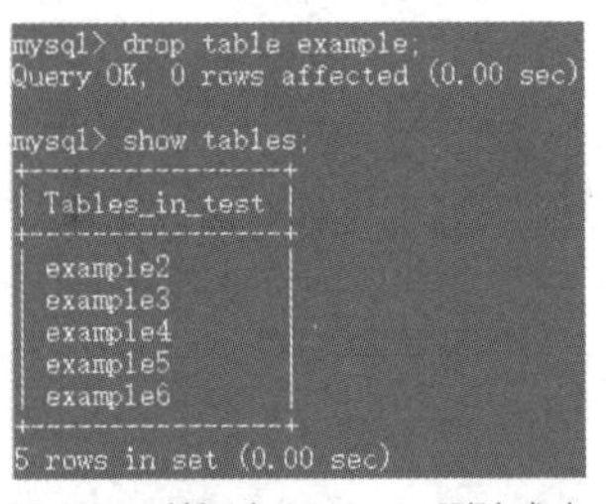

图 5-38　数据表 example 删除成功

5.5 完整性约束

在之前的章节中，创建数据表的时候会对数据表进行一些约束条件的定义，这些约束条件其实都是对完整性的约束。完整性（Integrity）是指数据的正确性（Correctness）和相容性（Compatability）。数据的正确性是指数据是符合现实世界语义、反映当前实际状况的；数据的相容性是指数据库同一对象在不同数据表中的数据是符合逻辑的。

例如，每个人的身份证号必须唯一，人的性别只能是男或女，人的年龄必须是整数，日期只能取 1～31 的整数，人的姓名不能是空值，学生的成绩只能是大于或等于 0 的值等。

完整性约束对于数据库应用系统非常关键，它能约束数据库中的数据更为客观地反映现实世界。其作用主要体现在以下几个方面。

（1）完整性约束能够防止合法用户使用数据库时向数据库中添加不符合语义的数据。

（2）利用基于数据库管理系统的完整性控制机制来实现业务规则，易于定义，容易理解，而且可以降低应用程序的复杂性，提高应用程序的运行效率。同时，基于数据库管理系统的完整性控制机制是集中管理的，因此比应用程序更容易实现数据库的完整性。

（3）合理的完整性设计能够同时兼顾完整性和系统的效能。例如装载大量数据时，只要在装载之前临时使基于数据库管理系统的完整性约束失效，此后再使其生效，就能保证既不影响数据装载的效率，又能保证完整性。

（4）在应用程序的功能测试中，完善的完整性约束有助于尽早发现应用程序的错误。

完整性约束和安全性控制是两个有联系但不尽相同的概念。数据的完整性约束是为了防止数据库中存在不符合语义的数据，也就是防止数据库中存在不正确的数据。数据的安全性控制是为了保护数据库以防止其被恶意破坏和非法存取。因此，完整性约束的防范对象是不合语义的、不正确的数据，防止它们进入数据库。安全性控制的防范对象是非法用户和非法操作，防止对数据库数据的非法存取。但是完整性约束和安全性控制的目的都是对数据库中的数据进行控制。

完整性约束表明数据库的存在状态是否合理，这是通过数据库内容的完整性约束来实现的。数据库系统检查数据的状态和状态的转换，判定它们是否合理，是否应予接受。对于每个数据库操作要判定其是否符合完整性约束，需要全部判定无矛盾时才可以执行，完整性约束包括实体完整性、参照完整性、用户定义的完整性等。

数据库整体的完整性由各种各样的完整性约束来保证，因此可以说完整性设计就是完整性约束的设计。完整性约束也可以通过数据库管理系统或应用程序来实现。对数据库完整性的设计，要遵循以下原则。

（1）根据完整性约束的类型确定其实现的系统层次和方式，并提前考虑对系统性能的影响。一般情况下，静态约束应尽量包含在数据库模式中，而动态约束则由应用程序实现。

（2）实体完整性约束、参照完整性约束是关系数据库最重要的完整性约束，在不影响系统关键性能的前提下需尽量应用。用一定的时间和空间来换取系统的易用性是值得的。

（3）要慎用目前主流数据库管理系统都支持的触发器功能，一方面，触发器的性能开销较大；另一方面，触发器的多级触发不好控制，容易发生错误，在必须使用触发器时，最好使用Before型语句级触发器。

（4）在需求分析阶段就必须制订完整性约束的命名规范，尽量使用有意义的英文单词、缩写词、表名、列名及下画线等的组合，使其易于识别和记忆，如pk_employee、ckc_empreal_income_employee、ckt_employee，如果使用CASE工具，一般有默认的规则，可在此基础上修改使用。

（5）要根据业务规则对完整性进行细致的测试，以尽早排除隐含的完整性约束间的冲突和对性能的影响。

（6）要有专职的数据库设计小组，自始至终负责数据库的分析、设计、测试、实施及早期维护。数据库设计人员不仅负责基于数据库管理系统的完整性约束的设计实现，还要负责对应用程序实现的完整性约束进行审核。

（7）应采用合适的CASE工具来减少数据库设计各阶段的工作量。好的CASE工具能够支持整个数据库的生命周期，这将使数据库设计人员的工作效率得到很大提高。

5.5.1 实体完整性

实体完整性要求数据表中的每一行必须是唯一的，可以通过主键约束、唯一性约束、索引或标识字段来实现。

关系模型的实体完整性在SQL中通常可用定义主键（primary key）实现，在创建数据表（create table）时直接进行定义。若数据表的主键由单一字段构成，则可以采用两种方法定义，一种是定义为列级约束条件，列级约束是列定义的一部分只作用于此列本身；另一种是定义为表级约束条件，表级约束是作为表定义的一部分，可以作用于多列。若表中主键由多个字段构成，则只能定义为表级约束条件。

【例5-27】在数据库school中创建学生信息表student，将表中的学号sno字段定义为主键。

```
create table student
(sno char(10) primary key,        /*在列级定义主键*/
sname varchar(20) not null,
sex varchar(4),
age int,
address varchar(50),
dept varchar(20)
);
```

或者

```
create table student
(sno char(10) ,
sname varchar(20) not null,
sex varchar(4),
age int,
address varchar(50),
dept varchar(20),
primary key (sno)         /*在表级定义主键*/
);
```

数据表创建完成，用 primary key 定义了主键，每当对数据表插入一条记录或对主键列进行更新操作时，MySQL 便根据实体完整性规则自动进行以下检查。

（1）检查主键值是否唯一，如果不唯一，则拒绝插入或修改。

（2）检查主键的各个字段是否为空，只要有一个为空就拒绝插入或修改。

由此保证了实体完整性。

在数据表中对实体完整性进行检查的方法是对全表进行扫描，也就是在数据表中检查记录中的主键值是否唯一，依次比较插入或者修改的主键值和表中每一条记录的主键值是否相同，没有相同方实现了实体完整性。

5.5.2 参照完整性

数据库中的数据表在设计的过程中必须是符合规范的，这样才能杜绝数据冗余、插入异常、删除异常等现象。规范的过程是分解表的过程，经过分解，同一事物的代表字段会出现在不同的表中，那么它们应该保持一致。主键所在的表为被参照表，外键所在的表为参照表。

关系模型的参照完整性在 SQL 中通常可以用 foreign key 定义外键来实现，在创建数据表时直接定义哪些字段为外键，用 references 指明这些外键参照哪些表的主键。参照完整性可以采用列级约束条件和表级约束条件这两种方式来定义。

【例 5-28】在数据库 school 中创建课程信息表 course，将表中的课程号 cno 字段定义为主键，先行课号 cpno 是外键依赖于表 course 中的课程编号 cno。现要求定义课程信息关系中的参照完整性。

从题目的已知条件中不难分析，先行课号 cpno 字段指在学习某门课程之前要先学习的某些课程的编号。例如，学习数据库之前要先学习数据结构和计算机导论这些课程，那么这些课程也应该在数据表 course 中，所以 cpno 字段的取值需参照自身数据表 course 中的课程号 cno 字段。也就是说，先行课号 cpno 的值必须是 course 表中 cno 列中已有的值，即它的参照关系发生在了自身数据表中。

```
create table course
(cno  char(10) primary key,       /*在列级定义主键*/
cname varchar(20) not null,
cpno  char(10),
credit  int,
foreign key (cpno) references course (cno)     /*在列级定义参照完整性*/
);
```

【例 5-29】在数据库 school 中创建选课表 sc，将表中的学号字段 sno 和课程号字段 cno 定义为组合主键。现要求定义选课关系中的参照完整性。

从题目的已知条件中分析，选课表用于记录学生选修课程后获得的成绩，那么学生一定是在学生信息表中存在的，课程一定是在课程信息表中存在的，选课表中的学号和课程号就应除了是主键的约束条件之外，还要分别关联学生信息表的外键和课程信息表的外键。

```
create table sc
(sno  char(10),
cno  char(10),
grade float,
primary key(sno,cno),       /*在表级定义实体完整性*/
foreign key (sno) references student (sno),     /*在表级定义参照完整性*/
foreign key (cno) references course (cno)      /*在表级定义参照完整性*/
);
```

在定义参照完整性的过程中，要遵循外键的规则，即参照表中的外键与被参照表中的主键可以是不同的字段名，但是必须取自相同域。

参照完整性建立了两个表中相应记录之间的联系，因此，对被参照表和参照表进行增、删、改操作时有可能破坏参照完整性，必须进行检查以保证这两个表的相容性。

（1）当选课表中插入一条记录时，新插入记录中的学号在学生信息表中找不到一个学号与其相等。

（2）当要修改选课表中的一条记录时，修改后的记录中的学号在学生信息表中找不到一个学号与其相等。

（3）当从学生信息表中删除一条记录时，此时选课表没有更新，会造成学生信息表中该学号的学生信息已经不存在，但是选课表中还有该学号学生的选课记录的情况。

（4）当修改学生信息表中某记录的学号时，此时选课表没有更新，会造成学号变化，学生个体没有变化，但是其在选课表中已选修课程不能与之对应的情况。

当上述的不一致发生时，系统可采用以下方式处理。

（1）拒绝（no action）执行

不允许该操作执行。该方式一般为默认方式。

（2）级联（cascade）操作

当删除或修改被参照表的一条记录导致与参照表不一致时，删除或修改参照表中所有导致不一致的记录。

（3）设置为空值

若删除或修改被参照表的一条记录时造成不一致，则将参照表中的所有造成不一致的记录的对应属性设置为空值。例如，有下面两个关系。

```
职工表(工号,姓名,性别,工龄,部门号)
部门表(部门号,部门名,办公地点,部门电话)
```

其中，职工表的“部门号”是外键，部门表中的“部门号”是主键。职工表中的“部门号”的值一定是存在于部门表的“部门号”列中的。

假设部门表中某条记录被删除，按照设置为空值的方式，就要把职工表中对应该部门号的所有记录的部门号设置为空值。可以理解为：企业的某个部门被取消了，该部门的所有职工处于待定状态，等待重新分配部门。

在这个例子中，“部门号”作为职工表的外键，通过分析表明其值是可以为空值的，表示职工尚未分配部门，但不代表所有的外键都可以设为空值。例如在选课关系中，学号和课程号在选课表中既是主键又是外键，如果根据参照完整性违约处理方式，外键可以设置为空，那么学号为空后，便不知哪位学生选修的课程得到了成绩，或者课程号为空后，则学生不知选修的哪门课程得到了成绩，这与现实语境是矛盾的。不难发现，无论选课表中的学号和课程号哪个取空值，都违反了其作为选课表主键的实体完整性约束规则，因此在定义参照完整性时，应考虑外键是否适合设置为空值，即如果其同时为主键，就不适合设置为空值。

在系统对关系的参照完整性进行检查后，如果违反规则，系统将采用默认的拒绝执行的方式，但是如果用户要用其他的方式来处理违约操作，就需要进行显式说明。

【例5-30】创建职工表，显式说明参照完整性的违约处理，即当被参照表（部门表）中某部门被删除后，将职工表对应部门号取空值。

```
create table 职工表
(工号 varchar(9)  primary key,     /*在列级定义实体完整性*/
姓名 varchar(20),
性别 varchar(4),
工龄 int,
部门号 varchar(6)
foreign key (部门号) references 部门表 (部门号)      /*在表级定义参照完整性*/
```

```
    on delete set null  /*当删除部门表中的记录时，同时将职工表中对应部门号设置为空值*/
);
```

【例 5-31】创建选课表(学号,课程号,成绩)，显式说明参照完整性的违约处理方式为级联操作。

```
create table 选课表
( 学号 varchar(9),
课程号 varchar(4),
成绩 int,
primary key(学号,课程号);          /*在表级定义实体完整性*/
foreign key (学号) references student(sno)    /*在表级定义参照完整性*/
     on delete cascade   /*当删除学生信息表中的记录时，级联删除选课表中相应的记录*/
     on update cascade,  /*当更新学生信息表中的学号时，级联更新选课表中相应的记录*/
foreign key (课程号) references course(cno)     /*在表级定义参照完整性*/
     on delete no action   /*当删除课程信息表中的记录造成与选课表不一致时， 拒绝执行课程信息表相关的删除操作*/
     on update cascade   /*当更新课程信息表中的课程号时，级联更新选课表中相应的记录*/
);
```

通过以上实例可以看出，对于不同的数据操作可以使用不同的违约处理方式。在例 5-31 中，当删除课程信息表中的某一课程号对应的记录时，如果导致与选课表中的数据不一致（也就是说，删除课程信息表中的某门课程的信息时，在选课表中有学生已经选修了该门课程），那么将不允许执行删除课程信息表中对应课程记录的操作；当更新课程信息表中的某门课程的课程号时，如果选课表中这门课程已被学生选修，那么将执行级联操作，也就是更新课程信息表中课程号的同时更新选课表中对应的课程号的信息，从而保证数据的一致性。

从以上问题中不难看出，关系数据库管理系统在保证参照完整性时，不仅要提供其约束条件的定义，还要提供对违反约定的处理，具体执行什么操作，需要根据具体的应用环境来进行定义。

5.5.3 用户定义的完整性

用户定义的完整性就是针对某一具体关系数据库的约束条件，它反映的是某一应用的数据必须满足的语义要求。目前的关系数据库管理系统都提供了定义和检验这类完整性的机制（使用了和实体完整性、参照完整性相同的技术和方法），而不必由应用程序承担这一功能。

MySQL 数据库支持的用户定义的完整性主要有非空、唯一、设置为空、检查等条件的设置。

1．字段的约束条件

在创建数据表并定义字段时，可以根据用户的具体要求定义字段的约束条件，即字段值限制，包括：

字段值非空（not null）；

字段值唯一（unique）；

检查字段值是否满足一个条件表达式（check 语句）。

（1）非空值的定义

非空值定义表示定义的字段不能取空值，该约束只能定义在列级上。

【例 5-32】创建职工表 1(工号,姓名,性别,工龄,部门号)时，说明工号、姓名、性别、工龄不允许为空。

```
create table 职工表1
(工号 varchar(9) not null  primary key,    /*工号不允许为空；在列级定义实体完整性，实体完整性的定义隐含表示被定义为主键的字段的值不允许为空，所以工号可以不定义 not null 条件*/
姓名 varchar(20) not null,    /*姓名不允许为空*/
```

```
性别 varchar(4) not null,      /*性别不允许为空*/
工龄 int  not null,     /*工龄不允许为空*/
部门号 varchar(6);
foreign  key （部门号） references 部门表 （部门号）      /*在表级定义参照完整性*/
  );
```

（2）字段值唯一

【例5-33】创建部门表(部门号,部门名,办公地点,部门电话)时，说明部门名不可以重复，即取值唯一。

```
create table 部门表
( 部门号 numeric(2),
部门名 varchar(9) unque,    /*部门名不可以重复*/
办公地点 varchar(10),
部门电话 varchar(20),
primary key （部门号）
);
```

（3）定义指定字段取值在check语句的范围

在数据库系统中，检查约束属于完整性约束的一种，可以用于约束表中的某个字段或者一些字段必须满足某个条件。例如用户名必须大写、余额不能小于0等。MySQL 8.0.15之前的版本没有真正实现该功能，也就是说，虽然在创建数据表的时候对某一或某些字段加了检查约束，在实际代码解析的过程中也会忽略掉，在进行数据操作的过程中违反了该约束也不会报错。但是MySQL 8.0.16之后的版本的所有存储引擎中，检查约束都生效，它可以定义在列级约束上，也可以定义在表级约束上。

【例5-34】创建学生表(学号,姓名,性别,年龄,所在系)时，说明性别只可以是“男”或者“女”。

```
create table 学生表
( 学号 char(10) primary key,
  姓名 varchar(20),
  性别 char(10) check(性别 in("男","女")),
  年龄 int,
  所在系 varchar(40)
);
```

当在数据表中进行增加新记录或者更新字段值时，关系数据库管理系统会按照约束条件自动检查这些数据是否满足条件，如果不满足，将会默认采取拒绝执行的操作。

2．记录的约束条件

记录的约束条件的定义与字段约束条件的定义类似，在创建数据表时使用check语句定义，定义在记录上，即记录级限制。与字段约束条件相比，记录级限制可以同时定义不同字段之间的相互约束关系。

【例5-35】创建职工表2中，说明当职工的性别是男时，其姓名不能以Ms.开头。

```
create table 职工表2
(工号 varchar(9)  primary key,
姓名 varchar(20),
性别 varchar(4),
部门号 varchar(6),
check （性别='男'or 姓名 like Ms.%),    /*定义了记录中性别和姓名两个字段之间的约束条件*/
foreign key （部门号） references 部门表 （部门号）
  );
```

当职工性别为男时，相应记录都能通过检查，因为性别为男的条件成立；当职工性别为女时，检查是否符合姓名以“Ms.”开头的条件，因为只有“姓名 like Ms.%”成立才能表明是女性，而男性应该以“Mr.”开头。这里“%”为通配符，参见 3.8 节，“%”可代表含一个或多个字符的字符串，而另一个通配符“_”则代表任意一个字符。

5.5.4 完整性约束命名子句

为了使完整性约束更易于操作和管理，MySQL 支持完整性约束命名子句，该子句可以在创建数据表的同时进行定义，它用来对完整性约束条件进行命名，从而可以灵活地对完整性约束条件进行增加、修改或删除。

1．完整性约束命名子句

完整性约束命名子句语法格式如下。

```
constraint <完整性约束条件名> <完整性约束条件>
```

上述代码中，“完整性约束条件”包括 not null、unique、primary key、foreign key、check 语句等。

【例 5-36】建立职工表 3(工号,姓名,年龄,性别)，要求工号为 10000～20000，姓名不能取空值，年龄不小于 18，性别只能是“男”或“女”。

```
create table 职工表3
(工号 int
constraint c1 check (工号 between 10000 and 20000),
姓名 varchar(20)
constraint c2 not null,
年龄 int
constraint c3 check (年龄 >=18),
性别 varchar(2)
constraint c4 check (性别 in('男','女')),
constraint key primary key(工号)
);
```

在职工表上，所有完整性约束都使用完整性约束命名子句来定义，其中 c1 部分为工号取值范围的完整性约束命名子句，c2 部分为姓名不允许为空的完整性约束命名子句，c3 部分为年龄最小值的完整性约束命名子句，c4 部分为性别取值范围的完整性约束命名子句，Key 部分为关系主键定义的完整性约束命名子句。c1、c2、c3、c4 为列级约束，Key 为表级约束。

【例 5-37】建立教师工资表(教师号,姓名,职务,工资,扣除项,部门号)，要求每个教师的应发工资不低于 5000 元。应发工资是工资与扣除项之和。

```
create table 教师工资表
( 教师号 varchar(9) primary key,
姓名 varchar(20),
职务 varchar(10),
工资 float,
扣除项 float,
部门号 varchar(4)
constraint 教师工资表 foreign key (部门号) references 部门表 (部门号),
constraint c1 check (工资 + 扣除项 >= 5000)
);
```

2．修改表中的完整性约束

可以使用 alter table 语句修改表中的完整性约束。

【例 5-38】删除例 5-36 职工表中对姓名非空的限制。

```
alter table 职工表 drop constraint c2;
```

【例 5-39】修改例 5-36 职工表中的约束条件，要求工号取值范围改为 100000～200000，职工不允许重名，年龄由不小于 18 改为不小于 23。

```
alter table 职工表
drop constraint c1;
alter table 职工表
add constraint c1 check (工号 between 100000 and 200000);
alter table 职工表
add constraint c5 姓名 unique;
alter table 职工表
drop constraint c3;
alter table 职工表
add constraint c3 check (年龄> = 23);
```

通过上述例子可以看出，使用完整性约束命名子句可以灵活地对完整性约束条件进行增加、删除和修改，不需要删除原有数据表进行重建，也不需要修改数据表结构，只要将原有的完整性约束删除，重新建立一个完整性约束命名子句就可以了。

5.6 应用示例："供应"数据库中数据表的操作

示例要求：在"供应"数据库中创建数据表"供应商""工程""零件""供应"，各个表的结构如表 5-1 至表 5-4 所示。

表 5-1 数据表"供应商"的结构

字段名	数据类型	主键	外键	非空	唯一
供应商编号	char(10)	是	否	是	是
供应商名	varchar(20)	否	否	是	否
供应商地址	varchar(20)	否	否	是	否
联系电话	char(20)	否	否	否	否

表 5-2 数据表"工程"的结构

字段名	数据类型	主键	外键	非空	唯一
工程编号	char(10)	是	否	是	是
工程名	varchar(20)	否	否	是	否
地址	varchar(50)	否	否	是	否

表 5-3 数据表"零件"的结构

字段名	数据类型	主键	外键	非空	唯一
零件编号	char(10)	是	否	是	是
零件名	varchar(20)	否	否	是	否
颜色	varchar(10)	否	否	否	否
简介	varchar(50)	否	否	否	否

表 5-4　数据表“供应”的结构

字段名	数据类型	主键	外键	非空	唯一	默认值
供应商编号	char(10)	是	是	是	否	无
工程编号	char(10)	是	是	是	否	无
零件编号	char(10)	是	是	是	否	无
数量	float	否	否	否	否	NULL

数据表创建成功后，查看各表结构，进行以下表操作。

① 将数据表“供应商”中的字段“供应商地址”的数据类型修改为 varchar(50)。

② 将数据表“供应商”中的字段“联系电话”调整到字段“供应商名”后。

③ 将数据表“工程”中的字段“地址”改名为“工程地址”。

④ 在数据表“工程”中增加字段“工程简介”，数据类型为 varchar(50)。

⑤ 将数据表“零件”中的字段“颜色”删除。

⑥ 在数据表“供应商”中增加约束子句，要求供应商地址如果以“北京市”开头，联系电话则必须以“010”开头。

实现过程如下。

（1）打开 MySQL 数据库，进入身份验证界面如图 4-17 所示。

（2）查看 MySQL 中是否存在即将要创建的数据库，代码如下。

```
show databases;
```

代码运行结果如图 4-18 所示。

由于在第 4 章的应用示例中数据库“供应”已经创建成功，所以该数据库在 MySQL 中已存在，不需要创建。

（3）选择数据库“供应”，查看数据库“供应”中是否已经存在需要创建的数据表，代码如下。

```
show tables;
```

选择“供应”数据库并查看已有表如图 5-39 所示。

```
mysql> use 供应;
Database changed
mysql> show tables;
Empty set (0.00 sec)
```

图 5-39　选择“供应”数据库并查看已有表

（4）数据库“供应”为空，创建数据表“供应商”“工程”“零件”“供应”，代码分别如下。表创建成功后，查看“供应商”数据表、查看“工程”数据表、查看“零件”数据表和查看“供应”数据表分别如图 5-40、图 5-41、图 5-42 和图 5-43 所示。

```
create table 供应商(
    供应商编号 char(10) primary key ,
    供应商名 varchar(20) not null,
    供应商地址 varchar(20) not null,
    联系电话 char(20));
```

```
create table 工程(
    工程编号 char(10) primary key,
    工程名 varchar(20) not null,
    地址 varchar(50) not null);
```

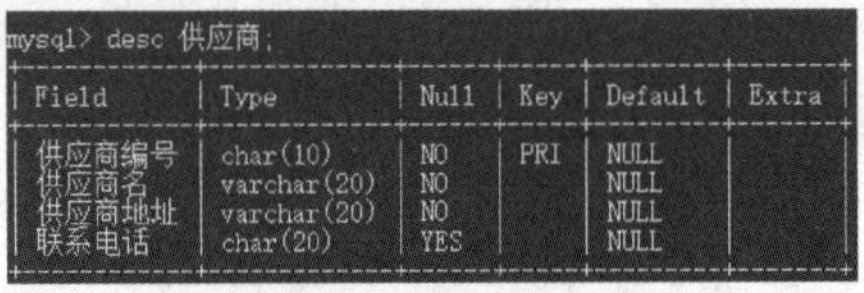

mysql> desc 供应商;

Field	Type	Null	Key	Default	Extra
供应商编号	char(10)	NO	PRI	NULL	
供应商名	varchar(20)	NO		NULL	
供应商地址	varchar(20)	NO		NULL	
联系电话	char(20)	YES		NULL	

图 5-40　查看“供应商”数据表

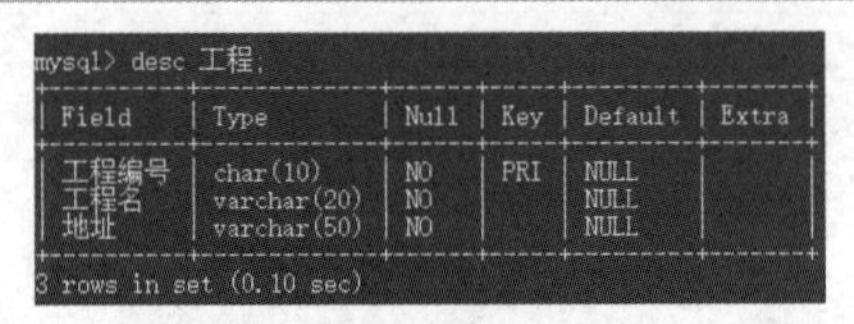

mysql> desc 工程;

Field	Type	Null	Key	Default	Extra
工程编号	char(10)	NO	PRI	NULL	
工程名	varchar(20)	NO		NULL	
地址	varchar(50)	NO		NULL	

3 rows in set (0.10 sec)

图 5-41　查看“工程”数据表

```
create table 零件(
    零件编号 char(10) primary key,
    零件名 varchar(20) not null,
    颜色 varchar(10) ,
    简介 varchar(50));
```

```
create table 供应(
    供应商编号 char(10),
    工程编号 char(10),
    零件编号 char(10),
    数量 float,
    primary key(供应商编号,工程编号,零件编号),
    foreign key(供应商编号) references 供应商(供应商编号),
    foreign key(工程编号) references 工程 (工程编号),
    foreign key(零件编号) references 零件(零件编号));
```

mysql> desc 零件;

Field	Type	Null	Key	Default	Extra
零件编号	char(10)	NO	PRI	NULL	
零件名	varchar(20)	NO		NULL	
颜色	varchar(10)	YES		NULL	
简介	varchar(50)	YES		NULL	

4 rows in set (0.03 sec)

图5-42 查看“零件”数据表

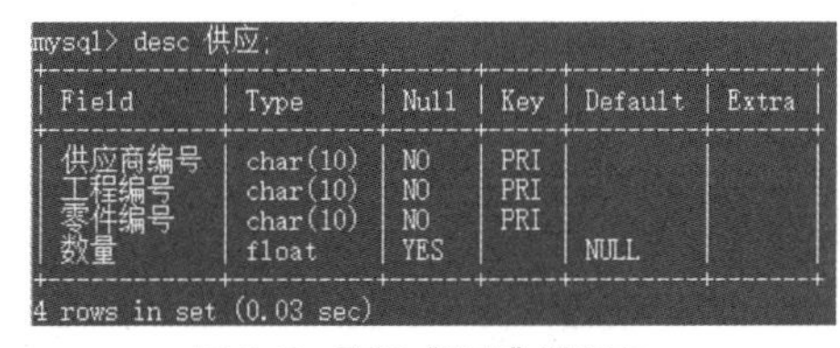

mysql> desc 供应;

Field	Type	Null	Key	Default	Extra
供应商编号	char(10)	NO	PRI		
工程编号	char(10)	NO	PRI		
零件编号	char(10)	NO	PRI		
数量	float	YES		NULL	

4 rows in set (0.03 sec)

图5-43 查看“供应”数据表

（5）将数据表“供应商”中的字段“供应商地址”的数据类型修改为varchar(50)。修改“供应商”数据表中“供应商地址”的数据类型如图5-44所示。

```
alter table 供应商 modify 供应商地址 varchar(50);
```

（6）将数据表“供应商”中的字段“联系电话”调整到字段“供应商名”后。修改“供应商”数据表中字段的顺序如图5-45所示。

```
alter table 供应商 modify 联系电话 char(20) after 供应商名;
```

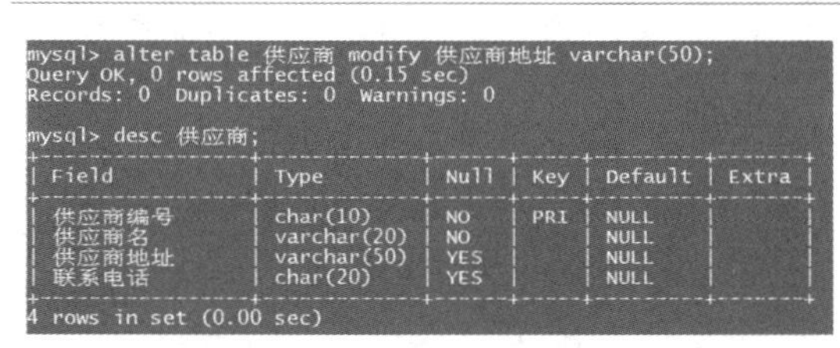

mysql> alter table 供应商 modify 供应商地址 varchar(50);
Query OK, 0 rows affected (0.15 sec)
Records: 0 Duplicates: 0 Warnings: 0

mysql> desc 供应商;

Field	Type	Null	Key	Default	Extra
供应商编号	char(10)	NO	PRI	NULL	
供应商名	varchar(20)	NO		NULL	
供应商地址	varchar(50)	YES		NULL	
联系电话	char(20)	YES		NULL	

4 rows in set (0.00 sec)

图5-44 修改“供应商”数据表中“供应商地址”的数据类型

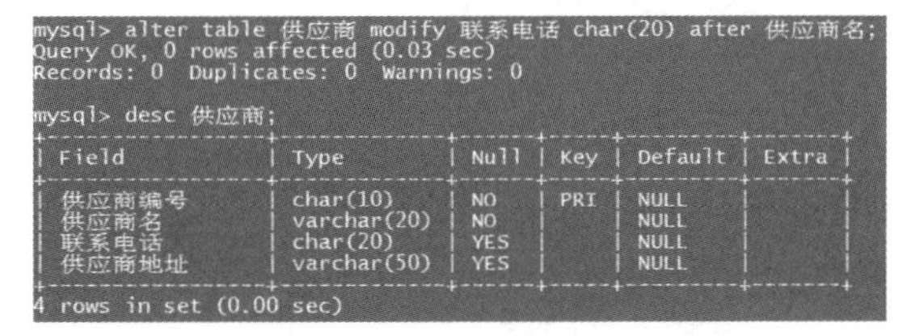

mysql> alter table 供应商 modify 联系电话 char(20) after 供应商名;
Query OK, 0 rows affected (0.03 sec)
Records: 0 Duplicates: 0 Warnings: 0

mysql> desc 供应商;

Field	Type	Null	Key	Default	Extra
供应商编号	char(10)	NO	PRI	NULL	
供应商名	varchar(20)	NO		NULL	
联系电话	char(20)	YES		NULL	
供应商地址	varchar(50)	YES		NULL	

4 rows in set (0.00 sec)

图5-45 修改“供应商”数据表中字段的顺序

（7）将数据表“工程”中的字段“地址”改名为“工程地址”。修改“工程”数据表中字段的名称如图5-46所示。

```
alter table 工程 change 地址 工程地址 varchar(50);
```

（8）在数据表“工程”中增加字段“工程简介”，数据类型为VARCHAR(50)。向“工程”数据表中增加字段如图5-47所示。

```
alter table 工程 add 工程简介 varchar(50);
```

（9）将数据表“零件”中的字段“颜色”删除。删除“零件”表中的字段“颜色”如图5-48所示。

```
alter table 零件 drop 颜色;
```

```
mysql> alter table 工程 change 地址 工程地址 varchar(50);
Query OK, 0 rows affected (0.04 sec)
Records: 0  Duplicates: 0  Warnings: 0

mysql> desc 工程;
+----------+-------------+------+-----+---------+-------+
| Field    | Type        | Null | Key | Default | Extra |
+----------+-------------+------+-----+---------+-------+
| 工程编号 | char(10)    | NO   | PRI | NULL    |       |
| 工程名   | varchar(20) | NO   |     | NULL    |       |
| 工程地址 | varchar(50) | YES  |     | NULL    |       |
+----------+-------------+------+-----+---------+-------+
3 rows in set (0.00 sec)
```

图5-46　修改“工程”数据表中字段的名称

```
mysql> alter table 工程 add 工程简介 varchar(50);
Query OK, 0 rows affected (0.03 sec)
Records: 0  Duplicates: 0  Warnings: 0

mysql> desc 工程;
+----------+-------------+------+-----+---------+-------+
| Field    | Type        | Null | Key | Default | Extra |
+----------+-------------+------+-----+---------+-------+
| 工程编号 | char(10)    | NO   | PRI | NULL    |       |
| 工程名   | varchar(20) | NO   |     | NULL    |       |
| 工程地址 | varchar(50) | YES  |     | NULL    |       |
| 工程简介 | varchar(50) | YES  |     | NULL    |       |
+----------+-------------+------+-----+---------+-------+
4 rows in set (0.00 sec)
```

图5-47　向“工程”数据表中增加字段

```
mysql> alter table 零件 drop 颜色;
Query OK, 0 rows affected (0.03 sec)
Records: 0  Duplicates: 0  Warnings: 0

mysql> desc 零件;
+----------+-------------+------+-----+---------+-------+
| Field    | Type        | Null | Key | Default | Extra |
+----------+-------------+------+-----+---------+-------+
| 零件编号 | char(10)    | NO   | PRI | NULL    |       |
| 零件名   | varchar(20) | NO   |     | NULL    |       |
| 简介     | varchar(50) | YES  |     | NULL    |       |
+----------+-------------+------+-----+---------+-------+
3 rows in set (0.00 sec)
```

图5-48　删除“零件”表中的字段“颜色”

（10）在数据表“供应商”中增加约束子句，要求供应商地址如果以“北京市”开头，联系电话则必须以“010”开头。

```
alter table 供应商 add constraint c6 check (供应商地址 like '北京市%' or 联系电话 like '010%');
```

本章小结

本章介绍了创建数据表、查看表结构、修改数据表和删除数据表的方法，以及在创建数据表和对数据表进行操作的过程中应该遵循的数据表完整性约束条件。创建数据表、修改数据表是本章重要知识点，不管是创建数据表还是修改数据表，都会用到代码，所以语法规范和书写规范需要勤加练习，熟练掌握。创建数据表和修改数据表后一定要查看表的结构，这样可以确认操作是否成功，结果是否正确。本章中的完整性约束条件是难点，为了更好地理解完整性约束，需要在设计数据表的时候多思考，分析透彻数据表之间的关系。删除数据表时一定要谨慎，因为删除数据表的同时会删除该数据表中的所有记录。

习　题

1. 选择题

1-1　用 MySQL 的 alter table 语句删除表中某列的约束条件需要用关键字（　　）。

A. add　　B. delete　　C. modify　　D. drop

1-2　关于主键和外键的描述，下列选项中正确的是（　　）。

A. 一个表最多只能有一外键，可以定义多个主键

B. 一个表只能定义一个主键，可以定义多个外键

C. 在定义主键与外键约束时，应先定义外键，后定义主键

D. 主键与列值唯一具有相同的特点，一个表只能定义一个主键和列值唯一

1-3　定义外键约束需要用（　　）。

A. primary key　　B. unique　　C. foreign key　　D. check

1-4 下列（　　）约束不可以为空。

A. 主键　B. 外键　C. 默认　D. unique 约束

1-5 （　　）允许用户定义新关系时引用其他关系的主键作为外键。

A. insert　B. delete　C. references　D. select

1-6 在 MySQL 中，创建表的语句是（　　）。

A. delete table　B. create table　C. add table　D. drop table

1-7 在 MySQL 中，关于 null 值叙述正确的是（　　）。

A. null 表示空格　B. null 表示 0

C. null 既可以表示 0，也可以表示空格　D. null 表示空值

1-8 MySQL 的字符串类型主要包括（　　）。

A. int、money、char　B. char、varchar、text

C. datetime、binary、int　D. char、varchar、int

1-9 下列关于主键描述正确的是（　　）。

A. 只能包含一列　B. 只能包含两列

C. 包含一列或者多列　D. 以上都不正确

1-10 若要在表 S 中增加一列 CN（即课程名），可用（　　）实现。

A. add table S(CN char(8));　B. add table S alter(CN char(8));

C. alter table S add(CN char(8));　D. alter table S(add CN char(8));

2. 上机操作

2-1 创建数据表 animal，该表中的字段及约束条件如表 5-5 所示。

表 5-5 数据表 animal 的结构

字段名	字段描述	数据类型	主键	外键	非空	唯一	自增
id	编号	int	是	否	是	是	是
name	名称	varchar(10)	否	否	否	否	否
kinds	种类	varchar(8)	否	否	是	否	否
legs	腿数	int	否	否	否	否	否
behavior	习性	varchar(50)	否	否	否	否	否

（1）按要求创建数据表 animal。

（2）将字段 name 的数据类型改为 varchar(20)，要求增加非空约束。

（3）将字段 behavior 调整到字段 kinds 之后。

（4）增加字段 fur，数据类型为 varchar(10)。

（5）删除字段 legs。

（6）将数据表 animal 更名为 animalInfo。

2-2 假设有下面两个关系模式：

职工(职工号,姓名,年龄,职务,工资,部门号)，其中“职工号”为主键；

部门(部门号,姓名,经理名,电话)，其中“部门号”为主键。

在 MySQL 数据库中完成数据表的创建，要求满足以下完整性约束条件。

（1）定义实体完整性约束。

（2）定义参照完整性约束。

（3）定义职工的年龄不得超过 60 岁。

第6章 数据操作

数据库是一种按照数据结构来组织、存储和管理数据的仓库。数据库中最重要的信息是数据表，数据表可分为表结构和数据记录两个部分。其中，表结构决定了表中有哪些字段，包括字段的数据类型、长度、精度、是否允许空值、是否为主键等信息。数据库中的存储对象则会按照定义的表结构进行数据的存储。在 MySQL 数据库中，关于数据的相关操作主要包括插入数据记录、更新数据记录，以及删除数据记录等。

数据操作——数据增删改

本章学习目标

（1）使用 insert into 语句插入数据记录。

（2）使用 update set 语句更新数据记录。

（3）使用 delete from 语句删除数据记录。

6.1 插入数据记录

在 MySQL 数据库中，插入数据记录是最常见的一种操作，通过数据的不断插入与添加，可以使得相应表中的数据愈加丰富，为后续进行软件开发、数据挖掘、数据分析等提供数据支撑。在 MySQL 数据库中，插入数据一般使用“insert into+关键字”的 SQL 语句形式。该 SQL 语句可以通过以下 4 种形式使用。

（1）插入一条完整的数据记录。

（2）插入多条数据记录。

（3）插入数据记录的一部分。

（4）插入查询得到的数据记录。

6.1.1 插入一条完整的数据记录

在 MySQL 数据库中，把数据插入表中最简单的方法是使用 insert 语句，需要输入指定表名、字段与字段值。其中，每个字段与其值是严格一一对应的。也就是说，每个值、值的顺序、值的类型必须与表中对应的字段相匹配。插入一条完整数据记录的语句如下。

```
insert into table_name(field1,field2,…,fieldn)
values(value1,value2,…,valuen)
```

上述代码中，参数 table_name 指代要插入数据的表名，参数 field1、field2 等指代要插入数据的相应字段，参数 value1、value2 等指代要插入的具体数据。

【例 6-1】在 school 数据库中，向 student 表中插入一条完整的数据记录，各字段对应的值为“(20201281,王勇,男,19,大庆市让胡路区,智能科学与技术)”。

（1）执行如下 SQL 语句，插入一条数据记录（1）如图 6-1 所示，显示插入数据成功。

```
insert into student(sno,sname,sex,age,address,dept)
values('20201281','王勇','男',19,'大庆市让胡路区','智能科学与技术');
```

```
mysql> insert into student(sno,sname,sex,age,address,dept)
    -> values('20201281','王勇','男',19,'大庆市让胡路区','智能科学与技术');
Query OK, 1 row affected (0.00 sec)
```

图6-1 插入一条数据记录（1）

上述代码中，插入值的类型应该与字段的定义数据类型保持一致，其中 age 字段的数据类型为整数类型，故不需要使用单引号引起来；而 sno、sname、sex、address 及 dept 字段均为字符串类型，在插入时需加单引号以表示字符串。

（2）验证插入的数据记录是否被完整地添加到 student 表中。执行如下 SQL 语句，显示 student 表中的全部数据（1）如图 6-2 所示。

```
select * from student;
```

```
mysql> select *
    -> from student;
+----------+--------+-----+------+----------------+--------------------+
| sno      | sname  | sex | age  | address        | dept               |
+----------+--------+-----+------+----------------+--------------------+
| 20181860 | 吴迪   | 男  |   23 | 哈尔滨市道里区 | 数据科学与大数据技术 |
| 20200080 | 刘一诺 | 女  |   22 | 沈阳市皇姑区   | 计算机科学与技术   |
| 20200124 | 张南   | 男  |   21 | 哈尔滨市香坊区 | 软件工程           |
| 20201280 | 李勇   | 男  | NULL | 大庆市让胡路区 | 计算机科学与技术   |
| 20201281 | 王勇   | 男  |   19 | 大庆市让胡路区 | 智能科学与技术     |
| 20201283 | 张艳   | 男  |   21 | 哈尔滨市道外区 | 计算机科学与技术   |
| 20201284 | 刘一童 | 男  |   22 | 哈尔滨市南岗区 | 软件工程           |
| 20201285 | 陈茜   | 女  |   23 | 长春市绿园区   | 数据科学与大数据技术 |
| 20201328 | 徐晨一 | 男  |   20 | 长春市南湖区   | 计算机科学与技术   |
| 20201329 | 王云   | 男  |   18 | 沈阳市和平区   | 软件工程           |
| 20201338 | 徐晨心 | 女  |   21 | 沈阳市大东区   | 计算机科学与技术   |
+----------+--------+-----+------+----------------+--------------------+
11 rows in set (0.00 sec)
```

图6-2 显示 student 表中的全部数据（1）

若表中定义的字段过多，在 MySQL 数据库中插入完整的数据记录还可以使用如下简化的 SQL 语句。

分别执行如下 SQL 语句，插入一条数据记录（2）和显示 student 表中的全部数据（2）分别如图 6-3 和图 6-4 所示。

```
insert into student
values('20201832','李欣','女',21,'上海市虹桥区','软件工程');
select * from student;
```

```
mysql> insert into student
    -> values('20201832','李欣','女',21,'上海市虹桥区','软件工程');
Query OK, 1 row affected (0.00 sec)
```

图6-3 插入一条数据记录（2）

```
mysql> select *
    -> from student;
+----------+--------+-----+------+----------------+--------------------+
| sno      | sname  | sex | age  | address        | dept               |
+----------+--------+-----+------+----------------+--------------------+
| 20181860 | 吴迪   | 男  |   23 | 哈尔滨市道里区 | 数据科学与大数据技术 |
| 20200080 | 刘一诺 | 女  |   22 | 沈阳市皇姑区   | 计算机科学与技术   |
| 20200124 | 张南   | 男  |   21 | 哈尔滨市香坊区 | 软件工程           |
| 20201280 | 李勇   | 男  | NULL | 大庆市让胡路区 | 计算机科学与技术   |
| 20201281 | 王勇   | 男  |   19 | 大庆市让胡路区 | 智能科学与技术     |
| 20201283 | 张艳   | 男  |   21 | 哈尔滨市道外区 | 计算机科学与技术   |
| 20201284 | 刘一童 | 男  |   22 | 哈尔滨市南岗区 | 软件工程           |
| 20201285 | 陈茜   | 女  |   23 | 长春市绿园区   | 数据科学与大数据技术 |
| 20201328 | 徐晨一 | 男  |   20 | 长春市南湖区   | 计算机科学与技术   |
| 20201329 | 王云   | 男  |   18 | 沈阳市和平区   | 软件工程           |
| 20201338 | 徐晨心 | 女  |   21 | 沈阳市大东区   | 计算机科学与技术   |
| 20201832 | 李欣   | 女  |   21 | 上海市虹桥区   | 软件工程           |
+----------+--------+-----+------+----------------+--------------------+
12 rows in set (0.00 sec)
```

图6-4 显示 student 表中的全部数据（2）

注意

若表名后不列举字段名，则后续的 values 子句中要给出此表中每个字段的值（若某些不存在非空约束的字段值在此处为空，则标记为 NULL）。在执行插入数据记录操作时，MySQL 数据库会检查此表的主键或者唯一索引，如果出现重复就会报错。

若使用下列 SQL 语句在 student 表中插入已经存在的学号为 20201338 的完整记录，则插入学号已存在的完整记录如图 6-5 所示。

```
insert into
values('20201338','徐晨','男',20,'沈阳市大东区','计算机科学与技术');
```

```
mysql> insert into student
    -> values('20201338','徐晨','男',20,'沈阳市大东区','计算机科学与技术');
ERROR 1062 (23000): Duplicate entry '20201338' for key 'student.PRIMARY'
```

图 6-5　插入学号已存在的完整记录

结果显示插入数据记录失败，原因在于 student 表中的主键的值重复。

6.1.2　插入多条数据记录

使用 insert 语句除了可以向指定表中插入一条完整数据记录外，也可以插入多条完整数据记录。

在 MySQL 数据库中，插入多条完整的数据记录同样需要使用 insert into 语句，各数据记录之间用逗号进行分割。其语法格式如下。

```
insert into table_name(field1,field2,…,fieldn)
values(value11,value12,…,value1n),
(value21,value22,…,value2n),
(value31,value32,…,value3n),
…
(valuem1,valuem2,…,valuemn);
```

上述代码中，参数 m 表示一次插入 m 条完整的数据记录。

除上述语法格式外，还可以使用如下 SQL 语句进行多条数据记录的插入操作。

```
insert into table_name
values(value11,value12,…,value1n),
(value21,value22,…,value2n),
(value31,value32,…,value3n),
…
(valuem1,valuem2,…,valuemn);
```

注意

在使用该语法格式插入多条完整数据记录时，每条数据记录中的字段值顺序必须与表中的字段顺序一致。

【例 6-2】在 school 数据库中，向 student 表中一次性插入多条完整数据记录，分别为“('20201283','张艳','男',21,'哈尔滨市道外区','计算机科学与技术')”“('20201284','刘一童','男',22,'哈尔滨市南岗区','软件工程')”“('20201285','陈茜','女',23,'长春市绿园区','数据科学与大数据技术')”“('20181860','吴迪','男',23,'哈尔滨市道里区','数据科学与大数据技术')”“('20200080','刘一诺','女',22,'沈阳市皇姑区','计算机科学与技术')”。

（1）执行如下 SQL 语句，插入多条数据记录如图 6-6 所示，显示插入成功。

```
insert into student values
('20201283','张艳','男',21,'哈尔滨市道外区','计算机科学与技术'),('20201284','刘一童','男',
22,'哈尔滨市南岗区','软件工程'),('20201285','陈茜','女',23,'长春市绿园区','数据科学与大数据技
术'),('20181860','吴迪','男',23,'哈尔滨市道里区','数据科学与大数据技术'),('20200080','刘一诺',
'女',22,'沈阳市皇姑区','计算机科学与技术');
```

```
mysql> insert into student values('20201283','张艳','男',21,'哈尔滨市道外区','计算机科学与技术'),('20201284','刘一童','男',22,'哈尔滨市南岗区','软件工程'),('20201285','陈茜','女',23,'长春市绿园区','数据科学与大数据技术'),('20181860','吴迪','男',23,'哈尔滨市道里区','数据科学与大数据技术'),('20200080','刘一诺','女',22,'沈阳市皇姑区','计算机科学与技术');
Query OK, 5 rows affected (0.00 sec)
Records: 5  Duplicates: 0  Warnings: 0
```

图6-6　插入多条数据记录

（2）验证插入的数据记录是否被完整添加到 student 表中。执行如下 SQL 语句，显示 student 表中的全部数据（3）如图 6-7 所示。

```
select * from student;
```

```
mysql> select *
    -> from student;
+----------+--------+-----+------+----------------+--------------------+
| sno      | sname  | sex | age  | address        | dept               |
+----------+--------+-----+------+----------------+--------------------+
| 20181860 | 吴迪   | 男  |   23 | 哈尔滨市道里区 | 数据科学与大数据技术 |
| 20200080 | 刘一诺 | 女  |   22 | 沈阳市皇姑区   | 计算机科学与技术   |
| 20200124 | 张南   | 男  |   21 | 哈尔滨市香坊区 | 软件工程           |
| 20201280 | 李勇   | 男  | NULL | 大庆市让胡路区 | 计算机科学与技术   |
| 20201281 | 王勇   | 男  |   19 | 大庆市让胡路区 | 智能科学与技术     |
| 20201283 | 张艳   | 男  |   21 | 哈尔滨市道外区 | 计算机科学与技术   |
| 20201284 | 刘一童 | 男  |   22 | 哈尔滨市南岗区 | 软件工程           |
| 20201285 | 陈茜   | 女  |   23 | 长春市绿园区   | 数据科学与大数据技术 |
| 20201328 | 徐晨一 | 男  |   20 | 长春市南湖区   | 计算机科学与技术   |
| 20201329 | 王云   | 男  |   18 | 沈阳市和平区   | 软件工程           |
| 20201338 | 徐晨心 | 女  |   21 | 沈阳市大东区   | 计算机科学与技术   |
| 20201832 | 李欣   | 女  |   21 | 上海市虹桥区   | 软件工程           |
+----------+--------+-----+------+----------------+--------------------+
12 rows in set (0.00 sec)
```

图6-7　显示 student 表中的全部数据（3）

6.1.3 插入数据记录的一部分

在使用 SQL 语句执行插入操作时，不仅可以向指定表中插入一条或多条完整的数据记录，还可以插入指定部分字段值的数据记录。在 MySQL 数据库中，插入数据记录的一部分仍然使用 insert into 语句实现，其语法格式如下。

```
insert into table_name(field1,field2,…,fieldn)
values(value1,value2,…,valuen);
```

上述代码中，参数 table_name 指代要插入数据的表名，参数 field1、field2 等指代要插入数据的部分字段，参数 value1、value2 等指代要插入的具体字段值，字段与字段值需要一一对应。

【例 6-3】在 school 数据库中，向 student 表中插入部分数据记录，其值为“('20201330','孙鑫','男','沈阳市和平区')”。

（1）执行如下 SQL 语句，插入数据记录的一部分如图 6-8 所示，显示插入成功。

```
insert into student(sno,sname,sex,address)
values('20201330','孙鑫','男','沈阳市和平区');
```

（2）验证插入的数据是否被成功添加到 student 表中，执行如下 SQL 语句，显示 student 表中的全部数据（4）如图 6-9 所示。可以看到插入的数据已被成功添加到 student 表中，NULL 表示此字段无字段值存在。

```
select * from student;
```

```
mysql> insert into student(sno,sname,sex,address)
    -> values('20201330','孙鑫','男','沈阳市和平区');
Query OK, 1 row affected (0.01 sec)
```

图6-8　插入数据记录的一部分

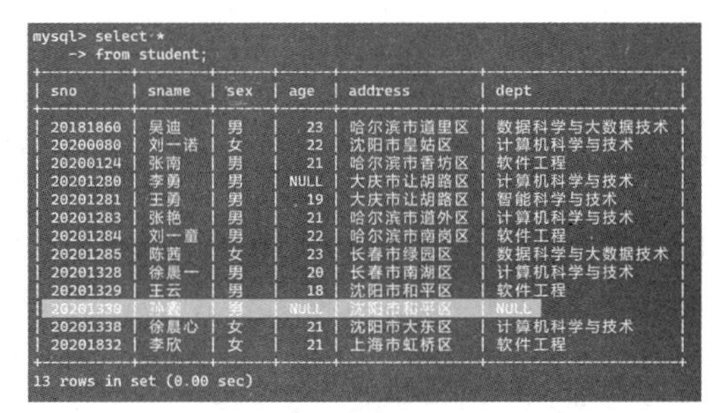

mysql> select *
-> from student;

sno	sname	sex	age	address	dept
20181860	吴迪	男	23	哈尔滨市道里区	数据科学与大数据技术
20200080	刘一诺	女	22	沈阳市皇姑区	计算机科学与技术
20200124	张南	男	21	哈尔滨市香坊区	软件工程
20201280	李勇	男	NULL	大庆市让胡路区	计算机科学与技术
20201281	王勇	男	19	大庆市让胡路区	智能科学与技术
20201283	张艳	男	21	哈尔滨市道外区	计算机科学与技术
20201284	刘一童	男	22	哈尔滨市南岗区	软件工程
20201285	陈茜	女	23	长春市绿园区	数据科学与大数据技术
20201328	徐晨一	男	20	长春市南湖区	计算机科学与技术
20201329	王云	男	18	沈阳市和平区	软件工程
20201330	孙鑫	男	NULL	沈阳市和平区	NULL
20201338	徐晨心	女	21	沈阳市大东区	计算机科学与技术
20201832	李欣	女	21	上海市虹桥区	软件工程

13 rows in set (0.00 sec)

图6-9　显示 student 表中的全部数据（4）

注意

插入数据记录的一部分时，要注意查看指定表的结构，明确各字段是否可以为空值；若某字段定义为不能为空值，一定要为该字段插入符合要求的字段值，避免插入失败。

【例 6-4】 在 school 数据库中，向 student 表中部分字段插入值，即插入 "('20221234','女',12,'软件工程')"。执行如下 SQL 语句，插入失败如图 6-10 所示。

```
insert into student(sno,sex,age,dept)
values('20221234','女',12,'软件工程');
```

```
mysql> insert into student(sno,sex,age,dept)
    -> values('20221234','女',12,'软件工程');
ERROR 1364 (HY000): Field 'sname' doesn't have a default value
```

图 6-10　插入失败

插入失败的原因在于，定义 student 表结构的 SQL 语句为：create table student(sno char(10) primary key,sname varchar(20) not null,sex varchar(4),age int,address varchar(50),dept varchar(20));。其中规定 sname 字段的值不为空。

6.1.4　插入查询得到的数据记录

在 MySQL 数据库中，单独使用 insert into 语句可以实现各种形式的数据插入操作。除此之外，insert 语句还有另外一种特殊的应用，其与 select 语句相结合，可以把从一个表中查询得到的数据结果插入另外一个指定表中。

实现这种操作的语句由一条 insert 语句和一条 select 语句组合而成（select 语句具体操作将在第 7 章重点介绍）。其语法格式如下。

```
insert into table_name1(field11,field12,…,field1n)
select(field21,field22,…,field2n)
from table_name2
where…
```

上述代码中，参数 table_name1 表示要插入查询所得数据的指定表，参数 table_name2 表示使用 select 语句进行查询的数据表，参数 field11、field12 等表示要插入 table_name1 表中的数据对应的字段，参数 field21、field22 等表示要在 table_name2 表中查询的字段。

【例 6-5】 在 school 数据库中，新建一个 student_new 表，向 student 表中插入在 student_new 表中对字段 sno、sname 及 dept 进行查询的结果。

（1）创建新表 student_new，并定义 sno、sname 及 dept 字段。执行如下 SQL 语句，并查看表结构，显示 student_new 表的结构如图 6-11 所示。

```
create table student_new (sno char(10) primary key,sname varchar(20) not null,sex
varchar(4),age int,address varchar(50),dept varchar(20));
```

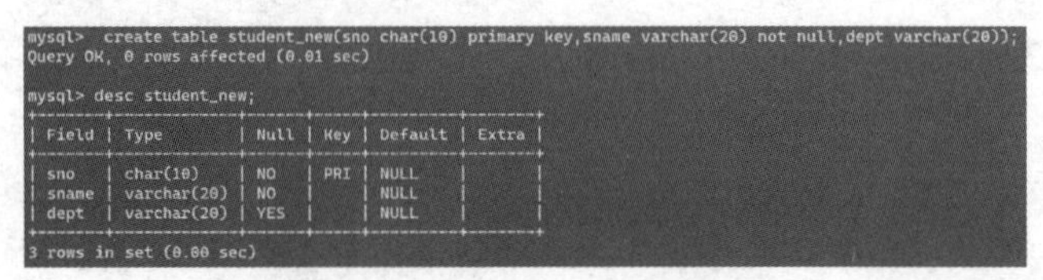

```
mysql>  create table student_new(sno char(10) primary key,sname varchar(20) not null,dept varchar(20));
Query OK, 0 rows affected (0.01 sec)

mysql> desc student_new;
+-------+-------------+------+-----+---------+-------+
| Field | Type        | Null | Key | Default | Extra |
+-------+-------------+------+-----+---------+-------+
| sno   | char(10)    | NO   | PRI | NULL    |       |
| sname | varchar(20) | NO   |     | NULL    |       |
| dept  | varchar(20) | YES  |     | NULL    |       |
+-------+-------------+------+-----+---------+-------+
3 rows in set (0.00 sec)
```

图 6-11　显示 student_new 表的结构

（2）向 student_new 中插入若干条完整的数据记录。执行如下 SQL 语句，插入多条完整数据记录如图 6-12 所示。

```
insert into student_new(sno,sname,dept)
values('20191280','于文','软件工程'),('20191281','张三','计算机科学与技术');
```

（3）验证插入的数据记录是否被完整添加到 student_new 表中，执行如下 SQL 语句，显示 student_new 表中的全部数据如图 6-13 所示。

```
select * from student_new;
```

```
mysql> insert into student_new(sno,sname,dept)
    -> values('20191280','于文','软件工程'),
    -> ('20191281','张三','计算机科学与技术');
Query OK, 2 rows affected (0.00 sec)
```

图 6-12　插入多条完整数据记录

```
mysql> select *
    -> from student_new;
```

sno	sname	dept
20191280	于文	软件工程
20191281	张三	计算机科学与技术

2 rows in set (0.00 sec)

图 6-13　显示 student_new 表中的全部数据

（4）使用 insert 语句将从 student_new 表中查询得到的字段值插入 student 表中。执行如下 SQL 语句，插入查询数据得到的字段值如图 6-14 所示。

```
insert into student(sno,sname,dept)
select sno,sname,dept
from student_new;
```

（5）验证查询得到的数据是否已经插入 student 表中，执行如下 SQL 语句，显示 student 表中的全部数据（5）如图 6-15 所示。可见从 student_new 表中查询得到的两条数据均插入了 student 表中，操作成功。

```
select * from student;
```

```
mysql> insert into student(sno,sname,dept)
    -> select sno,sname,dept
    -> from student_new;
Query OK, 2 rows affected (0.00 sec)
```

图 6-14　插入查询数据得到的字段值

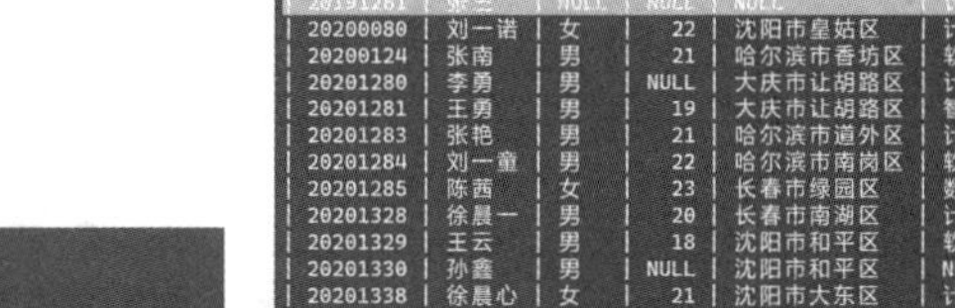

```
mysql> select *
    -> from student;
```

sno	sname	sex	age	address	dept
20181860	吴迪	男	23	哈尔滨市道里区	数据科学与大数据技术
20191280	于文	NULL	NULL	NULL	软件工程
20191281	张三	NULL	NULL	NULL	计算机科学与技术
20200080	刘一诺	女	22	沈阳市皇姑区	计算机科学与技术
20200124	张南	男	21	哈尔滨市香坊区	软件工程
20201280	李勇	男	NULL	大庆市让胡路区	计算机科学与技术
20201281	王勇	男	19	大庆市让胡路区	智能科学与技术
20201283	张艳	男	21	哈尔滨市道外区	计算机科学与技术
20201284	刘一童	男	22	哈尔滨市南岗区	软件工程
20201285	陈茜	女	23	长春市绿园区	数据科学与大数据技术
20201328	徐晨一	男	20	长春市南湖区	计算机科学与技术
20201329	王云	男	18	沈阳市和平区	软件工程
20201330	孙鑫	男	NULL	沈阳市和平区	NULL
20201338	徐晨心	女	21	沈阳市大东区	计算机科学与技术
20201832	李欣	女	21	上海市虹桥区	软件工程

图 6-15　显示 student 表中的全部数据（5）

注意

在执行此项操作时，table_name 1 中的参数 field11、field12 等与 table_name 2 中的参数 field21、field22 等在字段数量与字段数据类型方面均需一致。

6.1 节主要介绍如何使用 insert into 语句将相应的数据记录插入指定表中；除此之外，还讲解了如何使用 insert 和 select 的结合语句从其他表中导入数据记录至目标表。下一节讲解如何使用 update 语句更新表中的数据记录。

6.2 更新数据记录

如果要修改或更新数据表中的数据，可以使用 SQL 中的 update⋯set⋯语句进行操作。在 MySQL 数据库中，该 SQL 语句可以在以下两种情况下使用。

（1）只更新表中的特定数据记录。

（2）更新表中的全部数据记录。

6.2.1 更新特定数据记录

在 MySQL 数据库中，更新表中特定数据记录可以通过 update…set…语句实现。

其语法格式如下。

```
update table_name
set field1=value1,…, fieldn=valuen,
where  condition;
```

上述代码中，参数 table_name 表示要进行更新操作的数据表名，field1、field2 等表示需要进行更新操作的字段 value1、value2 等表示字段值，condition 表示进行更新操作的数据记录要满足的过滤条件。

【例 6-6】在 school 数据库中，将 student 表中学号为 20201283 的学生的年龄由存储的 21 岁更新为 17 岁。

（1）查看 school 数据库中存储的原始 student 表数据，执行如下 SQL 语句，显示 student 表中的全部数据（1）如图 6-16 所示。

```
select * from student;
```

（2）将 sno 为 20201283 的学生的年龄由存储的 21 岁更新为 17 岁，执行如下 SQL 语句，更新数据（1）如图 6-17 所示。

```
update student  set age=17
where sno='20201283';
```

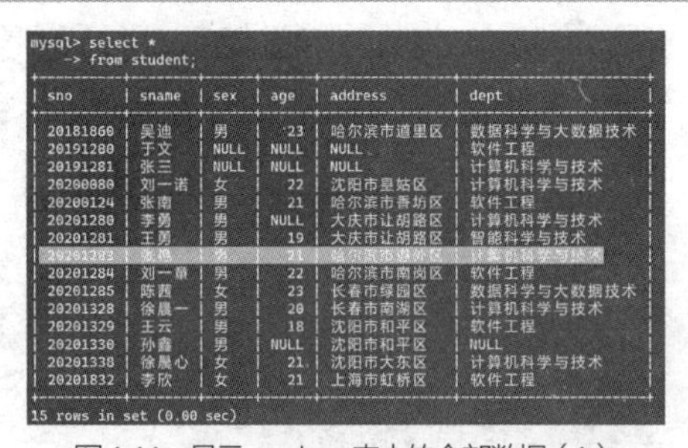

```
mysql> select *
    -> from student;
```

sno	sname	sex	age	address	dept
20181860	吴迪	男	23	哈尔滨市道里区	数据科学与大数据技术
20191280	于文	NULL	NULL	NULL	软件工程
20191281	张三	NULL	NULL	NULL	计算机科学与技术
20200080	刘一诺	女	22	沈阳市皇姑区	计算机科学与技术
20200124	张南	男	21	哈尔滨市香坊区	软件工程
20201280	李勇	男	NULL	大庆市让胡路区	计算机科学与技术
20201281	王勇	男	19	大庆市让胡路区	智能科学与技术
20201283	[illegible]	男	21	[illegible]	计算机科学与技术
20201284	刘一章	男	22	哈尔滨市南岗区	软件工程
20201285	陈茜	女	23	长春市绿园区	数据科学与大数据技术
20201328	徐晨一	男	20	长春市南湖区	计算机科学与技术
20201329	王云	男	18	沈阳市和平区	软件工程
20201330	孙鑫	男	NULL	沈阳市和平区	NULL
20201338	徐晨心	女	21	沈阳市大东区	计算机科学与技术
20201832	李欣	女	21	上海市虹桥区	软件工程

15 rows in set (0.00 sec)

图 6-16　显示 student 表中的全部数据（1）

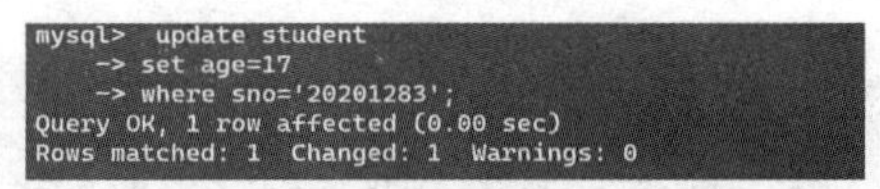

```
mysql>  update student
    -> set age=17
    -> where sno='20201283';
Query OK, 1 row affected (0.00 sec)
Rows matched: 1  Changed: 1  Warnings: 0
```

图 6-17　更新数据（1）

（3）验证年龄 age 是否更新完毕，执行如下 SQL 语句，显示 student 表中的全部数据（2）如图 6-18 所示，可以看到年龄已更新为 17 岁。

```
select * from student;
```

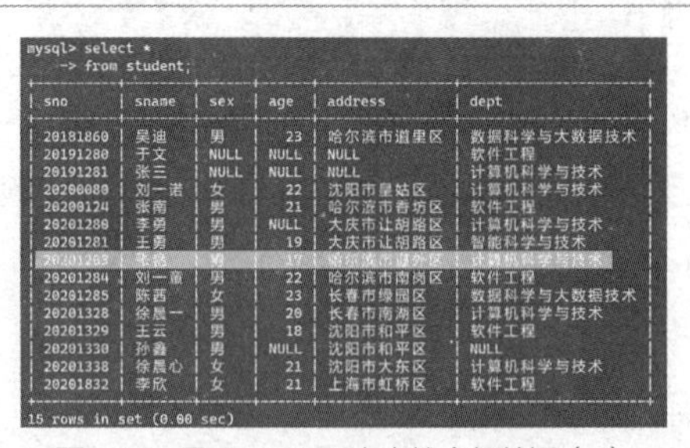

```
mysql> select *
    -> from student;
```

sno	sname	sex	age	address	dept
20181860	吴迪	男	23	哈尔滨市道里区	数据科学与大数据技术
20191280	于文	NULL	NULL	NULL	软件工程
20191281	张三	NULL	NULL	NULL	计算机科学与技术
20200080	刘一诺	女	22	沈阳市皇姑区	计算机科学与技术
20200124	张南	男	21	哈尔滨市香坊区	软件工程
20201280	李勇	男	NULL	大庆市让胡路区	计算机科学与技术
20201281	王勇	男	19	大庆市让胡路区	智能科学与技术
20201283	[illegible]	男	17	[illegible]	计算机科学与技术
20201284	刘一章	男	22	哈尔滨市南岗区	软件工程
20201285	陈茜	女	23	长春市绿园区	数据科学与大数据技术
20201328	徐晨一	男	20	长春市南湖区	计算机科学与技术
20201329	王云	男	18	沈阳市和平区	软件工程
20201330	孙鑫	男	NULL	沈阳市和平区	NULL
20201338	徐晨心	女	21	沈阳市大东区	计算机科学与技术
20201832	李欣	女	21	上海市虹桥区	软件工程

15 rows in set (0.00 sec)

图 6-18　显示 student 表中的全部数据（2）

6.2.2 更新全部数据记录

在 MySQL 数据库中，更新表中所有数据记录也可通过 update…set…语句来实现，其语法格式有两种，语句 1 和语句 2 分别如图 6-19 和图 6-20 所示。

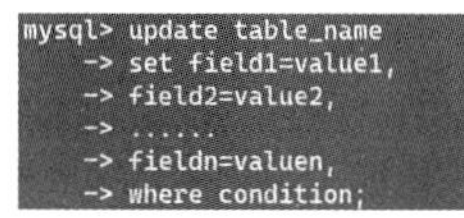

```
mysql> update table_name
    -> set field1=value1,
    -> field2=value2,
    -> ......
    -> fieldn=valuen,
    -> where condition;
```

图6-19 语句1

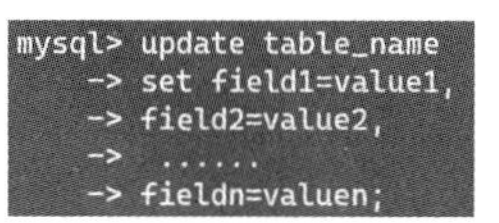

```
mysql> update table_name
    -> set field1=value1,
    -> field2=value2,
    -> ......
    -> fieldn=valuen;
```

图6-20 语句2

上述代码中，参数table_name表示要进行更新操作的数据表名，field1等表示要进行更新操作的字段，value1等表示新字段值，语句1中的condition表示可以涵盖该表中所有数据记录的过滤条件。此条件可以省略，具体见语句2。

【例6-7】在school数据库中，将student表中的age字段的值全部更新为18。

（1）使用语句1中“where+过滤条件”的形式更新数据，执行如下SQL语句，更新数据（2）如图6-21所示。

```
update student  set age=18  where age<24;
```

```
mysql> update student
    -> set age=18
    -> where age<24;
Query OK, 10 rows affected (0.00 sec)
```

图6-21 更新数据（2）

（2）验证student表中的age字段的值是否全部更新。执行如下SQL语句，显示student表中的全部数据（3）如图6-22所示。

```
select * from student;
```

经过分析可知，student表中age字段的原始数据均小于24，因此使用过滤条件age<24，使得更新范围能够涵盖student表中的所有数据记录。

（3）使用语句2不添加过滤条件的形式更新数据，执行如下SQL语句，更新数据（3）如图6-23所示。

```
update student   set age=18;
```

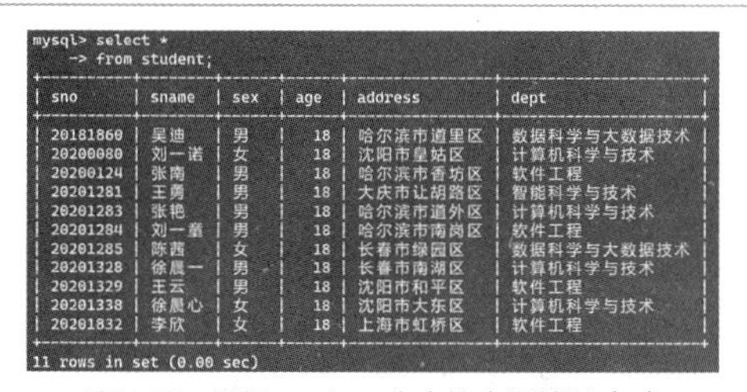

```
mysql> select *
    -> from student;
```

sno	sname	sex	age	address	dept
20181860	吴迪	男	18	哈尔滨市道里区	数据科学与大数据技术
20200080	刘一诺	女	18	沈阳市皇姑区	计算机科学与技术
20200124	张南	男	18	哈尔滨市香坊区	软件工程
20201281	王勇	男	18	大庆市让胡路区	智能科学与技术
20201283	张艳	男	18	哈尔滨市道外区	计算机科学与技术
20201284	刘一童	男	18	哈尔滨市南岗区	软件工程
20201285	陈茜	女	18	长春市绿园区	数据科学与大数据技术
20201328	徐晨一	男	18	长春市南湖区	计算机科学与技术
20201329	王云	男	18	沈阳市和平区	软件工程
20201338	徐晨心	女	18	沈阳市大东区	计算机科学与技术
20201832	李欣	女	18	上海市虹桥区	软件工程

```
11 rows in set (0.00 sec)
```

图6-22 显示student表中的全部数据（3）

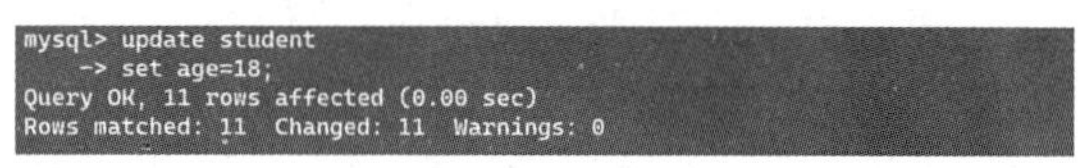

```
mysql> update student
    -> set age=18;
Query OK, 11 rows affected (0.00 sec)
Rows matched: 11  Changed: 11  Warnings: 0
```

图6-23 更新数据（3）

（4）验证student表中数据是否全部更新，执行如下SQL语句，显示student表中的全部数据（4）如图6-24所示。

```
select * from student;
```

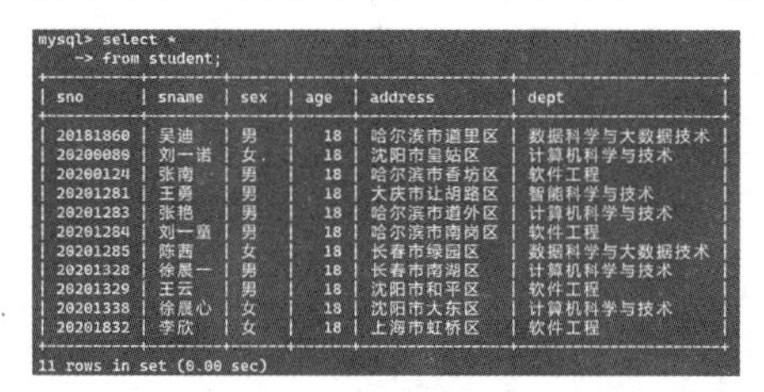

```
mysql> select *
    -> from student;
```

sno	sname	sex	age	address	dept
20181860	吴迪	男	18	哈尔滨市道里区	数据科学与大数据技术
20200080	刘一诺	女	18	沈阳市皇姑区	计算机科学与技术
20200124	张南	男	18	哈尔滨市香坊区	软件工程
20201281	王勇	男	18	大庆市让胡路区	智能科学与技术
20201283	张艳	男	18	哈尔滨市道外区	计算机科学与技术
20201284	刘一童	男	18	哈尔滨市南岗区	软件工程
20201285	陈茜	女	18	长春市绿园区	数据科学与大数据技术
20201328	徐晨一	男	18	长春市南湖区	计算机科学与技术
20201329	王云	男	18	沈阳市和平区	软件工程
20201338	徐晨心	女	18	沈阳市大东区	计算机科学与技术
20201832	李欣	女	18	上海市虹桥区	软件工程

```
11 rows in set (0.00 sec)
```

图6-24 显示student表中的全部数据（4）

6.2节主要介绍如何使用update...set...语句更新表中的特定数据记录。更新表中全部数据记录的方式有两种，不添加过滤条件的语法格式更加简单明了，使用较为广泛。下一节讲解如何使用delete语句删除表中的数据记录。

6.3 删除数据记录

如果要删除数据表的数据，可以使用SQL中的delete语句来进行操作。该SQL语句可以通过以下两种形式使用。

（1）删除表中的特定数据记录。

（2）删除表中的全部数据记录。

6.3.1 删除特定数据记录

在MySQL数据库中，删除特定数据记录可以通过delete from语句实现。

其语法格式如下。

```
delete from table_name
where condition;
```

上述代码中，参数table_name表示要进行删除操作的数据表名，condition表示执行删除操作的特定数据记录要满足的过滤条件。

【例6-8】在school数据库中，删除student表中性别为女的特定数据记录。

（1）显示当前school数据库中存储的原始student表数据，执行如下语句，显示student表中的全部数据（1）如图6-25所示。

```
select * from student;
```

（2）删除student表中性别为女的数据记录，执行如下SQL语句，删除特定数据记录如图6-26所示。

```
delete from student    where sex='女';
```

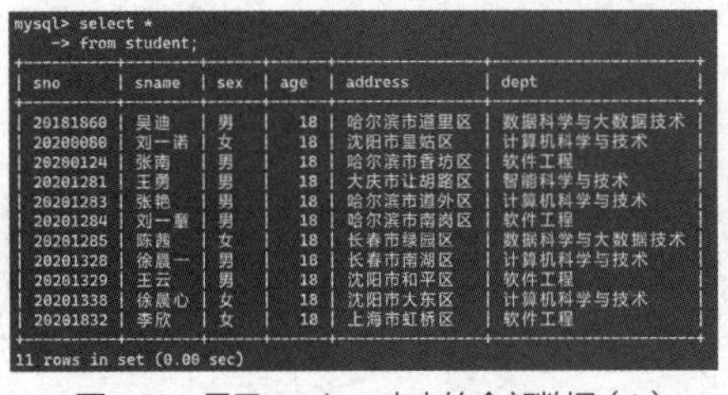
mysql> select *
    -> from student;

sno	sname	sex	age	address	dept
20181860	吴迪	男	18	哈尔滨市道里区	数据科学与大数据技术
20200080	刘一诺	女	18	沈阳市皇姑区	计算机科学与技术
20200124	张南	男	18	哈尔滨市香坊区	软件工程
20201281	王勇	男	18	大庆市让胡路区	智能科学与技术
20201283	张艳	男	18	哈尔滨市道外区	计算机科学与技术
20201284	刘一童	男	18	哈尔滨市南岗区	软件工程
20201285	陈茜	女	18	长春市绿园区	数据科学与大数据技术
20201328	徐晨一	男	18	长春市南湖区	计算机科学与技术
20201329	王云	男	18	沈阳市和平区	软件工程
20201338	徐晨心	女	18	沈阳市大东区	计算机科学与技术
20201832	李欣	女	18	上海市虹桥区	软件工程

11 rows in set (0.00 sec)

图6-25 显示student表中的全部数据（1）

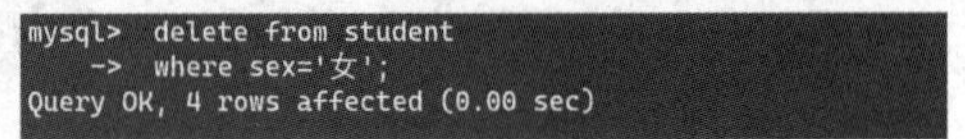
mysql> delete from student
    -> where sex='女';
Query OK, 4 rows affected (0.00 sec)

图6-26 删除特定数据记录

（3）验证student表中的特定数据记录是否被成功删除。执行如下SQL语句，显示student表中的全部数据（2）如图6-27所示。

```
select * from student;
```

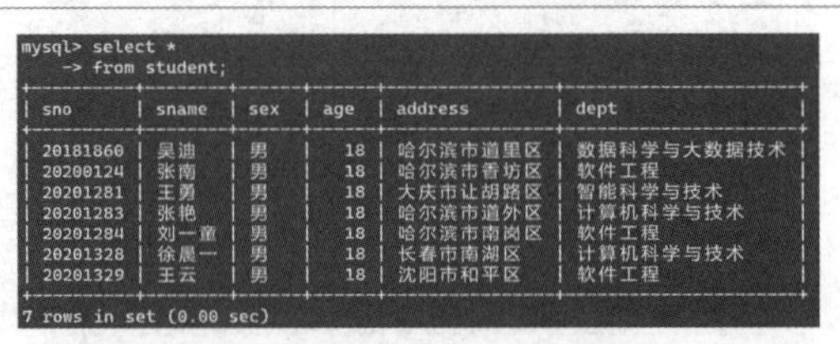
mysql> select *
    -> from student;

sno	sname	sex	age	address	dept
20181860	吴迪	男	18	哈尔滨市道里区	数据科学与大数据技术
20200124	张南	男	18	哈尔滨市香坊区	软件工程
20201281	王勇	男	18	大庆市让胡路区	智能科学与技术
20201283	张艳	男	18	哈尔滨市道外区	计算机科学与技术
20201284	刘一童	男	18	哈尔滨市南岗区	软件工程
20201328	徐晨一	男	18	长春市南湖区	计算机科学与技术
20201329	王云	男	18	沈阳市和平区	软件工程

7 rows in set (0.00 sec)

图6-27 显示student表中的全部数据（2）

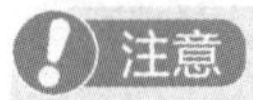
注意

数据一旦被删除，会永远消失，因此建议在执行删除操作之前备份数据库，以便后续找回数据。

特殊情况：若当前数据库中有若干个表，表与表之间相互关联（多表连接操作将在第 7 章重点介绍），则会产生外键强制约束的问题；删除数据时，MySQL 会检查表间的关联关系，如果字段所在表与其他表相关联，就会导致无法删除，示例如下。

```
mysql> delete from student
    -> where sex='女';
ERROR 1451 (23000): Cannot delete or update a parent row: a foreign key constraint fails
('school1' . 'sc',constraint
reign key ('sno') references 'student' ('sno'))
```

解决方法如下。

（1）修改 foreign_key_checks，取消外键约束。

（2）进行表内数据的删除。

（3）恢复外键约束。

【例 6-9】在 school 数据库中，删除 student 表中 dept 为“软件工程”的学生信息。

（1）取消外键约束，执行如下 SQL 语句，取消外键约束如图 6-28 所示。

```
set foreign_key_checks=0;
```

```
mysql> set foreign_key_checks=0;
Query OK, 0 rows affected (0.00 sec)
```

图 6-28　取消外键约束

（2）执行如下删除语句，然后查看表数据，删除指定数据并显示 student 表中的全部数据如图 6-29 所示。

```
delete from student where dept='软件工程';
select * from student;
```

```
mysql> delete from student
    -> where dept='软件工程';
Query OK, 3 rows affected (0.00 sec)
```

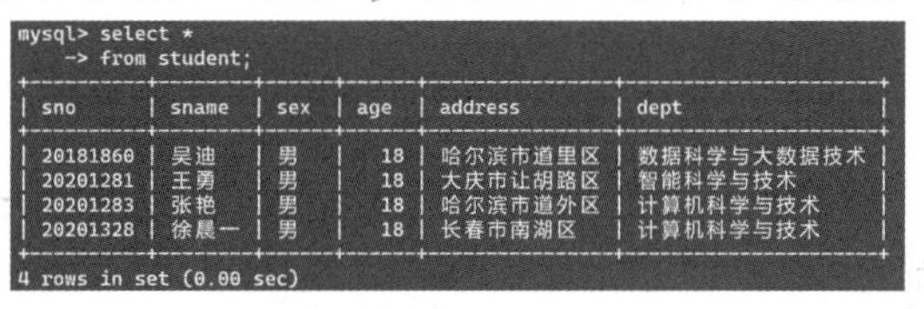

mysql> select *
    -> from student;

sno	sname	sex	age	address	dept
20181860	吴迪	男	18	哈尔滨市道里区	数据科学与大数据技术
20201281	王勇	男	18	大庆市让胡路区	智能科学与技术
20201283	张艳	男	18	哈尔滨市道外区	计算机科学与技术
20201328	徐晨一	男	18	长春市南湖区	计算机科学与技术

4 rows in set (0.00 sec)

图 6-29　删除指定数据并显示 student 表中的全部数据

（3）恢复外键约束，执行如下 SQL 语句，恢复外键约束如图 6-30 所示。

```
set foreign_key_checks=1;
```

```
mysql> set foreign_key_checks=1;
Query OK, 0 rows affected (0.00 sec)
```

图 6-30　恢复外键约束

6.3.2 删除全部数据记录

在 MySQL 数据库中，删除全部数据记录也可以通过 delete from 语句实现。其语法格式如下。

```
delete from table_name;
```

等价表达方式如下。

```
delete from table_name
where condition;
```

上述代码中，参数 table_name 表示要进行删除操作的数据表名，condition 表示可以涵盖该表中所有数据记录的过滤条件，此条件在一定条件下可以省略。若删除语句中无 where 子句，表明将此表中所有数据删除。

MySQL 中有一种更快的删除方式：若想要一次性删除指定表中所有数据，可以直接使用 truncate

table_name 语句，truncate 的作用是清空表或者说截断表，只能作用于表结构，其删除速度要快于 delete 语句。

【例 6-10】在 school 数据库中，将 student 表中的数据全部删除。

（1）显示当前 school 数据库中存储的原始 student 表数据。执行如下 SQL 语句，显示 student 表中的全部数据（3）如图 6-31 所示。

```
select * from student;
```

（2）使用 delete from 语句删除表中符合条件的全部数据，执行如下 SQL 语句，删除符合条件的数据记录如图 6-32 所示。

```
set foreign_key_checks=0;
delete from student
where age=18;
```

```
mysql> select *
    -> from student;
+----------+--------+-----+-----+----------------+--------------------+
| sno      | sname  | sex | age | address        | dept               |
+----------+--------+-----+-----+----------------+--------------------+
| 20181860 | 吴迪   | 男  |  18 | 哈尔滨市道里区 | 数据科学与大数据技术 |
| 20201281 | 王勇   | 男  |  18 | 大庆市让胡路区 | 智能科学与技术     |
| 20201283 | 张艳   | 男  |  18 | 哈尔滨市道外区 | 计算机科学与技术   |
| 20201328 | 徐晨一 | 男  |  18 | 长春市南湖区   | 计算机科学与技术   |
+----------+--------+-----+-----+----------------+--------------------+
4 rows in set (0.00 sec)
```

图 6-31　显示 student 表中的全部数据（3）

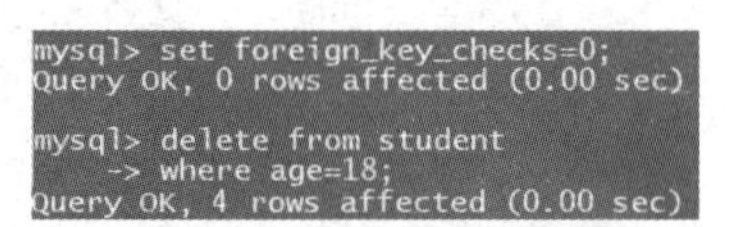

图 6-32　删除符合条件的数据记录

（3）使用 delete from 语句删除表中全部数据，执行如下 SQL 语句，删除表中全部数据记录如图 6-33 所示。

```
delete from student;
```

（4）查看 student 表中数据是否全部被删除。执行如下 SQL 语句，显示 student 表中的全部数据（4）如图 6-34 所示。

```
select * from student;
```

```
mysql> delete from student;
Query OK, 4 rows affected (0.00 sec)
```

图 6-33　删除表中全部数据记录

```
mysql> select *
    -> from student;
Empty set (0.00 sec)
```

图 6-34　显示 student 表中的全部数据（4）

结果显示 student 表中无数据，删除操作完成。

注意

delete 语句只会删除表中存储的数据记录，不会删除数据表本身。

6.3 节主要介绍如何使用 delete from 语句删除表中的特定数据记录；删除表中全部数据记录的方式有两种，不添加过滤条件的语法格式更加简单明了，使用较为广泛。

6.4 应用示例：数据的增、删、改操作

示例要求：登录 MySQL，删除原 school 数据库，再重新创建 school 数据库并基于 school 数据库创建 student 表、sc 表及 course 表；分别利用 insert、update、delete 语句添加、更新、删除数据。实现过程如下。

（1）成功登录 MySQL 如图 6-35 所示。

（2）创建 school 数据库，执行如下 SQL 语句，创建 school 数据库如图 6-36 所示。

```
create database school;
```

```
Enter password: ******
Welcome to the MySQL monitor.  Commands end with ; or \g.
Your MySQL connection id is 16
Server version: 8.0.33 MySQL Community Server - GPL

Copyright (c) 2000, 2023, Oracle and/or its affiliates.

Oracle is a registered trademark of Oracle Corporation and/or its
affiliates. Other names may be trademarks of their respective
owners.

Type 'help;' or '\h' for help. Type '\c' to clear the current input statement.
```

图6-35 成功登录MySQL

```
mysql> create database school;
Query OK, 1 row affected (0.00 sec)
```

图6-36 创建school数据库

（3）创建student、sc、course表，执行如下SQL语句，成功创建表如图6-37所示。

```
use school;
create table course(cno char(10) primary key,cname varchar(20) not null, cpno
char(10),credit int,foreign key(cpno) references course(cno));
create table student(sno char(10) primary key,sname varchar(20) not null,sex
varchar(4),age int,address varchar(50),dept varchar(20));
create table sc(cno char(10),sno char(10),grade float,primary key(cno,sno),foreign
key(cno) references course(cno),foreign key(sno) references student(sno));
```

（4）查看3个表的详细信息，如图6-38所示。

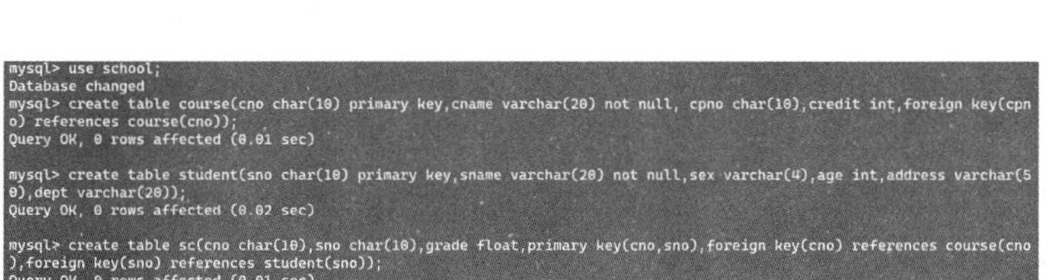

```
mysql> use school;
Database changed
mysql> create table course(cno char(10) primary key,cname varchar(20) not null, cpno char(10),credit int,foreign key(cpn
o) references course(cno));
Query OK, 0 rows affected (0.01 sec)

mysql> create table student(sno char(10) primary key,sname varchar(20) not null,sex varchar(4),age int,address varchar(5
0),dept varchar(20));
Query OK, 0 rows affected (0.02 sec)

mysql> create table sc(cno char(10),sno char(10),grade float,primary key(cno,sno),foreign key(cno) references course(cno
),foreign key(sno) references student(sno));
Query OK, 0 rows affected (0.01 sec)
```

图6-37 成功创建表

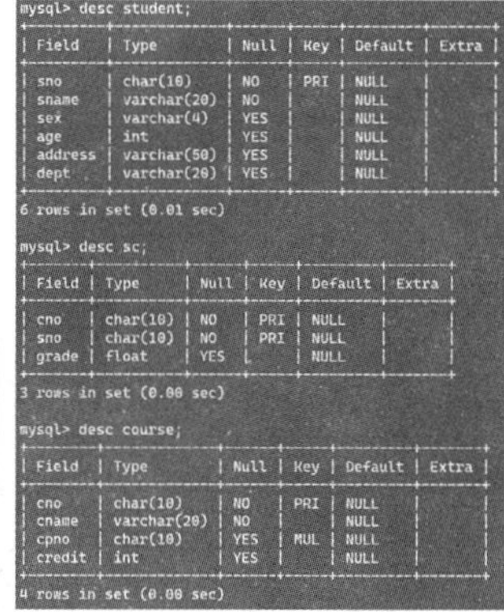

mysql> desc student;

Field	Type	Null	Key	Default	Extra
sno	char(10)	NO	PRI	NULL	
sname	varchar(20)	NO		NULL	
sex	varchar(4)	YES		NULL	
age	int	YES		NULL	
address	varchar(50)	YES		NULL	
dept	varchar(20)	YES		NULL	

6 rows in set (0.01 sec)

mysql> desc sc;

Field	Type	Null	Key	Default	Extra
cno	char(10)	NO	PRI	NULL	
sno	char(10)	NO	PRI	NULL	
grade	float	YES		NULL	

3 rows in set (0.00 sec)

mysql> desc course;

Field	Type	Null	Key	Default	Extra
cno	char(10)	NO	PRI	NULL	
cname	varchar(20)	NO		NULL	
cpno	char(10)	YES	MUL	NULL	
credit	int	YES		NULL	

4 rows in set (0.00 sec)

图6-38 3个表的详细信息

（5）分别利用insert、update、delete语句插入、更新、删除数据。

① 向student、sc及course空表中插入完整的数据记录，分别执行如下SQL语句，向student、sc及course表中添加多条数据记录分别如图6-39、图6-40及图6-41所示。

```
insert into student values ('20201283','张艳','男',21,'哈尔滨市道外区','计算机科学与技术'),
('20201284','刘一童','男',22,'哈尔滨市南岗区','软件工程'),('20201285','陈茜','女',23,'长春
市绿园区','数据科学与大数据技术'),('20181860','吴迪','男',23,'哈尔滨市道里区','数据科学与大数
据技术'),('20200080','刘一诺','女',22,'沈阳市皇姑区','计算机科学与技术'),('20200124','张南',
'男',21,'哈尔滨市香坊区','软件工程'),('20201328','徐晨一','男',20,'长春市南湖区','计算机科学
与技术'),('20201329','王云','男',18,'沈阳市和平区','软件工程'),('20201338','徐晨心','女',
21,'沈阳市大东区','计算机科学与技术');
```

```
mysql> insert into student values('20201283','张艳','男',21,'哈尔滨市道外区','计算机科学与技术'),('20201284','刘一童','
男',22,'哈尔滨市南岗区','软件工程'),('20201285','陈茜','女',23,'长春市绿园区','数据科学与大数据技术'),('20181860','吴迪'
,'男',23,'哈尔滨市道里区','数据科学与大数据技术'),('20200080','刘一诺','女',22,'沈阳市皇姑区','计算机科学与技术'),('2020
0124','张南','男',21,'哈尔滨市香坊区','软件工程'),('20201328','徐晨一','男',20,'长春市南湖区','计算机科学与技术'),('2020
1329','王云','男',18,'沈阳市和平区','软件工程'),('20201338','徐晨心','女',21,'沈阳市大东区','计算机科学与技术');
Query OK, 9 rows affected (0.00 sec)
Records: 9  Duplicates: 0  Warnings: 0
```

图6-39 向student表中添加多条数据记录

```
insert into sc(sno,cno,grade) values ('20201283','1001',70),('20201284','1001',75) ,
('20201285','1001',73),('20181860','1001',79),('20200080','1001',84),('20201283',
```

```
'1002',82),('20201284','1002',80),('20200080','1002',85),('20200124','1002',85),
('20201284','1003',85);
```

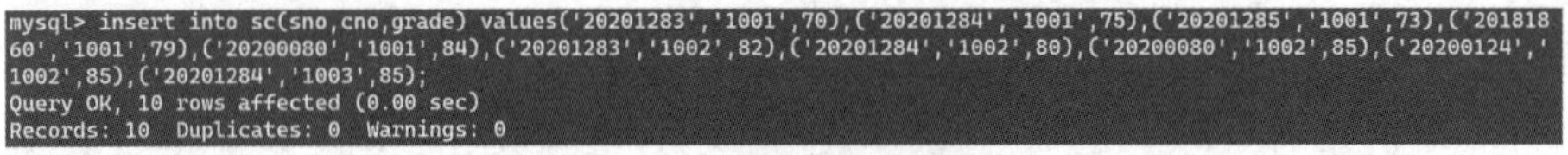

```
mysql> insert into sc(sno,cno,grade) values('20201283','1001',70),('20201284','1001',75),('20201285','1001',73),('201818
60','1001',79),('20200080','1001',84),('20201283','1002',82),('20201284','1002',80),('20200080','1002',85),('20200124','
1002',85),('20201284','1003',85);
Query OK, 10 rows affected (0.00 sec)
Records: 10  Duplicates: 0  Warnings: 0
```

图6-40　向sc表中添加多条数据记录

```
insert into course(cno,cname,cpno,credit) values ('1001','高等数学',null,5),('1002',
'离散数学','1001',2),(1003,'高级程序设计语言',null,2),(1004,'数据结构与算法','1003',3),
(1005,'数据库原理及应用',null,3);
```

```
mysql> insert into course(cno,cname,cpno,credit) values('1001','高等数学',null,5),('1002','离散数学','1001',2),(1003,'高
级程序设计语言',null,2),(1004,'数据结构与算法','1003',3),(1005,'数据库原理及应用',null,3);
Query OK, 5 rows affected (0.00 sec)
Records: 5  Duplicates: 0  Warnings: 0
```

图6-41　向course表中添加多条数据记录

② 在student表中，将学号为20201283的学生的年龄由21岁更新为18岁。执行如下SQL语句，更新后的student表中的数据如图6-42所示。

```
update student set age=18
where sno='20201283';
select * from student;
```

（6）在student表中，删除dept为“数据科学与大数据技术”的数据记录。执行如下SQL语句，删除后student表中的数据如图6-43所示。

```
set foreign_key_checks=0;
delete from student
where dept='数据科学与大数据技术';
set foreign_key_checks=1;
```

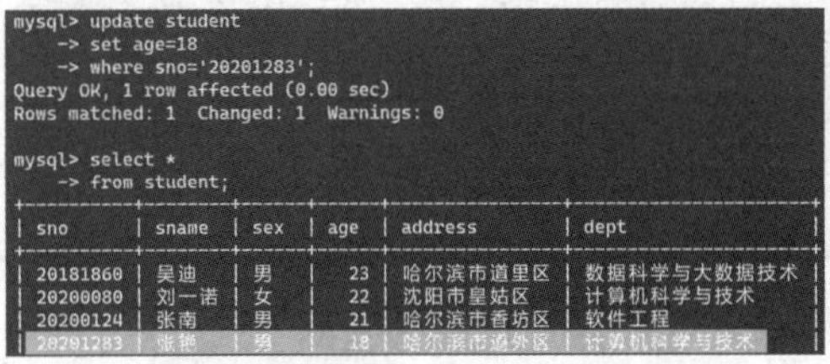

```
mysql> update student
    -> set age=18
    -> where sno='20201283';
Query OK, 1 row affected (0.00 sec)
Rows matched: 1  Changed: 1  Warnings: 0

mysql> select *
    -> from student;
+----------+--------+-----+-----+----------------+--------------------+
| sno      | sname  | sex | age | address        | dept               |
+----------+--------+-----+-----+----------------+--------------------+
| 20181860 | 吴迪   | 男  |  23 | 哈尔滨市道里区 | 数据科学与大数据技术 |
| 20200080 | 刘一诺 | 女  |  22 | 沈阳市皇姑区   | 计算机科学与技术   |
| 20200124 | 张南   | 男  |  21 | 哈尔滨市香坊区 | 软件工程           |
| 20201283 | 张艳   | 男  |  18 | 哈尔滨市道外区 | 计算机科学与技术   |
```

图6-42　更新后student表中的数据

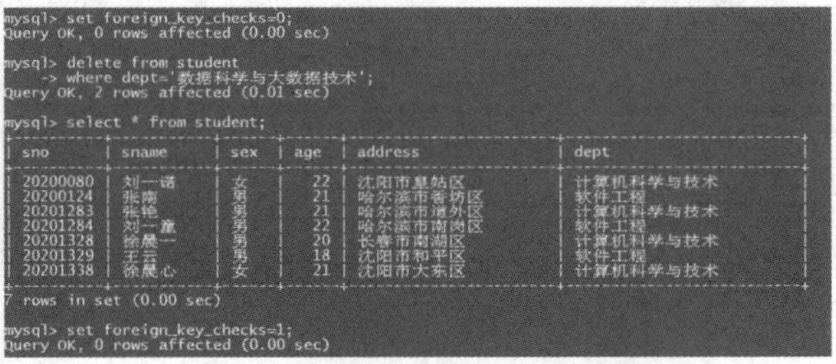

```
mysql> set foreign_key_checks=0;
Query OK, 0 rows affected (0.00 sec)

mysql> delete from student
    -> where dept='数据科学与大数据技术';
Query OK, 2 rows affected (0.01 sec)

mysql> select * from student;
+----------+--------+-----+-----+----------------+------------------+
| sno      | sname  | sex | age | address        | dept             |
+----------+--------+-----+-----+----------------+------------------+
| 20200080 | 刘一诺 | 女  |  22 | 沈阳市皇姑区   | 计算机科学与技术 |
| 20200124 | 张南   | 男  |  21 | 哈尔滨市香坊区 | 软件工程         |
| 20201283 | 张艳   | 男  |  21 | 哈尔滨市道外区 | 计算机科学与技术 |
| 20201284 | 刘一童 | 男  |  22 | 哈尔滨市南岗区 | 软件工程         |
| 20201328 | 徐晨一 | 男  |  20 | 长春市南湖区   | 计算机科学与技术 |
| 20201329 | 王云   | 男  |  18 | 沈阳市和平区   | 软件工程         |
| 20201338 | 徐晨心 | 女  |  21 | 沈阳市大东区   | 计算机科学与技术 |
+----------+--------+-----+-----+----------------+------------------+
7 rows in set (0.00 sec)

mysql> set foreign_key_checks=1;
Query OK, 0 rows affected (0.00 sec)
```

图6-43　删除后student表中的数据

（7）将student表中的所有数据记录删除。执行如下SQL语句，删除student表中所有数据后查看student表如图6-44所示。

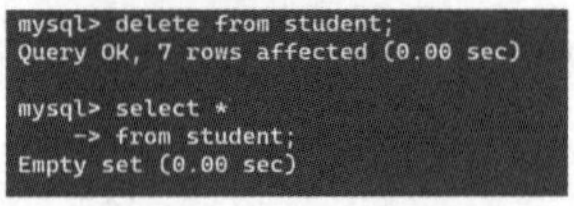

```
mysql> delete from student;
Query OK, 7 rows affected (0.00 sec)

mysql> select *
    -> from student;
Empty set (0.00 sec)
```

图6-44　删除student表中所有数据后查看student表

```
delete from student;
select * from student;
```

本章小结

本章介绍了在MySQL数据库中如何使用SQL语句完成对数据的各种操作，主要包括插入数据、更新数据以及删除数据3方面的内容。其中，对于字段是否定义为空值、字段值顺序、where子句、外键约束等细节问题需多加注意；删除表时也要格外小心，可以在删除之前将数据表中的原始数据备份，以免

数据完全丢失。

通过对本章的学习，读者可以根据自身需求自由地对数据表中存储的数据进行各种操作。

习 题

1. 选择题

1-1 SQL 语句中，删除表中特定数据记录的语句是（ ）。

A. select from B. delete from C. drop from D. update set

1-2 以下（ ）语句可以向表中增加数据记录。

A. insert into…from… B. insert into…where…

C. insert into…values… D. insert into…set…

1-3 （ ）语句可以将从另外一个表中查询到的数据记录添加到指定表中。

A. insert into…from… B. insert into…select…

C. insert into…value… D. insert into…set…

1-4 在删除操作中，如果该数据所在表与其他表相关联，会因外键约束而无法删除，取消外键约束的 SQL 语句是（ ）。

A. set foreign_key_checks = 1; B. set foreign_key_checks = 0;

C. set primary_key_checks = 1; D. set primary_key_checks = 0;

1-5 在执行插入数据操作时，MySQL 数据库会检查此表的（ ）或者唯一索引，如果出现重复就会报错。

A. 主键 B. 外键 C. 字段 D. 结构

1-6 插入数据记录的一部分时要注意查看指定表的结构，明确各字段是否可以为（ ）。

A. 整数类型 B. 字符串类型 C. 浮点数类型 D. 空值

1-7 在实现插入数据记录的一部分时，要保证所插入的字段值个数与字段个数相同，（ ）一致。

A. 数据类型 B. 顺序 C. 结构 D. 位置

1-8 在使用 SQL 语句执行插入查询结果操作时，所插入数据的表的字段与所查询表的字段（ ）必须一致。

A. 数据类型 B. 顺序 C. 结构 D. 位置

1-9 下列（ ）操作不能删除表中的所有数据记录。

A. delete from table_name B. delete from table_name where …

C. truncate table_name D. drop table_name

1-10 创建 student 表时，定义字段 age 为（ ），因此 age 字段的值不需要加单引号。

A. 浮点数类型 B. 整数类型 C. 字符串类型 D. 空值

2. 简答题

2-1 在使用 SQL 语句进行删除操作时，经常会出现如下错误（以 school 数据库为例）。ERROR 1451 (23000): Cannot delete or update a parent row: a foreign key constraint fails (`school`.`sc`, constraint `sc_ibfk_2` foreign key (`sno`) references `student` (`sno`))。请说明这种错误出现的原因及解决方法。

2-2 在 MySQL 数据库中，插入数据一般使用“insert into+关键字”的 SQL 语句格式。请写出使用 SQL 语句可以进行的 4 种插入操作以及各自的语法格式。

2-3 在 MySQL 数据库中，删除全部数据记录有 3 种方式，请写出这 3 种方式的语法格式，以及各参数的含义。

3. 上机操作

3-1 创建“供应”数据库，在“供应”数据库中使用 SQL 语句创建表，表结构如下。

```
供应商表：(供应商编号 char(10) primary key,供应商名 varchar(20) not null, 供应商地址
varchar(50) not null,联系电话 char(20));
工程表：(工程编号 char(10) primary key,工程名varchar(20) not null,地址 varchar(50) not
null);
零件表：(零件编号 char(10) primary key,零件名 varchar(20) not null,颜色 varchar(10),简介
varchar(50));
供应表：(供应商编号 char(10),工程编号 char(10),零件编号 char(10),数量 float,primary key(供应
商编号,工程编号,零件编号),foreign key(供应商编号) references 供应商(供应商编号),foreign key(工
程编号) references 工程 (工程编号),foreign key(零件编号) references 零件(零件编号));
```

3-2 在“供应”数据库中，使用 SQL 语句完成插入数据的操作。

（1）向供应商表中插入一条完整的数据记录，其值为“('S001','鸿运彩钢厂','黑龙江省哈尔滨市','13804510001')”。

（2）向供应商表中一次性插入多条完整的数据记录，其值为“('S002','好运来木材厂','黑龙江省牡丹江市','15845130001')”“('S003','程实水泥厂','吉林省白城市','13304360001')”“('S004','洪城砖厂','吉林省吉林市','18804610001')”“('S005','天旺零件厂','黑龙江省哈尔滨市','13804511000')”。

（3）向工程表中一次性插入多条完整的数据记录，其值为“('p001','学校寝室楼改造','黑龙江省哈尔滨市')”“('p002','化工路改造','黑龙江省哈尔滨市')”“('p003','云上小区','吉林省长春市')”。

（4）向零件表中一次性插入多条完整的数据记录，其值为“('g001','彩钢房','蓝色','二层蓝色彩钢房')”“('g002','彩钢房','白色','三层白色彩钢房')”“('g003','土石混合料','红色','水泥石子沙子混合比为 1∶2∶3')”“('g004','标准砖','红色','标准砖的尺寸为 240mm×115mm×53mm')”“('g005','上下铺','棕色','上下铺总共 2.1 米')”“('g006','床铺','棕色','上铺下桌')”“('g007','螺丝','银色','M14×40')”。

（5）向供应表中一次性插入多条完整的数据记录，其值为“('s001','p001','g001',5)”“('s001','p001','g002',4)”“('s002','p001','g005',100)”“('s001','p001','g006',700)”“('s001','p002','g001',2)”“('s001','p002','g002',1)”“('s003','p002','g003',500)”“('s001','p003','g001',10)”“('s001','p003','g002',3)”“('s004','p003','g004',10000)”“('s005','p003','g007',5000)”。

3-3 使用 SQL 语句将供应表中供应商编号为 s001 的数量全部更新为 6。

3-4 使用 SQL 语句删除零件表中零件编号为 g007 的数据记录。

第7章 数据查询

上一章主要介绍如何使用 SQL 语句完成表数据的插入、更新以及删除操作。本章将详细介绍数据查询的相关操作。数据查询是指用户按照一定的过滤条件从数据库中获取所需要的数据。数据查询也是 MySQL 数据库中最常用、最重要的操作。用户可以根据自己对数据的需求，使用不同的方式查询数据，主要依靠 select 基本语句实现。本章的重点在于如何使用 select 语句在单表、多表中，以及在各种函数和子查询的作用下完成相关数据的查询操作。

本章学习目标

（1）了解 MySQL 数据库中的多种数据查询方式。

（2）熟练掌握单表查询数据、连接查询数据的方法。

（3）掌握使用各种函数查询及子查询的方法。

（4）掌握运用正则表达式查询的方法。

注意

本章所设计的查询示例均来自 school 数据库中的 student、course、sc 表，student、course 和 sc 表中的全部数据分别如图 7-1、图 7-2 和图 7-3 所示。

```
mysql> select *
    -> from student;
+----------+--------+-----+-----+----------------+--------------------+
| sno      | sname  | sex | age | address        | dept               |
+----------+--------+-----+-----+----------------+--------------------+
| 20181860 | 吴迪   | 男  |  23 | 哈尔滨市道里区 | 数据科学与大数据技术 |
| 20200080 | 刘一诺 | 女  |  22 | 沈阳市皇姑区   | 计算机科学与技术   |
| 20200124 | 张南   | 男  |  21 | 哈尔滨市香坊区 | 软件工程           |
| 20201283 | 张艳   | 男  |  21 | 哈尔滨市道外区 | 计算机科学与技术   |
| 20201284 | 刘一童 | 男  |  22 | 哈尔滨市南岗区 | 软件工程           |
| 20201285 | 陈茜   | 女  |  23 | 长春市绿园区   | 数据科学与大数据技术 |
| 20201328 | 徐晨一 | 男  |  20 | 长春市南湖区   | 计算机科学与技术   |
| 20201329 | 王云   | 男  |  18 | 沈阳市和平区   | 软件工程           |
| 20201338 | 徐晨心 | 女  |  21 | 沈阳市大东区   | 计算机科学与技术   |
+----------+--------+-----+-----+----------------+--------------------+
```

图7-1 student 表中的全部数据

```
mysql> select *
    -> from course;
+------+------------------+------+--------+
| cno  | cname            | cpno | credit |
+------+------------------+------+--------+
| 1001 | 高等数学         | NULL |      5 |
| 1002 | 离散数学         | 1001 |      2 |
| 1003 | 高级程序设计语言 | NULL |      2 |
| 1004 | 数据结构与算法   | 1003 |      3 |
| 1005 | 数据库原理及应用 | NULL |      3 |
+------+------------------+------+--------+
```

图7-2 course 表中的全部数据

```
mysql> select *
    -> from sc;
+------+----------+-------+
| cno  | sno      | grade |
+------+----------+-------+
| 1001 | 20181860 |    79 |
| 1001 | 20200080 |    84 |
| 1001 | 20201283 |    70 |
| 1001 | 20201284 |    75 |
| 1001 | 20201285 |    73 |
| 1002 | 20200080 |    85 |
| 1002 | 20200124 |    85 |
| 1002 | 20201283 |    82 |
| 1002 | 20201284 |    80 |
| 1003 | 20201284 |    85 |
+------+----------+-------+
```

图7-3 sc 表中的全部数据

7.1 单表查询

数据查询——单表查询

单表查询是指从一张数据表中查询需要的数据。在 MySQL 数据库中，单表查询一般使用“select+子句”的 SQL 语句格式。

select 语句的基本格式如下。

```
select[ field1, field2,… ,fieldn]
from table-name1,table-name2,…,table-namen
[ where condition]
[group by field]
[ with rollup]
[ having condition]
[ order by… [asc|desc]]
[limit count]
```

上述代码中，参数 field1、field2 等表示要查询的表中的字段名；table-name 表示要查询的表名；where condition 表示查询时预定义的过滤条件；group by 表示根据表中的某一字段对查询结果进行分组；with rollup 定义在 group by 之后，对查询所得数据进行统计汇总；having condition 定义在 group by 之后，对查询结果附加条件；order by 用于对查询结果按照一个或者多个字段进行排序，默认升序（ASC）排列，降序排列使用 desc；limit count 定义在 order by 之后，控制输出的查询结果行数。

基于上述 select 语句格式可知，单表查询主要有以下 5 种应用方式。

（1）简单查询（要用到 select from 语句）。

（2）条件查询（要用到 where 子句）。

（3）排序查询（要用到 order by 子句）。

（4）分组查询（要用到 group by 子句）。

（5）限制查询数量（要用到 limit 子句）。

7.1.1 简单查询

在 MySQL 数据库中，采用 select 语句进行简单查询主要包括两种方式，查询表中所有数据以及查询表中指定字段的数据。

1．查询表中所有数据

如果要查询表中所有的数据记录，可以通过 select…from…语句实现，其语法格式如下。

```
select field1, field2,…, fieldn
from table_name;
```

上述代码中，参数 field1、field2 等表示要进行查询操作的表中每个字段的名称，*n* 表示表中字段的总数；table_name 表示要进行查询操作的表名。

【例 7-1】在 school 数据库中，查询 sc 表中的所有数据记录。

（1）使用 school 数据库，查看 sc 表的结构。执行如下 SQL 语句，sc 数据表的结构信息如图 7-4 所示。

```
use school;
desc sc;
```

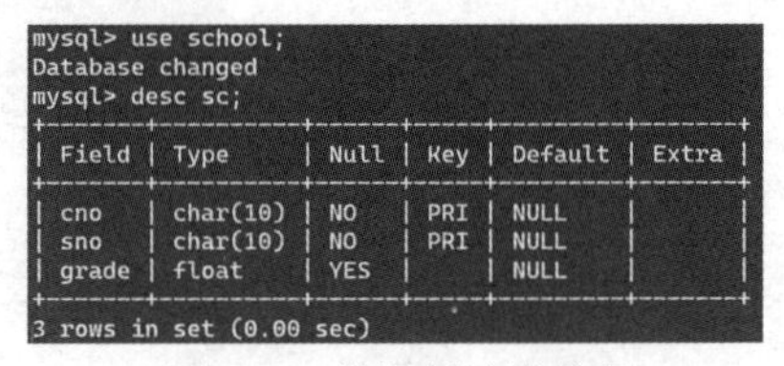
mysql> use school;
Database changed
mysql> desc sc;

Field	Type	Null	Key	Default	Extra
cno	char(10)	NO	PRI	NULL	
sno	char(10)	NO	PRI	NULL	
grade	float	YES		NULL	

3 rows in set (0.00 sec)

图 7-4　sc 数据表的结构信息

（2）使用 select 语句查询表中所有数据，执行如下 SQL 语句，查询 sc 表的所有数据如图 7-5 所示。

```
select cno,sno,grade from sc;
```

结果显示，通过 select 语句可以查询得到 sc 表中的所有数据记录。如要改变查询结果中字段显示的顺序，只需调整 select 语句中字段列表中字段的顺序即可。

【例 7-2】在 school 数据库中，查询 sc 表中的所有数据记录，并使 sno 列最先显示。执行如下 SQL 语句，查询 sc 表的所有数据并以 sno 为首列显示如图 7-6 所示。

```
select sno,cno,grade from sc;
```

```
mysql> select cno,sno,grade
    -> from sc;
+------+----------+-------+
| cno  | sno      | grade |
+------+----------+-------+
| 1001 | 20181860 |    79 |
| 1001 | 20200080 |    84 |
| 1001 | 20201283 |    70 |
| 1001 | 20201284 |    75 |
| 1001 | 20201285 |    73 |
| 1002 | 20200080 |    85 |
| 1002 | 20200124 |    85 |
| 1002 | 20201283 |    82 |
| 1002 | 20201284 |    80 |
| 1003 | 20201284 |    85 |
+------+----------+-------+
10 rows in set (0.00 sec)
```

图7-5　查询sc表的所有数据

```
mysql> select sno,cno,grade from sc;
+----------+------+-------+
| sno      | cno  | grade |
+----------+------+-------+
| 20181860 | 1001 |    79 |
| 20200080 | 1001 |    84 |
| 20201283 | 1001 |    70 |
| 20201284 | 1001 |    75 |
| 20201285 | 1001 |    73 |
| 20200080 | 1002 |    85 |
| 20200124 | 1002 |    85 |
| 20201283 | 1002 |    82 |
| 20201284 | 1002 |    80 |
| 20201284 | 1003 |    85 |
+----------+------+-------+
10 rows in set (0.00 sec)
```

图7-6　查询sc表的所有数据并以sno为首列显示

注意

通过查看sc表结构发现，sc表有cno、sno、grade共3个字段，因此select语句需要包含这3个字段，才可确保获取完整的表数据。若表结构中定义的字段过多，不方便一一展开，可以将表中所有字段用符号*代替，即select * from table_name。

【例7-3】在school数据库中，查询sc表中的所有数据记录。执行如下SQL语句，查询sc表的全部数据如图7-7所示。

```
select * from sc;
```

结果显示，使用*替代字段列表的方法也可查询表中的所有数据，语句更加简洁明了，但缺点在于不如使用字段列表灵活，因为不可随意调换字段的显示位置。

2．查询表中指定字段的数据

在MySQL数据库中，要查询表中指定字段的数据，只需在select语句后列出要查询的字段名即可。

【例7-4】在school数据库中，查询sc表中sno和grade字段的数据。

（1）使用school数据库，并查看sc数据表的结构信息，如图7-4所示。

（2）使用select语句查询相应字段的数据，执行如下SQL语句，查询sno和grade字段的数据如图7-8所示。

```
select sno,grade from sc;
```

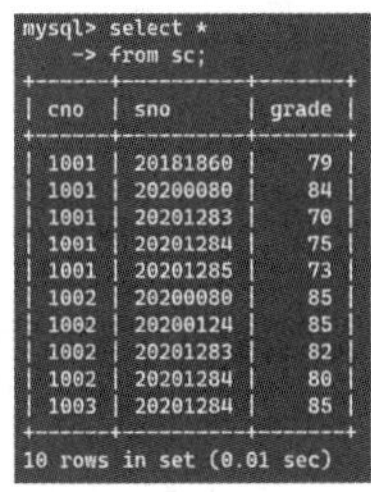

```
mysql> select *
    -> from sc;
+------+----------+-------+
| cno  | sno      | grade |
+------+----------+-------+
| 1001 | 20181860 |    79 |
| 1001 | 20200080 |    84 |
| 1001 | 20201283 |    70 |
| 1001 | 20201284 |    75 |
| 1001 | 20201285 |    73 |
| 1002 | 20200080 |    85 |
| 1002 | 20200124 |    85 |
| 1002 | 20201283 |    82 |
| 1002 | 20201284 |    80 |
| 1003 | 20201284 |    85 |
+------+----------+-------+
10 rows in set (0.01 sec)
```

图7-7　查询sc表的全部数据

```
mysql>  select sno,grade from sc;
+----------+-------+
| sno      | grade |
+----------+-------+
| 20181860 |    79 |
| 20200080 |    84 |
| 20201283 |    70 |
| 20201284 |    75 |
| 20201285 |    73 |
| 20200080 |    85 |
| 20200124 |    85 |
| 20201283 |    82 |
| 20201284 |    80 |
| 20201284 |    85 |
+----------+-------+
10 rows in set (0.00 sec)
```

图7-8　查询sno和grade字段的数据

3．避免查询重复数据

当执行指定字段数据查询时，查询结果中时常会出现数据重复的情况。MySQL数据库中提供了distinct语句来解决查询结果中数据重复的问题。其语法格式如下。

```
select distinct field1,field2,…,fieldn
from table_name;
```

【例7-5】在school数据库中，查询student表中dept字段的数据，要求查询结果不存在重复值。

（1）使用school数据库，并查看student表的结构。执行如下SQL语句，student表的结构信息（1）如图7-9所示。

```
use school;
desc student;
```

（2）查询 dept 字段的数据（不存在重复值）。执行如下 SQL 语句，student 表中 dept 字段的数据如图 7-10 所示。

```
select distinct dept
from student;
```

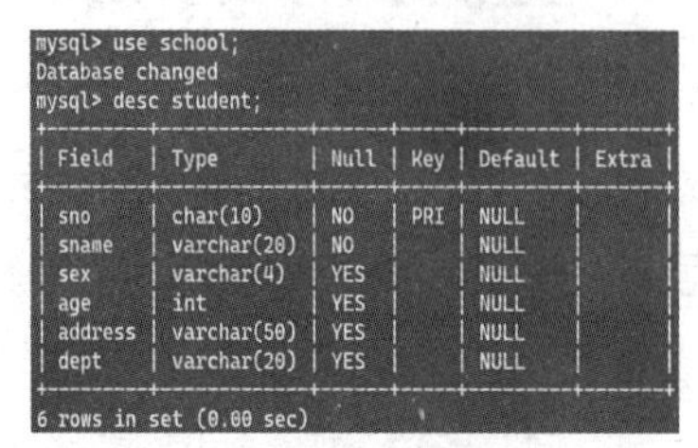

图 7-9　student 表的结构信息（1）

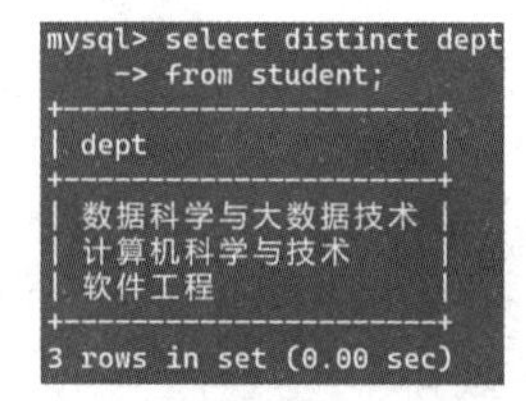

图 7-10　student 表中 dept 字段的数据

结果显示，dept 字段的数据不存在重复值。

4．四则运算数据查询

本书第 3 章重点介绍了 MySQL 数据库支持的算术运算符，MySQL 中常见的算术运算符及注释，如表 7-1 所示，这几种算术运算符的应用较为广泛。例如，可以在进行简单数据查询时运用此类运算符实现相应的操作。

表 7-1　MySQL 中常见的算术运算符及注释

运算符	注释
+	加法
–	减法
*	乘法
/	除法
%	取模

注意

在除法运算和取模运算中，除数不能为 0；若除数是 0，返回的结果则为 NULL。此外，如果有多个运算符，按照先乘除后加减的优先级进行运算，相同优先级的运算符的相应运算会受括号影响。

【例 7-6】在 school 数据库的 sc 表中，查询学生的学号并以 grade*0.6 的形式显示考试成绩（考试成绩占总成绩 grade 的 60%）。

（1）使用 school 数据库，并查看 sc 表的结构。

（2）查询 sno 以及 grade*0.6 字段的数据，执行如下 SQL 语句，sno 以及 grade*0.6 字段的数据如图 7-11 所示。

```
select sno,grade*0.6
from sc;
```

结果显示，通过上述 select 语句，可以查询得到每位学生的考试成绩，但字段名是以 grade*0.6 的形式显示出来的，可读性差。MySQL 可以为查询显示的字段取一个别名，以提高查询结果的可读性。其语法格式如下。

```
select 原始字段名 as 别名 from table_name;
```

（3）为字段取别名，执行如下 SQL 语句，将字段 grade*0.6 改名为 grade_exam 如图 7-12 所示。

```
select sno,grade*0.6 as grade_exam
from sc;
```

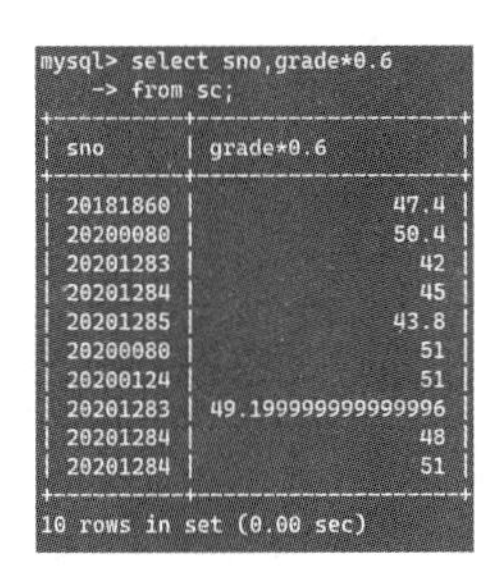

图 7-11　sno 以及 grade*0.6 字段的数据

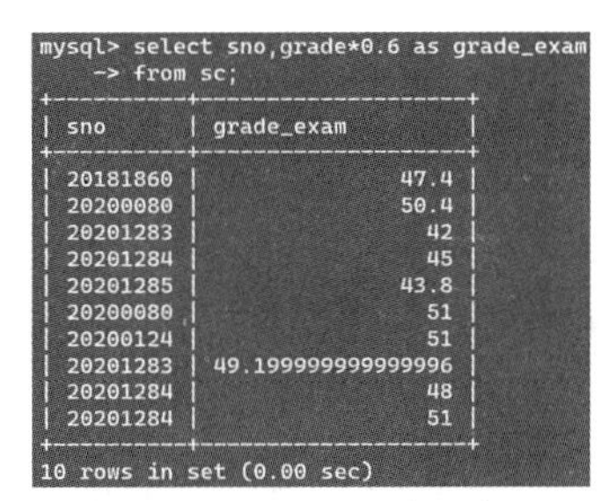

图 7-12　将字段 grade*0.6 改名为 grade_exam

7.1.2　条件查询

通过简单查询可以查询表中所有数据记录指定字段的值，但这种应用在现实生活中使用较少，用户往往不需要查询所有的数据记录，只需要从表中所有数据记录中查询出符合限定条件的数据即可。此时，需要使用条件查询的方法，也就是上文提到过的 where 子句。该子句可通过运算符以及关键字过滤数据结果集。其语法格式如下。

```
select field1,field2,…,fieldn
from table_name
where condition;
```

上述代码主要通过 condition（限定条件）进行数据查询操作。该 SQL 语句可以通过以下 6 种形式使用。

（1）带一般比较运算符的条件查询操作。

（2）带逻辑运算符的条件查询操作。

（3）带 in 关键字的条件查询操作。

（4）带 between…and…语句的条件查询操作。

（5）带 like 关键字的条件查询操作。

（6）使用 is null 关键字查询空值。

1. 带比较运算符的条件查询操作

本书第 3 章重点介绍了 MySQL 数据库支持的比较运算符，MySQL 中常见的比较运算符及相应注释如表 7-2 所示。

表 7-2　MySQL 中常见的比较运算符及相应注释

比较运算符	注释
>	大于
<	小于
=	等于
!=	不等于
>=	大于或等于
<=	小于或等于

【例 7-7】在 school 数据库中，查询 student 表中年龄大于 20 岁的学生的姓名和学号。

（1）使用 school 数据库，并查看 student 表的结构。执行如下 SQL 语句，student 表的结构信息（2）如图 7-13 所示。

```
use school;
desc student;
```

（2）设置 where age>20 限定条件，查询学生的姓名和学号。执行如下 SQL 语句，student 表查询结果（1）如图 7-14 所示。

```
select sno,sname
from student
where age>20;
```

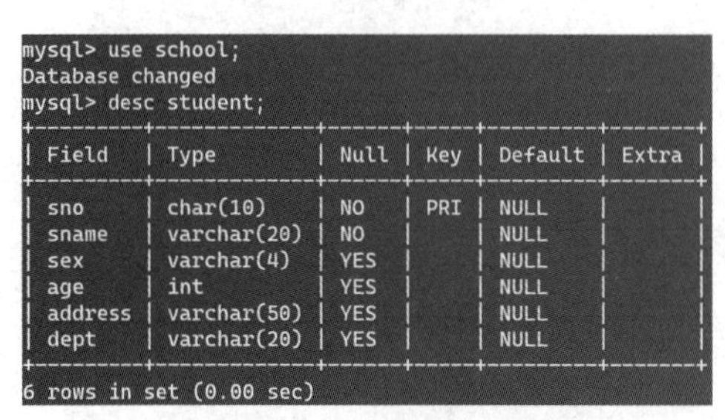

图 7-13　student 表的结构信息（2）

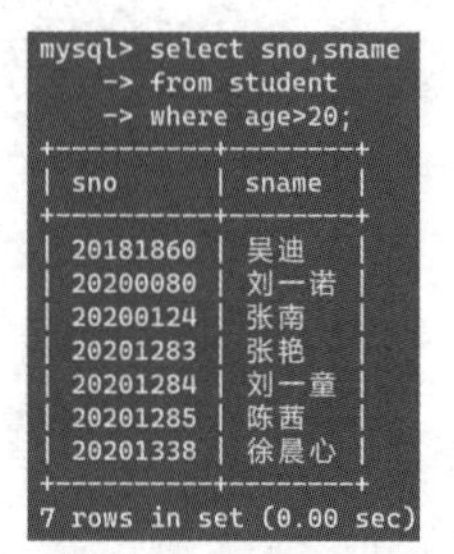

图 7-14　student 表查询结果（1）

【例 7-8】在 school 数据库中，查询 dept 不为“计算机科学与技术”的学生姓名、学号以及年龄信息。

（1）使用 school 数据库，并查看 student 表的结构。

（2）设置 where dept!='计算机科学与技术'限定条件，查询学生信息。执行如下 SQL 语句，student 表查询结果（2）如图 7-15 所示。

```
select sno,sname,age
from student
where dept != '计算机科学与技术';
```

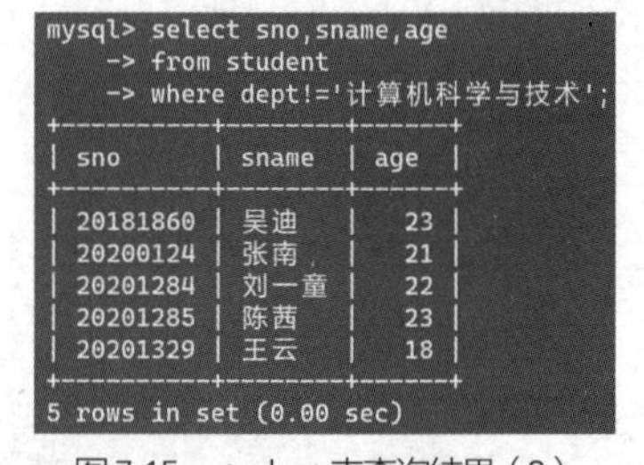

图 7-15　student 表查询结果（2）

2．带逻辑运算符的条件查询操作

本书第 3 章重点介绍了 MySQL 数据库支持的逻辑运算符，MySQL 中常见的逻辑运算符及相应注释如表 7-3 所示。在 where 子句中使用逻辑运算符，可以实现多条件数据查询。

表 7-3　MySQL 中常见的逻辑运算符及相应注释

逻辑运算符	注释
AND（&&）	逻辑与
OR（‖）	逻辑或
XOR	逻辑异或
NOT（!）	逻辑非

【例 7-9】在 school 数据库中，查询 student 表中年龄大于或等于 21 岁，且专业为软件工程的学生的学号、年龄以及专业。

（1）使用 school 数据库，并查看 student 表的结构。

（2）设置 age>=21 与 dept='软件工程'两个限定条件，并使用逻辑与运算符 AND 连接。执行如下 SQL 语句，student 表查询结果（3）如图 7-16 所示。

```
select sno,age,dept
from student
where age>=21 and dept='软件工程';
```

【例 7-10】在 school 数据库中，查询 student 表中年龄等于 21 岁，或专业为软件工程的学生的学号、年龄以及专业。

（1）使用 school 数据库，并查看 student 表的结构。

（2）设置 age=21 与 dept='软件工程'两个限定条件，并使用逻辑或运算符||连接。执行如下 SQL 语句，student 表查询结果（4）如图 7-17 所示。

```
select sno,age,dept
from student
where age=21 || dept='软件工程';
```

```
mysql> select sno,age,dept
    -> from student
    -> where age>=21 and dept='软件工程';
+----------+-----+----------+
| sno      | age | dept     |
+----------+-----+----------+
| 20200124 |  21 | 软件工程 |
| 20201284 |  22 | 软件工程 |
+----------+-----+----------+
2 rows in set (0.00 sec)
```

图 7-16　student 表查询结果（3）

```
mysql> select sno,age,dept
    -> from student
    -> where age=21 || dept='软件工程';
+----------+-----+------------------+
| sno      | age | dept             |
+----------+-----+------------------+
| 20200124 |  21 | 软件工程         |
| 20201283 |  21 | 计算机科学与技术 |
| 20201284 |  22 | 软件工程         |
| 20201329 |  18 | 软件工程         |
| 20201338 |  21 | 计算机科学与技术 |
+----------+-----+------------------+
5 rows in set, 1 warning (0.00 sec)
```

图 7-17　student 表查询结果（4）

3．带 in 关键字的条件查询操作

当需要查询的目标记录限定在某个集合中时，可以使用关键字 in 来实现查询。

带 in 关键字的限定条件可以判定指定字段值是否存在于某一集合内。若该指定字段值在此集合中，满足查询的限定条件，则作为查询结果显示出来；不满足限定条件的字段值不输出。也可以使用 not in 关键字，表示查询并显示出字段值不在该集合中且满足限定条件的数据记录。

语法格式如下。

```
select field1,field2,…,fieldn
from table_name
where field in (value1,value2,…,valuen);
```

上述代码中，参数 field1、field2 等表示要查询的表中字段名，参数 table_name 表示要进行查询操作的表名，参数 value1、value2 等表示指定集合中的值，关键字 in 用来判断字段 field 的值是否在集合中。

【例 7-11】在 school 数据库中，查询 sc 表中学号为 20201283、20201284 的学生的学号、成绩。

（1）使用 school 数据库，并查看 sc 表的结构。

（2）设置 sno in ('20201283','20201284')限定条件，查询符合限定条件的学生的学号和成绩。执行如下 SQL 语句，sc 表查询结果（1）如图 7-18 所示。

```
select sno,grade
from sc
where sno in('20201283','20201284');
```

```
mysql> select sno,grade
    -> from sc
    -> where sno in ('20201283','20201284');
+----------+-------+
| sno      | grade |
+----------+-------+
| 20201283 |    70 |
| 20201283 |    82 |
| 20201284 |    75 |
| 20201284 |    80 |
| 20201284 |    85 |
+----------+-------+
5 rows in set (0.00 sec)
```

图 7-18　sc 表查询结果（1）

注意

实际上，in 关键字的作用同逻辑运算符 or。例如 sno in('20201283','20201284')相当于 sno='20201283'or sno='20201284'。

【例 7-12】使用逻辑或运算符 or 查询 sc 表中学号为 20201283、20201284 的学生的学号、成绩。执行如下 SQL 语句，sc 表查询结果（2）如图 7-19 所示。

```
select sno,grade
from sc
where sno='20201283'or sno='20201284';
```

【例 7-13】在 school 数据库中，查询 sc 表中学号不是 20201283、20201284 的学生的学号、成绩。

（1）使用 school 数据库，并查看 sc 表的结构。

（2）设置 sno not in ('20201283','20201284')限定条件，查询符合限定条件的学生的学号和成绩。执行如下 SQL 语句，sc 表查询结果（3）如图 7-20 所示。

```
select sno,grade
from sc
where sno not in ('20201283', '20201284');
```

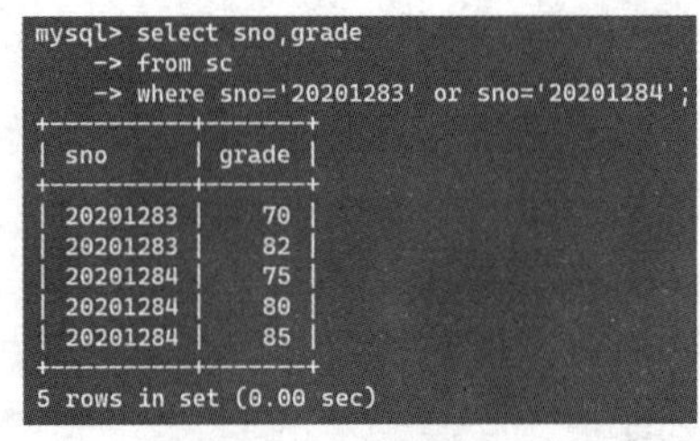

```
mysql> select sno,grade
    -> from sc
    -> where sno='20201283' or sno='20201284';
+----------+-------+
| sno      | grade |
+----------+-------+
| 20201283 |    70 |
| 20201283 |    82 |
| 20201284 |    75 |
| 20201284 |    80 |
| 20201284 |    85 |
+----------+-------+
5 rows in set (0.00 sec)
```

图 7-19　sc 表查询结果（2）

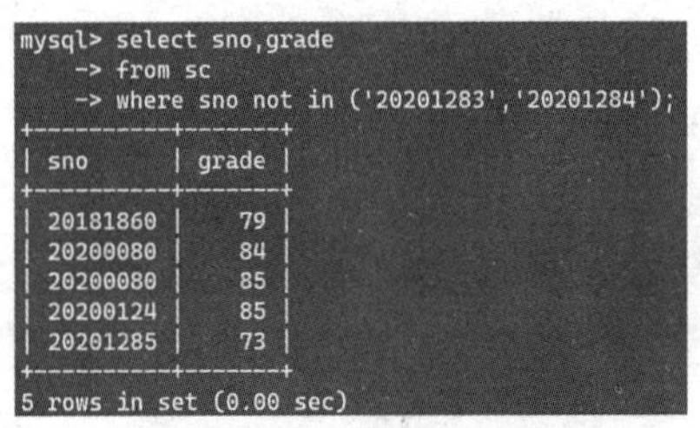

```
mysql> select sno,grade
    -> from sc
    -> where sno not in ('20201283','20201284');
+----------+-------+
| sno      | grade |
+----------+-------+
| 20181860 |    79 |
| 20200080 |    84 |
| 20200080 |    85 |
| 20200124 |    85 |
| 20201285 |    73 |
+----------+-------+
5 rows in set (0.00 sec)
```

图 7-20　sc 表查询结果（3）

4．带 between…and…语句的条件查询操作

很多时候，用户想要查询在某一指定范围内有多少符合条件的数据，就可以使用 between…and…语句来实现。

带 between…and…的限定条件可以判定字段值是否存在于某一指定范围内。若该字段值在此范围内，满足查询的限定条件，则作为查询结果显示出来；不满足限定条件的字段值不输出。也可以使用 not between…and…，表示查询并显示出不在该范围且满足限定条件的数据记录。

语法格式如下。

```
select field1,field2,…,fieldn
from table_name
where field between value1 and value2;
```

上述代码中，参数 field1、field2 等表示要查询的表中字段名，参数 table_name 表示要进行查询操作的表名。参数 value1 和 value2 用于限定字段 field 的取值范围，其中 value1 表示范围的起始值，value2 表示范围的终止值。例如 X between 10 and 20 相当于 X>=10 and X<=20，边界值 10 与 20 符合条件，可作为查询结果显示。

若表示指定范围之外的值，可使用 not between…and…，表示若字段值不在指定范围内，则相应数据记录将作为查询结果显示。其语法格式如下。

```
select field1,field2,…,fieldn
from table_name
where field not between value1 and value2;
```

【例 7-14】在 school 数据库中，查询 student 表中年龄在 18～22 岁的学生的学号、姓名、年龄。

（1）使用 school 数据库，并查看 student 表的结构。

（2）设置 age between 18 and 22 限定条件，查询符合限定条件的学生的学号、姓名、年龄。执行如下 SQL 语句，student 表查询结果（5）如图 7-21 所示。

```
select sno,sname,age
from student
where age between 18 AND 22;
```

由图7-21可知，查询结果已显示出年龄在18～22岁的学生的学号、姓名和年龄，且18与22作为边界值也是符合条件的。

【例7-15】在school数据库中，查询student表中年龄不在18～22岁的学生的学号、姓名、年龄。

（1）使用school数据库，并查看student表的结构。

（2）设置age not between 18 and 22限定条件，查询符合限定条件的学生的学号、姓名、年龄。执行如下SQL语句，student表查询结果（6）如图7-22所示。

```
select sno,sname,age
from student
where age not between 18 and 22;
```

```
mysql> select sno,sname,age
    -> from student
    -> where age between 18 and 22;
+----------+--------+------+
| sno      | sname  | age  |
+----------+--------+------+
| 20200080 | 刘一诺 |   22 |
| 20200124 | 张南   |   21 |
| 20201283 | 张艳   |   21 |
| 20201284 | 刘一童 |   22 |
| 20201328 | 徐晨一 |   20 |
| 20201329 | 王云   |   18 |
| 20201338 | 徐晨心 |   21 |
+----------+--------+------+
7 rows in set (0.00 sec)
```

图7-21 student表查询结果（5）

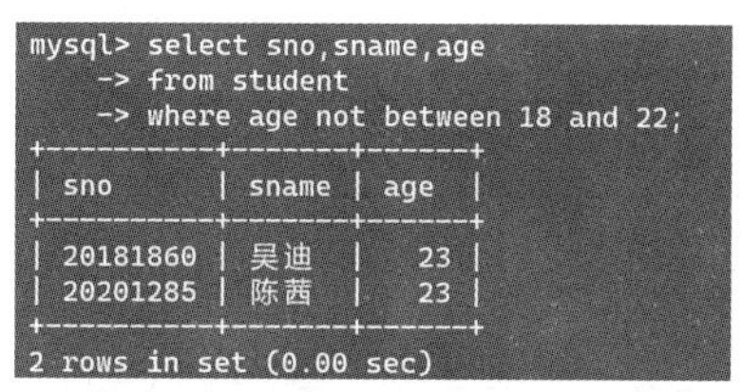

```
mysql> select sno,sname,age
    -> from student
    -> where age not between 18 and 22;
+----------+-------+------+
| sno      | sname | age  |
+----------+-------+------+
| 20181860 | 吴迪  |   23 |
| 20201285 | 陈茜  |   23 |
+----------+-------+------+
2 rows in set (0.00 sec)
```

图7-22 student表查询结果（6）

5．带like关键字的条件查询操作

上文所介绍的各种查询方式中，使用比较运算符、逻辑运算符以及关键字等，可以精准地查询出符合相应条件的数据，但这要求所查询的限定条件必须准确，不能模糊。

当用户不能够准确记住要查询字段值的基本信息，只是记住了其中一小部分数据时，可以采用MySQL数据库提供的带like关键字的条件查询，也称为模糊查询。like主要用于字符串类型数据的查询操作。其语法格式如下。

```
select field1,field2,…,fieldn
from table_name
where field like value;
```

上述代码中，参数field1、field2等表示要查询的表中字段名，参数table_name表示要查询的表名。参数value表示匹配的字符串值，判断field字段的值是否与value匹配，若匹配，则满足查询条件，作为查询结果显示；不匹配则不满足查询条件。

like关键字可结合以下两种通配符使用。

%：匹配任意长度的字符串，包括空字符串。例如字符串a%会匹配以字符a开始，任意长度的字符串，如a、at、app、apple等。

_：只匹配单个字符。

【例7-16】在school数据库的student表中，查询姓吴或者姓徐的学生的学号、姓名、年龄。

（1）使用school数据库，并查看student表的结构。

（2）设置限定条件，需要使用like和or关键字，由于sname字段定义为varchar(20)，且姓在首位，因此使用%通配符。限定条件为sname like'吴%'or sname like'徐%'。执行如下SQL语句，student表模糊查询结果（1）如图7-23所示。

```
select sno,sname,age
from student
where sname like '吴%' or sname like '徐%';
```

使用 not like 关键字表示查询与指定字符串不匹配的记录。

【例 7-17】在 school 数据库的 student 表中，查询专业中含有文本“科学”的学生的学号、姓名、专业。

（1）使用 school 数据库，并查看 student 表的结构。

（2）设置限定条件，需要使用 like 关键字，由于 dept 字段定义为 varchar(20)，且“科学”位置未定，因此使用%通配符。限定条件为 dept like '%科学%'。执行如下 SQL 语句，student 表模糊查询结果（2）如图 7-24 所示。

```
select sno,sname,dept
from student
where dept like '%科学%';
```

```
mysql> select sno,sname,age
    -> from student
    -> where sname like '吴%' or sname like '徐%';
+----------+--------+-----+
| sno      | sname  | age |
+----------+--------+-----+
| 20181860 | 吴迪   |  23 |
| 20201328 | 徐晨一 |  20 |
| 20201338 | 徐晨心 |  21 |
+----------+--------+-----+
3 rows in set (0.00 sec)
```

图 7-23　student 表模糊查询结果（1）

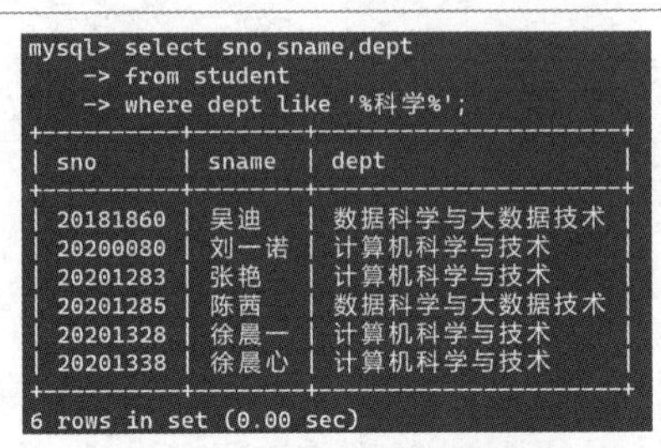

```
mysql> select sno,sname,dept
    -> from student
    -> where dept like '%科学%';
+----------+--------+--------------------+
| sno      | sname  | dept               |
+----------+--------+--------------------+
| 20181860 | 吴迪   | 数据科学与大数据技术 |
| 20200080 | 刘一诺 | 计算机科学与技术     |
| 20201283 | 张艳   | 计算机科学与技术     |
| 20201285 | 陈茜   | 数据科学与大数据技术 |
| 20201328 | 徐晨一 | 计算机科学与技术     |
| 20201338 | 徐晨心 | 计算机科学与技术     |
+----------+--------+--------------------+
6 rows in set (0.00 sec)
```

图 7-24　student 表模糊查询结果（2）

【例 7-18】在 school 数据库的 student 表中，查询年龄第二个数字为 2 的学生的学号、年龄。

（1）使用 school 数据库，并查看 student 表的结构。

（2）设置限定条件，需要使用 like 关键字，由于 age 字段定义为 int，且第二位数字前只有一位，因此使用%和_通配符。限定条件为 age like'_2%'。执行如下 SQL 语句，student 表模糊查询结果（3）如图 7-25 所示。

```
select sno,age
from student
where age like '_2%';
```

```
mysql> select sno,age
    -> from student
    -> where age like '_2%';
+----------+-----+
| sno      | age |
+----------+-----+
| 20200080 |  22 |
| 20201284 |  22 |
+----------+-----+
2 rows in set (0.00 sec)
```

图 7-25　student 表模糊查询结果（3）

6．使用 is null 关键字查询空值

MySQL 数据库提供了 is null 关键字，用来判断指定字段的值是否为空值（null）。空值不同于 0，也不同于空字符串。其语法格式如下。

```
select field1,field2,…,fieldn
from table_name
where field is (not) null;
```

上述代码中，如果 field 字段的值是空值，则满足查询条件，相应记录将被查询出来；如果不是空值，则不满足查询条件。

注意

is null 是一个整体，不能用= null 替代；is not null 同样不能用!= null 或<>null 替代。

【例 7-19】在 school 数据库中，查询 course 表中 cpno 为空的课程的 cno、cname、cpno。

（1）使用 school 数据库，并查看 course 表的结构。执行如下 SQL 语句，course 表的结构信息如图 7-26 所示。

```
use school;
desc course;
```

（2）查询 cpno 为空的课程信息，通过关键字 is null 设置限定条件。执行如下 SQL 语句，course 表查询结果如图 7-27 所示。

```
select cno,cname,cpno
from course
where cpno is null;
```

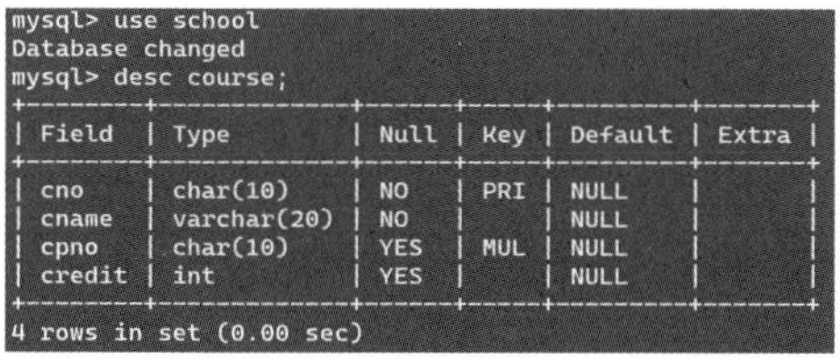

```
mysql> use school
Database changed
mysql> desc course;
+--------+-------------+------+-----+---------+-------+
| Field  | Type        | Null | Key | Default | Extra |
+--------+-------------+------+-----+---------+-------+
| cno    | char(10)    | NO   | PRI | NULL    |       |
| cname  | varchar(20) | NO   |     | NULL    |       |
| cpno   | char(10)    | YES  | MUL | NULL    |       |
| credit | int         | YES  |     | NULL    |       |
+--------+-------------+------+-----+---------+-------+
4 rows in set (0.00 sec)
```

图 7-26　course 表的结构信息

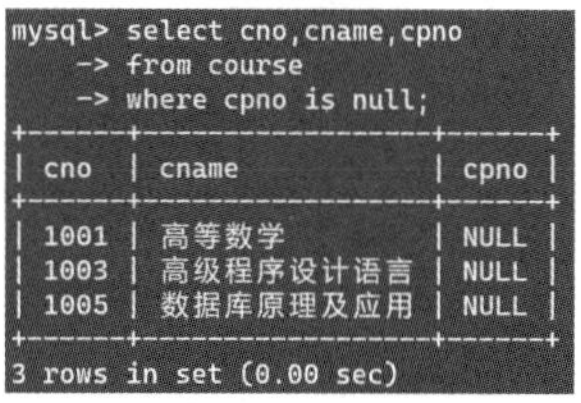

```
mysql> select cno,cname,cpno
    -> from course
    -> where cpno is null;
+------+------------------+------+
| cno  | cname            | cpno |
+------+------------------+------+
| 1001 | 高等数学         | NULL |
| 1003 | 高级程序设计语言 | NULL |
| 1005 | 数据库原理及应用 | NULL |
+------+------------------+------+
3 rows in set (0.00 sec)
```

图 7-27　course 表查询结果

7.1.3　排序查询

上文介绍的各种查询方式虽然可以精准地查询出符合相应条件的数据记录，但是通过观察发现，查询结果一般按照所查询表中数据记录的排列顺序输出。如果用户使用 SQL 语句查询 sc 表中的成绩字段，希望按照一定顺序将数据排列输出，上述语法格式则显得有些无能为力。这时，可以采用 MySQL 数据库提供的 order by 子句实现排序查询。其语法格式如下。

```
select field1,field2,…,fieldn
from table_name
where condition
order by fieldm [asc|desc],…;
```

上述代码中，参数 field1、field2 等表示要查询的表中字段名，参数 table_name 表示要查询的表名。condition 表示限定条件；field*m* 表示按照此字段进行排序；asc 指升序排列（默认），desc 指降序排列。

1. 按照单个字段进行排序

按照单个字段进行排序是指 order by 后只连接一个字段名，查询结果按照此字段进行升序或者降序排列。

【例 7-20】在 school 数据库的 sc 表中，查询成绩大于 80 分的学生的学号、课程号以及成绩，并按照成绩的高低进行降序排列。

（1）使用 school 数据库，并查看 sc 表的结构。

（2）设置限定条件 grade>80 以及排序语句 order by grade desc。执行如下 SQL 语句，sc 表排序查询结果结果如图 7-28 所示。

```
select sno,cno,grade
from sc
where grade>80
order by grade desc;
```

【例 7-21】在 school 数据库的 student 表中，查询专业为计算机科学与技术的学生的学号、姓名以及专业，并按学号进行升序排列。

（1）使用 school 数据库，并查看 student 表的结构。

（2）设置限定条件 dept='计算机科学与技术'以及排序语句 order by sno。执行如下 SQL 语句，student 表排序查询结果如图 7-29 所示。

```
select sno,sname,dept
from student
where dept='计算机科学与技术'
order by sno;
```

```
mysql> select sno,cno,grade
    -> from sc
    -> where grade>80
    -> order by grade desc;
+----------+------+-------+
| sno      | cno  | grade |
+----------+------+-------+
| 20200080 | 1002 |    85 |
| 20200124 | 1002 |    85 |
| 20201284 | 1003 |    85 |
| 20200080 | 1001 |    84 |
| 20201283 | 1002 |    82 |
+----------+------+-------+
5 rows in set (0.01 sec)
```

图 7-28　sc 表排序查询结果

```
mysql> select sno,sname,dept
    -> from student
    -> where dept='计算机科学与技术'
    -> order by sno;
+----------+--------+------------------+
| sno      | sname  | dept             |
+----------+--------+------------------+
| 20200080 | 刘一诺 | 计算机科学与技术 |
| 20201283 | 张艳   | 计算机科学与技术 |
| 20201328 | 徐晨一 | 计算机科学与技术 |
| 20201338 | 徐晨心 | 计算机科学与技术 |
+----------+--------+------------------+
4 rows in set (0.00 sec)
```

图 7-29　student 表排序查询结果

2．按照多个字段进行排序

按照多个字段进行排序是指 order by 后连接多个字段，查询结果首先按照第一个字段进行升序或者降序排列，若第一个字段值相同，则按照第二个字段进行排序，以此类推。

【例 7-22】在 school 数据库的 student 表中，查询年龄大于或等于 20 岁的学生的学号、姓名及年龄。对于查询结果，首先按照年龄进行降序排列，其次按照学号进行升序排列。

（1）使用 school 数据库，并查看 student 表的结构。

（2）设置限定条件 age>=20 以及排序语句 order by age desc,sno。执行如下 SQL 语句，student 表多字段排序查询结果如图 7-30 所示。

```
select sno,sname,age
from student
where age>=20
order by age desc,sno;
```

结果显示已查询出年龄大于或等于 20 岁的学生信息，并已经按照年龄进行降序排列，对于年龄相同的数据记录，则按照第二个字段 sno 进行默认的升序排列。例如学号 20181860<20201285，在年龄相同的条件下，学号为 20181860 的数据记录排在查询结果的前面。

```
mysql> select sno,sname,age
    -> from student
    -> where age>=20
    -> order by age desc,sno;
+----------+--------+-----+
| sno      | sname  | age |
+----------+--------+-----+
| 20181860 | 吴迪   |  23 |
| 20201285 | 陈茜   |  23 |
| 20200080 | 刘一诺 |  22 |
| 20201284 | 刘一童 |  22 |
| 20200124 | 张南   |  21 |
| 20201283 | 张艳   |  21 |
| 20201338 | 徐晨心 |  21 |
| 20201328 | 徐晨一 |  20 |
+----------+--------+-----+
8 rows in set (0.00 sec)
```

图 7-30　student 表多字段排序查询结果

注意

在查询数据时，字段值 null 默认为最小值。若按照某字段升序排列，则该字段值为 null 的数据记录排在查询结果的首行；若按照某字段降序排列，则排在末行。默认情况下，字段排列顺序为升序时，数据排列顺序为 A 到 Z、0 到 9；字段排列顺序为降序时，数据排列顺序为 Z 到 A、9 到 0。

7.1.4 分组查询

group by 子句可以将查询结果按照一个字段或者组合字段，基于数据行的方向进行分组操作。MySQL 数据库提供了 5 种聚合函数，即 coutn( )、sum( )、avg( )、max( )、min( )。除聚合计算语句外，select 语句中的每列都必须在 group by 子句中给出。使用 group by 子句分组包括以下 5 种情况。

（1）简单分组：不包含聚合函数。

（2）复杂分组：使用聚合函数分组。

（3）group by 与 group_concat( )函数一起使用。

（4）group by 实现多个字段分组查询。

（5）group by 与 having 一起使用。

1．简单分组：不包含聚合函数

MySQL 5.7 及以上版本要求，在进行分组查询时，在 select 语句中出现的字段，必须有一个或多个出现在 group by 子句中作为分组字段。如果分组列中具有 null，则 null 将作为一个分组返回。如果字段中有多行 null，将它们分为一组。group by 子句出现在 where 子句之后，order by 子句之前。其语法格式如下。

```
select field
from table_name
where condition
group by field;
```

注意

分组的字段中，需要有相同值存在，否则使用 group by 子句分组将无意义。

【例 7-23】在 school 数据库中，查询 student 表中年龄大于 18 岁的学生的全部信息，并按照学号进行分组。

（1）使用 school 数据库，并查看 student 表的结构。

（2）设置限定条件 where age>18 以及 group by sno。执行如下 SQL 语句，student 表分组查询结果（1）如图 7-31 所示。

```
select *
from student
where age>18
group by sno;
```

结果显示，由于 sno 字段为主键，不可以重复，所以即便使用 sno 进行分组，查询结果中仍然是一条数据记录一组，没有实际意义。

【例 7-24】在 school 数据库中，查询 student 表中年龄大于 18 岁的学生的专业信息，按照学生的专业分组。

（1）使用 school 数据库，并查看 student 表的结构。

（2）设置限定条件 where age>18 以及 group by dept。执行如下 SQL 语句，student 表分组查询结果（2）如图 7-32 所示。

```
select dept
from student
where age>18
group by dept;
```

```
mysql> select *
    -> from student
    -> where age>18
    -> group by sno;
+----------+--------+-----+-----+----------------+--------------------+
| sno      | sname  | sex | age | address        | dept               |
+----------+--------+-----+-----+----------------+--------------------+
| 20181860 | 吴迪   | 男  |  23 | 哈尔滨市道里区 | 数据科学与大数据技术 |
| 20200080 | 刘一诺 | 女  |  22 | 沈阳市皇姑区   | 计算机科学与技术   |
| 20200124 | 张南   | 男  |  21 | 哈尔滨市香坊区 | 软件工程           |
| 20201283 | 张艳   | 男  |  21 | 哈尔滨市道外区 | 计算机科学与技术   |
| 20201284 | 刘一童 | 男  |  22 | 哈尔滨市南岗区 | 软件工程           |
| 20201285 | 陈茜   | 女  |  23 | 长春市绿园区   | 数据科学与大数据技术 |
| 20201328 | 徐晨一 | 男  |  20 | 长春市南湖区   | 计算机科学与技术   |
| 20201338 | 徐晨心 | 女  |  21 | 沈阳市大东区   | 计算机科学与技术   |
+----------+--------+-----+-----+----------------+--------------------+
8 rows in set (0.00 sec)
```

图7-31　student 表分组查询结果（1）

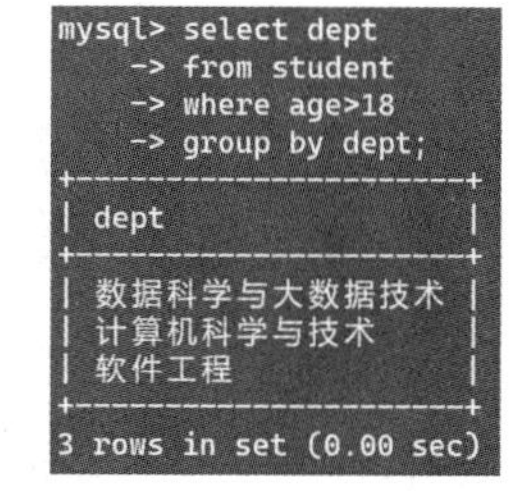

图7-32　student 表分组查询结果（2）

结果显示，在 student 表中，dept 字段值有 3 个，分别是“数据科学与大数据技术”“计算机科学与技术”“软件工程”。所以，按照 dept 分组，最终查询结果将分为 3 组。

2．复杂分组：使用聚合函数分组

在 MySQL 数据库中，使用 group by 子句进行简单查询往往没有太大意义。一般采用 group by 子句与聚合函数结合的方式进行复杂分组查询（聚合函数将在 7.3 节重点讲解）。其语法格式如下。

```
select field,function
from table_name
where condition
group by field
order by …;
```

【例 7-25】在 school 数据库中，查询 student 表中的学生的专业信息，按照学生的专业进行分组，并查看每组总人数。

（1）使用 school 数据库，并查看 student 表的结构。

（2）设置限定条件 group by dept 以及 count(dept) number。执行如下 SQL 语句，student 表分组查询结果（3）如图 7-33 所示。

```
select dept,count(dept) number
from student
group by dept;
```

```
mysql> select dept,count(dept) number
    -> from student
    -> group by dept;
+------------------------+--------+
| dept                   | number |
+------------------------+--------+
| 数据科学与大数据技术   |      2 |
| 计算机科学与技术       |      4 |
| 软件工程               |      3 |
+------------------------+--------+
3 rows in set (0.00 sec)
```

图 7-33　student 表分组查询结果（3）

结果显示，在 student 表中，dept 字段值有 3 个，分别是“数据科学与大数据技术”“计算机科学与技术”“软件工程”。所以，按照 dept 分组，最终查询结果将分为 3 组，并使用 count( )函数统计得到每组的学生人数。

3．group by 与 group_concat( )函数一起使用

将 group by 子句与 group_concat( )函数结合使用，可以查看每个分组中指定的字段值。其语法格式如下。

```
select field,group_concat(field)
from table_name
where condition
group by field;
```

上述代码中，field 指分组字段，group_concat(field)是指按照分组字段分组后，每组显示出的字段值。

【例 7-26】在 school 数据库的 student 表中，按照学生的专业对学生进行分组，组内显示学生的学号信息。

（1）使用 school 数据库，并查看 student 表的结构。

（2）设置限定条件 group by dept 及函数 group_concat(sno)。执行如下 SQL 语句，student 表分组查询结果（4）如图 7-34 所示。

```
select dept,group_concat(sno)
from student
group by dept;
```

```
mysql> select dept,group_concat(sno)
    -> from student
    -> group by dept;
+------------------------+--------------------------------------------+
| dept                   | group_concat(sno)                          |
+------------------------+--------------------------------------------+
| 数据科学与大数据技术   | 20181860,20201285                          |
| 计算机科学与技术       | 20200080,20201283,20201328,20201338        |
| 软件工程               | 20200124,20201284,20201329                 |
+------------------------+--------------------------------------------+
3 rows in set (0.00 sec)
```

图 7-34　student 表分组查询结果（4）

结果表明，在student表中，dept字段值有3个，分别是“数据科学与大数据技术”“计算机科学与技术”“软件工程”。所以，按照dept分组，查询结果将分为3组，并显示出每组的学生学号信息。

4．group by实现多个字段分组查询

在MySQL数据库中，使用group by子句进行分组查询时，其后的字段也可以是多个，即按照多字段进行分组查询。其语法格式如下。

```
select field,function(field)
from table_name
where condition
group by field1,field2,…,fieldn;
```

上述代码中，若group by后存在多个字段，首先按照field1字段排列，其次按照field2字段排列，以此类推。

【例7-27】在school数据库中，首先按照学生的专业对student表中的所有学生进行分组，其次按照年龄对每组再次进行分组，最后查询结果需要显示学生的专业、学生年龄，以及每组中的学生数量和学生姓名。

（1）使用school数据库，并查看student表的结构。

（2）分析分组条件，按照字段dept和age分组，且需要显示每组学生数count(*)和学生姓名group_concat(sname)。执行如下SQL语句，student表分组查询结果（5）如图7-35所示。

```
select dept,age,count(*),group_concat(sname)
from student
group by dept,age;
```

```
mysql> select dept,age,count(*),group_concat(sname)
    -> from student
    -> group by dept,age;
+----------------------+------+----------+---------------------+
| dept                 | age  | count(*) | group_concat(sname) |
+----------------------+------+----------+---------------------+
| 数据科学与大数据技术 |   23 |        2 | 吴迪,陈茜           |
| 计算机科学与技术     |   20 |        1 | 徐晨一              |
| 计算机科学与技术     |   21 |        2 | 张艳,徐晨心         |
| 计算机科学与技术     |   22 |        1 | 刘一诺              |
| 软件工程             |   18 |        1 | 王云                |
| 软件工程             |   21 |        1 | 张南                |
| 软件工程             |   22 |        1 | 刘一童              |
+----------------------+------+----------+---------------------+
7 rows in set (0.00 sec)
```

图7-35　student表分组查询结果（5）

结果显示，首先按照dept分成3组，其次按照年龄分组，“数据科学与大数据技术”组由于学生年龄均为23岁，仍为一组；“计算机科学与技术”组中学生的年龄有20岁、21岁和22岁共3个数值，所以从初始的一组变为3组；“软件工程”组中的3位学生年龄各不相同，所以从初始的一组变为3组。对于每一组，显示出学生数量以及学生姓名。

5．group by与having一起使用

在MySQL数据库中，where子句后应用group by语句，用于在进行分组聚合前对查询结果继续过滤筛选。但在有些情况下，分组后的查询结果并不完全是用户希望获得的，有可能需要对分组结果再次进行过滤。此时，where子句则无能为力。为解决此问题，MySQL数据库提供了having子句，帮助用户筛选分组后形成的各种数据。having 子句用于在聚合后对分组记录进行筛选，且经常涉及一些聚合函数的使用。其语法格式如下。

```
select field,function(field)
from table_name
where condition
group by field
having condition;
```

【例 7-28】在 school 数据库中，对于 sc 表，按照课程号进行分组，查询结果显示平均成绩大于 80 分的学生学号、学生数量以及平均成绩。

（1）使用 school 数据库，并查看 sc 表的结构。

（2）分析分组条件，按照字段 cno 分组，显示每组学生数 count(*)和学号 group_concat(sno)，过滤条件为 avg(grade)>80。执行如下 SQL 语句，sc 表分组查询结果如图 7-36 所示。

```
select cno,avg(grade),cont(*),group_concat(sno)
from sc
group by cno
having avg(grade)>80;
```

```
mysql> select cno,avg(grade),count(*),group_concat(sno)
    -> from sc
    -> group by cno
    -> having avg(grade)>80;
+------+------------+----------+-------------------------------------+
| cno  | avg(grade) | count(*) | group_concat(sno)                   |
+------+------------+----------+-------------------------------------+
| 1002 |         83 |        4 | 20200080,20200124,20201283,20201284 |
| 1003 |         85 |        1 | 20201284                            |
+------+------------+----------+-------------------------------------+
2 rows in set (0.00 sec)
```

图 7-36　sc 表分组查询结果

sc 表按照 cno 字段值可以分成 3 组，分别是 cno=1001、cno=1002 以及 cno=1003。分组操作完成后，给定限制条件——每组的平均成绩大于 80，由于是对分组后的查询结果进行过滤，因此使用 having avg(grade)>80 子句。cno=1001 组的平均成绩小于 80，去掉该组。最终查询结果为两组，每组均显示了学生数量、学号以及平均成绩。

7.1.5 限制查询数量

虽然用户可以通过各种形式的 SQL 语句准确地查询数据，并对其进行排序。但是在查询数据的过程中，可能会查询出很多记录，而用户需要的记录可能只是很少的一部分，这时就需要限制查询结果的数量。limit 是 MySQL 数据库中的一个特殊关键字，使用 limit 子句可以对查询结果的记录条数进行限定，控制最终输出的行数。根据查询数据限制的区间不同，其语法格式有如下两种。

1．不指定初始位置

在 MySQL 数据库中，若不指定初始位置。只限制查询数量，则默认从查询结果的第一行开始，截取至指定数量为止。其语法格式如下。

```
select field1,field2,…,fieldn
from table_name
where condition
limit m;
```

上述代码中，*m* 表示最终数据查询行数，默认从查询结果的第一行开始，截取至指定数量 *m* 为止。若查询结果行数小于 *m*，则将全部查询结果输出。

【例 7-29】在 school 数据库的 student 表中，查询年龄为 21 岁的学生的学号、姓名、年龄以及专业，只显示两条查询结果。

（1）使用 school 数据库，并查看 student 表的结构。

（2）设置限定数量 limit 2。执行如下 SQL 语句，student 表限定数量查询结果（1）如图 7-37 所示。

```
select sno,sname,age,dept
from student
where age=21
limit 2;
```

虽然年龄为 21 岁的学生有 3 位，但是通过 limit 语句加以限制，最终查询得到的结果为 2 条。

【例 7-30】在 school 数据库的 student 表中，查询年龄为 21 岁的学生的学号、姓名、年龄以及专业，只显示 4 条查询结果。

（1）使用 school 数据库，并查看 student 表的结构。

（2）设置限定数量 limit 4。执行如下 SQL 语句，student 表限定数量查询结果（2）如图 7-38 所示。

```
select sno,sname,age,dept
from student
where age=21
limit 4;
```

```
mysql> select sno,sname,age,dept
    -> from student
    -> where age=21
    -> limit 2;
+----------+-------+------+------------------+
| sno      | sname | age  | dept             |
+----------+-------+------+------------------+
| 20200124 | 张南  |   21 | 软件工程         |
| 20201283 | 张艳  |   21 | 计算机科学与技术 |
+----------+-------+------+------------------+
2 rows in set (0.00 sec)
```

图7-37　student 表限定数量查询结果（1）

```
mysql> select sno,sname,age,dept
    -> from student
    -> where age=21
    -> limit 4;
+----------+--------+------+------------------+
| sno      | sname  | age  | dept             |
+----------+--------+------+------------------+
| 20200124 | 张南   |   21 | 软件工程         |
| 20201283 | 张艳   |   21 | 计算机科学与技术 |
| 20201338 | 徐晨心 |   21 | 计算机科学与技术 |
+----------+--------+------+------------------+
3 rows in set (0.00 sec)
```

图7-38　student 表限定数量查询结果（2）

在 student 表中，年龄为 21 岁的学生记录只有 3 条，因此查询结果将这 3 条记录全部输出。

2．指定初始位置

在 MySQL 数据库中，使用 limit 关键字可以指定查询结果从哪条记录开始显示，显示多少条记录。limit 指定初始位置的语法格式如下。

```
select field1,field2,…,fieldn
from table_name
where condition
limit m,n;
```

上述代码中，m 表示初始位置，n 表示从查询结果的第 m+1 行开始，截取 n 条数据记录作为最终的查询结果。注意，第一条数据记录 m 为 0，第二条数据记录 m 为 1，以此类推。

【例 7-31】在 school 数据库的 sc 表中，查询成绩大于或等于 80 分的学生的学号、课程号以及成绩，按照成绩进行降序排列，并从第二条记录开始，显示 3 条记录。

（1）使用 school 数据库，并查看 sc 表的结构。

（2）设置限定条件 limit 1,3。执行如下 SQL 语句，sc 表限定数量查询结果（1）如图 7-39 所示。

```
select sno,cno,grade
from sc
where grade>=80
order by grade desc;
```

```
select sno,cno,grade
from sc
where grade>=80
order by grade desc limit 1,3;
```

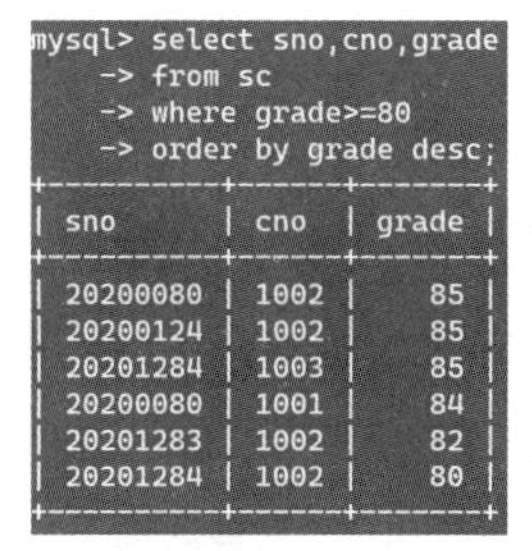

```
mysql> select sno,cno,grade
    -> from sc
    -> where grade>=80
    -> order by grade desc;
+----------+------+-------+
| sno      | cno  | grade |
+----------+------+-------+
| 20200080 | 1002 |    85 |
| 20200124 | 1002 |    85 |
| 20201284 | 1003 |    85 |
| 20200080 | 1001 |    84 |
| 20201283 | 1002 |    82 |
| 20201284 | 1002 |    80 |
+----------+------+-------+
```

```
mysql> select sno,cno,grade
    -> from sc
    -> where grade>=80
    -> order by grade desc
    -> limit 1,3;
+----------+------+-------+
| sno      | cno  | grade |
+----------+------+-------+
| 20200124 | 1002 |    85 |
| 20201284 | 1003 |    85 |
| 20200080 | 1001 |    84 |
+----------+------+-------+
3 rows in set (0.00 sec)
```

图7-39　sc 表限定数量查询结果（1）

其中，图 7-39 中左图表示只经过降序排列的查询结果，右图为添加 limit 限制条件后的查询结果。

> **注意**
>
> limit 可以和 offset 组合使用，其语法格式为 limit *n* offset *m*;，等同于 limit *m*,*n*;。

【例 7-32】执行如下 SQL 语句，sc 表限定数量查询结果（2）如图 7-40 所示。

```
select sno,cno,grade
from sc
where grade>=80
order by grade desc
limit 3 offset 1;
```

```
mysql> select sno,cno,grade
    -> from sc
    -> where grade>=80
    -> order by grade desc
    -> limit 3 offset 1;
+----------+------+-------+
| sno      | cno  | grade |
+----------+------+-------+
| 20200124 | 1002 |    85 |
| 20201284 | 1003 |    85 |
| 20200080 | 1001 |    84 |
+----------+------+-------+
3 rows in set (0.00 sec)
```

图 7-40　sc 表限定数量查询结果（2）

本节重点讲解了 MySQL 数据库中使用 SQL 语句进行单表查询的相关操作，主要包括简单查询、条件查询、排序查询、分组查询以及限制查询数量这 5 个部分。通过学习本节，读者可以掌握单表查询操作。7.2 节将介绍连接查询的基本操作。

7.2 连接查询

7.1 节详细介绍了单表查询的基本操作，在查询过程中只涉及一个表中的字段数据。但在多数情况下，单表查询并不能满足用户的查询需求，还需要依靠数据库中的多个表得到相对复杂的查询结果。这种字段值涉及多个表的查询被称为连接查询。连接是 MySQL 数据库中常用的一种连接查询模式，连接可以根据各个表之间存在的逻辑关系，利用表中的字段值选择另一表中的数据行，从而实现数据之间的关联操作。

数据查询——连接查询及函数的应用

连接操作中，需要两个或两个以上的表构成连接关系，连接条件在 from 子句或者 where 子句中进行指定。根据显示的查询结果，可以分为内连接、外连接（包括左外连接、右外连接）以及交叉连接。

（1）内连接（inner join）：查询结果只显示满足条件的数据记录。

（2）左外连接（left outer join）：查询结果显示满足条件的数据记录以及左侧表中的全部数据记录。

（3）右外连接（right outer join）：查询结果显示满足条件的数据记录以及右侧表中的全部数据记录。

（4）交叉连接：查询结果显示多个表中所有数据记录的组合，表之间进行笛卡儿积操作。

7.2.1 关系查询

1．并操作

在实现连接查询时，经常涉及并操作，并是指将两个表中相同字段以及相同字段类型的数据合并在一起。其语法格式如下。

```
select field from table_name1 where condition
union
select field from table_name2 where condition
```

例如，表 student_1（包含 6 条数据）和表 student_2（包含 3 条数据）拥有相同的字段，对这两个表进行并操作后，得到表 student（包含 9 条数据，字段数为 2），两表数据及并操作结果如图 7-41 所示。

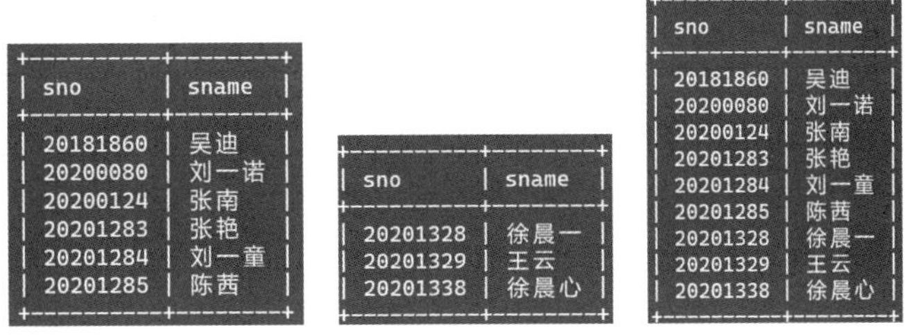

sno	sname
20181860	吴迪
20200080	刘一诺
20200124	张南
20201283	张艳
20201284	刘一童
20201285	陈茜

sno	sname
20201328	徐晨一
20201329	王云
20201338	徐晨心

sno	sname
20181860	吴迪
20200080	刘一诺
20200124	张南
20201283	张艳
20201284	刘一童
20201285	陈茜
20201328	徐晨一
20201329	王云
20201338	徐晨心

图7-41　两表数据及并操作结果

2．笛卡儿积

笛卡儿积是关系代数里的一个概念，表示两个表中的每一行数据任意组合，结果集的数据行数等于第一个表的数据行数乘以第二个表的数据行数，字段包括两个表的所有字段。

例如，将school数据库中的course表与sc表进行笛卡儿积操作。执行如下SQL语句，笛卡儿积查询结果如图7-42所示。

```
select * from course cross join sc;
```

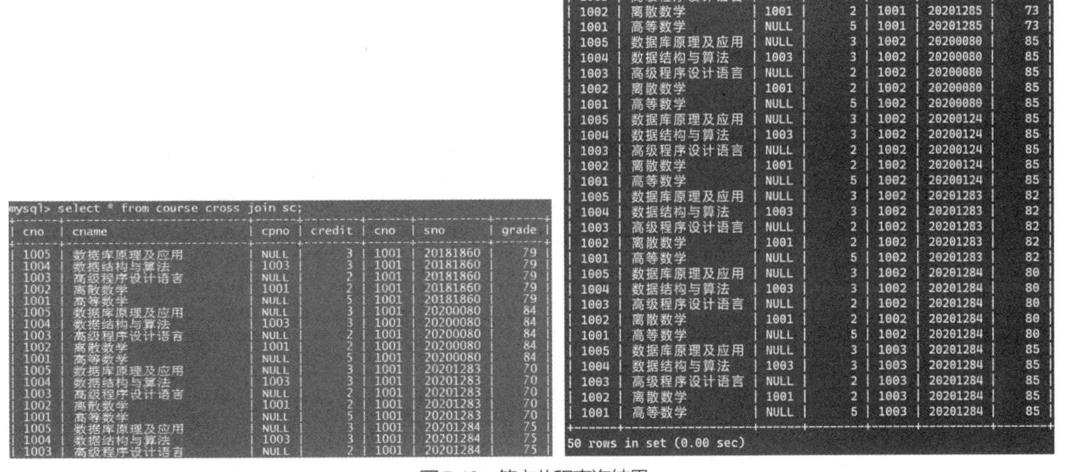

mysql> select * from course cross join sc;

cno	cname	cpno	credit	cno	sno	grade
1005	数据库原理及应用	NULL	3	1001	20181860	79
1004	数据结构与算法	1003	3	1001	20181860	79
1003	高级程序设计语言	NULL	2	1001	20181860	79
1002	离散数学	1001	2	1001	20181860	79
1001	高等数学	NULL	5	1001	20181860	79
1005	数据库原理及应用	NULL	3	1001	20200080	84
1004	数据结构与算法	1003	3	1001	20200080	84
1003	高级程序设计语言	NULL	2	1001	20200080	84
1002	离散数学	1001	2	1001	20200080	84
1001	高等数学	NULL	5	1001	20200080	84
1005	数据库原理及应用	NULL	3	1001	20201283	70
1004	数据结构与算法	1003	3	1001	20201283	70
1003	高级程序设计语言	NULL	2	1001	20201283	70
1002	离散数学	1001	2	1001	20201283	70
1001	高等数学	NULL	5	1001	20201283	70
1005	数据库原理及应用	NULL	3	1001	20201284	75
1004	数据结构与算法	1003	3	1001	20201284	75
1003	高级程序设计语言	NULL	2	1001	20201284	75

cno	cname	cpno	credit	cno	sno	grade
1003	高级程序设计语言	NULL	2	1001	20201285	73
1002	离散数学	1001	2	1001	20201285	73
1001	高等数学	NULL	5	1001	20201285	73
1005	数据库原理及应用	NULL	3	1002	20200080	85
1004	数据结构与算法	1003	3	1002	20200080	85
1003	高级程序设计语言	NULL	2	1002	20200080	85
1002	离散数学	1001	2	1002	20200080	85
1001	高等数学	NULL	5	1002	20200080	85
1005	数据库原理及应用	NULL	3	1002	20200124	85
1004	数据结构与算法	1003	3	1002	20200124	85
1003	高级程序设计语言	NULL	2	1002	20200124	85
1002	离散数学	1001	2	1002	20200124	85
1001	高等数学	NULL	5	1002	20200124	85
1005	数据库原理及应用	NULL	3	1002	20201283	82
1004	数据结构与算法	1003	3	1002	20201283	82
1003	高级程序设计语言	NULL	2	1002	20201283	82
1002	离散数学	1001	2	1002	20201283	82
1001	高等数学	NULL	5	1002	20201283	82
1005	数据库原理及应用	NULL	3	1002	20201284	80
1004	数据结构与算法	1003	3	1002	20201284	80
1003	高级程序设计语言	NULL	2	1002	20201284	80
1002	离散数学	1001	2	1002	20201284	80
1001	高等数学	NULL	5	1002	20201284	80
1005	数据库原理及应用	NULL	3	1003	20201284	85
1004	数据结构与算法	1003	3	1003	20201284	85
1003	高级程序设计语言	NULL	2	1003	20201284	85
1002	离散数学	1001	2	1003	20201284	85
1001	高等数学	NULL	5	1003	20201284	85

50 rows in set (0.00 sec)

图7-42　笛卡儿积查询结果

course表包含5条数据记录，4个字段；sc表包含10条数据记录，3个字段。因此两表经过笛卡儿积操作后，共生成5×10=50条数据记录，字段共3+4=7个。

通过结果发现，在MySQL数据库中，单纯地对表进行笛卡儿积操作没有任何实际意义，只有在多表连接查询过程中加入限定条件，笛卡儿积才具有应用价值。

7.2.2 内连接查询

在内连接查询操作中，返回的查询结果显示两个表中所有匹配的数据，舍弃不匹配的数据。在MySQL数据库中，可以使用两种语法格式实现连接操作：使用where子句，通过逻辑表达式表示匹配条件，实现表的连接；在from子句中通过“join⋯on+匹配条件”的方式实现表的连接。其语法格式如下。

```
select field1,field2,⋯,fieldn
from table_name1 join table_name2 inner join⋯
on condition_join
where condition
```

上述代码中，参数 field 表示要查询的字段的名称，此字段来自产生连接关系的多个表；参数 inner join 表示内连接操作；on 关键字后的 condition_join 表示使多表产生连接关系的匹配条件；where 子句中的 condition 表示查询时的过滤条件。按照匹配关系的不同，可将内连接分为两种情况。

第一种情况是等值连接，即对两个结构和数据内容完全一样的表进行连接，也就是表与自身进行连接，又称为自连接。

【例 7-33】在 school 数据库中，实现 sc 表的自连接，仅展示 sno 字段。

（1）在 school 数据库中，创建一张新表 sc_new，跟 sc 表结构相同，并复制 sc 表的数据至 sc_new 表。执行如下 SQL 语句，创建新表 sc_new 如图 7-43 所示。

```
create table sc_new
select * from sc;
select * from sc_new;
```

（2）实现自连接操作。执行如下 SQL 语句，自连接查询结果如图 7-44 所示。

```
select sc.sno as sno1,sc_new.sno as sno2
from sc inner join sc_new
on sc.sno=sc_new.sno;
```

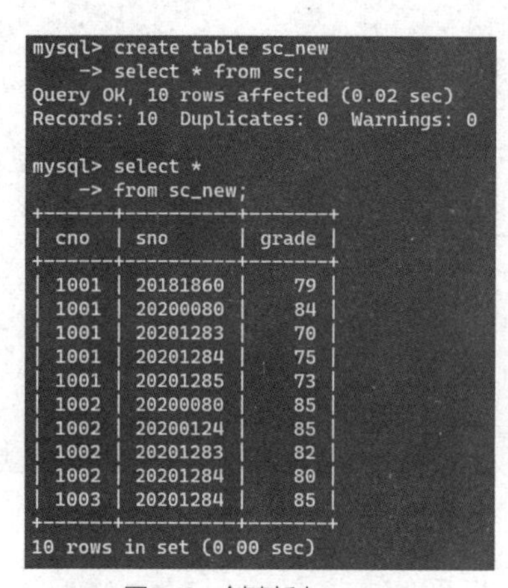

图 7-43 创建新表 sc_new

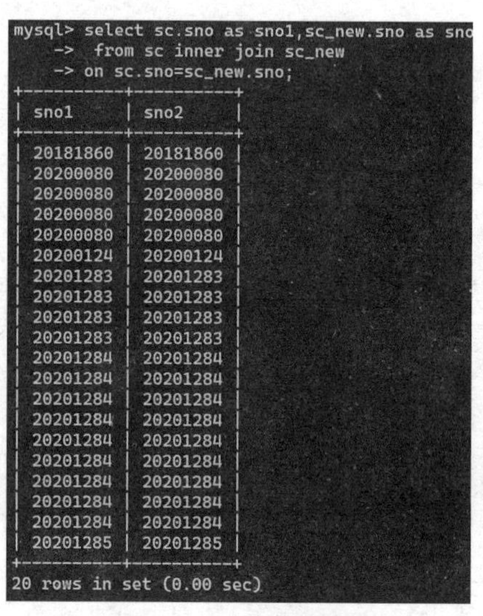

图 7-44 自连接查询结果

内连接查询中的等值连接是指在关联条件中通过等值条件实现多个表之间的内连接查询操作。等值条件使用比较运算符=表示。其语法格式如下。

```
select field1,field2,…,fieldn
from table_name1 inner join table_name2 inner join…
on table_name1.field=table_name2.field=…
where condition
```

上述代码中，等值条件为 table_name1.field=table_name2.field=…，通过多个表中的同一字段为表建立关联条件。

【例 7-34】在 school 数据库中，查询专业为计算机科学与技术的学生的学号、姓名、课程号以及每门课程的成绩。

（1）使用 school 数据库，并查看 sc 和 student 表的结构。

（2）确定要查询字段的来源。其中 sno、sname 字段来自 student 表，cno 和 grade 字段来自 sc 表。

（3）设置等值条件。将两表关联的字段是 sno，因此等值条件为 student.sno=sc.sno。执行如下 SQL 语句，结果如图 7-45 所示。

```
select student.sno,student.sname,sc.cno,sc.grade
from student inner join sc on student.sno=sc.sno
where dept='计算机科学与技术';
```

```
mysql> select student.sno,student.sname,sc.cno,sc.grade
    -> from student inner join sc
    -> on student.sno=sc.sno
    -> where dept='计算机科学与技术';
+----------+--------+------+-------+
| sno      | sname  | cno  | grade |
+----------+--------+------+-------+
| 20200080 | 刘一诺 | 1001 |    84 |
| 20200080 | 刘一诺 | 1002 |    85 |
| 20201283 | 张艳   | 1001 |    70 |
| 20201283 | 张艳   | 1002 |    82 |
+----------+--------+------+-------+
4 rows in set (0.00 sec)
```

图7-45　等值连接查询结果（1）

通过结果发现，符合过滤条件计算机科学与技术的学生有两位，通过 student 表与 sc 表的连接，最终的查询结果显示每位学生来自两个表中的相关信息。

上述查询也可以只用 where 子句实现。执行如下 SQL 语句，等值连接查询结果（2）如图 7-46 所示。

```
select student.sno,student.sname,sc.cno,sc.grade
from student , sc
where student.sno=sc.sno and dept='计算机科学与技术';
```

```
mysql> select student.sno,student.sname,sc.cno,sc.grade
    -> from student,sc
    -> where student.sno=sc.sno and dept='计算机科学与技术';
+----------+--------+------+-------+
| sno      | sname  | cno  | grade |
+----------+--------+------+-------+
| 20200080 | 刘一诺 | 1001 |    84 |
| 20200080 | 刘一诺 | 1002 |    85 |
| 20201283 | 张艳   | 1001 |    70 |
| 20201283 | 张艳   | 1002 |    82 |
+----------+--------+------+-------+
4 rows in set (0.00 sec)
```

图7-46　等值连接查询结果（2）

第二种情况是不等值连接。内连接查询中的不等值连接是指在关联条件中通过一系列不等值条件实现多个表之间的内连接查询操作。不等值条件可以使用比较运算符>、>、=<、<=、!=表示，也可以使用 like、between⋯and⋯等表示，甚至可以使用函数表示。

【例 7-35】在 school 数据库中，查询学生的学号、年龄、课程号以及每门课程的成绩。

（1）使用 school 数据库，并查看 sc 和 student 表的结构。

（2）确定要查询字段的来源。其中 sno、sname 字段来自 student 表，cno 和 grade 字段来自 sc 表。

（3）设置等值条件。将两表关联的字段是 sno，因此等值条件为 student.sno=sc.sno。

（4）设置不等值条件。sc.grade>student.age*4。执行如下 SQL 语句，不等值连接查询结果如图 7-47 所示。

```
select student.sno,student.sname,sc.cno,sc.grade
from student inner join sc
on sc.grade>student.age*4 and student.sno=sc.sno;
```

```
mysql> select student.sno,student.sname,sc.cno,sc.grade
    -> from student inner join sc
    -> on sc.grade>student.age*4 and student.sno=sc.sno;
+----------+-------+------+-------+
| sno      | sname | cno  | grade |
+----------+-------+------+-------+
| 20200124 | 张南  | 1002 |    85 |
+----------+-------+------+-------+
1 row in set (0.00 sec)
```

图7-47　不等值连接查询结果

7.2.3 外连接查询

在外连接查询操作中，返回的查询结果不仅包含两个表中所有匹配的数据记录（交集），还包括其中一个表的全部数据记录。

在 MySQL 数据库中，可以使用 outer join…on 表示外连接操作，其语法格式如下。

```
select field1,field2,…fieldn
from table_name outer join table_name2
on condition_join
where condition;
```

上述代码中，参数 field1、field2 等表示要查询的字段的名称，它们来自产生连接关系的多个表；参数 outer join 表示外连接操作；on 关键字后的 condition_join 表示使得多表产生外连接关系的匹配条件；where 子句中的 condition 表示查询时的过滤条件。

一般情况下，按照外连接中的匹配字段不同，又分为以下两种情况。

1．左外连接

在 MySQL 数据库中，使用 left outer join 连接两个表，查询结果包括符合连接条件的数据记录，还包括左表中不符合条件的所有数据记录。如果左表的某数据记录在右表中没有与之匹配的记录，则为查询结果中右表的相应列添加 null 值。

2．右外连接

在 MySQL 数据库中，使用 right outer join 连接两个表，查询结果包括符合连接条件的数据记录，还包括右表中不符合条件的所有数据记录。如果左表的某数据记录在右表中没有与之匹配的记录，则为查询结果中左表的相应列添加 null 值。

【例 7-36】在 school 数据库中，利用左外连接方式查询年龄大于 20 岁的学生的学号、姓名、专业以及课程号。

（1）使用 school 数据库，并查看 sc 和 student 表的结构。

（2）确定要查询字段的来源。sno、sname、dept 字段来自 student 表，cno 字段来自 sc 表。

（3）设置左外连接条件与关联条件。将两表关联的字段是 sno，因此关联条件为 student.sno=sc.sno。左外连接使用 left outer join。执行如下 SQL 语句，左外连接查询结果如图 7-48 所示。

```
select stu.sno,sname,dept,sc.cno
from student sty left outer join sc
on stu.sno=sc.sno
where age>20;
```

```
mysql> select stu.sno,sname,dept,sc.cno
    -> from student stu left outer join sc
    -> on stu.sno=sc.sno
    -> where age>20;
+----------+--------+--------------------+------+
| sno      | sname  | dept               | cno  |
+----------+--------+--------------------+------+
| 20181860 | 吴迪   | 数据科学与大数据技术 | 1001 |
| 20200080 | 刘一诺 | 计算机科学与技术     | 1001 |
| 20200080 | 刘一诺 | 计算机科学与技术     | 1002 |
| 20200124 | 张南   | 软件工程             | 1002 |
| 20201283 | 张艳   | 计算机科学与技术     | 1001 |
| 20201283 | 张艳   | 计算机科学与技术     | 1002 |
| 20201284 | 刘一童 | 软件工程             | 1001 |
| 20201284 | 刘一童 | 软件工程             | 1002 |
| 20201284 | 刘一童 | 软件工程             | 1003 |
| 20201285 | 陈茜   | 数据科学与大数据技术 | 1001 |
| 20201338 | 徐晨心 | 计算机科学与技术     | NULL |
+----------+--------+--------------------+------+
11 rows in set (0.00 sec)
```

图 7-48　左外连接查询结果

此结果集中不仅包含了符合连接条件的 10 条数据记录，还包含了左表中的一条不符合条件的数据记录，其对应右表 cno 字段为 null 值。

【例 7-37】在 school 数据库中，利用右外连接方式查询年龄大于 20 岁的学生的学号、姓名、专业以及课程号。

（1）使用 school 数据库，并查看 sc 和 student 表的结构。

（2）确定要查询字段的来源。sno、sname、dept 字段来自 student 表，cno 字段来自 sc 表。

（3）设置左外连接条件与关联条件。将两表关联的字段是 sno，因此关联条件为 student.sno=sc.sno。右外连接使用 right outer join。执行如下 SQL 语句，右外连接查询结果如图 7-49 所示。

```
select stu.sno,sname,dept,sc.cno
from student stu right outer join sc
on stu.sno=sc.sno
where age>20;
```

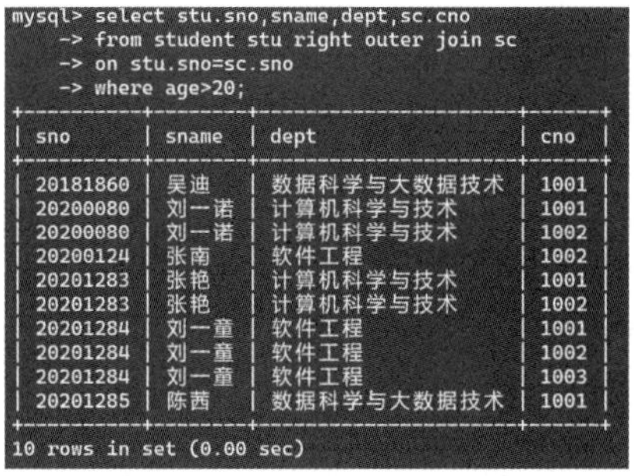

```
mysql> select stu.sno,sname,dept,sc.cno
    -> from student stu right outer join sc
    -> on stu.sno=sc.sno
    -> where age>20;
+----------+--------+--------------------+------+
| sno      | sname  | dept               | cno  |
+----------+--------+--------------------+------+
| 20181860 | 吴迪   | 数据科学与大数据技术 | 1001 |
| 20200080 | 刘一诺 | 计算机科学与技术     | 1001 |
| 20200080 | 刘一诺 | 计算机科学与技术     | 1002 |
| 20200124 | 张南   | 软件工程             | 1002 |
| 20201283 | 张艳   | 计算机科学与技术     | 1001 |
| 20201283 | 张艳   | 计算机科学与技术     | 1002 |
| 20201284 | 刘一童 | 软件工程             | 1001 |
| 20201284 | 刘一童 | 软件工程             | 1002 |
| 20201284 | 刘一童 | 软件工程             | 1003 |
| 20201285 | 陈茜   | 数据科学与大数据技术 | 1001 |
+----------+--------+--------------------+------+
10 rows in set (0.00 sec)
```

图 7-49　右外连接查询结果

右外连接得到的查询结果与左外连接有所不同。在此结果集中，同样包含了符合连接条件的 10 条数据记录，但右表中所有的数据记录均符合条件，并没有多余的不符合条件的数据记录需要包含在结果集中。

7.2.4　交叉连接查询

交叉连接查询实质上就是笛卡儿积操作。两个表进行交叉连接（cross join）时，结果集大小为两个表中符合条件的数据记录数之积。但是，交叉连接查询在实际应用中并不常见。

【例 7-38】在 school 数据库中，交叉连接 course 表和 sc 表，查询成绩大于 80 分的学生的课程号、课程名、成绩。执行如下 SQL 语句，交叉连接查询结果如图 7-50 所示。

```
mysql> select sc.grade,course.cno,cn
    -> from sc cross join course
    -> where grade>80;
+-------+------+------------------+
| grade | cno  | cname            |
+-------+------+------------------+
|    85 | 1001 | 高等数学         |
|    82 | 1001 | 高等数学         |
|    85 | 1001 | 高等数学         |
|    85 | 1001 | 高等数学         |
|    84 | 1001 | 高等数学         |
|    85 | 1002 | 离散数学         |
|    82 | 1002 | 离散数学         |
|    85 | 1002 | 离散数学         |
|    85 | 1002 | 离散数学         |
|    84 | 1002 | 离散数学         |
|    85 | 1003 | 高级程序设计语言 |
|    82 | 1003 | 高级程序设计语言 |
|    85 | 1003 | 高级程序设计语言 |
|    85 | 1003 | 高级程序设计语言 |
|    84 | 1003 | 高级程序设计语言 |
|    85 | 1004 | 数据结构与算法   |
|    82 | 1004 | 数据结构与算法   |
|    85 | 1004 | 数据结构与算法   |
|    85 | 1004 | 数据结构与算法   |
|    84 | 1004 | 数据结构与算法   |
|    85 | 1005 | 数据库原理及应用 |
|    82 | 1005 | 数据库原理及应用 |
|    85 | 1005 | 数据库原理及应用 |
|    85 | 1005 | 数据库原理及应用 |
|    84 | 1005 | 数据库原理及应用 |
+-------+------+------------------+
25 rows in set (0.00 sec)
```

图 7-50　交叉连接查询结果

```
select sc.grade,course.cno,cname
from sc cross join course
where grade>80;
```

course 表中的全部（5 条）数据记录均满足查询条件，sc 表中成绩大于 80 分的数据记录有 5 条。因此，对两表进行交叉查询得到的结果集共有 5×5=25 条数据记录。

7.2.5 多表连接查询

上述几小节主要以两个表连接为例进行讲解。但实际上，对于使用 SQL 语句进行表之间的连接查询操作，表的数量并没有一个明确的上限。只是说，如果表的数量超过 10 个，数据库将无法进行优化设计，查询效率会非常低。当 n 个表进行连接查询操作时，至少需要（n−1）个连接条件，以避免出现笛卡儿积。

以 n=3 为例，进行连接操作的语句可以有如下两种形式。

（1）使用 where 子句，通过逻辑表达式表示匹配条件，实现表的连接。其语法格式如下。

```
select field1,field2,…,fieldn
from table_name1,table_name2,table_name3
where table_name1.field= table_name2.field= table_name3.field;
```

（2）在 from 子句中通过“inner join…on+匹配条件”的方式实现表的连接。其语法格式如下。

```
select field1,field2,…,fieldn
from table_name1 inner join table_name2 on table_name1.field =table_name2.field inner
join table_name3 on table_name1.field =table_name3.field;
```

【例 7-39】在 school 数据库中，查询年龄大于 20 岁的学生的学号、年龄、课程号、课程名以及成绩。

（1）使用 school 数据库，并查看 sc、student 以及 course 表的结构。

（2）确定要查询字段的来源。其中 sno、age 字段来自 student 表，cno、cname 字段来自 course 表，grade 字段来自 sc 表。

（3）设置关联条件。将 student 和 sc 表关联的字段是学号 sno，因此关联条件为 student.sno=sc.sno。将 course 与 sc 表关联的字段是课程号 cno，因此关联条件为 sc.cno=course.cno。执行如下 SQL 语句，多表连接查询结果（1）如图 7-51 所示。

```
select student.sno,age,sc.grade,course.cno,cname
from sc inner join student on sc.sno=student.sno
inner join course on sc.cno=course.cno
where age>20;
```

```
mysql> select student.sno,age,sc.grade,course.cno,cname
    -> from sc inner join student on sc.sno=student.sno
    -> inner join course on sc.cno=course.cno
    -> where age>20;
+----------+------+-------+------+------------------+
| sno      | age  | grade | cno  | cname            |
+----------+------+-------+------+------------------+
| 20181860 |   23 |    79 | 1001 | 高等数学         |
| 20200080 |   22 |    84 | 1001 | 高等数学         |
| 20200080 |   22 |    85 | 1002 | 离散数学         |
| 20200124 |   21 |    85 | 1002 | 离散数学         |
| 20201283 |   21 |    70 | 1001 | 高等数学         |
| 20201283 |   21 |    82 | 1002 | 离散数学         |
| 20201284 |   22 |    75 | 1001 | 高等数学         |
| 20201284 |   22 |    80 | 1002 | 离散数学         |
| 20201284 |   22 |    85 | 1003 | 高级程序设计语言 |
| 20201285 |   23 |    73 | 1001 | 高等数学         |
+----------+------+-------+------+------------------+
10 rows in set (0.00 sec)
```

图7-51　多表连接查询结果（1）

注意

只使用 where 子句也可以获得与 inner join…on 语句相同的查询结果。执行如下 SQL 语句，多表连接查询结果（2）如图 7-52 所示。

```
select student.sno,age,sc.grade,course.cno,cname
from student,sc,course
where sc.sno=student.sno and sc.cno=course.cno and age>20;
```

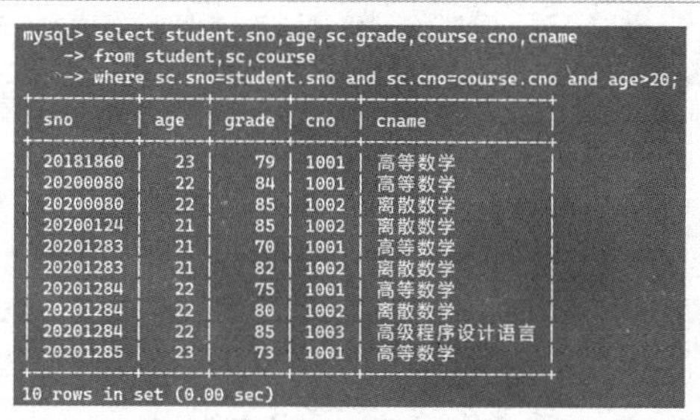

```
mysql> select student.sno,age,sc.grade,course.cno,cname
    -> from student,sc,course
    -> where sc.sno=student.sno and sc.cno=course.cno and age>20;
```

sno	age	grade	cno	cname
20181860	23	79	1001	高等数学
20200080	22	84	1001	高等数学
20200080	22	85	1002	离散数学
20200124	21	85	1002	离散数学
20201283	21	70	1001	高等数学
20201283	21	82	1002	离散数学
20201284	22	75	1001	高等数学
20201284	22	80	1002	离散数学
20201284	22	85	1003	高级程序设计语言
20201285	23	73	1001	高等数学

10 rows in set (0.00 sec)

图 7-52　多表连接查询结果（2）

7.2.6 合并多个结果集

在 MySQL 数据库中，通过 union（并操作符）可以将多个 select 语句的查询结果合并到一个结果集中。主要适用于如下场景：当用户需要查询出的所有数据在不同的结果集中，并且不能够以多表连接等查询方式得到时，使用 union 可以解决此问题，通过并操作得到的结果集中包含查询的全部数据记录。其语法格式如下。

```
select field1,field2,…,fieldn
from table_name1
union | union all
select field1,field2,…,fieldn
from table_name2
where condition;
```

上述代码中，union 表示合并指定的多个结果集，最终显示为单个结果集。union all 是指将所有查询到的数据记录合并到结果集中，包括重复的数据记录。

注意

需要合并的两个表，它们字段的名称以及字段的数据类型要相应地保持一致。

【例 7-40】在 school 数据库中，复制 student 表的结构及数据到新表 student_1 当中。在 student 表中查询专业为计算机科学与技术的学生的信息，在 student_1 表中查询年龄大于 20 岁的学生的信息；将上述两个查询结果集合并为单个结果集。

（1）复制 student 表的结构及数据到新表 student_1 当中。执行如下 SQL 语句，创建 student_1 表及显示 student_1 表中的数据如图 7-53 所示。

```
create table student_1 select * from student;
select * from student_1;
```

（2）在 student 表中查询专业为计算机科学与技术的学生的信息。执行如下 SQL 语句，student 表查询结果如图 7-54 所示。

```
select * from student
where dept='计算机科学与技术';
```

```
mysql> create table student_1 select * from student;
Query OK, 9 rows affected (0.02 sec)
Records: 9  Duplicates: 0  Warnings: 0
```

```
mysql> select * from student_1;
```

sno	sname	sex	age	address	dept
20181860	吴迪	男	23	哈尔滨市道里区	数据科学与大数据技术
20200080	刘一诺	女	22	沈阳市皇姑区	计算机科学与技术
20200124	张南	男	21	哈尔滨市香坊区	软件工程
20201283	张艳	男	21	哈尔滨市道外区	计算机科学与技术
20201284	刘一童	男	22	哈尔滨市南岗区	软件工程
20201285	陈茜	女	23	长春市绿园区	数据科学与大数据技术
20201328	徐晨一	男	20	长春市南湖区	计算机科学与技术
20201329	王云	男	18	沈阳市和平区	软件工程
20201338	徐晨心	女	21	沈阳市大东区	计算机科学与技术

9 rows in set (0.00 sec)

图7-53　创建 student_1 表及显示 student_1 表中的数据

```
mysql> select * from student
    -> where dept='计算机科学与技术';
```

sno	sname	sex	age	address	dept
20200080	刘一诺	女	22	沈阳市皇姑区	计算机科学与技术
20201283	张艳	男	21	哈尔滨市道外区	计算机科学与技术
20201328	徐晨一	男	20	长春市南湖区	计算机科学与技术
20201338	徐晨心	女	21	沈阳市大东区	计算机科学与技术

4 rows in set (0.00 sec)

图7-54　student 表查询结果

（3）在 student_1 表中查询年龄大于 20 岁的学生的信息。执行如下 SQL 语句，student_1 表查询结果如图 7-55 所示。

```
select * from student_1
where age>20;
```

```
mysql> select * from student_1
    -> where age>20;
```

sno	sname	sex	age	address	dept
20181860	吴迪	男	23	哈尔滨市道里区	数据科学与大数据技术
20200080	刘一诺	女	22	沈阳市皇姑区	计算机科学与技术
20200124	张南	男	21	哈尔滨市香坊区	软件工程
20201283	张艳	男	21	哈尔滨市道外区	计算机科学与技术
20201284	刘一童	男	22	哈尔滨市南岗区	软件工程
20201285	陈茜	女	23	长春市绿园区	数据科学与大数据技术
20201338	徐晨心	女	21	沈阳市大东区	计算机科学与技术

7 rows in set (0.00 sec)

图7-55　student_1 表查询结果

（4）将两个结果集分别使用 union 和 union all 方式进行合并。

① 使用 union 合并，执行如下 SQL 语句，union 合并数据结果如图 7-56 所示。

```
select * from student
where dept='计算机科学与技术'
union
select * from student_1
where age>20;
```

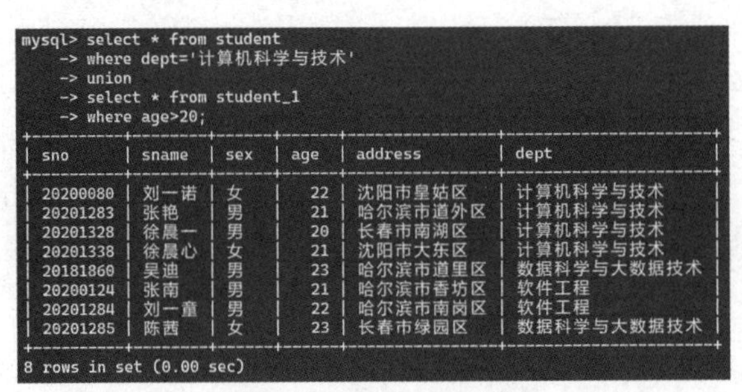

```
mysql> select * from student
    -> where dept='计算机科学与技术'
    -> union
    -> select * from student_1
    -> where age>20;
```

sno	sname	sex	age	address	dept
20200080	刘一诺	女	22	沈阳市皇姑区	计算机科学与技术
20201283	张艳	男	21	哈尔滨市道外区	计算机科学与技术
20201328	徐晨一	男	20	长春市南湖区	计算机科学与技术
20201338	徐晨心	女	21	沈阳市大东区	计算机科学与技术
20181860	吴迪	男	23	哈尔滨市道里区	数据科学与大数据技术
20200124	张南	男	21	哈尔滨市香坊区	软件工程
20201284	刘一童	男	22	哈尔滨市南岗区	软件工程
20201285	陈茜	女	23	长春市绿园区	数据科学与大数据技术

8 rows in set (0.00 sec)

图7-56　union 合并数据结果

② 使用 union all 合并，执行如下 SQL 语句，union all 合并数据结果如图 7-57 所示。

```
select * from student
where dept='计算机科学与技术'
union all
select * from student_1
where age>20;
```

```
mysql> select * from student
    -> where dept='计算机科学与技术'
    -> union all
    -> select * from student_1
    -> where age>20;
+----------+--------+-----+-----+----------------+--------------------+
| sno      | sname  | sex | age | address        | dept               |
+----------+--------+-----+-----+----------------+--------------------+
| 20200080 | 刘一诺 | 女  |  22 | 沈阳市皇姑区   | 计算机科学与技术   |
| 20201283 | 张艳   | 男  |  21 | 哈尔滨市道外区 | 计算机科学与技术   |
| 20201328 | 徐晨一 | 男  |  20 | 长春市南湖区   | 计算机科学与技术   |
| 20201338 | 徐晨心 | 女  |  21 | 沈阳市大东区   | 计算机科学与技术   |
| 20181860 | 吴迪   | 男  |  23 | 哈尔滨市道里区 | 数据科学与大数据技术 |
| 20200080 | 刘一诺 | 女  |  22 | 沈阳市皇姑区   | 计算机科学与技术   |
| 20200124 | 张南   | 男  |  21 | 哈尔滨市香坊区 | 软件工程           |
| 20201283 | 张艳   | 男  |  21 | 哈尔滨市道外区 | 计算机科学与技术   |
| 20201284 | 刘一童 | 男  |  22 | 哈尔滨市南岗区 | 软件工程           |
| 20201285 | 陈茜   | 女  |  23 | 长春市绿园区   | 数据科学与大数据技术 |
| 20201338 | 徐晨心 | 女  |  21 | 沈阳市大东区   | 计算机科学与技术   |
+----------+--------+-----+-----+----------------+--------------------+
11 rows in set (0.00 sec)
```

图 7-57　union all 合并数据结果

两种方式的查询结果有所不同。student 表查询结果集中共有 4 条数据记录，student_1 查询结果集中共有 7 条数据记录。因此，对于 union all 方式，合并后的结果集中有 4+7=11 条数据行（包含重复数据记录）。

但对于 union 合并方式，需要将两个查询结果集中重复的数据记录删除；所以在通过 union 合并方式得到的结果集中，删除了 sno 为 20200080、20201338 以及 20201283 的重复数据记录，总共有 4+7−3=8 条数据记录。

7.3 运用函数查询

学习本节，读者可以充分了解各种函数及其使用方法，本节主要包括以下内容。

（1）聚合函数查询。

（2）日期和时间函数查询。

（3）字符串函数查询。

（4）数学函数查询。

（5）其他函数查询。

数据查询——子查询、正则表达式

7.3.1 聚合函数查询

1．count()函数

使用 count()函数可以统计符合指定条件的字段值的总数。count()函数有两种形式，当 count()函数中的参数为*时，用于对表中所有数据记录进行统计操作，返回值会将字段值为 null 的数据记录算在内。当 count()函数中的参数为字段时，用于对表中指定字段的值的数量进行统计操作。返回值仅是对符合条件的数据记录数量的统计，不包括 null 值。

【例 7-41】在 school 数据库中，查询 student 表中 2020 级学生的人数。

（1）使用 school 数据库，并查看 student 表的结构。

（2）设置限定条件。2020 级学生的特点在于学号前 4 位为数字 2020。本例中，可以使用模糊查询语句 sno LIKE '2020%'表示 2020 级学生。

（3）使用聚合函数 count(*)统计 2020 级学生总数。执行如下 SQL 语句，聚合函数查询结果（1）如图 7-58 所示。

```
select count(*) as 2020级学生数
from student
where sno like '2020%';
```

使用聚合函数和模糊查询获得 2020 级学生总数为 8，并使用"as+字段别名"的方式使得数据显示更加清晰明了。

【例 7-42】在 school 数据库中，统计有先行课程的课程总数。

（1）使用 school 数据库，并查看 course 表的结构。

（2）设定限定条件。本例统计有先行课程的课程总数，因此，限定条件为 cpno is not null。

（3）使用聚合函数 count(cno)进行统计。执行如下 SQL 语句，聚合函数查询结果（2）如图 7-59 所示。

```
select count(cno)
from course
where cpno is not null;
```

```
mysql> select count(*) as 2020级学生数
    -> from student
    -> where sno like '2020%';
+---------------+
| 2020级学生数 |
+---------------+
|             8 |
+---------------+
1 row in set (0.01 sec)
```

图7-58　聚合函数查询结果（1）

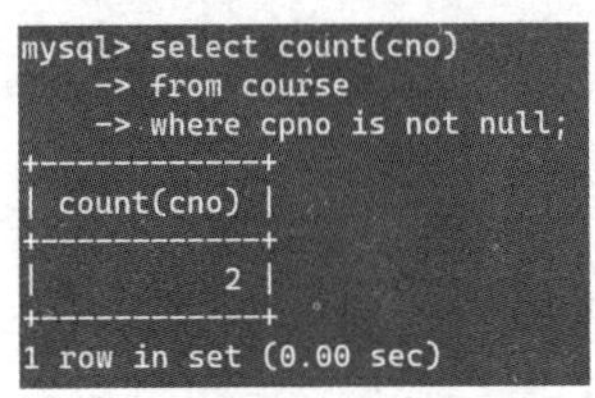

图7-59　聚合函数查询结果（2）

2．sum()与 avg()函数

使用 sum()和 avg()函数可以分别计算表中指定字段值的总和与平均值，或者表中符合限定条件的字段值之和与平均值。sum()函数和 avg()函数中的参数只能是字段，计算时均忽略 null 值。

【例 7-43】在 school 数据库的 sc 表中，计算课程号为 1001 的课程的总成绩和平均成绩。

（1）使用 school 数据库，并查看 sc 表的结构。

（2）设置限定条件 where cno='1001'。

（3）分别使用聚合函数 sum(grade)和 avg(grade)计算总成绩与平均成绩。执行如下 SQL 语句，聚合函数查询结果（3）如图 7-60 所示。

```
select sum(grade) as 总成绩,avg(grade) as 平均成绩
from sc
where cno='1001';
```

```
mysql> select sum(grade) as 总成绩,avg(grade) as 平均成绩
    -> from sc
    -> where cno='1001';
+--------+----------+
| 总成绩 | 平均成绩 |
+--------+----------+
|    381 |     76.2 |
+--------+----------+
1 row in set (0.00 sec)
```

图7-60　聚合函数查询结果（3）

3．max()和 min()函数

使用 min()和 max()函数可以分别统计表中指定字段的最大值与最小值，或者表中符合限定条件的字段的最大值与最小值。min()函数和 max()函数中的参数只能是字段，计算时均忽略 null 值。

【例7-44】在school数据库的sc表中，查询课程号为1001的课程的最高分、最低分，以及二者之差（分差）。

（1）使用school数据库，并查看sc表的结构。

（2）设置限定条件where cno='1001'。

（3）分别使用聚合函数max(grade)和min(grade)计算最高分与最低分，然后使用算术运算符计算两者之差。执行如下SQL语句，聚合函数查询结果（4）如图7-61所示。

```
select cno,max(grade) as 最高分,min(grade) as 最低分,max(grade)-min(grade) as 分差
from sc
where cno='1001';
```

```
mysql> select cno,max(grade) as 最高分,min(grade) as 最低分,max(grade)-min(grade) as 分差
    -> from sc
    -> where cno='1001';
+------+--------+--------+------+
| cno  | 最高分 | 最低分 | 分差 |
+------+--------+--------+------+
| 1001 |     84 |     70 |   14 |
+------+--------+--------+------+
1 row in set (0.00 sec)
```

图7-61 聚合函数查询结果（4）

7.3.2 日期和时间函数查询

在MySQL数据库中，除了聚合函数外，日期和时间函数也是实际应用中常用的函数。日期和时间函数主要用于查询和计算数据表中涉及的日期和时间数据，包括获取当前日期和时间、计算日期和时间、日期格式化、字符串转日期等。MySQL中常见的日期和时间函数及其功能如表7-4所示。

表7-4 MySQL中常见的日期和时间函数及其功能

函数	功能
curdate()	获取系统当前的日期
curtime()	获取系统当前的时间
now()	同时获取系统当前的日期和时间
day()	获取指定日期的日期整数
dayname(str)	获取指定日期的星期数（英文）
dayofmonth()	返回指定日期在月中的序数
dayofweek()	返回指定日期在星期中的序数
dayofyear()	返回指定日期在年中的序数
hour()	返回指定日期的小时数
minute()	返回指定日期的分钟数
month()	返回指定日期的月份整数
year()	返回指定日期的年份整数
utc_date()	返回世界标准时间的日期
utc_time()	返回世界标准时间的时间

【例7-45】使用上述日期和时间函数，返回特定日期和时间数据。

（1）返回当前日期和时间。执行如下SQL语句，查询当前日期和时间（1）如图7-62所示。

```
select now();
```

在 MySQL 数据库中，也可以使用其他函数达到与 now()函数同样的效果，如 current_timestamp()、localtime()、sysdate()。执行如下 SQL 语句，查询当前日期和时间（2）如图 7-63 所示。

```
select current_timestamp(),localtime(),sysdate();
```

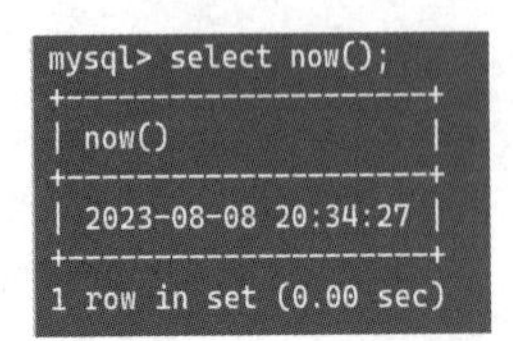

```
mysql> select now();
+---------------------+
| now()               |
+---------------------+
| 2023-08-08 20:34:27 |
+---------------------+
1 row in set (0.00 sec)
```

图 7-62　查询当前日期和时间（1）

```
mysql> select current_timestamp(),localtime(),sysdate();
+---------------------+---------------------+---------------------+
| current_timestamp() | localtime()         | sysdate()           |
+---------------------+---------------------+---------------------+
| 2023-08-08 20:38:42 | 2023-08-08 20:38:42 | 2023-08-08 20:38:42 |
+---------------------+---------------------+---------------------+
1 row in set (0.00 sec)
```

图 7-63　查询当前日期和时间（2）

（2）分别返回当前日期和时间。执行如下 SQL 语句，查询当前日期和时间（3）如图 7-64 所示。

```
select curdate(),curtime();
```

在 MySQL 数据库中，也可以使用其他函数达到与 curdate()函数和 curtime()函数同样的效果，如返回当前日期的 current_date()函数以及返回当前时间的 current_time()函数。执行如下 SQL 语句，查询当前日期和时间（4）如图 7-65 所示。

```
select current_date(),current_time();
```

```
mysql> select curdate(),curtime();
+------------+-----------+
| curdate()  | curtime() |
+------------+-----------+
| 2023-08-08 | 20:34:39  |
+------------+-----------+
1 row in set (0.00 sec)
```

图 7-64　查询当前日期和时间（3）

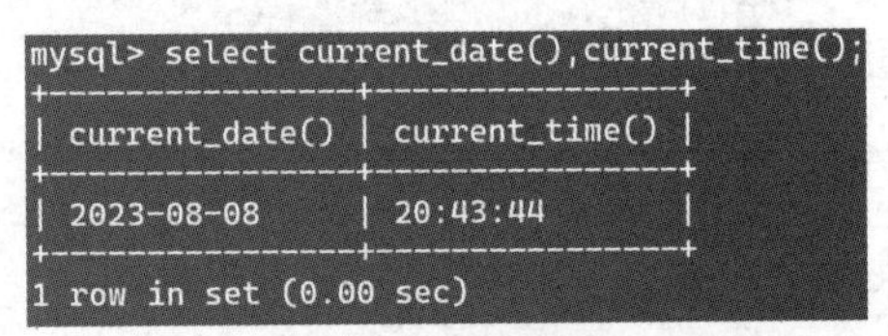

```
mysql> select current_date(),current_time();
+----------------+----------------+
| current_date() | current_time() |
+----------------+----------------+
| 2023-08-08     | 20:43:44       |
+----------------+----------------+
1 row in set (0.00 sec)
```

图 7-65　查询当前日期和时间（4）

（3）返回世界标准时间的日期和时间。执行如下 SQL 语句，查询世界标准时间的日期和时间如图 7-66 所示。

```
select utc_date(),utc_time();
```

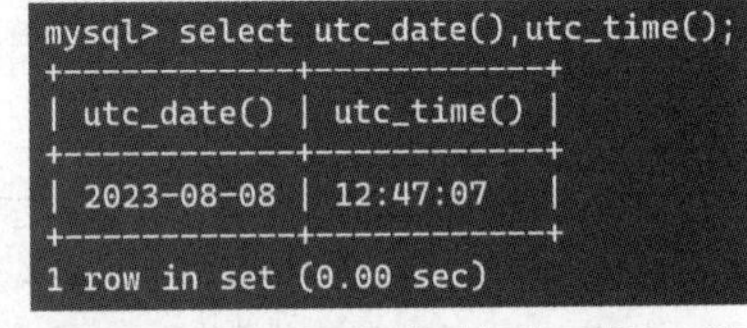

```
mysql> select utc_date(),utc_time();
+------------+------------+
| utc_date() | utc_time() |
+------------+------------+
| 2023-08-08 | 12:47:07   |
+------------+------------+
1 row in set (0.00 sec)
```

图 7-66　查询世界标准时间的日期和时间

（4）返回当前日期和时间各部分值。执行如下 SQL 语句，查询当前日期和时间各部分值如图 7-67 所示。

```
select year(now()),month(now()),hour(now()),minute(now());
select year('2023-08-08 20:51:00') as year,month('2023-08-08 20:51:00') as
month,hour('2023-08-08 20:51:00') as hour,minute('2023-08-08 20:51:00') as minute;
```

```
mysql> select year(now()),month(now()),hour(now()),minute(now());
+-------------+--------------+-------------+---------------+
| year(now()) | month(now()) | hour(now()) | minute(now()) |
+-------------+--------------+-------------+---------------+
|        2023 |            8 |          20 |            51 |
+-------------+--------------+-------------+---------------+
1 row in set (0.00 sec)
```

```
mysql> select year('2023-08-08 20:51:00') as year,month('2023-08-08 20:51:00') as month,
    -> hour('2023-08-08 20:51:00') as month,minute('2023-08-08 20:51:00') as minute;
+------+-------+-------+--------+
| year | month | month | minute |
+------+-------+-------+--------+
| 2023 |     8 |    20 |     51 |
+------+-------+-------+--------+
1 row in set (0.00 sec)
```

图 7-67　查询当前日期和时间各部分值

（5）使用英文返回当前日期和时间各部分值。执行如下 SQL 语句，查询当前日期和时间各部分值（英文）如图 7-68 所示。

```
select monthname('2023-08-08') as month,dayname('2023-08-08') as day;
```

```
mysql> select monthname('2023-08-08') as month, dayname('2023-08-08') as day;
+--------+---------+
| month  | day     |
+--------+---------+
| August | Tuesday |
+--------+---------+
1 row in set (0.00 sec)
```

图 7-68　查询当前日期和时间各部分值（英文）

（6）返回当前日期和时间序数。执行如下 SQL 语句，查询当前日期和时间序数如图 7-69 所示。

```
select dayofyear('2023-08-08'),dayofmonth('2023-08-08'), dayofweek ('2023-08-08');
```

```
mysql> select dayofyear('2023-08-08'),dayofmonth('2023-08-08'),dayofweek('2023-08-08');
+-------------------------+--------------------------+-------------------------+
| dayofyear('2023-08-08') | dayofmonth('2023-08-08') | dayofweek('2023-08-08') |
+-------------------------+--------------------------+-------------------------+
|                     220 |                        8 |                       3 |
+-------------------------+--------------------------+-------------------------+
1 row in set (0.00 sec)
```

图 7-69　查询当前日期和时间序数

dayofweek()函数返回日期的工作日值，即星期日为 1，星期一为 2，以此类推，星期六为 7。

（7）使用 extract()函数返回日期和时间的单独部分。执行如下 SQL 语句，查询日期和时间的单独部分如图 7-70 所示。

```
select extract(year from now()) as year,extract(month from now()) as month,extract(day
from now()) as day,extract(hour from now()) as hour,extract(minute from now()) as minute;
```

```
mysql> select extract(year from now()) as year,extract(month from now()) as month,
    -> extract(day from now()) as day,extract(hour from now()) as hour,
    -> extract(minute from now()) as minute;
+------+-------+------+------+--------+
| year | month | day  | hour | minute |
+------+-------+------+------+--------+
| 2023 |     8 |    8 |   21 |     19 |
+------+-------+------+------+--------+
1 row in set (0.00 sec)
```

图 7-70　查询日期和时间的单独部分

（8）格式化日期和时间数据。

在 MySQL 数据库中，使用 date_format()函数可以以不同的格式显示日期和时间数据。其形式为 date_format(date,format)，date 是合法的日期和时间，format 规定日期和时间的输出格式。MySQL 中常见格式化函数的字符格式及其功能如表 7-5 所示。

表 7-5　MySQL 中常见格式化函数的字符格式及其功能

格式	功能
%a	缩写星期名
%b	缩写月名
%c	月，数值
%D	带有英文前缀的月中的天
%d	月的天，两位数形式（00～31）
%e	月的天，数形式（0～31）
%f	微秒
%H	小时，两位数形式（00～23）
%h	小时，两位数形式（01～12）
%k	小时，数形式（0～23）
%I	小时，数形式（01～12）
%i	分钟，两位数形式（00～59）
%j	年的天（001～366）

使用 date_format()函数对当前日期和时间进行格式化输出，输出形式为%b %d %Y %h:%i %p。执行如下 SQL 语句，结果如图 7-71 所示。

```
select date_format(now(),'%b %d %y %h: %i %p');
```

```
mysql> select date_format(now(),'%b %d %Y %h:%i %p');
+----------------------------------------+
| date_format(now(),'%b %d %Y %h:%i %p') |
+----------------------------------------+
| Aug 08 2023 09:29 PM                   |
+----------------------------------------+
1 row in set (0.00 sec)
```

图 7-71　当前日期和时间的格式化结果

（9）计算两个日期的间隔。

在 MySQL 数据库中，计算两个日期的间隔可以使用两种函数，分别是 datediff()函数和 timestampdiff()函数。

其中，datediff()函数的返回值是相差的天数，不能精确到小时、分钟和秒。timestampdiff()函数的返回值可以精确到小时、分钟和秒，使用时注意，日期和时间小的放在前面，日期和时间大的放在后面。

使用 datediff()函数和 timestampdiff()函数返回两个日期相差的天数。执行如下 SQL 语句，日期间相差的天数如图 7-72 所示。

```
select datediff('2023-08-08', '2023=08-02');
select timestampdiff(day, '2023-08-02', '2023-08-08');
```

```
mysql> select datediff('2023-08-08','2023-08-02');
+-------------------------------------+
| datediff('2023-08-08','2023-08-02') |
+-------------------------------------+
|                                   6 |
+-------------------------------------+
1 row in set (0.00 sec)
```

```
mysql> select timestampdiff(day,'2023-08-02','2023-08-08');
+----------------------------------------------+
| timestampdiff(day,'2023-08-02','2023-08-08') |
+----------------------------------------------+
|                                            6 |
+----------------------------------------------+
1 row in set (0.00 sec)
```

图 7-72　日期间相差的天数

7.3.3 字符串函数查询

在 MySQL 数据库中，除了聚合函数、时间和日期函数外，字符串函数也是实际应用中常使用的函数。字符串函数主要用于处理表中的字符串数据和表达式，包括计算字符串长度、合并字符串、替换字符串、比较字符串以及查询字符串等。MySQL 中常见的字符串函数及其功能如表 7-6 所示。

表 7-6　MySQL 中常见的字符串函数及其功能

函数	功能
char_length(str)	返回字符串中字符的个数
concat(str1,str2,…)	连接多个字符串
left(str,length)	返回从字符串左边开始指定个数的字符
right(str)	返回从字符串右边开始指定个数的字符
length(str)	返回字符串的长度
lower(str)	返回将大写字符数据转换为小写字符数据后的字符串

续表

函数	功能
upper(str)	返回将小写字符数据转换为大写字符数据后的字符串
replace(str,old str,new str)	用 new str 表达式替换 str 表达式中出现的所有 old str 字符串表达式
repeat(str,n)	返回由字符串 str 重复 *n* 次的字符串
substring(string,position,length)	返回字符串 str 的子串序列
strcmp(str1,str2)	比较字符串 str1 和 str2
rtrim(str)	去除字符串 str 右侧的空格
ltrim(str)	去除字符串 str 左侧的空格
trim(str)	去除字符串 str 左右两侧的空格

【例 7-46】使用上述字符串函数对字符串进行相应的操作，并返回结果。

1．返回经过处理的字符串数据

（1）统计字符串中字符的个数

在 MySQL 数据库中，可以使用 char_length()函数返回字符串中字符的个数。其中，不管是汉字还是数字或字母，都算一个字符。执行如下 SQL 语句，返回字符个数如图 7-73 所示。

```
select chaer_length('ABCDEFGHLJK') as length;
```

（2）返回字符串的长度

在 MySQL 数据库中，可以使用 length()函数返回字符串长度，以字节为单位。在 UTF-8 编码中，一个汉字 3 字节，一个数字或字母 1 字节。其他编码中，一个汉字 2 字节，一个数字或字母 1 字节。执行如下 SQL 语句，返回字符串字节数如图 7-74 所示。

```
select length('我喜欢数据库');
```

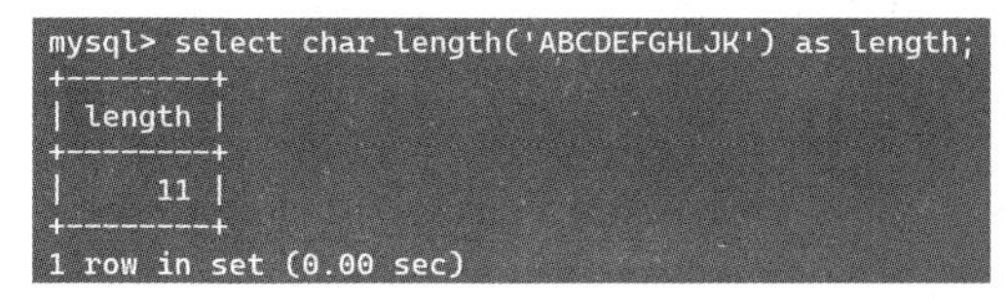

图7-73　返回字符个数

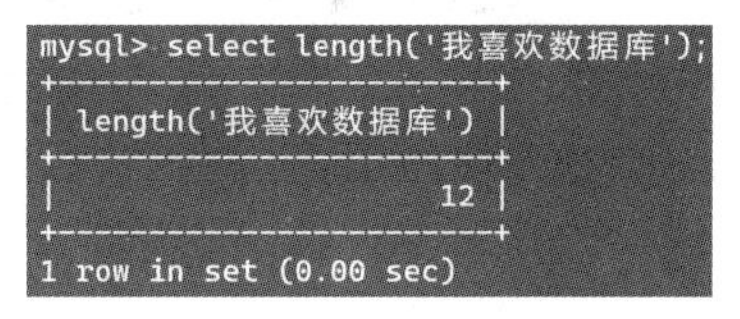

图7-74　返回字符串字节数

（3）返回指定个数的字符

在 MySQL 数据中，可以使用 left()或 right()函数对字符串进行截断，返回从字符串左侧或右侧开始指定个数的字符。其形式为 left/right(str,integer)，参数 str 表示要截取的字符串，integer 表示要截取字符的个数。执行如下 SQL 语句，返回指定个数的字符（1）如图 7-75 所示。

```
select left('ABCDEFGHIJK',5),right('ABCDEFGHIJK',5);
```

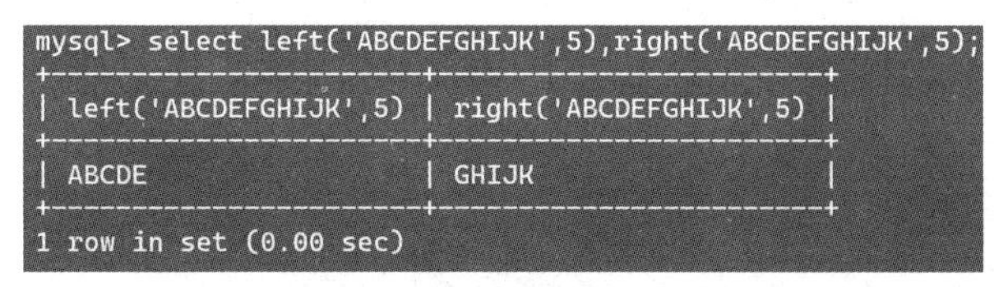

图7-75　返回指定个数的字符（1）

其实，在 MySQL 数据库中，也可以使用 substring()函数对字符串进行截断。其形式为 substring(str,start,length)，str 表示要截取的字符串，start 表示开始截取的下标，length 表示需要截取的字符长度。执行如下

SQL 语句，返回指定个数的字符（2）如图 7-76 所示。

```
select substring('ABCDEFGHIJK',1,5);
```

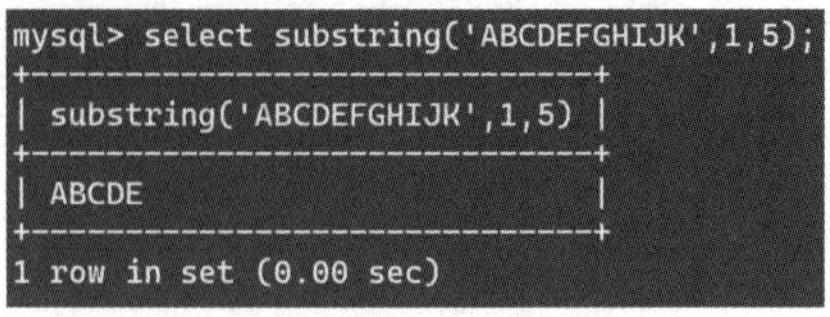

```
mysql> select substring('ABCDEFGHIJK',1,5);
+------------------------------+
| substring('ABCDEFGHIJK',1,5) |
+------------------------------+
| ABCDE                        |
+------------------------------+
1 row in set (0.00 sec)
```

图7-76 返回指定个数的字符（2）

（4）返回经过大小写转换的字符串

在 MySQL 数据中，可以使用 lower()或 upper()函数对字符串中的字符进行大小写转换。执行如下 SQL 语句，返回大小写转换后的字符串如图 7-77 所示。

```
select lower('ABCDEFGHIJK') as 小写;
select upper('abcdefghijk') as 大写;
```

（5）使用 repeat()函数返回重复 *n* 次的字符串

在 MySQL 数据库中，可以使用 repeat()函数返回重复 *n* 次的字符串。其形式为 repeat(str,repeat-count)，str 表示需要重复的字符串，repeat-count 表示需要重复的次数。执行如下 SQL 语句，返回重复 4 次的字符串如图 7-78 所示。

```
select repeat('123',4);
```

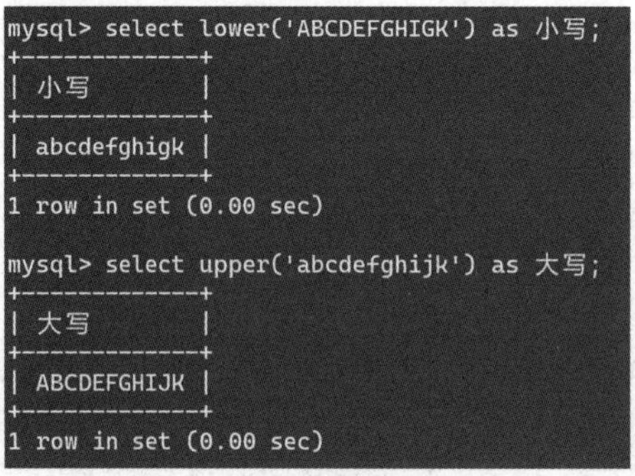

```
mysql> select lower('ABCDEFGHIGK') as 小写;
+-------------+
| 小写        |
+-------------+
| abcdefghigk |
+-------------+
1 row in set (0.00 sec)

mysql> select upper('abcdefghijk') as 大写;
+-------------+
| 大写        |
+-------------+
| ABCDEFGHIJK |
+-------------+
1 row in set (0.00 sec)
```

图7-77 返回大小写转换后的字符串

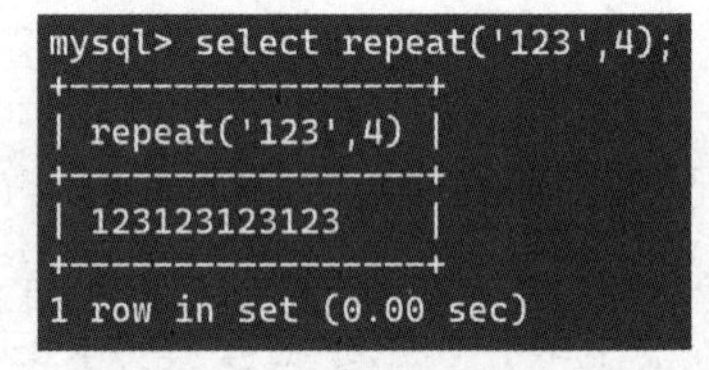

```
mysql> select repeat('123',4);
+-----------------+
| repeat('123',4) |
+-----------------+
| 123123123123    |
+-----------------+
1 row in set (0.00 sec)
```

图7-78 返回重复 4 次的字符串

2．使用 concat()函数连接字符串

在 MySQL 数据库中，可以使用 concat()函数将多个字符串连接成一个字符串。其形式为 concat(str1, str2,⋯)，返回参数连接后形成的字符串。

注意

如果参数中有 null，则返回值为 null。执行如下 SQL 语句，连接字符串如图 7-79 所示。

```
select concat('我', '爱', '数据库');
select concat('我', 'null', '数据库');
```

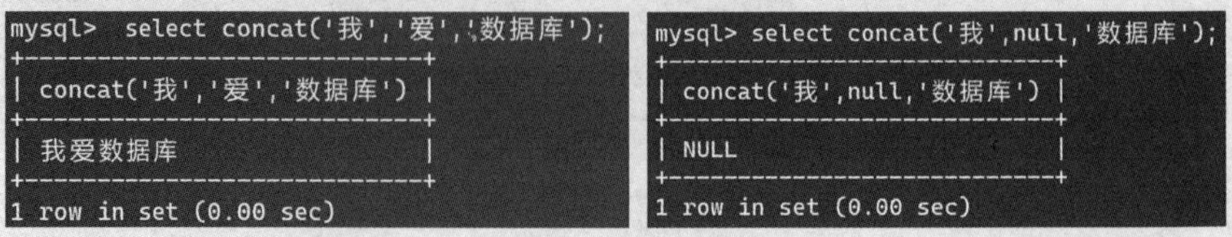

```
mysql>  select concat('我','爱','数据库');
+----------------------------+
| concat('我','爱','数据库') |
+----------------------------+
| 我爱数据库                 |
+----------------------------+
1 row in set (0.00 sec)
```

```
mysql> select concat('我',null,'数据库');
+---------------------------+
| concat('我',null,'数据库') |
+---------------------------+
| NULL                      |
+---------------------------+
1 row in set (0.00 sec)
```

图7-79 连接字符串

3．去除字符串左、右侧的空格及去除指定字符串

在 MySQL 数据库中，可以使用 trim()、rtrim()及 ltrim()函数去除字符串的空格。具体地，trim()函数可以去除字符串左右两侧的空格，rtrim()函数仅去除字符串右侧的空格，ltrim()函数仅去除字符串左侧的空格。执行如下 SQL 语句，去除字符串空格如图 7-80 所示。

```
select trim(' 123 ');  select rtrim(' 123 ');    select lrim(' 123 ');
```

```
mysql> select trim(' 123 ');
+----------------+
| trim(' 123 ') |
+----------------+
| 123            |
+----------------+
1 row in set (0.00 sec)
```

```
mysql> select rtrim(' 123 ');
+-----------------+
| rtrim(' 123 ') |
+-----------------+
|  123            |
+-----------------+
1 row in set (0.00 sec)
```

```
mysql> select ltrim(' 123 ');
+-----------------+
| ltrim(' 123 ') |
+-----------------+
| 123             |
+-----------------+
1 row in set (0.00 sec)
```

图7-80 去除字符串空格

结果显示，使用不同的函数，返回的字符串有所不同。其实，trim()函数除了可以去除字符串左右两侧的空格外，还可以去除指定字符串。其语法格式如下。

```
trim({both|leading|trailing} str_removed from str)
```

上述代码中，{both|leading|trailing}表示删除的位置可能为 leading（开头）、trailing（结尾）或 both（开头及结尾），默认为 both；str_removed 表示需要删除的字符串，如果不指出，默认为空格。

执行如下 SQL 语句，去除指定字符串如图 7-81 所示。

```
select trim(leading'123'from'1234567');
```

```
mysql> select trim(leading '123' from '1234567');
+------------------------------------+
| trim(leading '123' from '1234567') |
+------------------------------------+
| 4567                               |
+------------------------------------+
1 row in set (0.00 sec)
```

图7-81 去除指定字符串

4．使用 replace()函数替换字符串

在 MySQL 数据库中，使用 replace()函数可以用第三个表达式替换第一个字符串表达式中出现的所有第二个给定字符串表达式。其语法格式如下。

```
replace(str,old_string,new_string);
```

上述代码中，str 表示原字符串表达式，old_string 表示用于替换的字符串，new_string 表示被替换的字符串。执行如下 SQL 语句，替换字符串（1）如图 7-82 所示。

```
select replace('我爱数据库', '数据库', 'MySQL 数据库');
```

```
mysql> select replace('我爱数据库','数据库','MySQL数据库');
+-------------------------------------------+
| replace('我爱数据库','数据库','MySQL数据库') |
+-------------------------------------------+
| 我爱MySQL数据库                            |
+-------------------------------------------+
1 row in set (0.00 sec)
```

图7-82 替换字符串（1）

除了使用 replace()函数外，还可以使用 insert()函数替换字符串。其语法格式如下。

```
insert(str,pos,length,new_string);
```

上述代码中，参数 pos、length 表示从原字符串的 pos 位置开始，长度为 length 的字符串需要替换，new_string 表示用于替换的字符串。执行如下 SQL 语句，替换字符串（2）如图 7-83 所示。

```
select insert('我爱数据库',3,3, 'MySQL 数据库');
```

```
mysql> select insert('我爱数据库',3,3,'MySQL数据库');
+--------------------------------------+
| insert('我爱数据库',3,3,'MySQL数据库') |
+--------------------------------------+
| 我爱MySQL数据库                        |
+--------------------------------------+
1 row in set (0.00 sec)
```

图7-83　替换字符串（2）

5．使用 strcmp()函数比较字符串

在 MySQL 数据库中，可以使用 strcmp()函数比较两个字符串对象。其语法格式如下。

```
strcmp(str1,str2)
```

上述代码中，若参数 str1 大于 str2，则返回 1；若参数 str1 小于 str2，则返回-1；若参数 str1 等于 str2，则返回 0。执行如下 SQL 语句，显示字符串比较结果如图 7-84 所示。

```
select strcmp('1234567', '123456') as result;
select strcmp('123456', '123456') as result;
select strcmp('123456', '1234567') as result;
```

```
mysql> select strcmp('123457','123456') as result;
+--------+
| result |
+--------+
|      1 |
+--------+
1 row in set (0.00 sec)

mysql> select strcmp('123456','123456') as result;
+--------+
| result |
+--------+
|      0 |
+--------+
1 row in set (0.00 sec)

mysql> select strcmp('123456','123457') as result;
+--------+
| result |
+--------+
|     -1 |
+--------+
1 row in set (0.00 sec)
```

图7-84　显示字符串比较结果

7.3.4 数学函数查询

在 MySQL 数据库中，数学函数也是一种常见、使用率高的函数。数学函数主要用来处理数字，包括整型、浮点型等数据类型的数字。数学函数主要包括绝对值函数、正弦函数、余弦函数、获取随机数的函数等。MySQL 中常见的数学函数及其功能如表 7-7 所示。

表 7-7　MySQL 中常见的数学函数及其功能

函数	功能
abs(x)	返回数值 x 的绝对值
rand( )	返回 0～1 的随机值
ceiling(x)	返回大于 x 的最小整数
floor(x)	返回小于 x 的最大整数

续表

函数	功能
round(x,y)	返回 x 四舍五入后保留 y 位小数的数值
truncate(x,y)	返回 x 截断为 y 位小数的数值
mod(x,y)	返回 x 模 y 的数值

1．获取随机数的函数

在 MySQL 数据库中，一般使用 rand()或者 rand(x)函数获取随机数。两种函数均返回数字 0 到 1 之间的随机数，区别在于 rand()函数的返回值是完全随机的，而 rand(x)函数的返回值是确定的。

【例 7-47】使用 rand()或者 rand(x)函数分别返回随机数。执行如下 SQL 语句，获取随机数如图 7-85 所示。

```
select rand(),rand(),rand(2),rand(2);
```

```
mysql> select rand(),rand(),rand(2),rand(2);
+--------------------+--------------------+--------------------+--------------------+
| rand()             | rand()             | rand(2)            | rand(2)            |
+--------------------+--------------------+--------------------+--------------------+
| 0.1201746558027106 | 0.7963880801539757 | 0.6555866465490187 | 0.6555866465490187 |
+--------------------+--------------------+--------------------+--------------------+
1 row in set (0.00 sec)
```

图 7-85 获取随机数

结果显示，两次使用 rand()函数得到的随机值完全不相同，而使用 rand(2)函数得到的随机值完全相同。因此，在实际应用中，如果希望输出的随机值相同，应使用 rand(x)函数。

2．获取最大/最小整数的函数

在实际应用中，经常需要获取整数。在 MySQL 数据库中，多数使用 floor(x)以及 ceiling(x)函数实现获取整数的操作。其中：

（1）ceiling(x)函数用于返回大于 x 的最小整数；

（2）floor(x)函数用于返回小于 x 的最大整数。

【例 7-48】使用 ceiling(x)和 floor(x)函数返回相应的整数。执行如下 SQL 语句，获取整数如图 7-86 所示。

```
select ceiling(4.35),floor(4.35);
```

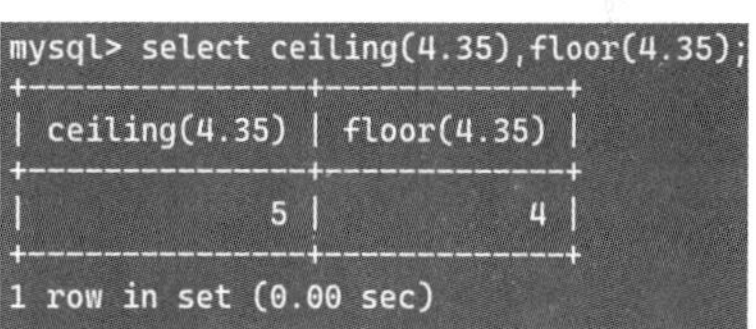

```
mysql> select ceiling(4.35),floor(4.35);
+---------------+-------------+
| ceiling(4.35) | floor(4.35) |
+---------------+-------------+
|             5 |           4 |
+---------------+-------------+
1 row in set (0.00 sec)
```

图 7-86 获取整数

3．四舍五入数值的函数

在实际应用中，经常需要对数值四舍五入。在 MySQL 数据库中，多数使用 round(x,y)函数实现四舍五入的操作。其中，y 表示四舍五入后的返回值有 y 位小数。

【例 7-49】使用 round(x,y)函数四舍五入数值。执行如下 SQL 语句，四舍五入如图 7-87 所示。

```
select round(3.1234567,5);
```

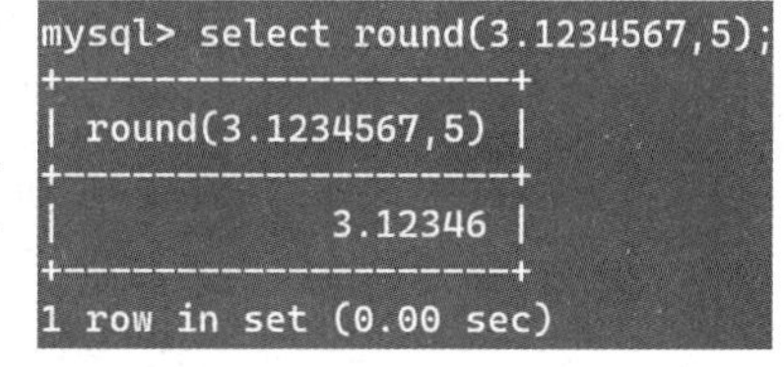

```
mysql> select round(3.1234567,5);
+--------------------+
| round(3.1234567,5) |
+--------------------+
|            3.12346 |
+--------------------+
1 row in set (0.00 sec)
```

图 7-87 四舍五入

4．截断数值的函数

在实际应用中，经常需要截断数值。在 MySQL 数据库中，使用 truncate(x,y)函数实现截断数值的操作。其中，y 表示截断后的返回值有 y 位小数。

【例 7-50】使用 truncate(x,y)函数截断数值。执行如下 SQL 语句，截断数值如图 7-88 所示。

```
select truncate(3.123456,5);
```

注意 truncate(x,y)函数与 round(x,y)函数获取数值的不同之处。

5．求模函数

在实际应用中，经常需要对数值求模。在 MySQL 数据库中，使用 mod(x,y)函数实现求模操作。

【例 7-51】使用 mod(x,y)函数对数值求模。执行如下 SQL 语句，求模如图 7-89 所示。

```
select mod(212,5);
```

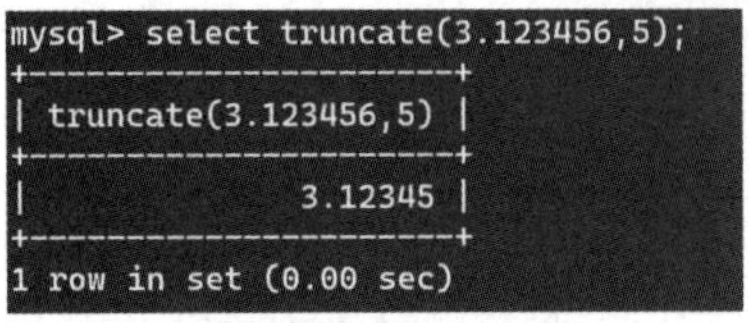

mysql> select truncate(3.123456,5);
+----------------------+
| truncate(3.123456,5) |
+----------------------+
| 3.12345 |
+----------------------+
1 row in set (0.00 sec)

图7-88　截断数值

mysql> select mod(212,5);
+------------+
| mod(212,5) |
+------------+
| 2 |
+------------+
1 row in set (0.00 sec)

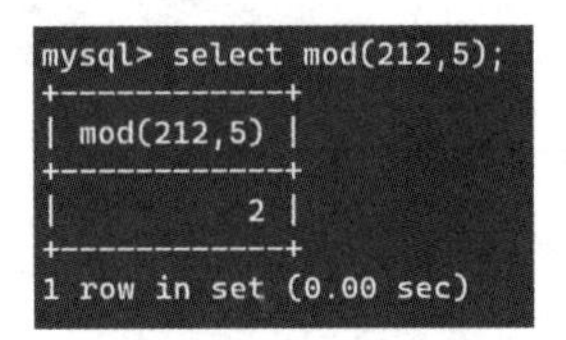

图7-89　求模

7.3.5 其他函数查询

1．系统信息函数

系统信息函数用来查询 MySQL 数据库的系统信息。例如，查询数据库版本、查询数据库当前用户等信息。MySQL 中常见的系统信息函数及其功能如表 7-8 所示。

表 7-8　MySQL 中常见的系统信息函数及其功能

函数	功能
datebase()	返回当前数据库名称
version()	返回当前数据库的版本号
user()/system_user()	返回当前登录用户名称
connection_id()	返回当前用户连接服务器的次数
charset(str)	返回字符串 str 的字符编码

【例 7-52】使用系统信息函数，查询 school 数据库的相关信息。执行如下 SQL 语句，结果如图 7-90 所示。

```
select version( );
select datebase( );
 select user( );
 select connection_id( );
```

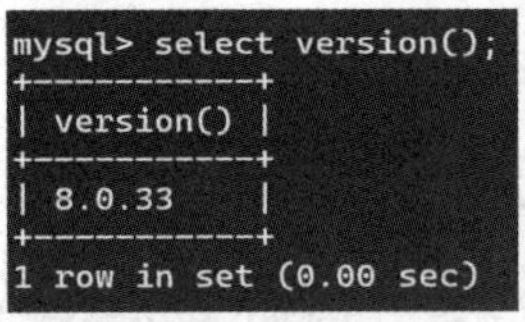

mysql> select version();
+-----------+
| version() |
+-----------+
| 8.0.33 |
+-----------+
1 row in set (0.00 sec)

（a）结果1

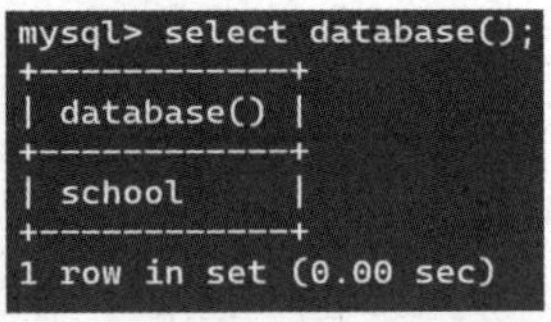

mysql> select database();
+------------+
| database() |
+------------+
| school |
+------------+
1 row in set (0.00 sec)

（b）结果2

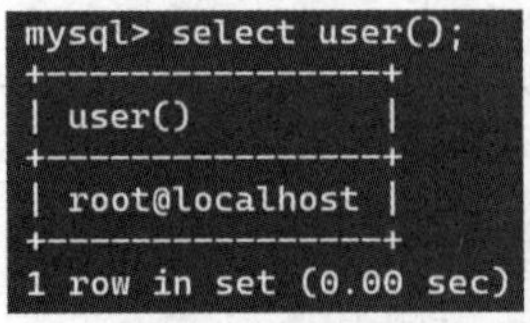

mysql> select user();
+----------------+
| user() |
+----------------+
| root@localhost |
+----------------+
1 row in set (0.00 sec)

（c）结果3

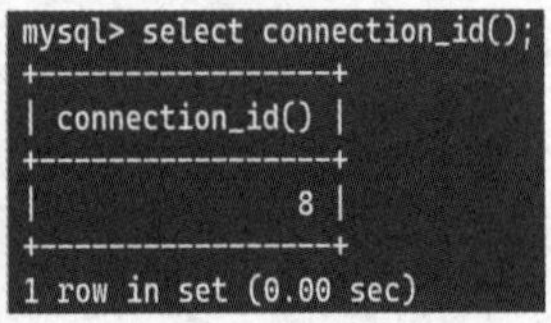

mysql> select connection_id();
+-----------------+
| connection_id() |
+-----------------+
| 8 |
+-----------------+
1 row in set (0.00 sec)

（d）结果4

图7-90　school 数据库信息

2．格式化函数

在 MySQL 数据库中，一般使用格式化函数 format(x,y)将数值转化为以逗号分隔的数字序列。其中，

x 表示需要进行格式化的数值，y 表示格式化后的数值的小数位数。

【例 7-53】使用格式化函数处理数据。执行如下 SQL 语句，将数值格式化的结果如图 7-91 所示。

```
select format(4/7,3),format(13678.999999,2);
```

```
mysql> select format(4/7,3),format(13678.999999,2);
+---------------+------------------------+
| format(4/7,3) | format(13678.999999,2) |
+---------------+------------------------+
| 0.571         | 13,679.00              |
+---------------+------------------------+
1 row in set (0.00 sec)
```

图7-91 将数值格式化的结果

7.4 子查询

在 MySQL 数据库中，可以通过连接的方式进行多表数据查询的操作。但在某些应用中，连接查询的连接类型应依据实际需求选择，如果选择不当，非但不能提高查询效率，反而会使连接查询的性能降低。因此出现了子查询方式替代多表查询。在 MySQL 4.1 及以上版本的数据库中，推荐使用子查询来实现多表查询。

通常情况下，我们将 SQL 语句中的 select 语句叫作查询语句，前面介绍的查询方法都只有一个 select 语句，这种查询叫作简单查询。

而所谓的子查询，则是指在一个 select 语句中又嵌套了其他的若干查询语句。一般，嵌套的 select 语句存在于一个 select 语句的 where 或 from 子句中。在此类查询语句中，最外层的 select 语句称为主查询，where 或 from 子句中的 select 语句称为子查询或嵌套查询。

通过子查询可以实现和多表查询同样的查询效果。根据子查询放置的位置不同，可以将子查询分为以下两类。

（1）存置于 where 子句中的子查询。

（2）存置于 from 子句中的子查询。

7.4.1 where 子句中的子查询

存放于 where 子句中的子查询支持列子查询和行子查询，子查询一般返回一行一列的数据记录、一行多列的数据记录集合或者多行一列的数据记录集合。

1. 返回一行一列的数据记录

在 MySQL 数据库中，当子查询返回结果为一行一列的结构时，该子查询语句一般放在 where 子句中，使用单行比较运算符（>、<、=、!=等）。

【例 7-54】在 school 数据库中，查询所有年龄小于吴迪的学生的全部信息。

（1）使用 school 数据库，并查看 sc 和 student 表的结构。

（2）查询吴迪的年龄。执行如下 SQL 语句，子查询结果（1）如图 7-92 所示。

```
select age
from student
where sname='吴迪';
```

查询返回的结果为一行一列。因此，此查询可以放在 where 子句中。

（3）查询年龄小于吴迪的学生的信息。执行如下 SQL 语句，主查询结果（1）如图 7-93 所示。

```
select *
from student
where age<
    (select age
    from student
    where sname='吴迪');
```

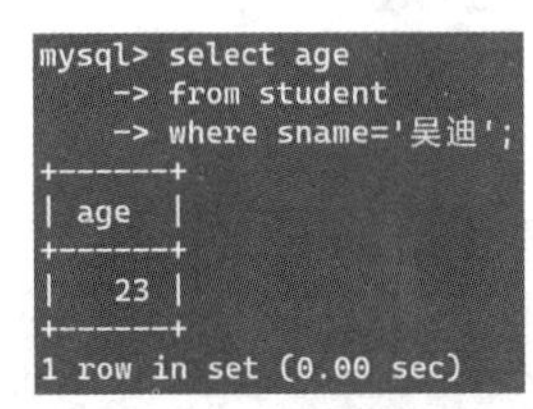

```
mysql> select age
    -> from student
    -> where sname='吴迪';
```

age
23

1 row in set (0.00 sec)

图7-92　子查询结果（1）

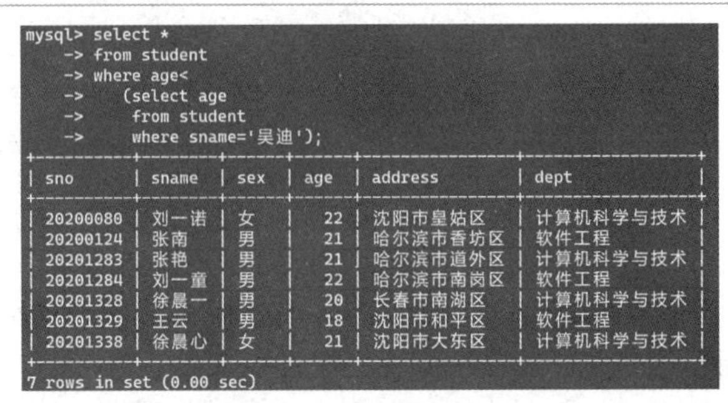

```
mysql> select *
    -> from student
    -> where age<
    ->    (select age
    ->     from student
    ->     where sname='吴迪');
```

sno	sname	sex	age	address	dept
20200080	刘一诺	女	22	沈阳市皇姑区	计算机科学与技术
20200124	张南	男	21	哈尔滨市香坊区	软件工程
20201283	张艳	男	21	哈尔滨市道外区	计算机科学与技术
20201284	刘一童	男	22	哈尔滨市南岗区	软件工程
20201328	徐晨一	男	20	长春市南湖区	计算机科学与技术
20201329	王云	男	18	沈阳市和平区	软件工程
20201338	徐晨心	女	21	沈阳市大东区	计算机科学与技术

7 rows in set (0.00 sec)

图7-93　主查询结果（1）

由结果可知，通过“where+子查询语句”的方式可以查询年龄小于吴迪（23 岁）的所有学生的信息。

2．返回一行多列的数据记录集合

在 MySQL 数据库中，where 子句中的子查询除了可以返回一行一列的数据记录外，还可以返回一行多列的数据记录集合。

【例 7-55】在 school 数据库中，查询专业和年龄与张艳相同的所有学生的信息。

（1）使用 school 数据库，并查看 sc 和 student 表的结构。

（2）查询张艳的年龄和专业。执行如下 SQL 语句，子查询结果（2）如图 7-94 所示。

```
select age,dept
from student
where sname='张艳';
```

（3）执行 SQL 语句，查询专业和年龄与张艳相同的所有学生的信息。执行如下 SQL 语句，主查询结果（2）如图 7-95 所示。

```
select *
from student
where (age,dept)=
   (select age,dept
    from student
    where sname='张艳');
```

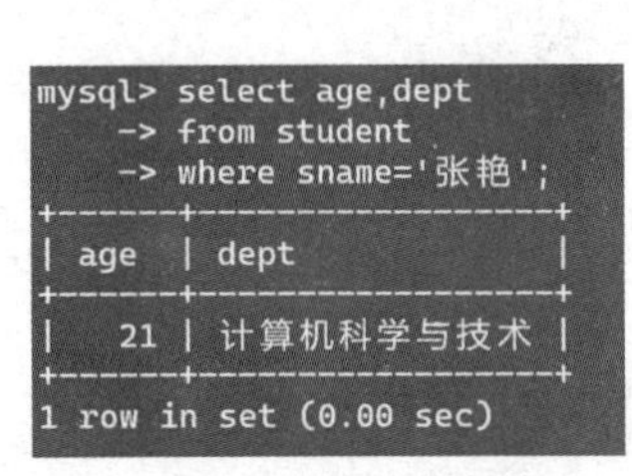

```
mysql> select age,dept
    -> from student
    -> where sname='张艳';
```

age	dept
21	计算机科学与技术

1 row in set (0.00 sec)

图7-94　子查询结果（2）

```
mysql> select *
    -> from student
    -> where (age,dept)=
    ->    (select age,dept
    ->     from student
    ->     where sname='张艳');
```

sno	sname	sex	age	address	dept
20201283	张艳	男	21	哈尔滨市道外区	计算机科学与技术
20201338	徐晨心	女	21	沈阳市大东区	计算机科学与技术

2 rows in set (0.00 sec)

图7-95　主查询结果（2）

3．返回多行一列的数据记录集合

在 MySQL 数据库中，当子查询返回结果为多行一列的结构时，该子查询语句一般放在 where 子句中，使用关键字 in、not in、any、exists、some 及 all 等。

（1）带关键字 in 的子查询

【例 7-56】在 school 数据库中，查询成绩为 80 分或 85 分的学生的信息。

① 使用 school 数据库，并查看 sc 和 student 表的结构。

② 查询成绩为 80 分或 85 分的学生的学号。执行如下 SQL 语句，子查询结果（3）如图 7-96 所示。

```
select sno
from sc
where grade in (80,85);
```

查询返回的结果为多行一列。因此，此查询可以放在 where 子句中。

③ 查询上述这些学生的全部信息。执行如下 SQL 语句，主查询结果（3）如图 7-97 所示。

```
select *
from student
where sno in
    (select sno
     from sc
     where grade in (80,85));
```

```
mysql> select sno
    -> from sc
    -> where grade in (80,85);
+----------+
| sno      |
+----------+
| 20200080 |
| 20200124 |
| 20201284 |
| 20201284 |
+----------+
4 rows in set (0.00 sec)
```

图 7-96　子查询结果（3）

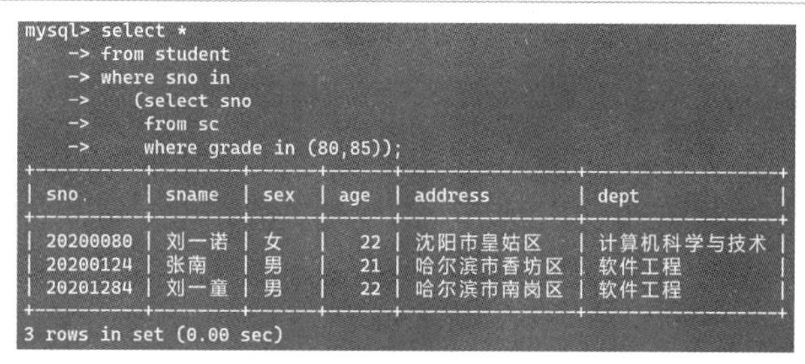

```
mysql> select *
    -> from student
    -> where sno in
    ->    (select sno
    ->     from sc
    ->     where grade in (80,85));
```

sno	sname	sex	age	address	dept
20200080	刘一诺	女	22	沈阳市皇姑区	计算机科学与技术
20200124	张南	男	21	哈尔滨市香坊区	软件工程
20201284	刘一童	男	22	哈尔滨市南岗区	软件工程

3 rows in set (0.00 sec)

图 7-97　主查询结果（3）

（2）带关键字 any 的子查询

在 MySQL 数据库中，关键字 any 表示匹配子查询结果中的任何一条数据记录。当匹配方式为=any 时，作用与 in 相同；当匹配方式为>any 或者>=any 时，表示匹配大于或者大于或等于子查询结果中的最小数据的数据记录；当匹配方式为<any 或者<=any 时，表示匹配小于或者小于或等于子查询结果中的最大数据的数据记录。

【例 7-57】在 school 数据库中，查询年龄不小于专业为计算机科学与技术的任意学生的学生信息。

① 使用 school 数据库，并查看 sc 和 student 表的结构。

② 查询专业为计算机科学与技术的学生的年龄。执行如下 SQL 语句，子查询结果（4）如图 7-98 所示。

```
select age
from student
where dept='计算机科学与技术';
```

查询返回的结果为多行一列。因此，此查询可以放在 where 子句中。

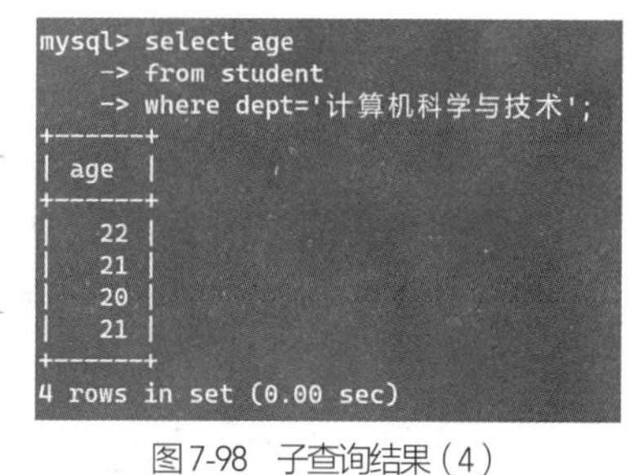

```
mysql> select age
    -> from student
    -> where dept='计算机科学与技术';
+-----+
| age |
+-----+
|  22 |
|  21 |
|  20 |
|  21 |
+-----+
4 rows in set (0.00 sec)
```

图 7-98　子查询结果（4）

③ 使用>=any 匹配方式查询年龄不小于专业为计算机科学与技术的任意学生的学生信息。执行如下 SQL 语句，主查询结果（4）如图 7-99 所示。

```
select *
from student
where age>=any
   (select age
    from student
    where dept='计算机科学与技术');
```

```
mysql> select *
    -> from student
    -> where age>=any
    ->    (select age
    ->     from student
    ->     where dept='计算机科学与技术');
+----------+--------+-----+-----+----------------+--------------------+
| sno      | sname  | sex | age | address        | dept               |
+----------+--------+-----+-----+----------------+--------------------+
| 20181860 | 吴迪   | 男  |  23 | 哈尔滨市道里区 | 数据科学与大数据技术 |
| 20200080 | 刘一诺 | 女  |  22 | 沈阳市皇姑区   | 计算机科学与技术     |
| 20200124 | 张南   | 男  |  21 | 哈尔滨市香坊区 | 软件工程             |
| 20201283 | 张艳   | 男  |  21 | 哈尔滨市道外区 | 计算机科学与技术     |
| 20201284 | 刘一童 | 男  |  22 | 哈尔滨市南岗区 | 软件工程             |
| 20201285 | 陈茜   | 女  |  23 | 长春市绿园区   | 数据科学与大数据技术 |
| 20201328 | 徐晨一 | 男  |  20 | 长春市南湖区   | 计算机科学与技术     |
| 20201338 | 徐晨心 | 女  |  21 | 沈阳市大东区   | 计算机科学与技术     |
+----------+--------+-----+-----+----------------+--------------------+
8 rows in set (0.00 sec)
```

图7-99　主查询结果（4）

（3）带关键字 all 的子查询

在 MySQL 数据库中，使用关键字 all 可以匹配子查询返回结果中所有的数据记录。当匹配方式为>all（或者>=all）时，表示匹配比子查询返回结果中最大的数据还要大（或者大于或等于）的数据记录；当匹配方式为<all（或者<=all）时，表示匹配比子查询返回结果中最小的数据还要小（或者小于或等于）的数据记录。

【例 7-58】 在 school 数据库中，查询年龄大于或等于所有计算机科学与技术专业学生的学生信息。

① 使用 school 数据库，并查看 sc 和 student 表的结构。

② 子查询：查询专业为计算机科学与技术的学生的年龄。执行如下 SQL 语句，子查询结果（5）如图 7-100 所示。

```
select age
from student
where dept='计算机科学与技术';
```

```
mysql> select age
    -> from student
    -> where dept='计算机科学与技术';
+-----+
| age |
+-----+
|  22 |
|  21 |
|  20 |
|  21 |
+-----+
4 rows in set (0.00 sec)
```

图7-100　子查询结果（5）

查询返回的结果为多行一列。因此，此查询可以放在 where 子句中。

③ 使用>=all 匹配方式查询年龄大于或等于所有计算机科学与技术专业学生的学生信息。执行如下 SQL 语句，主查询结果（5）如图 7-101 所示。

```
select *
from student
where age>=all
   (select age
    from student
    where dept='计算机科学与技术');
```

```
mysql> select *
    -> from student
    -> where age>=all
    ->    (select age
    ->     from student
    ->     where dept='计算机科学与技术');
+----------+--------+-----+-----+----------------+--------------------+
| sno      | sname  | sex | age | address        | dept               |
+----------+--------+-----+-----+----------------+--------------------+
| 20181860 | 吴迪   | 男  |  23 | 哈尔滨市道里区 | 数据科学与大数据技术 |
| 20200080 | 刘一诺 | 女  |  22 | 沈阳市皇姑区   | 计算机科学与技术     |
| 20201284 | 刘一童 | 男  |  22 | 哈尔滨市南岗区 | 软件工程             |
| 20201285 | 陈茜   | 女  |  23 | 长春市绿园区   | 数据科学与大数据技术 |
+----------+--------+-----+-----+----------------+--------------------+
4 rows in set (0.00 sec)
```

图7-101　主查询结果（5）

（4）带关键字 exists 的子查询

在 MySQL 数据库中，使用关键字 exists 进行子查询操作，不返回查询的记录，而是返回一个真假值。

当通过子查询语句查询到满足条件的记录时，就返回一个真值（true）；否则，返回一个假值（false）。当返回真值时，主查询语句将进行查询；若返回假值，主查询将无法查询出任何数据记录。not exists 与 exists 正好相反，即返回真值时主查询语句不进行查询，返回假值时主查询语句会执行查询操作。

【例 7-59】在 school 数据库中，查询 student 表中是否存在年龄小于 20 岁的学生，若存在，查询出这些学生的学号、姓名以及年龄信息。

① 使用 school 数据库，并查看 sc 和 student 表的结构。

② 查询年龄小于 20 岁的学生记录。执行如下 SQL 语句，子查询结果（6）如图 7-102 所示。

```
select *
from student
where age<20;
```

该查询返回了一条记录，则其作为子查询会返回真值，即主查询将进行查询操作，返回 student 表中年龄小于 20 岁的所有学生的学号、姓名以及年龄信息。

③ 执行如下 SQL 语句，主查询结果（6）如图 7-103 所示。

```
select sno,sname,age
from student
where exists
   (select *
    from student
    where age<20);
```

```
mysql> select *
    -> from student
    -> where age<20;
+----------+-------+------+------+--------------+----------+
| sno      | sname | sex  | age  | address      | dept     |
+----------+-------+------+------+--------------+----------+
| 20201329 | 王云  | 男   |   18 | 沈阳市和平区 | 软件工程 |
+----------+-------+------+------+--------------+----------+
1 row in set (0.00 sec)
```

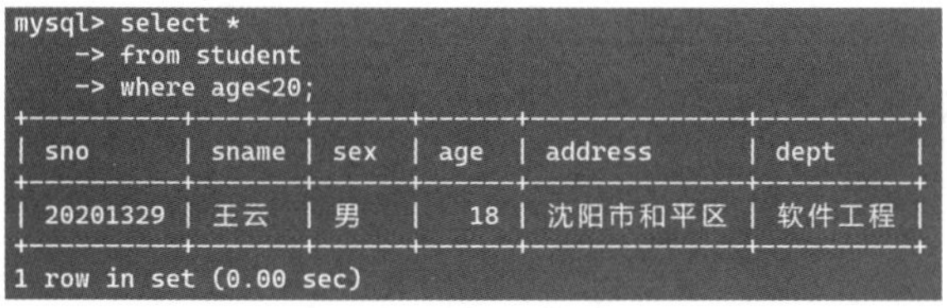

图 7-102　子查询结果（6）

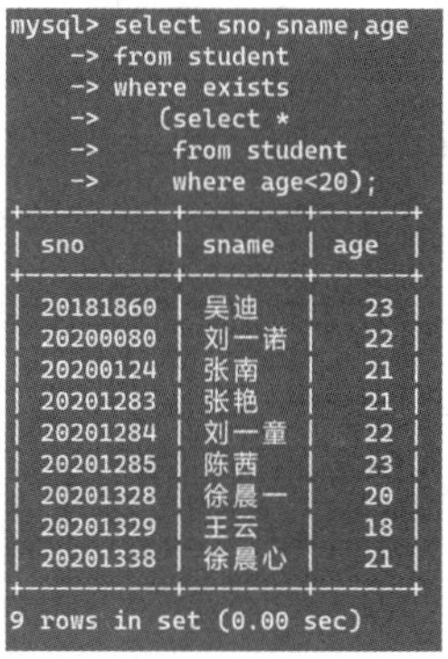

```
mysql> select sno,sname,age
    -> from student
    -> where exists
    ->    (select *
    ->     from student
    ->     where age<20);
+----------+--------+------+
| sno      | sname  | age  |
+----------+--------+------+
| 20181860 | 吴迪   |   23 |
| 20200080 | 刘一诺 |   22 |
| 20200124 | 张南   |   21 |
| 20201283 | 张艳   |   21 |
| 20201284 | 刘一童 |   22 |
| 20201285 | 陈茜   |   23 |
| 20201328 | 徐晨一 |   20 |
| 20201329 | 王云   |   18 |
| 20201338 | 徐晨心 |   21 |
+----------+--------+------+
9 rows in set (0.00 sec)
```

图 7-103　主查询结果（6）

7.4.2 from 子句中的子查询

存放于 from 子句中的子查询主要支持表子查询。此时，子查询一般返回多行多列数据记录，可以将其作为一张临时表。

【例 7-60】在 school 数据库中，查询课程成绩高于 80 分且课程号为 1001 的课程号、学号以及成绩信息。

（1）使用 school 数据库，并查看 sc 和 student 表的结构。

（2）查询课程成绩高于 80 分的信息。执行如下 SQL 语句，子查询结果（7）如图 7-104 所示。

```
select sno,cno,grade
from sc
where grade>80;
```

查询得到的是多行多列数据记录。因此，该查询可以放在 from 子句中，查询结果作为一张临时表，对此临时表中的数据进行查询。

（3）将临时表命名为 t。在表 t 中，继续查询课程号为 1001 的相关信息。执行如下 SQL 语句，主查询结果（7）如图 7-105 所示。

```
select t.sno,t.cno,t.grade
from (
      select sno,cno,grade
      from sc
      where grade>80) as t
where cno='1001';
```

```
mysql> select sno,cno,grade
    -> from sc
    -> where grade>80;
+----------+------+-------+
| sno      | cno  | grade |
+----------+------+-------+
| 20200080 | 1001 |    84 |
| 20200080 | 1002 |    85 |
| 20200124 | 1002 |    85 |
| 20201283 | 1002 |    82 |
| 20201284 | 1003 |    85 |
+----------+------+-------+
5 rows in set (0.00 sec)
```

图 7-104　子查询结果（7）

```
mysql> select t.sno,t.cno,t.grade
    -> from (
    ->         select sno,cno,grade
    ->         from sc
    ->         where grade>80) as t
    -> where cno='1001';
+----------+------+-------+
| sno      | cno  | grade |
+----------+------+-------+
| 20200080 | 1001 |    84 |
+----------+------+-------+
1 row in set (0.00 sec)
```

图 7-105　主查询结果（7）

7.4.3 利用子查询插入、更新与删除数据

利用子查询操作查询数据是在主查询语句中嵌套一个子查询语句。实际上，利用子查询修改表中数据也是用嵌套在 update、insert 以及 delect 语句中的子查询进行数据的插入、删除与更新操作。

【例 7-61】 在 school 数据库中，创建表 student_01，其与表 student 的结构相同，将 student 表中专业为软件工程的数据记录添加至表 student_01 中。

（1）使用 school 数据库，并查看 sc 和 student 表的结构。

（2）基于表 student 创建表 student_01。执行如下 SQL 语句，创建新表 student_01 如图 7-106 所示。

```
create table student_01(sno char(10) primary key,sname varchar(20) not null,sex
varchar(4),age int,address varchaer(50),dept varchar(20));
```

```
mysql> create table student_01(sno char(10) primary key,sname varchar(20) not null,sex varchar(4),age int,address varcha
r(50),dept
varchar(20));
Query OK, 0 rows affected (0.02 sec)
```

图 7-106　创建新表 student_01

（3）查询 student 表中专业为软件工程的数据记录。执行如下 SQL 语句，查询结果如图 7-107 所示。

```
select *
from student
where dept='软件工程';
```

（4）利用子查询操作，添加图 7-107 所示 3 条数据记录至表 student_01 中。执行如下 SQL 语句，插入数据结果如图 7-108 所示。

```
insert into student_01
    (select *
     from student
     where dept='软件工程');
```

```
mysql> select *
    -> from student
    -> where dept='软件工程';
+----------+--------+-----+-----+----------------+----------+
| sno      | sname  | sex | age | address        | dept     |
+----------+--------+-----+-----+----------------+----------+
| 20200124 | 张南   | 男  |  21 | 哈尔滨市香坊区 | 软件工程 |
| 20201284 | 刘一童 | 男  |  22 | 哈尔滨市南岗区 | 软件工程 |
| 20201329 | 王云   | 男  |  18 | 沈阳市和平区   | 软件工程 |
+----------+--------+-----+-----+----------------+----------+
3 rows in set (0.00 sec)
```

图 7-107　查询结果

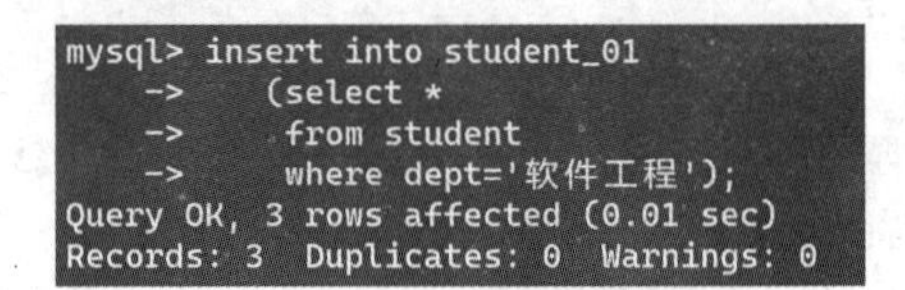

```
mysql> insert into student_01
    ->     (select *
    ->      from student
    ->      where dept='软件工程');
Query OK, 3 rows affected (0.01 sec)
Records: 3  Duplicates: 0  Warnings: 0
```

图 7-108　插入数据结果

（5）查询表 student_01 中的数据记录，验证利用子查询方法是否成功添加数据。执行如下 SQL 语句，student_01 表中的数据如图 7-109 所示。

```
select *
from student_01;
```

```
mysql> select *
    -> from student_01;
+----------+--------+-----+-----+----------------+----------+
| sno      | sname  | sex | age | address        | dept     |
+----------+--------+-----+-----+----------------+----------+
| 20200124 | 张南   | 男  |  21 | 哈尔滨市香坊区 | 软件工程 |
| 20201284 | 刘一童 | 男  |  22 | 哈尔滨市南岗区 | 软件工程 |
| 20201329 | 王云   | 男  |  18 | 沈阳市和平区   | 软件工程 |
+----------+--------+-----+-----+----------------+----------+
3 rows in set (0.00 sec)
```

图 7-109　student_01 表中的数据

7.5 运用正则表达式查询

在 MySQL 数据库中，使用 select 语句执行数据查询操作时，可以分为两种模式，分别是精准完全查询和模糊查询两种。前面主要介绍的是基于精准的限定条件进行完全查询。而对于模糊查询操作，除了 like 关键字的方式外，也可以使用正则表达式进行模糊匹配查询。

正则表达式查询更加强大与灵活，可以用于非常复杂的查询操作。本节将重点介绍 MySQL 数据库中常见的正则表达式匹配项以及使用正则表达式进行模糊查询的具体语法。

7.5.1 正则表达式概述

实际上，在计算机领域的很多操作中，都会出现正则表达式的身影。正则表达式用来匹配文本的特殊字符串。如果想从一个文本文件中提取 11 位的电话号码，可以使用正则表达式。如果需要在一个文本块中找到所有重复的单词，或者查询 URL 链接、邮箱账号等信息，也可以使用正则表达式。

在 MySQL 数据库中，使用 regexp 关键字来匹配查询需要的正则表达式。其语法格式如下。

```
select field1,field2,…,fieldn
from table_name
where field regexp'操作符';
```

上述代码中，where 子句中的 field 表示需要使用正则表达式匹配的字段名称；操作符表示指定正则表达式中的字符匹配模式。

7.5.2 MySQL 中的正则表达式模糊查询

1. 查询以特定字符串开头或结束的数据记录

在 MySQL 数据库中，可以使用^或者$查询以特定字符串开头和结束的数据记录。

【例 7-62】查询 school 数据库 student 表中姓徐的学生的学号、姓名以及年龄信息。

（1）使用 school 数据库，并查看 student 表的结构。

（2）使用正则表达式 regexp '^徐'查询姓徐的学生。执行如下 SQL 语句，正则表达式匹配结果（1）如图 7-110 所示。

```
select sno,sname,age
from student
where sname regexp '^徐';
```

```
mysql> select sno,sname,age
    -> from student
    -> where sname regexp '^徐';
+----------+--------+------+
| sno      | sname  | age  |
+----------+--------+------+
| 20201328 | 徐晨一 |   20 |
| 20201338 | 徐晨心 |   21 |
+----------+--------+------+
2 rows in set (0.02 sec)
```

图 7-110　正则表达式匹配结果（1）

结果显示，使用正则表达式可以取得和 like 关键字同样的效果。如果想要同时查找姓徐和姓李的学生信息，使用|将两个匹配项连接起来即可。执行如下 SQL 语句，正则表达式匹配结果（2）如图 7-111 所示。

```
select sno,sname,age
from student
where sname regexp '^徐|^张';
```

【例 7-63】查询 school 数据库 student 表中专业名以“技术”结尾的学生的学号、姓名以及专业信息。

（1）使用 school 数据库，并查看 student 表的结构。执行如下 SQL 语句，student 表的结构信息如图 7-112 所示。

```
use school;
desc student;
```

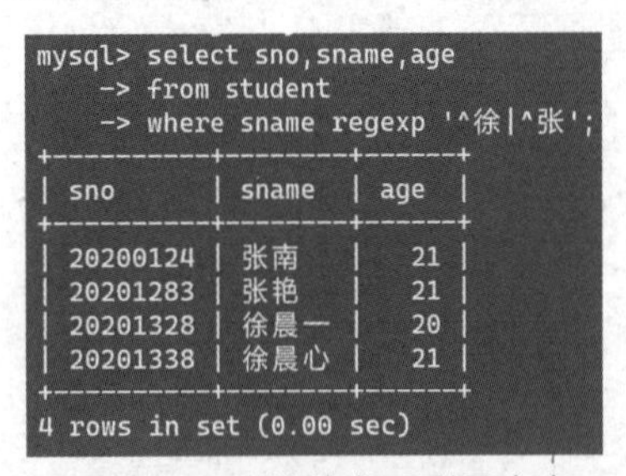

```
mysql> select sno,sname,age
    -> from student
    -> where sname regexp '^徐|^张';
+----------+--------+------+
| sno      | sname  | age  |
+----------+--------+------+
| 20200124 | 张南   |   21 |
| 20201283 | 张艳   |   21 |
| 20201328 | 徐晨一 |   20 |
| 20201338 | 徐晨心 |   21 |
+----------+--------+------+
4 rows in set (0.00 sec)
```

图 7-111　正则表达式匹配结果（2）

```
mysql> use school;
Database changed
mysql> desc student;
+---------+-------------+------+-----+---------+-------+
| Field   | Type        | Null | Key | Default | Extra |
+---------+-------------+------+-----+---------+-------+
| sno     | char(10)    | NO   | PRI | NULL    |       |
| sname   | varchar(20) | NO   |     | NULL    |       |
| sex     | varchar(4)  | YES  |     | NULL    |       |
| age     | int         | YES  |     | NULL    |       |
| address | varchar(50) | YES  |     | NULL    |       |
| dept    | varchar(20) | YES  |     | NULL    |       |
+---------+-------------+------+-----+---------+-------+
6 rows in set (0.00 sec)
```

图 7-112　student 表的结构信息

（2）使用正则表达式 regexp '技术$'查询专业名以“技术”结尾的学生信息。执行如下 SQL 语句，正则表达式匹配结果（3）如图 7-113 所示。

```
select sno,sname,dept
from student
where dept regexp'技术$';
```

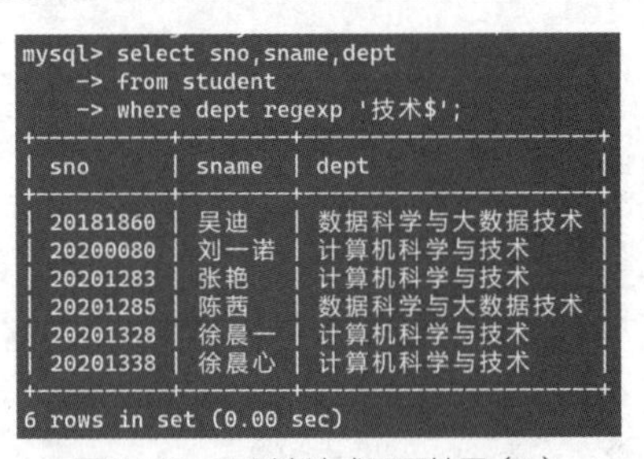

```
mysql> select sno,sname,dept
    -> from student
    -> where dept regexp '技术$';
+----------+--------+--------------------+
| sno      | sname  | dept               |
+----------+--------+--------------------+
| 20181860 | 吴迪   | 数据科学与大数据技术 |
| 20200080 | 刘一诺 | 计算机科学与技术     |
| 20201283 | 张艳   | 计算机科学与技术     |
| 20201285 | 陈茜   | 数据科学与大数据技术 |
| 20201328 | 徐晨一 | 计算机科学与技术     |
| 20201338 | 徐晨心 | 计算机科学与技术     |
+----------+--------+--------------------+
6 rows in set (0.00 sec)
```

图 7-113　正则表达式匹配结果（3）

2．查询匹配特定字符的数据记录

在 MySQL 数据库中，可以使用.、*或者+查询匹配特定字符的数据记录。

【例 7-64】在 school 数据库中，查询 student 表姓名以“徐”开头、以“一”结束的学生的学号与姓名信息。

（1）使用 school 数据库，并查看 student 表的结构。

（2）使用正则表达式 regexp '^徐.一$'查询姓名为徐某一的学生信息。执行如下 SQL 语句，正则表达式匹配结果（4）如图 7-114 所示。

```
select sno,sname
from student
where sname regexp'^徐.一$';
```

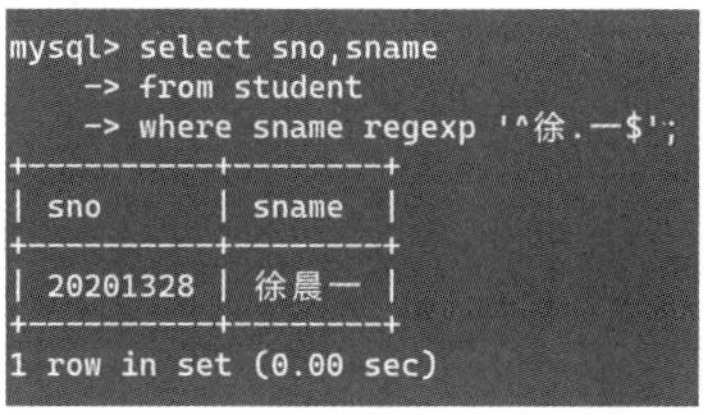

```
mysql> select sno,sname
    -> from student
    -> where sname regexp '^徐.一$';
+----------+--------+
| sno      | sname  |
+----------+--------+
| 20201328 | 徐晨一 |
+----------+--------+
1 row in set (0.00 sec)
```

图7-114　正则表达式匹配结果（4）

3．查询匹配特定字符串的数据记录

在 MySQL 数据库中，可以使用<字符串>、字符串{*n*,}或者字符串{*n*,*m*}查询匹配特定字符串的数据记录。

【例 7-65】在 school 数据库中，查询 course 表中课程号满足首位为 1、结尾为 2、0 的个数可以是一个或两个要求的课程号和课程名。

（1）使用 school 数据库，并查看 course 表的结构。

（2）使用正则表达式 refexp '10{1,2}2'查询满足课程号条件的课程信息。执行如下 SQL 语句，正则表达式匹配结果（5）如图 7-115 所示。

```
select cno,cname
from course
where cno regexp '10{1,2}2';
```

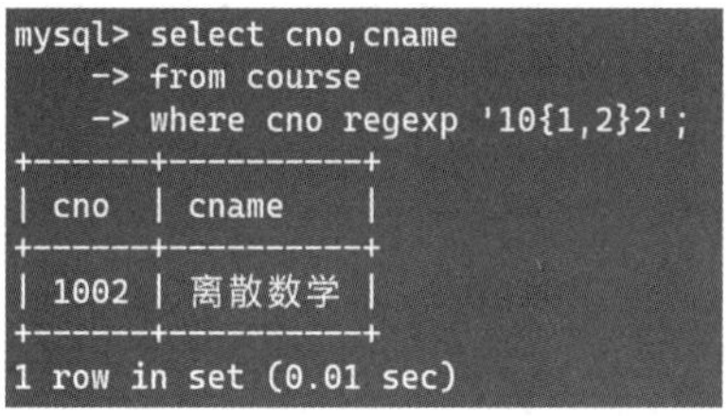

```
mysql> select cno,cname
    -> from course
    -> where cno regexp '10{1,2}2';
+------+----------+
| cno  | cname    |
+------+----------+
| 1002 | 离散数学 |
+------+----------+
1 row in set (0.01 sec)
```

图7-115　正则表达式匹配结果（5）

4．查询匹配特定集合之一的数据记录

在 MySQL 数据库中，可以使用[字符集合]或者[^字符集合]查询匹配特定集合之一的数据记录。

【例 7-66】在 school 数据库中，查询 course 表中课程号最后一位为 1、2 或 3 的课程号及课程名。

（1）使用 school 数据库，并查看 course 表的结构。

（2）使用正则表达式 regexp '100[123]$'查询满足课程号条件的课程信息。执行如下 SQL 语句，正则表达式匹配结果（6）如图 7-116 所示。

```
select cno,cname
from course
where cno regexp '100[123]$';
```

上述示例使用集合来定义要匹配的一个或多个字符。例如，匹配数字 0 到 9 的集合表示为[0123456789]，为简化这种类型的集合，可使用-来定义一个范围。因此，集合[0123456789]可以表示为[0-9]。范围不一定是数值，如[a-z]可以匹配任意小写字母。

因此，上述示例中的正则表达式可以简化为 where cno regexp '100[1-3]$'。执行如下 SQL 语句，正则表达式匹配结果（7）如图 7-117 所示。

```
select cno,cname
from course
where cno regexp '100[1-3]$';
```

```
mysql> select cno,cname
    -> from course
    -> where cno regexp '100[123]$';
+------+------------------+
| cno  | cname            |
+------+------------------+
| 1001 | 高等数学         |
| 1002 | 离散数学         |
| 1003 | 高级程序设计语言 |
+------+------------------+
3 rows in set (0.00 sec)
```

图7-116　正则表达式匹配结果（6）

```
mysql> select cno,cname
    -> from course
    -> where cno regexp '100[1-3]$';
+------+------------------+
| cno  | cname            |
+------+------------------+
| 1001 | 高等数学         |
| 1002 | 离散数学         |
| 1003 | 高级程序设计语言 |
+------+------------------+
3 rows in set (0.00 sec)
```

图7-117　正则表达式匹配结果（7）

7.6 应用示例：复杂的数据查询操作

示例要求：登录 MySQL，基于第 4 章创建的 school 数据库，第 5 章创建的 student 表、sc 表以及 course 表，使用单表查询、连接查询、函数查询、正则表达式模糊查询以及子查询方法对 school 数据库中的数据进行相应的查询操作。

其实现过程如下所示。

（1）成功登录 MySQL，如图 7-118 所示。

```
Enter password: ******
Welcome to the MySQL monitor.  Commands end with ; or \g.
Your MySQL connection id is 16
Server version: 8.0.33 MySQL Community Server - GPL
```

图7-118　成功登录 MySQL

（2）使用 school 数据库，查看 student 表、sc 表以及 course 表的结构。

（3）单表查询操作。

① 查询年龄大于 20 岁的学生的学号、姓名以及年龄信息，并按照年龄降序排列。执行如下 SQL 语句，查询结果（1）如图 7-119 所示。

```
select sno,sname,age
from student
where age>20
order by age desc;
```

② 查询学生的课程号信息，按照课程号进行分组，并统计各门课程的学生人数。执行如下 SQL 语句，查询结果（2）如图 7-120 所示。

```
select count(cno)
from sc
group by cno;
```

```
mysql> select sno,sname,age
    -> from student
    -> where age>20
    -> order by age desc;
+----------+--------+-----+
| sno      | sname  | age |
+----------+--------+-----+
| 20181860 | 吴迪   |  23 |
| 20201285 | 陈茜   |  23 |
| 20200080 | 刘一诺 |  22 |
| 20201284 | 刘一童 |  22 |
| 20200124 | 张南   |  21 |
| 20201283 | 张艳   |  21 |
| 20201338 | 徐晨心 |  21 |
+----------+--------+-----+
7 rows in set (0.01 sec)
```

图7-119　查询结果（1）

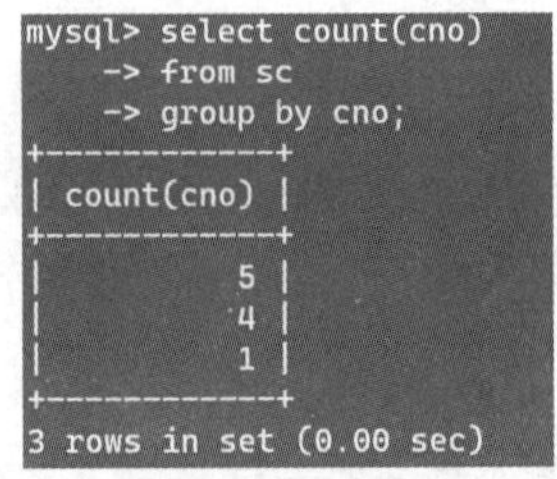

```
mysql> select count(cno)
    -> from sc
    -> group by cno;
+------------+
| count(cno) |
+------------+
|          5 |
|          4 |
|          1 |
+------------+
3 rows in set (0.00 sec)
```

图7-120　查询结果（2）

③ 统计各门课程的学生人数以及学生学号，并按照课程号进行分组。执行如下 SQL 语句，查询结果（3）如图 7-121 所示。

```
select cno,count(cno),group_count(sno)
from sc
group by cno;
```

```
mysql> select cno,count(cno),group_concat(sno)
    -> from sc
    -> group by cno;
+------+------------+----------------------------------------------+
| cno  | count(cno) | group_concat(sno)                            |
+------+------------+----------------------------------------------+
| 1001 |          5 | 20181860,20200080,20201283,20201284,20201285 |
| 1002 |          4 | 20200080,20200124,20201283,20201284          |
| 1003 |          1 | 20201284                                     |
+------+------------+----------------------------------------------+
3 rows in set (0.00 sec)
```

图7-121 查询结果（3）

④ 查询具有先行课程的课程号、课程名信息，只显示其中的两条查询结果。执行如下 SQL 语句，查询结果（4）如图 7-122 所示。

```
select cno,cname
from course
where cpno is null
limit 2;
```

（4）连接查询操作。

① 查询课程名为离散数学的课程号与所有选择该课程的学生的成绩。执行如下 SQL 语句，连接查询结果（1）如图 7-123 所示。

```
select sc.cno,sc.grade
from course inner join sc on course.cno=sc.cno
where cname='离散数学';
```

```
mysql> select cno,cname
    -> from course
    -> where cpno is not null
    -> limit 2;
+------+----------------+
| cno  | cname          |
+------+----------------+
| 1002 | 离散数学       |
| 1004 | 数据结构与算法 |
+------+----------------+
2 rows in set (0.01 sec)
```

图7-122 查询结果（4）

```
mysql> select sc.cno,sc.grade
    -> from course inner join sc
    -> on course.cno=sc.cno
    -> where cname='离散数学';
+------+-------+
| cno  | grade |
+------+-------+
| 1002 |    85 |
| 1002 |    85 |
| 1002 |    82 |
| 1002 |    80 |
+------+-------+
4 rows in set (0.00 sec)
```

图7-123 连接查询结果（1）

② 利用左外连接的方式，查询所有成绩大于 73 分的学生的学号、姓名、专业以及成绩信息。执行如下 SQL 语句，连接查询结果（2）如图 7-124 所示。

```
select stu.sno,stu.sname,stu.dept,sc.grade
from student stu left outer join sc on stu.sno=sc.sno
where sc.grade>73;
```

③ 查询所有成绩大于 80 分的学生的学号、课程号、课程名以及成绩。执行如下 SQL 语句，连接查询结果（3）如图 7-125 所示。

```
select student.sno,sc,grade,course.cno,cname
from sc inner join student on sc.sno=student.sno
inner join course on sc.cno=course.cno
where grade>80;
```

```
mysql> select stu.sno,stu.sname,stu.dept,sc.grade
    -> from student stu left outer join sc
    -> on stu.sno=sc.sno
    -> where sc.grade>73;
+----------+--------+--------------------+-------+
| sno      | sname  | dept               | grade |
+----------+--------+--------------------+-------+
| 20181860 | 吴迪   | 数据科学与大数据技术 |    79 |
| 20200080 | 刘一诺 | 计算机科学与技术     |    84 |
| 20201284 | 刘一童 | 软件工程             |    75 |
| 20200080 | 刘一诺 | 计算机科学与技术     |    85 |
| 20200124 | 张南   | 软件工程             |    85 |
| 20201283 | 张艳   | 计算机科学与技术     |    82 |
| 20201284 | 刘一童 | 软件工程             |    80 |
| 20201284 | 刘一童 | 软件工程             |    85 |
+----------+--------+--------------------+-------+
8 rows in set (0.00 sec)
```

图7-124　连接查询结果（2）

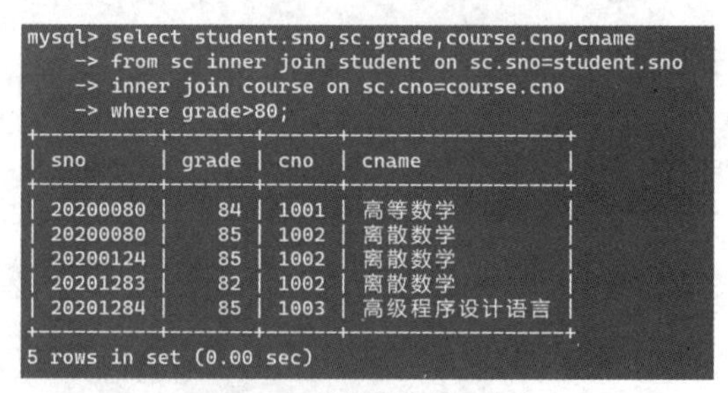

```
mysql> select student.sno,sc.grade,course.cno,cname
    -> from sc inner join student on sc.sno=student.sno
    -> inner join course on sc.cno=course.cno
    -> where grade>80;
+----------+-------+------+------------------+
| sno      | grade | cno  | cname            |
+----------+-------+------+------------------+
| 20200080 |    84 | 1001 | 高等数学         |
| 20200080 |    85 | 1002 | 离散数学         |
| 20200124 |    85 | 1002 | 离散数学         |
| 20201283 |    82 | 1002 | 离散数学         |
| 20201284 |    85 | 1003 | 高级程序设计语言 |
+----------+-------+------+------------------+
5 rows in set (0.00 sec)
```

图7-125　连接查询结果（3）

（5）函数查询操作。

① 计算出每门课程的平均成绩，并按照课程号升序排列。执行如下 SQL 语句，函数查询结果（1）如图 7-126 所示。

```
select cno,avg(grade)
from sc
group by cno;
```

② 计算每门课程的最高成绩与最低成绩，并按照课程号升序排列。执行如下 SQL 语句，函数查询结果（2）如图 7-127 所示。

```
select cno,max(grade),min(grade)
from sc
group by cno;
```

③ 选择适当的日期和时间函数，返回 2023 年 7 月 15 日中关于年、月、周的序数。执行如下 SQL 语句，函数查询结果（3）如图 7-128 所示。

```
select dayofyear('2023-07-07'),
       dayofmonth('2023-07-07'),
       dayofweek ('2023-07-07');
```

```
mysql> select cno,avg(grade)
    -> from sc
    -> group by cno;
+------+------------+
| cno  | avg(grade) |
+------+------------+
| 1001 |       76.2 |
| 1002 |         83 |
| 1003 |         85 |
+------+------------+
3 rows in set (0.00 sec)
```

图7-126　函数查询结果（1）

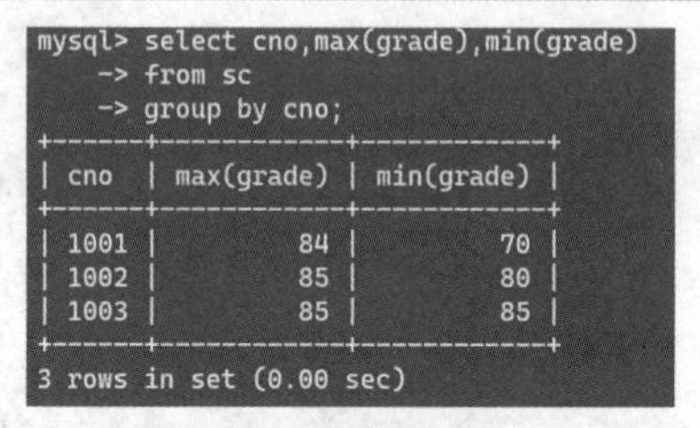

```
mysql> select cno,max(grade),min(grade)
    -> from sc
    -> group by cno;
+------+------------+------------+
| cno  | max(grade) | min(grade) |
+------+------------+------------+
| 1001 |         84 |         70 |
| 1002 |         85 |         80 |
| 1003 |         85 |         85 |
+------+------------+------------+
3 rows in set (0.00 sec)
```

图7-127　函数查询结果（2）

```
mysql>  select dayofyear('2023-07-07'),dayofmonth('2023-07-07'),dayofweek('2023-07-07');
+-------------------------+--------------------------+-------------------------+
| dayofyear('2023-07-07') | dayofmonth('2023-07-07') | dayofweek('2023-07-07') |
+-------------------------+--------------------------+-------------------------+
|                     188 |                        7 |                       6 |
+-------------------------+--------------------------+-------------------------+
1 row in set (0.00 sec)
```

图7-128　函数查询结果（3）

④ 选择适当的函数将字符串“我爱你祖国”中的“祖国”替换为“家乡”。执行如下 SQL 语句，函数查询结果（4）如图 7-129 所示。

```
select replace('我爱你祖国', '祖国', '家乡');
```

（6）正则表达式模糊查询操作。

① 查询学号中出现 2018 或 2020 数字的学生所有信息。执行如下 SQL 语句，模糊查询结果（1）如图 7-130 所示。

```
select *
from student
where sno regexp '2020|2018';
```

```
mysql> select replace('我爱你祖国','祖国','家乡');
+-------------------------------------+
| replace('我爱你祖国','祖国','家乡') |
+-------------------------------------+
| 我爱你家乡                          |
+-------------------------------------+
1 row in set (0.00 sec)
```

图7-129 函数查询结果（4）

```
mysql> select *
    -> from student
    -> where sno regexp '2020|2018';
+----------+--------+-----+-----+----------------+----------------------+
| sno      | sname  | sex | age | address        | dept                 |
+----------+--------+-----+-----+----------------+----------------------+
| 20181860 | 吴迪   | 男  |  23 | 哈尔滨市道里区 | 数据科学与大数据技术 |
| 20200080 | 刘一诺 | 女  |  22 | 沈阳市皇姑区   | 计算机科学与技术     |
| 20200124 | 张南   | 男  |  21 | 哈尔滨市香坊区 | 软件工程             |
| 20201283 | 张艳   | 男  |  21 | 哈尔滨市道外区 | 计算机科学与技术     |
| 20201284 | 刘一童 | 男  |  22 | 哈尔滨市南岗区 | 软件工程             |
| 20201285 | 陈茜   | 女  |  23 | 长春市绿园区   | 数据科学与大数据技术 |
| 20201328 | 徐晨一 | 男  |  20 | 长春市南湖区   | 计算机科学与技术     |
| 20201329 | 王云   | 男  |  18 | 沈阳市和平区   | 软件工程             |
| 20201338 | 徐晨心 | 女  |  21 | 沈阳市大东区   | 计算机科学与技术     |
+----------+--------+-----+-----+----------------+----------------------+
9 rows in set (0.01 sec)
```

图7-130 模糊查询结果（1）

② 查询年龄以数字 1 结尾的学生所有信息。执行如下 SQL 语句，模糊查询结果（2）如图 7-131 所示。

```
select *
from student
where age regexp '1$';
```

（7）子查询操作。

① 查询 sc 表中所有比 1001 课程成绩都高的学生的学号、姓名、课程号与成绩。执行如下 SQL 语句，子查询结果（1）如图 7-132 所示。

```
select student.sno,sname,sc.cno,grade
from sc inner join student on sc.sno=student.sno
where grade>all
     (select grade from sc where cno='1001');
```

```
mysql> select *
    -> from student
    -> where age regexp '1$';
+----------+--------+-----+-----+----------------+------------------+
| sno      | sname  | sex | age | address        | dept             |
+----------+--------+-----+-----+----------------+------------------+
| 20200124 | 张南   | 男  |  21 | 哈尔滨市香坊区 | 软件工程         |
| 20201283 | 张艳   | 男  |  21 | 哈尔滨市道外区 | 计算机科学与技术 |
| 20201338 | 徐晨心 | 女  |  21 | 沈阳市大东区   | 计算机科学与技术 |
+----------+--------+-----+-----+----------------+------------------+
3 rows in set (0.00 sec)
```

图7-131 模糊查询结果（2）

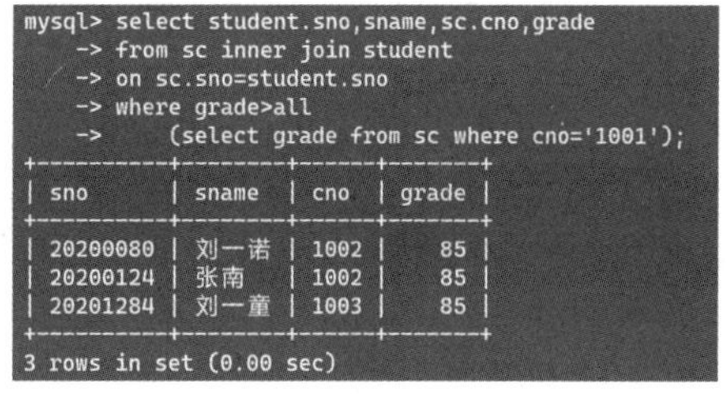

```
mysql> select student.sno,sname,sc.cno,grade
    -> from sc inner join student
    -> on sc.sno=student.sno
    -> where grade>all
    ->      (select grade from sc where cno='1001');
+----------+--------+------+-------+
| sno      | sname  | cno  | grade |
+----------+--------+------+-------+
| 20200080 | 刘一诺 | 1002 |    85 |
| 20200124 | 张南   | 1002 |    85 |
| 20201284 | 刘一童 | 1003 |    85 |
+----------+--------+------+-------+
3 rows in set (0.00 sec)
```

图7-132 子查询结果（1）

② 查询专业为计算机科学与技术的学生选择的课程号和名称。执行如下 SQL 语句，子查询结果（2）如图 7-133 所示。

```
select cno,cname
from course
where cno in
   (select cno from sc where sno in
        (select sno from student where dept='计算机科学与技术'));
```

```
mysql> select cno,cname
    -> from course
    -> where cno in
    ->    (select cno from sc where sno in
    ->         (select sno from student where dept='计算机科学与技术'));
+------+----------+
| cno  | cname    |
+------+----------+
| 1001 | 高等数学 |
| 1002 | 离散数学 |
+------+----------+
2 rows in set (0.00 sec)
```

图7-133 子查询结果（2）

本章小结

本章主要介绍了在 MySQL 数据库中如何使用 SQL 语句查询表中特定数据记录。

具体在 7.1 节主要介绍了单表查询操作，这种查询方式相对来说较为简单。7.2 节主要介绍连接查询操作，这种查询方式在实际生活中应用最多，该节主要从关系、内连接、外连接、交叉连接、多表连接以及合并多个结果集这几个方面进行介绍。7.3 节主要介绍了运用函数查询，详细介绍了聚合函数、字符串函数、数学函数、日期和时间函数以及其他函数的含义与相关操作。7.4 节主要介绍了子查询操作，使用子查询操作可以进一步改善连接查询性能较低的问题。7.5 节主要介绍了正则表达式模糊查询操作，当用户进行数据查询的限定条件不精确时，可以使用正则表达式的方法进行模糊查询。

通过对本章的学习，读者可以基于自身需求灵活地应用上述查询方法进行数据的复杂查询操作。

习　题

1. 选择题

1-1　在以下语句中，（　　）可以查询 student 表中所有学生名为空的记录。

A. select * from student where sname not null;　B. select * from student where sname is not null;

C. select * from student where sname null;　D. select * from student where sname is null;

1-2　下列在查询时为 customer 表中的字段 cname 设置别名为“姓名”的操作，正确的是（　　）。

A. select c_name=姓名 from customer;　B. select 姓名=cname from customer;

C. select 姓名 as cname from customer;　D. select cname as 姓名 from customer;

1-3　下列关于 SQL 中 having 子句的描述，错误的是（　　）。

A. having 子句应该与 group by 子句结合使用

B. having 子句与 group by 子句无关

C. 使用 where 子句的同时可以使用 having 子句

D. having 子句的作用是限定分组的条件

1-4　在 SQL 语句中，假如有连接是 table_1 inner join table_2，其中 table_1 和 table_2 是两个具有公共字段的表，这种连接生成的结果集（　　）。

A. 包括 table_1 中的所有数据记录，不包括 table_2 的不匹配数据记录

B. 包括 table_2 中的所有数据记录，不包括 table_1 的不匹配数据记录

C. 包括两个表的所有数据记录

D. 只包括 table_1 和 table_2 满足条件的数据记录

1-5　下列涉及通配符的操作，范围最大的是（　　）。

A. name like 'hgf#'　B. name like 'hgf_t%'　C. name like 'hgf%'　D. name like 'hgf_'

1-6　在 SQL 语句中，与 X between 20 and 30 等价的表达式是（　　）。

A. X>=20 and X<30　B. X>20 and X<30

C. X>20 and X<=30　D. X>=20 and X<=30

1-7　select 语句中使用（　　）关键字可以将重复数据记录屏蔽。

A. order by　B. having　C. top　D. distinct

1-8　下列关于 select * from city limit 5,10 的描述正确的是（　　）。

A. 获取第 6 条到第 10 条记录　B. 获取第 5 条到第 10 条记录

C. 获取第 6 条到第 15 条记录　D. 获取第 5 条到第 15 条记录

1-9 设有表示学生选课的3个表，学生表S(学号,姓名,性别,年龄,身份证号)，课程表C(课程号,课程名)，选课表SC(学号,课程号,成绩)，则表SC的关键字段（键或码）为（ ）。

A. 课程号,成绩　　B. 学号,成绩　　C. 学号,课程号　　D. 学号,姓名,成绩

1-10 下列关键字中，能实现表之间纵向连接的是（ ）。

A. inner join　　B. full join　　C. union all　　D. left join

2. 简答题

2-1 简述在MySQL数据库中，基于单表的简单查询的应用方式以及语法格式。

2-2 在连接操作当中，需要使两个或两个以上的表构成连接关系，连接条件一般在from或者where子句中指定。根据显示的查询结果，连接又可以分为内连接、外连接以及交叉连接。请简述这几种连接方式在查询结果方面的差异。

2-3 子查询操作可以实现和连接查询同样的功能。根据子查询放置的位置不同，可以将子查询分为两类，请简述这两类子查询方式在返回结果方面的一些区别。

3. 上机操作

要求：登录MySQL，基于上一章创建的“供应”数据库以及“供应商”表、“工程”表、“零件”表、“供应”表，使用select语句对“供应”数据库中的数据进行查询操作。

（1）查询所有供应商名和供应商地址。

（2）查询颜色为棕色的零件编号、零件名以及颜色。

（3）查询使用供应商s004所供应零件的工程编号。

（4）查询工程p002使用的各种零件的名称及数量。

（5）查询供应商s001供应的所有零件的编号和名称，且要求无重复值存在。

（6）查询联系电话以133开头的供应商编号、供应商名以及联系电话（两种方式：正则表达式、like关键字）。

（7）查询没有使用零件g001和g002的工程编号、工程名以及地址（子查询）。

（8）查询使用供应商s001生产的棕色零件的工程编号。

（9）查询工程p001使用的所有零件的编号，以及各零件的数量，并按零件数量升序排列。

第8章 视图和索引

视图是从一个或者多个数据表中导出来的表，是一种虚拟表。视图可以使用户的操作更方便，保障数据库系统的安全性。索引是一种特殊的数据库结构，可以用来快速查询数据表中的特定记录，提高数据库性能。MySQL 中，所有的数据类型都可以被索引。

本章学习目标

（1）理解视图的概念与作用。

（2）掌握视图的基本操作。

（3）理解索引的含义和特点，以及索引的分类。

（4）掌握索引的创建和删除。

8.1 视图概述

8.1.1 视图的概念

视图

视图为不同用户定义的不同虚拟表，把数据对象限制在一定的范围内。也就是说，通过视图把要保密的数据对无权存取的用户隐藏起来，从而自动对数据提供一定程度的保护。

视图是一种虚拟表，其内容由查询定义。同数据表一样，视图包含一系列带有名称的列和行数据。视图在数据库中并不是以数据存储集形式存在的，除非是索引视图。视图中的行和列数据来自定义视图的查询所引用的数据表，并且在引用时动态生成。

对其中所引用的数据表来说，视图的作用类似于筛选。定义视图的筛选可以来自当前或其他数据库的一个或多个表，或者其他视图。分布式查询也可用于定义使用多个异类源数据的视图。例如，如果有多台不同的服务器分别存储某单位在不同地区的数据，而需要将这些服务器上结构相似的数据组合起来，分布式查询定义视图的方式就很有用。

视图通常用来集中、简化和自定义每个用户对数据库的不同认识。视图可用作安全机制，方法是允许用户通过视图访问数据，而不授予用户直接访问视图关联的数据表的权限。视图可用于提供向后兼容接口来模拟曾经存在但其架构已更改的数据表。

8.1.2 视图的作用

视图通常应用在某些查询频繁，而且查询过程中涉及不同数据表之间的记录的场景，如果每次都要使用查询语句，就会比较麻烦，此时根据查询定义一个视图，就可以避免每次都写查询语句。直接作用于视图，可以大大提高查询和操作的效率。

1．视图的作用

（1）视图隐藏了底层表的结构，简化了数据访问操作，客户端不再需要知道底层表的结构及它们之间的关系。

（2）视图提供了一个统一访问数据的接口（允许用户通过视图访问数据，而不授予用户直接访问底层表的权限）。

（3）提高了安全性，用户只能看到视图所显示的数据。

（4）可以嵌套，一个视图中可以嵌套另一个视图。

2．视图的优缺点

（1）优点

① 简单：视图不仅可以简化用户对数据的理解，也可以简化用户的操作。那些经常使用的查询可以被定义为视图，从而使用户不必为以后的操作每次都指定全部的条件。

② 安全：通过视图，用户只能查询和修改他们所能见到的数据，对于数据库中的其他数据，用户则既看不见也取不到。数据库授权命令可以使每个用户对数据库的检索限制到特定的数据库对象上，但不能授权到数据库特定的行和特定的列上。通过视图，用户的查询可以被限制在数据的不同子集上。

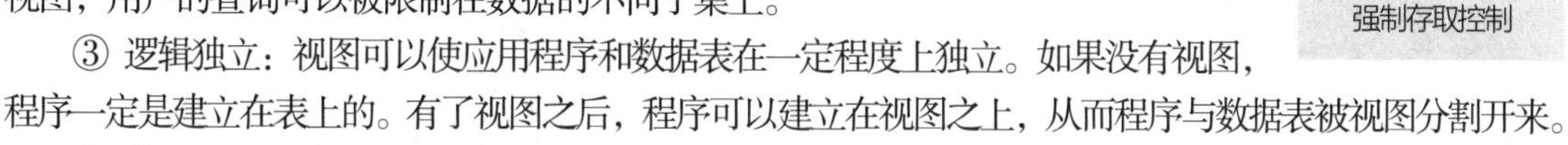

强制存取控制

③ 逻辑独立：视图可以使应用程序和数据表在一定程度上独立。如果没有视图，程序一定是建立在表上的。有了视图之后，程序可以建立在视图之上，从而程序与数据表被视图分割开来。

④ 管理权限：第 11 章会讲权限管理，该权限管理只能管理到数据表层面的数据操作，而视图却可以将管理权限精确到列，通过视图，可以规定符合条件的列显示给用户。

（2）缺点

① 性能：如果查询涉及的视图是基于其他视图创建的，那么查询效率会降低。

② 修改限制：当创建视图所依赖的数据表结构发生变化时，涉及该数据表的视图也应做相应的修改。如果涉及视图的嵌套，那么修改起来会很麻烦。

8.2 创建视图

8.2.1 创建视图的语法格式

MySQL 中，可以使用 SQL 语句 create view 创建视图，其语法格式如下。

```
create [algorithm ={undefined|merge|temptable}]view 视图名[(字段1,字段2,…,字段n)]
as select 语句
[with [cascaded|local] check option];
```

上述代码中，algorithm（可选）表示视图选择的算法，包含 3 个可选参数。

（1）undefined 表示 MySQL 将自动选择要使用的算法。

（2）merge 表示将使用视图的语句与视图定义合并起来，使得视图定义的某一部分取代语句的对应部分。

（3）temptable 表示将视图的结果存入临时表，然后使用临时表执行语句。

如果没有定义 algorithm 子句，那么默认为 undefined，merge 算法要求视图中的数据记录和数据表的数据记录具有一一对应的关系，temptable 算法采用临时表的视图，查询结果不可以更新。

“视图名”参数表示要创建的视图的名称；“字段 1,字段 2,…,字段 *n*”是可选参数，其指定了视图中各个字段名，默认情况下与 select 语句中查询的字段相同。“select 语句”参数是一个完整的查询语句，表示从某个表或某些表中查出满足条件的记录，将这些记录导入视图中，with check option（可选），表示更新视图时要保证在该视图的权限范围之内，其有两个可选参数。

（1）cascaded 表示更新视图时要满足所有相关视图和表的条件，该参数为默认值。

（2）local 表示更新视图时，要满足该视图本身的定义。

使用 create view 语句创建视图时，最好加上 with check option 参数，这样，从视图上派生出来的新视图更新时便要考虑其父视图的约束条件。这种方式比较严格，可以保证数据的安全性。

通常情况下，只有数据库的所有者有权限创建视图，以及操作视图所涉及的数据表和其他视图。对其他用户来说，可以使用 select 语句查看是否有创建视图以及查询视图的权限，其语法格式如下。

```
select select_priv,create_view_priv from mysql.user where user='用户名';
```

上述代码中，select_priv 表示用户是否具有 select 权限，create_view_priv 表示用户是否具有 create view 权限，返回 Y 表示具有权限，返回 N 表示没有权限；mysql.user 表示 MySQL 数据库中的 user 表；“用户名”表示查询某指定用户是否拥有以上权限，该参数需要用单引号引起来。由于数据库系统中只有一个 root 用户，查询数据库系统中的用户如图 8-1 所示，所以针对创建及查询视图的权限只能查看 root 用户，查询 root 用户创建视图以及查询视图的权限如图 8-2 所示。

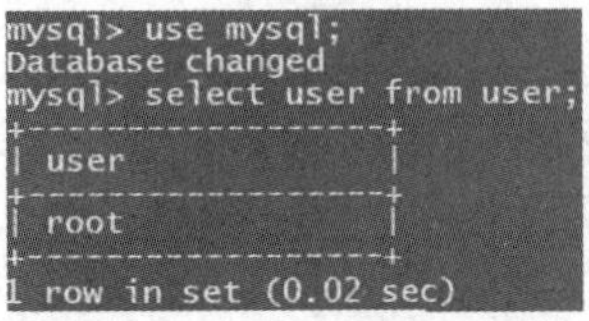

```
mysql> use mysql;
Database changed
mysql> select user from user;
+------------------+
| user             |
+------------------+
| root             |
+------------------+
1 row in set (0.02 sec)
```

图 8-1　查询数据库系统中的用户

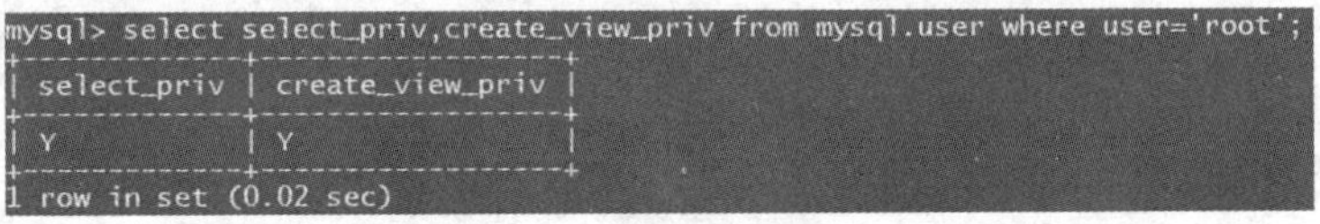

```
mysql> select select_priv,create_view_priv from mysql.user where user='root';
+-------------+------------------+
| select_priv | create_view_priv |
+-------------+------------------+
| Y           | Y                |
+-------------+------------------+
1 row in set (0.02 sec)
```

图 8-2　查询 root 用户创建视图以及查询视图的权限

8.2.2　在单表上创建视图

创建视图对象可以基于单个数据表，也可以基于多个数据表，下面先介绍基于单个数据表创建视图。

【例 8-1】基于数据表 student 创建视图 student_view。

```
create view student_view as select * from student;
```

代码运行成功后，查看视图 student_view 和表 student 的结构，创建视图 student_view 并查看该视图和表 student 的结构如图 8-3 所示。

【例 8-2】基于数据表 student 创建视图 student_view1，在该视图中体现出学生的学号、姓名和专业信息。

```
create view student_view1 as select sno,sname,dept from student;
```

代码运行成功后，查看视图 student_view1 的结构，创建视图 student_view1 并查看该视图的结构如图 8-4 所示。

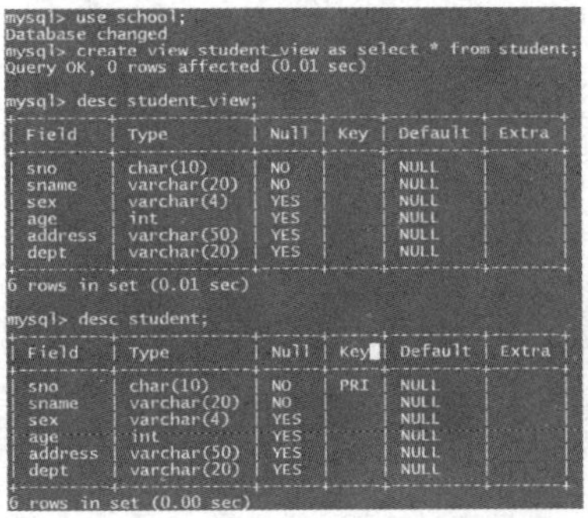

```
mysql> use school;
Database changed
mysql> create view student_view as select * from student;
Query OK, 0 rows affected (0.01 sec)

mysql> desc student_view;
+---------+-------------+------+-----+---------+-------+
| Field   | Type        | Null | Key | Default | Extra |
+---------+-------------+------+-----+---------+-------+
| sno     | char(10)    | NO   |     | NULL    |       |
| sname   | varchar(20) | NO   |     | NULL    |       |
| sex     | varchar(4)  | YES  |     | NULL    |       |
| age     | int         | YES  |     | NULL    |       |
| address | varchar(50) | YES  |     | NULL    |       |
| dept    | varchar(20) | YES  |     | NULL    |       |
+---------+-------------+------+-----+---------+-------+
6 rows in set (0.01 sec)

mysql> desc student;
+---------+-------------+------+-----+---------+-------+
| Field   | Type        | Null | Key | Default | Extra |
+---------+-------------+------+-----+---------+-------+
| sno     | char(10)    | NO   | PRI | NULL    |       |
| sname   | varchar(20) | NO   |     | NULL    |       |
| sex     | varchar(4)  | YES  |     | NULL    |       |
| age     | int         | YES  |     | NULL    |       |
| address | varchar(50) | YES  |     | NULL    |       |
| dept    | varchar(20) | YES  |     | NULL    |       |
+---------+-------------+------+-----+---------+-------+
6 rows in set (0.00 sec)
```

图 8-3　创建视图 student_view 并查看该视图和表 student 的结构

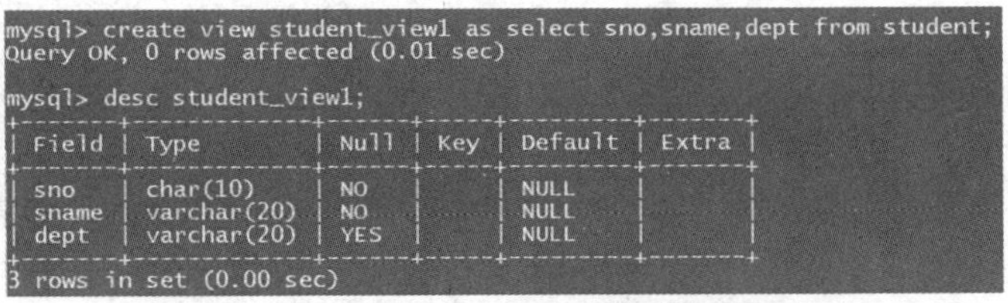

```
mysql> create view student_view1 as select sno,sname,dept from student;
Query OK, 0 rows affected (0.01 sec)

mysql> desc student_view1;
+-------+-------------+------+-----+---------+-------+
| Field | Type        | Null | Key | Default | Extra |
+-------+-------------+------+-----+---------+-------+
| sno   | char(10)    | NO   |     | NULL    |       |
| sname | varchar(20) | NO   |     | NULL    |       |
| dept  | varchar(20) | YES  |     | NULL    |       |
+-------+-------------+------+-----+---------+-------+
3 rows in set (0.00 sec)
```

图 8-4　创建视图 student_view1 并查看该视图的结构

通过以上两个例子可以看出，当创建视图的语句中没有规定视图的字段时，select 语句中规定查询哪些字段，视图中就会体现哪些字段；如果 select 语句中是*，体现在视图中的就是对应数据表的所有字段；如果 select 指定了字段，体现在视图中的就是 select 中指定的字段。

【例 8-3】基于数据表 student 创建视图 student_view2，规定视图的字段有学号、姓名、专业。

```
create view student_view2 (学号,姓名,专业)
as select sno,sname,dept from student;
```

代码运行成功后，查看视图 student_view2 的结构，创建视图 student_view2 并查看该视图的结构如图 8-5 所示。

```
mysql> create view student_view2(学号,姓名,专业) as select sno,sname,dept from student;
Query OK, 0 rows affected (0.01 sec)

mysql> desc student_view2;
+--------+-------------+------+-----+---------+-------+
| Field  | Type        | Null | Key | Default | Extra |
+--------+-------------+------+-----+---------+-------+
| 学号   | char(10)    | NO   |     | NULL    |       |
| 姓名   | varchar(20) | NO   |     | NULL    |       |
| 专业   | varchar(20) | YES  |     | NULL    |       |
+--------+-------------+------+-----+---------+-------+
3 rows in set (0.01 sec)
```

图 8-5　创建视图 student_view2 并查看该视图的结构

在创建视图 student_view2 时定义了视图中的学号、姓名和专业字段，和 select 语句中的字段个数相同，位置也是一一对应的。

8.2.3　在多表上创建视图

除了在单表上创建视图之外，也可以在两个或者两个以上的数据表上创建视图，同样用 create view 语句来实现。

【例 8-4】在数据表 student、sc 和 course 上创建视图 student_grade_view1，该视图能够反映出学生的学号、姓名、所学课程的课程名和成绩。

```
create view student_grade_view1(学号,姓名,课程名,成绩)
as select student.sno,sname,course.cname,grade from student,sc,course where
student.sno=sc.sno and course.cno=sc.cno
with local check option;
mysql> select * from student_ grade_ view1;
```

代码运行成功后，创建视图 student_grade_view1 如图 8-6 所示。

```
mysql> create view student_grade_view1(学号,姓名,课程名,成绩)
 as select student.sno,sname,course.cname,grade from student,
sc,course where student.sno=sc.sno and course.cno=sc.cno with
 local check option;
Query OK, 0 rows affected (0.35 sec)

mysql> select * from student_grade_view1;
+----------+--------+------------------+------+
| 学号     | 姓名   | 课程名           | 成绩 |
+----------+--------+------------------+------+
| 20181860 | 杨晓傲 | 高等数学         |   79 |
| 20200080 | 陈逸超 | 高等数学         |   84 |
| 20201283 | 张荣泽 | 高等数学         |   70 |
| 20201284 | 云天   | 高等数学         |   75 |
| 20201285 | 王林淇 | 高等数学         |   73 |
| 20200080 | 陈逸超 | 离散数学         |   85 |
| 20200124 | 王一纯 | 离散数学         |   85 |
| 20201283 | 张荣泽 | 离散数学         |   82 |
| 20201284 | 云天   | 离散数学         |   80 |
| 20201284 | 云天   | 高级程序设计语言 |   85 |
+----------+--------+------------------+------+
10 rows in set (0.00 sec)
```

图 8-6　创建视图 student_grade_view1

通过视图可以按需求从多个数据表中更直观地显示信息。

8.3 查看视图

8.3.1 采用 describe 语句查看视图的结构

查看视图是指查看数据库中已经存在的视图的结构。之前的章节中讲解过用 describe 语句查看数据表的结构。视图也是一个表，所以，同样可以使用 describe 语句来查看视图的结构，其基本语法格式如下。

```
describe 视图名;
```

或简写成

```
desc 视图名;
```

上述代码中，“视图名”参数是指要查看的视图的名称。

【例 8-5】查看视图 student_grade_view1 的定义。

```
describe student_grade_view1;
```

或

```
desc student_grade_view1;
```

代码运行结果，查看视图 student_grade_view1 的结构如图 8-7 所示。

```
mysql> describe student_grade_view1;
+----------+-------------+------+-----+---------+-------+
| Field    | Type        | Null | Key | Default | Extra |
+----------+-------------+------+-----+---------+-------+
| 学号     | char(10)    | NO   |     | NULL    |       |
| 姓名     | varchar(20) | NO   |     | NULL    |       |
| 课程名   | varchar(20) | NO   |     | NULL    |       |
| 成绩     | float       | YES  |     | NULL    |       |
+----------+-------------+------+-----+---------+-------+
4 rows in set (0.00 sec)
```

```
mysql> desc student_grade_view1;
+----------+-------------+------+-----+---------+-------+
| Field    | Type        | Null | Key | Default | Extra |
+----------+-------------+------+-----+---------+-------+
| 学号     | char(10)    | NO   |     | NULL    |       |
| 姓名     | varchar(20) | NO   |     | NULL    |       |
| 课程名   | varchar(20) | NO   |     | NULL    |       |
| 成绩     | float       | YES  |     | NULL    |       |
+----------+-------------+------+-----+---------+-------+
4 rows in set (0.00 sec)
```

图 8-7　查看视图 student_grade_view1 的结构

通过结果可以看出，用 describe 和 desc 查看视图的结构的结果是完全相同的，所以通常情况下使用 desc 代替 describe。

8.3.2 采用 show tables 语句查看视图

在 MySQL 中，show tables 语句不仅可以查看数据库中数据表的名字，显示的内容同时还包含视图的名称，其基本语法格式如下。

```
show tables;
```

【例 8-6】查看数据库 school 中的视图。

```
show tables;
```

代码运行结果，查看数据库 school 中已存在的视图如图 8-8 所示。

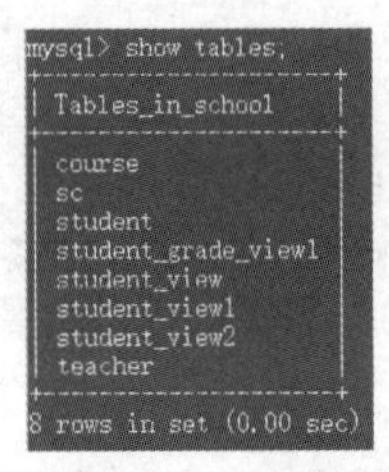

```
mysql> show tables;
+---------------------+
| Tables_in_school    |
+---------------------+
| course              |
| sc                  |
| student             |
| student_grade_view1 |
| student_view        |
| student_view1       |
| student_view2       |
| teacher             |
+---------------------+
8 rows in set (0.00 sec)
```

图 8-8　查看数据库 school 中已存在的视图

通过结果可以看出，show tables 语句不但可以显示数据库中已经存在的数据表，还可以显示出数据库中已经存在的视图。

8.3.3 采用 show table status 语句查看视图基本信息

在 MySQL 中，可以使用 show table status 语句来查看视图的基本信息，其基本语法格式如下。

```
show table status [ from 数据库名] like '视图名';
```

上述代码中，“from 数据库名”参数是指当查看的视图不在当前数据库中时，可以在不进入目标数据库的情况下直接用“from 数据库名”参数引入数据库；“视图名”参数是指要查看的视图的名称。

【例 8-7】查看视图 student_grade_view1 的基本信息。

```
show table status like 'student_grade_view1' \G
```

代码运行结果查看视图 student_grade_view1 的基本信息如图 8-9 所示。

通过结果可以看出，所有信息说明都是 null，只有表说明（Comment）是 view，说明查看的是视图，这也体现出视图是虚拟表，与普通的数据表不同。如果使用 create table status 语句查看数据表 student，查看数据表 student 的基本信息如图 8-10 所示。

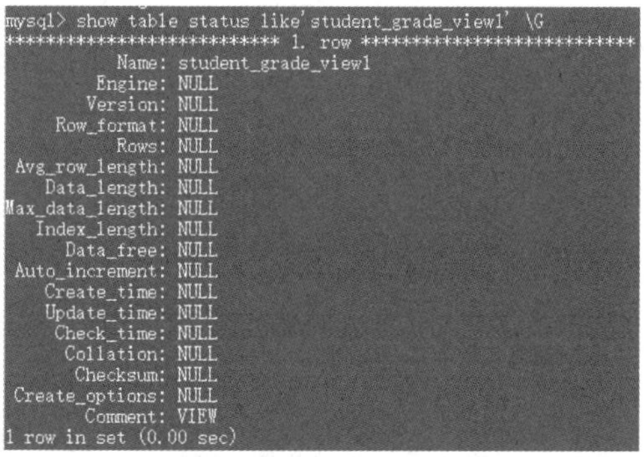

```
mysql> show table status like'student_grade_view1' \G
*************************** 1. row ***************************
           Name: student_grade_view1
         Engine: NULL
        Version: NULL
     Row_format: NULL
           Rows: NULL
 Avg_row_length: NULL
    Data_length: NULL
Max_data_length: NULL
   Index_length: NULL
      Data_free: NULL
 Auto_increment: NULL
    Create_time: NULL
    Update_time: NULL
     Check_time: NULL
      Collation: NULL
       Checksum: NULL
 Create_options: NULL
        Comment: VIEW
1 row in set (0.00 sec)
```

图 8-9 查看视图 student_grade_view1 的基本信息

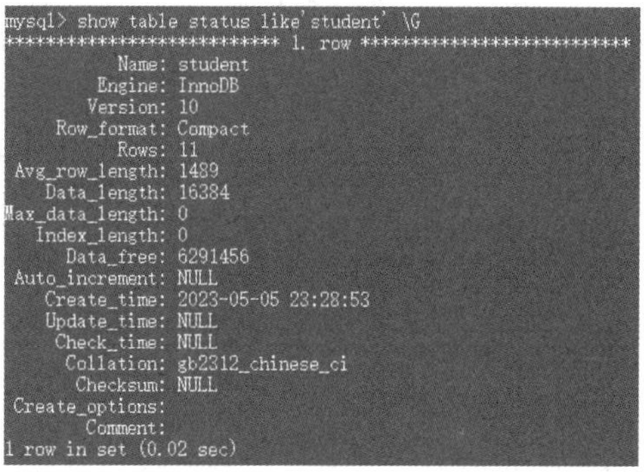

```
mysql> show table status like'student' \G
*************************** 1. row ***************************
           Name: student
         Engine: InnoDB
        Version: 10
     Row_format: Compact
           Rows: 11
 Avg_row_length: 1489
    Data_length: 16384
Max_data_length: 0
   Index_length: 0
      Data_free: 6291456
 Auto_increment: NULL
    Create_time: 2023-05-05 23:28:53
    Update_time: NULL
     Check_time: NULL
      Collation: gb2312_chinese_ci
       Checksum: NULL
 Create_options:
        Comment:
1 row in set (0.02 sec)
```

图 8-10 查看数据表 student 的基本信息

由于用该语句查看视图信息基本都是 null，没有其他的信息显示，所以这种方法很少使用。

8.3.4 采用 show create view 语句查看视图详细信息

在 MySQL 中，可以采用 show create view 语句查看视图详细信息，其基本语法格式如下。

```
show create view '视图名';
```

【例 8-8】查看视图 student_grade_view1 的详细信息。

```
show create view student_grade_view1 \G
```

代码运行结果，查看视图 student_grade_view1 的详细信息如图 8-11 所示。

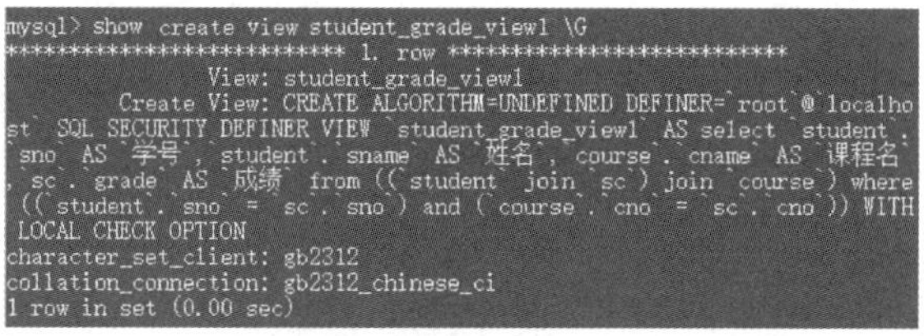

```
mysql> show create view student_grade_view1 \G
*************************** 1. row ***************************
                View: student_grade_view1
         Create View: CREATE ALGORITHM=UNDEFINED DEFINER=`root`@`localho
st` SQL SECURITY DEFINER VIEW `student_grade_view1` AS select `student`.
`sno` AS `学号`,`student`.`sname` AS `姓名`,`course`.`cname` AS `课程名`
,`sc`.`grade` AS `成绩` from ((`student` join `sc`) join `course`) where
((`student`.`sno` = `sc`.`sno`) and (`course`.`cno` = `sc`.`cno`)) WITH
 LOCAL CHECK OPTION
character_set_client: gb2312
collation_connection: gb2312_chinese_ci
1 row in set (0.00 sec)
```

图 8-11 查看视图 student_grade_view1 的详细信息

通过结果可以看出，视图详细信息包括视图的各个属性和字符集编码等信息。

8.3.5 在 views 表中查看视图详细信息

在 MySQL 中，所有的视图定义都存放在 information_schema 数据库下的数据表 views 中。可以通过对数据表 views 的查询来查看数据库中所有视图的详细信息，其基本语法格式如下。

```
select * from information_schema.views \G
```

代码运行结果，查询所有视图的详细信息如图 8-12 所示。由于数据库中存在的视图较多，因此只截取了一小部分进行呈现。

```
mysql> select * from information_schema.views \G
*************************** 102. row ***************************
       TABLE_CATALOG: def
        TABLE_SCHEMA: school
          TABLE_NAME: student_view1
     VIEW_DEFINITION: select `school`.`student`.`sno` AS `sno`,`school`.`student`.`sname` AS `sname`,`school`.`student`.`dept` AS `dept` from `school`.`student`
        CHECK_OPTION: NONE
        IS_UPDATABLE: YES
             DEFINER: root@localhost
       SECURITY_TYPE: DEFINER
CHARACTER_SET_CLIENT: utf8mb4
COLLATION_CONNECTION: utf8mb4_0900_ai_ci
*************************** 103. row ***************************
       TABLE_CATALOG: def
        TABLE_SCHEMA: school
          TABLE_NAME: student_view2
     VIEW_DEFINITION: select `school`.`student`.`sno` AS `sno`,`school`.`student`.`sname` AS `sname`,`school`.`student`.`dept` AS `dept` from `school`.`student`
        CHECK_OPTION: NONE
        IS_UPDATABLE: YES
             DEFINER: root@localhost
       SECURITY_TYPE: DEFINER
CHARACTER_SET_CLIENT: utf8mb4
COLLATION_CONNECTION: utf8mb4_0900_ai_ci
*************************** 104. row ***************************
       TABLE_CATALOG: def
        TABLE_SCHEMA: school
          TABLE_NAME: student_grade_view1
     VIEW_DEFINITION: select `school`.`student`.`sno` AS `sno`,`school`.`student`.`sname` AS `sname`,`school`.`course`.`cname` AS `cname`,`school`.`sc`.`grade` AS `grade` from `school`.`student` join `school`.`sc` join `school`.`course` where ((`school`.`student`.`sno` = `school`.`sc`.`sno`) and (`school`.`course`.`cno` = `school`.`sc`.`cno`))
        CHECK_OPTION: LOCAL
        IS_UPDATABLE: YES
             DEFINER: root@localhost
       SECURITY_TYPE: DEFINER
CHARACTER_SET_CLIENT: utf8mb4
```

图 8-12　查询所有视图的详细信息

通过结果可以看出，使用该语句查看的是数据库中所有视图的详细信息，不能针对某个视图来进行查看。

8.4 修改视图

修改视图是指对数据库中已经存在的视图进行修改。当视图不能满足需求时，可以通过修改视图进行视图的维护，或者当数据表的某些字段发生改变时，可以通过修改视图来保持视图和数据表的一致性。

8.4.1 采用 create or replace view 语句修改视图

在 MySQL 中，create or replace view 语句可以用来修改视图。它的用法相对灵活，当数据库中已经存在需要修改的视图时，该语句可修改视图；当数据库中不存在该视图时，则会创建视图。其基本语法格式如下。

```
create or replace [algorithm ={undefined|merge|temptable}]view 视图名[(字段1,字段2,…,字段n)]
as select 语句
[with [cascaded|local] check option];
```

上述代码中的参数与视图创建语句的参数是一样的。

【例 8-9】修改视图 student_grade_view1，令该视图显示成绩及格的学生的学号、姓名，选修课程的课程名、成绩，以及该门课程的学分。

```
create or replace view student_grade_view1(学号,姓名,课程名,成绩,学分)
as select student.sno,sname,course.cname,grade,course.credit from student,sc,course
where student.sno=sc.sno and course.cno=sc.cno and grade>=60
with check option;
mysql> select * from student_ grade_ view1;
```

代码运行结果修改视图 student_grade_view1 如图 8-13 所示。由例 8-5 可知，视图 student_grade_view1 中的字段有学号、姓名、课程名和成绩，通过 create or replace view 语句修改之后，增加了学分字段，同时对视图中的成绩字段加条件限定，只显示成绩大于或等于 60 分的学生的信息。

```
mysql> create or replace view student_grade_view1(学号,姓名,课程名,成绩,学分) as select
student.sno,sname,course.cname,grade,course.credit from student,sc,course where student.
sno=sc.sno and course.cno=sc.cno and grade>=60 with check option;
Query OK, 0 rows affected (0.01 sec)

mysql> select * from student_grade_view1;
+----------+--------+------------------+------+------+
| 学号     | 姓名   | 课程名           | 成绩 | 学分 |
+----------+--------+------------------+------+------+
| 20181860 | 吴迪   | 高等数学         |   79 |    5 |
| 20200080 | 刘一诺 | 高等数学         |   84 |    5 |
| 20201283 | 张艳   | 高等数学         |   70 |    5 |
| 20201284 | 刘一童 | 高等数学         |   75 |    5 |
| 20201285 | 陈茜   | 高等数学         |   73 |    5 |
| 20200080 | 刘一诺 | 离散数学         |   85 |    2 |
| 20200124 | 张南   | 离散数学         |   85 |    2 |
| 20201283 | 张艳   | 离散数学         |   82 |    2 |
| 20201284 | 刘一童 | 离散数学         |   80 |    2 |
| 20201284 | 刘一童 | 高级程序设计语言 |   85 |    2 |
+----------+--------+------------------+------+------+
10 rows in set (0.01 sec)
```

图 8-13 修改视图 student_grade_view1

8.4.2 采用 alter 语句修改视图

在 MySQL 中，alter 语句可以用来修改视图，其基本语法格式如下。

```
alter [algorithm ={undefined|merge|temptable}]view 视图名[(字段1,字段2,…,字段n)]
as select 语句
[with [cascaded|local] check option];
```

上述代码中的参数与视图创建语句的参数一致。

【例 8-10】修改视图 student_view，令该视图仅显示计算机科学与技术专业的学生信息。

```
alter view student_view
    as select * from student where dept='计算机科学与技术'
with check option;
mysql> select * from student_ view;
```

修改前的视图 student_view 中的信息如图 8-14 所示包含数据表 student 中的所有专业学生的信息，但是通过 alter 语句修改后，修改后的视图 student_view 中的信息如图 8-15 所示，该视图仅显示计算机科学与技术专业的学生信息。

```
mysql> select * from student_view;
+----------+--------+------+-----+----------------+--------------------+
| sno      | sname  | sex  | age | address        | dept               |
+----------+--------+------+-----+----------------+--------------------+
| 20181860 | 杨晓微 | 男   |  23 | 哈尔滨市道里区 | 数据科学与大数据技术 |
| 20200080 | 陈逸超 | 男   |  22 | 沈阳市皇姑区   | 计算机科学与技术   |
| 20200124 | 王一纯 | 男   |  21 | 哈尔滨市香坊区 | 软件工程           |
| 20201283 | 张荣泽 | 男   |  21 | 哈尔滨市道外区 | 计算机科学与技术   |
| 20201284 | 云天   | 男   |  22 | 哈尔滨市南岗区 | 软件工程           |
| 20201285 | 王栎淇 | 女   |  23 | 长春市绿园区   | 数据科学与大数据技术 |
| 20201328 | 王海权 | 男   |  20 | 长春市南湖区   | 计算机科学与技术   |
| 20201329 | 王冠男 | 男   |  18 | 沈阳市和平区   | 软件工程           |
| 20201338 | 王文泽 | 男   |  21 | 沈阳市大东区   | 计算机科学与技术   |
| 20210910 | 李响   | NULL |  20 | NULL           | NULL               |
| 20210920 | 张鑫   | NULL |  20 | NULL           | NULL               |
+----------+--------+------+-----+----------------+--------------------+
11 rows in set (0.00 sec)
```

图 8-14 修改前的视图 student_view 中的信息

```
mysql> alter view student_view
    -> as select * from student where dept='计算机科学与技术'
    -> with check option;
Query OK, 0 rows affected (0.01 sec)

mysql> select * from student_view;
+----------+--------+-----+-----+------------------+------------------+
| sno      | sname  | sex | age | address          | dept             |
+----------+--------+-----+-----+------------------+------------------+
| 20200080 | 刘一诺 | 女  |  22 | 沈阳市皇姑区     | 计算机科学与技术 |
| 20201283 | 张艳   | 男  |  21 | 哈尔滨市道外区   | 计算机科学与技术 |
| 20201328 | 徐晨一 | 男  |  20 | 长春市南湖区     | 计算机科学与技术 |
| 20201338 | 徐晨心 | 女  |  21 | 沈阳市大东区     | 计算机科学与技术 |
+----------+--------+-----+-----+------------------+------------------+
4 rows in set (0.00 sec)
```

图 8-15　修改后的视图 student_view 中的信息

8.5 更新视图

由于视图是一张虚拟表，表内没有数据，所以更新视图都会转换成对数据表的更新。更新视图是指通过视图来插入、更新和删除表中的数据。更新视图时，只能更新权限范围内的数据，超出权限范围则不能更新。

【例 8-11】在视图 student_view 中进行更新。插入记录“('20211340','田野','男',21,null,'计算机科学与技术')”。

```
insert into student_view values( '20211340','田野','男',21,null,'计算机科学与技术');
mysql> select * from student_ view;
```

代码运行结果，向视图 student_view 中插入一条记录如图 8-16 所示。

```
mysql> insert into student_view values('20211340','田野','男',21,null,'计算机科学与技术');
Query OK, 1 row affected (0.00 sec)

mysql> select * from student_view;
+----------+--------+-----+-----+------------------+------------------+
| sno      | sname  | sex | age | address          | dept             |
+----------+--------+-----+-----+------------------+------------------+
| 20200080 | 刘一诺 | 女  |  22 | 沈阳市皇姑区     | 计算机科学与技术 |
| 20201283 | 张艳   | 男  |  21 | 哈尔滨市道外区   | 计算机科学与技术 |
| 20201328 | 徐晨一 | 男  |  20 | 长春市南湖区     | 计算机科学与技术 |
| 20201338 | 徐晨心 | 女  |  21 | 沈阳市大东区     | 计算机科学与技术 |
| 20211340 | 田野   | 男  |  21 | NULL             | 计算机科学与技术 |
+----------+--------+-----+-----+------------------+------------------+
5 rows in set (0.00 sec)
```

图 8-16　向视图 student_view 中插入一条记录

【例 8-12】在视图 student_view 中进行更新。插入记录“('20211341','李波','男',22,null,'数据科学与大数据技术')”。

```
insert into student_view values( '20211341','李波','男',22,null,'数据科学与大数据技术');
```

代码执行后会提示错误，这条记录不会插入视图 student_view 中，向视图 student_view 中插入不符合条件的记录如图 8-17 所示。

通过例 8-11 和例 8-12 的对比不难看出，同样的插入语句对于不同的两条信息处理的结果是不同的，这还要看视图 student_view 的定义，由于视图 student_view 定义的条件是学生的专业是“计算机科学与技术”，也就是说，对于视图 student_view，能够进行插入操作的数据中的专业只能是“计算机科学与技术”，不能是其他的值，NULL 也不可以。溯其本质，由于视图是虚拟表，只有表结构没有表数据，数据来源于数据表，所以当对视图进行插入操作时，实际是对数据表 student 进行插入操作，也就是 insert into student values('20211340','田野','男',21,null,'计算机科学与技术')，需要注意的是字段 dept 的值必须是“计算机科学与技术”，插入数据后，数据表 student 中的数据（1）如图 8-18 所示。

```
mysql> insert into student_view values('20211314','李波','男',22,null,'数据科学与大数据技术');
ERROR 1369 (HY000): CHECK OPTION failed 'school.student_view'
mysql> select * from student_view;
+----------+--------+-----+-----+----------------+--------------------+
| sno      | sname  | sex | age | address        | dept               |
+----------+--------+-----+-----+----------------+--------------------+
| 20200080 | 刘一诺 | 女  |  22 | 沈阳市皇姑区   | 计算机科学与技术   |
| 20201283 | 张艳   | 男  |  21 | 哈尔滨市道外区 | 计算机科学与技术   |
| 20201328 | 徐晨一 | 男  |  20 | 长春市南湖区   | 计算机科学与技术   |
| 20201338 | 徐晨心 | 女  |  21 | 沈阳市大东区   | 计算机科学与技术   |
| 20211340 | 田野   | 男  |  21 | NULL           | 计算机科学与技术   |
+----------+--------+-----+-----+----------------+--------------------+
5 rows in set (0.00 sec)
```

图 8-17　向视图 student_view 中插入不符合条件的记录

```
mysql> select * from student;
+----------+--------+------+-----+----------------+----------------------+
| sno      | sname  | sex  | age | address        | dept                 |
+----------+--------+------+-----+----------------+----------------------+
| 20181860 | 杨晓傲 | 男   |  23 | 哈尔滨市道里区 | 数据科学与大数据技术 |
| 20200080 | 陈逸超 | 男   |  22 | 沈阳市皇姑区   | 计算机科学与技术     |
| 20200124 | 王一纯 | 男   |  21 | 哈尔滨市香坊区 | 软件工程             |
| 20201283 | 张荣泽 | 男   |  21 | 哈尔滨市道外区 | 计算机科学与技术     |
| 20201284 | 云天   | 男   |  22 | 哈尔滨市南岗区 | 软件工程             |
| 20201285 | 王栎淇 | 女   |  23 | 长春市绿园区   | 数据科学与大数据技术 |
| 20201328 | 王海权 | 男   |  20 | 长春市南湖区   | 计算机科学与技术     |
| 20201329 | 王冠男 | 男   |  18 | 沈阳市和平区   | 软件工程             |
| 20201338 | 王文泽 | 男   |  21 | 沈阳市大东区   | 计算机科学与技术     |
| 20210910 | 李响   | NULL |  20 | NULL           | NULL                 |
| 20210920 | 张鑫   | NULL |  20 | NULL           | NULL                 |
| 20211340 | 田野   | 男   |  21 | NULL           | 计算机科学与技术     |
+----------+--------+------+-----+----------------+----------------------+
12 rows in set (0.00 sec)
```

图 8-18　数据表 student 中的数据（1）

【例 8-13】创建视图 student_view3，该视图反映学号为 20200124 的学生信息，然后通过视图 student_view3 将性别改为女。

```
create view student_view3 as select * from student where sno='20200124' with check option;
mysql> select * from student_ view3;
update student_view3 set sex='女';
mysql> select * from student_ view3;
```

代码运行结果，创建视图 student_view3 和更新视图 student_view3 分别如图 8-19 和图 8-20 所示。

```
mysql> create view student_view3 as select * from student where sno='20200124'
 with check option;
Query OK, 0 rows affected (0.00 sec)

mysql> select * from student_view3;
+----------+--------+-----+-----+----------------+----------+
| sno      | sname  | sex | age | address        | dept     |
+----------+--------+-----+-----+----------------+----------+
| 20200124 | 王一纯 | 男  |  21 | 哈尔滨市香坊区 | 软件工程 |
+----------+--------+-----+-----+----------------+----------+
1 row in set (0.00 sec)
```

图 8-19　创建视图 student_view3

```
mysql> update student_view3 set sex='女';
Query OK, 1 row affected (0.00 sec)
Rows matched: 1  Changed: 1  Warnings: 0

mysql> select * from student_view3;
+----------+--------+-----+-----+----------------+----------+
| sno      | sname  | sex | age | address        | dept     |
+----------+--------+-----+-----+----------------+----------+
| 20200124 | 王一纯 | 女  |  21 | 哈尔滨市香坊区 | 软件工程 |
+----------+--------+-----+-----+----------------+----------+
1 row in set (0.00 sec)
```

图 8-20　更新视图 student_view3

更新操作的本质也是对数据表的操作，相当于 update student set sex='女' where sno='20200124'，更新后，数据表 student 中的数据（2）如图 8-21 所示。

```
mysql> select * from student;
+----------+--------+------+-----+----------------+------------------------+
| sno      | sname  | sex  | age | address        | dept                   |
+----------+--------+------+-----+----------------+------------------------+
| 20181860 | 杨晓傲 | 男   |  23 | 哈尔滨市道里区 | 数据科学与大数据技术   |
| 20200080 | 陈逸超 | 男   |  22 | 沈阳市皇姑区   | 计算机科学与技术       |
| 20200124 | 王一纯 | 女   |  21 | 哈尔滨市香坊区 | 软件工程               |
| 20201283 | 张荣泽 | 男   |  21 | 哈尔滨市道外区 | 计算机科学与技术       |
| 20201284 | 云天   | 男   |  22 | 哈尔滨市南岗区 | 软件工程               |
| 20201285 | 王栎淇 | 女   |  23 | 长春市绿园区   | 数据科学与大数据技术   |
| 20201328 | 王海权 | 男   |  20 | 长春市南湖区   | 计算机科学与技术       |
| 20201329 | 王冠男 | 男   |  18 | 沈阳市和平区   | 软件工程               |
| 20201338 | 王文泽 | 男   |  21 | 沈阳市大东区   | 计算机科学与技术       |
| 20210910 | 李响   | NULL |  20 | NULL           | NULL                   |
| 20210920 | 张鑫   | NULL |  20 | NULL           | NULL                   |
| 20211340 | 田野   | 男   |  21 | NULL           | 计算机科学与技术       |
+----------+--------+------+-----+----------------+------------------------+
12 rows in set (0.00 sec)
```

图 8-21　数据表 student 中的数据（2）

视图的更新本质是对数据表中记录的更新，但并不是所有的视图都可以更新。以下情况就不能更新视图。

（1）创建视图时，algorithm 定义为临时表（temptable）类型，此类视图不能更新。例如下述语句创建的视图。

```
create algorithm=temptable view student_view4 as select * from student;
```

（2）创建视图时使用了聚合函数（如 count()、sum()、min()、max()等），此类视图不能更新。例如下述语句创建的视图。

```
create view grade_view1(sno,cno,max_grade) as select sno,cno,max(grade) from sc where
cno='1001';
```

（3）创建视图时使用了 group by、having、distinct、union 和 union all 等关键字，此类视图不能更新。例如下述语句创建的视图。

```
create view student_view5 (学号,姓名,性别,年龄) as select sno,sname,sex,age from student
group by sex;
```

（4）视图定义常量视图，此类视图不能更新。例如下述语句创建的视图。

```
create view student_view6  as select '计算机科学与技术' as dept;
```

（5）创建视图时使用了嵌套查询，并且嵌套查询的 from 子句中涉及的表也是导出该视图的数据表，此视图不能更新。例如下述语句创建的视图。

```
create view student_view7  as select grade from sc where cno=(select cno from course
where cname='离散数学');
```

（6）由不可更新的视图导出的视图，此类视图不可更新。例如下述语句创建的视图。

```
create view student_view8  as select * from student_view5;
```

（7）视图对应的数据表上存在没有默认值的字段，而且该字段没有包含在视图里。此类视图不能更新。例如，表中包含的 sname 字段没有默认值，但是视图中不包括该字段。那么这个视图是不能更新的。因为，在更新视图时，这个没有默认值的记录将没有值插入，也没有 null 值插入。数据库系统是不会允许这样的情况出现的，其会阻止这个视图更新。

（8）with[cascaded | local]check option 也将决定视图能否更新。local 参数表示更新视图时要满足该视图本身的定义；cascaded 参数表示更新视图时要满足所有相关视图和表的条件；没有指明时，默认为 cascaded。

视图中虽然可以更新数据，但是有很多的限制。一般情况下，最好将视图作为查询数据的虚拟表，而不要通过视图更新数据。因为使用视图更新数据时，如果没有全面考虑在视图中更新数据的限制，可能会造成数据更新失败。

8.6 删除视图

删除视图是指删除数据库中已存在的视图。删除视图时，只能删除视图的定义，不会删除数据。MySQL 中，可以使用 drop view 语句来删除视图，但是用户必须拥有 drop 权限。drop view 语句删除视图的基本语法格式如下。

```
drop view [if exists] 视图名1 [,视图名2,…,视图名n];
```

上述代码中，if exists 用于判断视图是否存在，如果存在则执行该语句，不存在则不执行;[,视图名 2,…,视图名 *n*]为可选参数，表示可以同时删除多个视图，各个视图名称之间用逗号隔开。

【例 8-14】删除视图 grade_view1。

```
drop view if exists grade_view1;
```

代码运行后，为了验证视图是否已经删除，可以通过 show tables 语句查看数据库 school 的数据表列表中是否存在视图 grade_view1，不存在即删除成功。

【例 8-15】同时删除视图 student_view6 和 student_view7。

```
drop view if exists student_view6,student_view7;
```

代码运行后，需要验证是否成功删除视图，通过 show tables 语句查看数据库 school 的数据表列表，发现这两个视图不存在，说明 drop view 语句可以同时删除多个视图。

8.7 索引概述

8.7.1 索引的含义和特点

索引

索引是一种可以加快检索的数据库结构，它包含从表或视图的一列或多列生成的键，以及映射到指定数据存储位置的指针。通过创建设计良好的索引，可以显著提高数据库查询效率和应用程序的性能。某种程度上可以把数据库看作一本书，把索引看作书的目录。借助目录查找信息，显然比没有目录方便快捷。除加快检索速度外，索引还可以强制表中的行具有唯一性，从而确保数据的完整性。

不同的存储引擎定义了每个表的最大索引数和最大索引长度。所有存储引擎对每个表至少支持 16 个索引，总索引长度至少为 256 字节。有些存储引擎支持更多的索引和更大的索引长度。索引有两种存储类型，包括 B 树（btree）索引和散列（hash）索引。InnoDB 和 MyISAM 存储引擎支持 btree 索引，MEMORY 存储引擎支持 hash 索引和 btree 索引。

索引有其明显的优点，也有其不可避免的缺点。

（1）索引的优点是可以提高检索数据的速度，这也是创建索引最主要的目的。对于有依赖关系的子表和父表之间的联合查询，可以提高查询速度；使用分组和排序子句进行数据查询时，同样可以显著节省查询中分组和排序的时间。

（2）索引的缺点是创建和维护索引需要耗费时间，耗费的时间随着数据量的增加而增加；索引需要占用物理空间，每一个索引都要占一定的物理空间；增加、删除和修改数据时，要动态地维护索引，造成数据的维护效率降低了。因此，选择使用索引时，需要综合考虑索引的优点和缺点。

索引可以提高查询的速度，但是会影响插入记录的速度。因为，向有索引的表中插入记录时，数据库系统会按照索引进行排序，这样就降低了插入记录的速度，插入大量记录时对速度的影响更加明显。这种情况下，最好的办法是先删除表中的索引，然后插入数据。插入完成后再创建索引。

8.7.2 索引的分类

MySQL 的索引包括普通索引、唯一索引、全文索引、单列索引、多列索引、空间索引、隐藏索引和降序索引等。

1．普通索引

在创建普通索引时，不附加任何限制条件。这类索引可以创建在任何数据类型中，其值是否唯一和非空，要由字段本身的完整性约束条件决定。建立索引后，可以通过索引进行查询。例如，在数据表 student 的字段 sno 上建立一个普通索引，查询记录时就可以根据该索引进行查询。

2．唯一索引

使用 unique 可以设置索引为唯一索引，在创建唯一索引时，限制该索引的值必须是唯一的。例如，在数据表 student 的字段 sname 中创建唯一索引，字段 sname 的值就必须是唯一的。通过唯一索引可以更快速地确定某条记录。主键就是一种特殊的唯一索引。

3．全文索引

使用 fulltext 可以设置索引为全文索引。全文索引只能创建在 char、varchar 或 text 类型的字段上，查询数据量较大的字符串时，使用全文索引可以提高查询速度。例如，数据表 student 的字段 dept 是 varchar 类型的，该字段包含很多文字信息，在字段 dept 上建立全文索引后，可以提高查询速度。MySQL 数据库的 5.6 版本之前支持全文索引，但只有 MyISAM 存储引擎支持全文索引。从 MySQL 5.6 版本开始，存储引擎 InnoDB 也支持全文索引。在默认情况下，全文索引的搜索执行方式不区分大小写。但索引的列使用二进制排序后，可以执行区分大小写的全文索引。

4．单列索引

单列索引是在表中的单个字段上创建索引。单列索引只根据该字段进行索引，可以是普通索引，也可以是唯一索引，还可以是全文索引，只要保证该索引只对应一个字段即可。

5．多列索引

多列索引是在表的多个字段上创建一个索引。该索引指向创建时对应的多个字段，可以通过这几个字段进行查询。但是，只有查询条件中使用了这些字段中的第一个字段时，索引才会被使用。例如，在数据表 student 中的字段 sno、sname 和 dept 上建立一个多列索引 student_sno_index1，只有查询条件使用了字段 sno 时该索引才会被使用。

6．空间索引

使用 spatial 可以设置索引为空间索引。空间索引只能建立在空间数据类型上，可以提高系统获取空间数据的效率。MySQL 中的空间数据类型包括 geometry、point、linestring 和 polygon 等。目前只有 MyISAM 存储引擎支持空间索引，而且索引的字段不能为空值。对初学者来说，这类索引很少会用到。

7．隐藏索引

使用 invisible 可以创建隐藏索引。隐藏索引不会被优化器使用，可以用来测试去掉索引对查询性能的影响。

8．降序索引

创建降序索引的 SQL 语句基于创建多列索引的语句，使用 desc 关键字标识索引为降序索引，主要应用于多列索引中不同字段排序方式不同的场景，这对提高查询效率意义重大。

8.7.3 索引的设计原则

为了使索引的使用效率更高，在创建索引时，必须考虑在哪些字段上创建索引和创建什么类型的索引。下面介绍一些索引的设计原则。

1．选择唯一索引

唯一索引的值是唯一的，可以更快速地通过该索引来确定某条记录。例如，学生表中学号是具有唯一性的。为该字段建立唯一索引可以很快地确定某个学生的信息。如果使用姓名，可能存在同名从而降低查询速度。

2．为经常需要排序、分组和联合操作的字段建立索引

经常需要进行 order by、group by、distinct 和 union 等操作的字段，排序操作会浪费很多时间。如果为其建立索引，可以有效地避免排序操作。

3．为常作为查询条件的字段建立索引

如果某个字段经常用作查询条件，那么该字段的查询速度会影响整个数据表的查询速度。因此，为这样的字段建立索引，可以提高整个数据表的查询速度。

4．限制索引的数目

索引的数目不是越多越好。每个索引都需要占用磁盘空间，索引越多，需要的磁盘空间就越大。修改表时，对索引的重构和更新会很麻烦。越多的索引，会使更新表所需时间更多。

5．尽量使用数据量少的索引

如果索引的值很长，那么查询的速度会受到影响。例如，对一个 char(100)类型的字段进行全文检索需要的时间肯定要比对一个 char(10)类型的字段需要的时间多。

6．尽量使用前缀来索引

如果索引字段的值很长，最好使用值的前缀来索引。例如，对数据类型是 text 和 blog 的字段进行全文检索会很浪费时间，而如果只检索字段的前面若干个字符，可以提高检索速度。

7．删除不再使用或者很少使用的索引

表中的数据被大量更新，或者数据的使用方式被改变后，原有的一些索引可能不再需要。数据库管理员应当定期找出这些索引，将它们删除，从而减少索引对更新操作的影响。删除时，可以利用隐藏索引功能先将索引隐藏，确定这些索引对性能无影响后，再将其删除。

选择索引的最终目的是使查询的速度变快。以上这些原则是建立索引时的一些基本准则，但是并不绝对，如何选择更适合的索引还是要根据实际应用来确定。

8.8 创建索引

创建索引是指在某个表的一列或多列上建立一个索引，以便提高对表的访问速度。创建索引有 3 种方式，这 3 种方式分别是创建数据表时直接创建索引、在已有数据表上创建索引和采用 alter table 语句创建索引。

8.8.1 创建数据表时直接创建索引

创建表时可以直接创建索引，这种方式最简单、方便。其基本语法格式如下。

```
create table 表名(
      字段名 1 数据类型 [完整性约束条件],
      字段名 2 数据类型 [完整性约束条件],
      …
      字段名 n 数据类型 [完整性约束条件]
       [unique|fulltext|spatial] index|key [索引别名] (字段名 [(长度)] [asc|desc]);
```

上述代码中，unique 是可选参数，表示索引为唯一索引；fulltext 是可选参数，表示索引为全文索引；spatial 也是可选参数，表示索引为空间索引；index 和 key 参数用来指定表中哪个属性为索引，选择两者之一就可以了，作用相同；“索引别名”是可选参数，用来给创建的索引取别名；“字段名”参数指定索引对应的字段的名称，该字段必须为前面定义好的字段；“长度”是可选参数，其指索引的长度，字符串类型才可以使用；asc 和 desc 都是可选参数，asc 参数表示升序排列，desc 参数表示降序排列。

1．创建普通索引

创建一个普通索引时，不需要加 unique、fulltext 或者 spatial 参数。

【例 8-16】创建数据表 index1，在表中的 id 字段上建立索引。

```
create table index1 (id int(11),name varchar(20),sex tinyint, index(id));
```

运行结果显示创建成功。使用 show create table 语句查看表的结构，查看数据表 index1 的结构如图 8-22 所示。

通过结果可以看到，字段 id 上已经建立了一个名为 id 的索引。使用 explain 语句查看索引是否被使用，代码如下。

```
explain select * from index1 where id=1 \G
```

代码运行结果，查看索引是否被使用如图 8-23 所示。

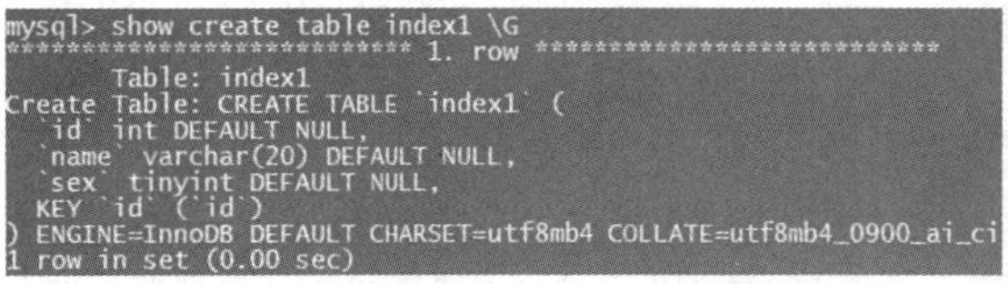

```
mysql> show create table index1 \G
*************************** 1. row ***************************
       Table: index1
Create Table: CREATE TABLE `index1` (
  `id` int DEFAULT NULL,
  `name` varchar(20) DEFAULT NULL,
  `sex` tinyint DEFAULT NULL,
  KEY `id` (`id`)
) ENGINE=InnoDB DEFAULT CHARSET=utf8mb4 COLLATE=utf8mb4_0900_ai_ci
1 row in set (0.00 sec)
```

图 8-22　查看数据表 index1 的结构

```
mysql> explain select * from index1 where id=1 \G
*************************** 1. row ***************************
           id: 1
  select_type: SIMPLE
        table: index1
   partitions: NULL
         type: ref
possible_keys: id
          key: id
      key_len: 5
          ref: const
         rows: 1
     filtered: 100.00
        Extra: NULL
1 row in set, 1 warning (0.00 sec)
```

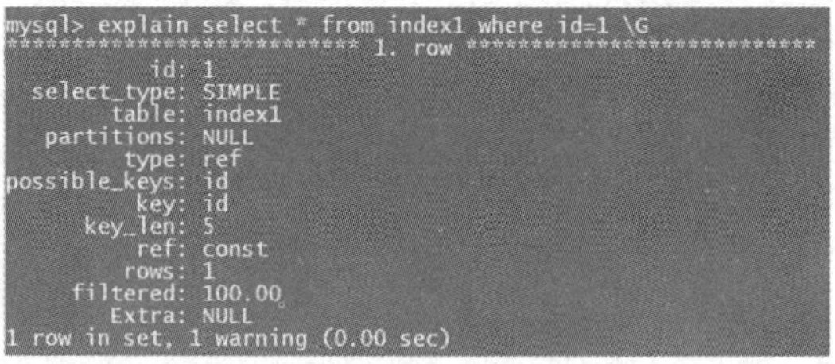

图 8-23　查看索引是否被使用

结果显示，possible_keys 和 key 的值都为 id，说明 id 索引已存在，而且已经被使用。

2．创建唯一索引

创建唯一索引时，需要使用 unique 参数进行约束。

【例 8-17】创建数据表 index2，在表中的字段 id 上建立唯一索引 index_id，并升序排列。

```
create table index2 (id int(11) unique,name varchar(20),unique index index_id ( id asc));
```

代码运行成功后，使用 show create table 语句查看表的结构，代码如下。

```
show create table index2 \G
```

代码运行结果，查看数据表 index2 的结构如图 8-24 所示。

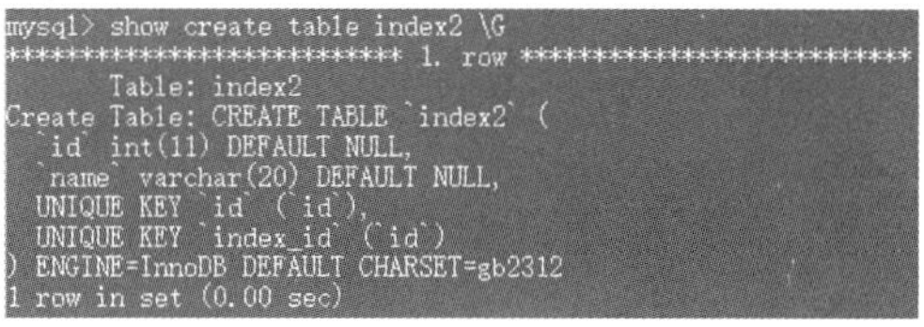

通过结果可以看到，字段 id 上已经建立了一个名为 index_id 的唯一索引。数据表 index2 中的字段 id 不进行唯一性约束也可以成功创建唯一索引，但是这样可能达不到提高查询速度的目的。

```
mysql> show create table index2 \G
*************************** 1. row ***************************
       Table: index2
Create Table: CREATE TABLE `index2` (
  `id` int(11) DEFAULT NULL,
  `name` varchar(20) DEFAULT NULL,
  UNIQUE KEY `id` (`id`),
  UNIQUE KEY `index_id` (`id`)
) ENGINE=InnoDB DEFAULT CHARSET=gb2312
1 row in set (0.00 sec)
```

图 8-24 查看数据表 index2 的结构

3．创建全文索引

全文索引只能创建在 char、varchar 或 text 类型的字段上。

【例 8-18】基于存储引擎 MyISAM 创建数据表 index3，在数据表 index3 中的字段 information 上建立全文索引 index_info。

```
create table index3 (id int(11),information varchar(20),fulltext index index_info
(information)) engine=MyISAM;
```

代码运行成功后，使用 show create table 语句查看表的结构，结果如图 8-25 所示。

```
show create table index3 \G
```

```
mysql> create table index3(id int(11),information varchar(20),fulltext index
index_info(information)) engine=MyISAM;
Query OK, 0 rows affected, 1 warning (0.01 sec)

mysql> show create table index3 \G
*************************** 1. row ***************************
       Table: index3
Create Table: CREATE TABLE `index3` (
  `id` int DEFAULT NULL,
  `information` varchar(20) DEFAULT NULL,
  FULLTEXT KEY `index_info` (`information`)
) ENGINE=MyISAM DEFAULT CHARSET=utf8mb4 COLLATE=utf8mb4_0900_ai_ci
1 row in set (0.00 sec)
```

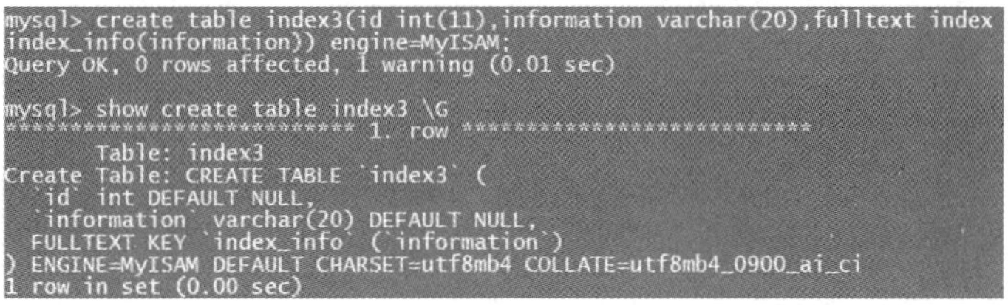

图 8-25 查看数据表 index3 的结构

通过结果可以看到，字段 information 上已经建立全文索引 index_info。

4．创建单列索引

单列索引是在表的单个字段上创建索引。

【例 8-19】创建数据表 index4，在数据表 index4 中的字段 subject 上建立单列索引 index_st。

```
create table index4 (id int(11),subject varchar(30),index index_st( subject(10)));
```

代码执行成功后，使用 show create table 语句查看表的结构，查看数据 index4 的结构如图 8-26 所示。

```
show create table index4;
```

```
mysql> create table index4(id int(11),subject varchar(30),index index_st(
subject(10)));
Query OK, 0 rows affected, 1 warning (0.64 sec)

mysql> show create table index4;
+--------+---------------------------------------------------------------
-----------------------------------------------------------------------+
| Table  | Create Table
                                                                       |
+--------+---------------------------------------------------------------
-----------------------------------------------------------------------+
| index4 | CREATE TABLE `index4` (
  `id` int DEFAULT NULL,
  `subject` varchar(30) DEFAULT NULL,
  KEY `index_st` (`subject`(10))
) ENGINE=InnoDB DEFAULT CHARSET=utf8mb4 COLLATE=utf8mb4_0900_ai_ci |
+--------+---------------------------------------------------------------
-----------------------------------------------------------------------+
1 row in set (0.00 sec)
```

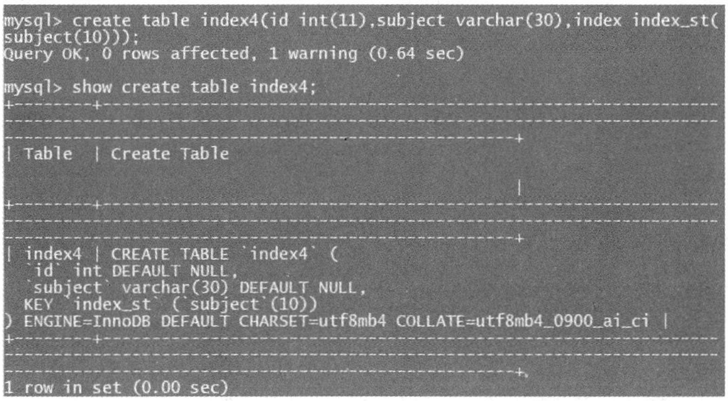

图 8-26 查看数据表 index4 的结构

通过结果可以看到，字段 subject 上已经建立了单列索引 index_st。对于该单列索引的定义，数据表 index4 中的字段 subject 的数据类型长度为 20，而索引 index_st 的数据类型长度只有 10。这样做的目的是提高查询速度。对于字符串类型的数据，可以不用查询全部信息，而只查询其前面的字符信息。

5．创建多列索引

创建多列索引是在表的多个字段上创建一个索引。

【例 8-20】创建数据表 index5，在数据表 index5 中的字段 name 和 dept 上建立多列索引 index_nd。

```
create table index5 (id int(11),name varchar(20),sex char(4),dept varchar(30),index
index_nd (name, dept));
```

代码运行成功后，使用 show create table 语句查看表的结构，查看数据表 index5 的结构如图 8-27 所示。

```
show create table index5 \G
```

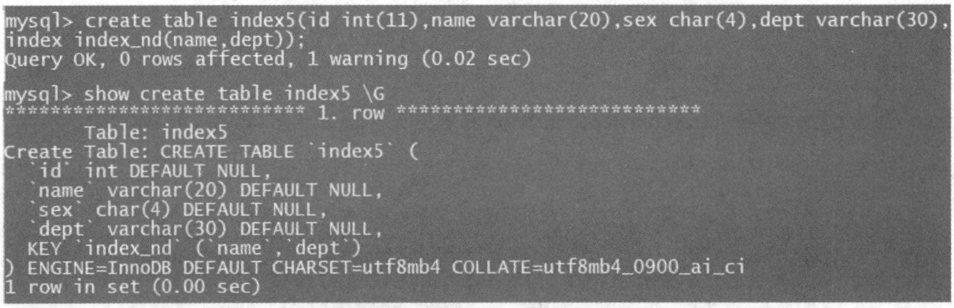

```
mysql> create table index5(id int(11),name varchar(20),sex char(4),dept varchar(30),
index index_nd(name,dept));
Query OK, 0 rows affected, 1 warning (0.02 sec)

mysql> show create table index5 \G
*************************** 1. row ***************************
       Table: index5
Create Table: CREATE TABLE `index5` (
  `id` int DEFAULT NULL,
  `name` varchar(20) DEFAULT NULL,
  `sex` char(4) DEFAULT NULL,
  `dept` varchar(30) DEFAULT NULL,
  KEY `index_nd` (`name`,`dept`)
) ENGINE=InnoDB DEFAULT CHARSET=utf8mb4 COLLATE=utf8mb4_0900_ai_ci
1 row in set (0.00 sec)
```

图 8-27　查看数据表 index5 的结构

通过结果可以看到，字段 name 和 dept 上已经建立了多列索引 index_nd。多列索引中，只有查询条件中使用了这些字段中的第一个字段时，索引才会被使用。因此，在优化查询速度时，可以考虑优化多列索引。

8.8.2 在已有数据表上创建索引

在已经存在的数据表中，可以直接为一个或几个字段创建索引。基本语法格式如下。

```
create [unique|fulltext|spatial] index 索引名 on 表名 (字段名 [(长度)] [ asc|desc]);
```

上述代码中，unique 是可选参数，表示索引为唯一索引；fulltext 是可选参数，表示索引为全文索引；spatial 是可选参数，表示索引为空间索引；“索引名”参数定义该索引的名称；“表名”参数是指需要创建索引的数据表的名称，该表必须是已经存在的，如果不存在，需要先创建；“字段名”参数指定索引对应的字段的名称，该字段必须是数据表中定义好的；“长度”是可选参数，指索引的长度，字符串类型才可以使用；asc 和 desc 都是可选参数，asc 参数表示升序排列，desc 参数表示降序排列。

1．创建普通索引

【例 8-21】在数据表 student 的字段 sno 上创建一个名为 index_sno 的索引。

```
create index index_sno on student (sno);
```

在创建索引之前，先使用 show create table 语句查看数据表 student 的结构，如图 8-28 所示。创建索引的代码运行成功后，再次使用 show create table 语句查看数据表 student 的结构，建立普通索引 index_sno 后数据表 student 的结构如图 8-29 所示。可以看到创建索引后的数据表 student 的结构中增加了 index_sno 相关信息，这说明成功在数据表 student 上对字段 sno 建立了一个普通索引。

2．创建唯一索引

【例 8-22】在数据库 test 的数据表 example5 的字段 id 上创建一个名为 index_id 的唯一索引。

```
create unique index index_id on example5 ( id );
```

上述代码中，index_id 是创建的唯一索引的名称；unique 用来设置索引为唯一索引。数据表 example5 中的字段 id 可以有唯一性约束，也可以没有唯一性约束。

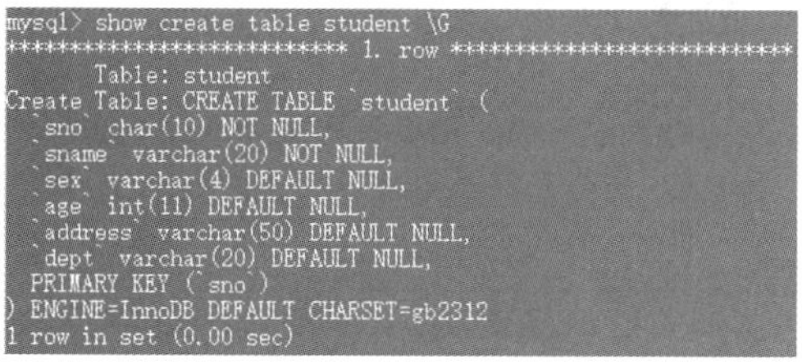

```
mysql> show create table student \G
*************************** 1. row ***************************
       Table: student
Create Table: CREATE TABLE `student` (
  `sno` char(10) NOT NULL,
  `sname` varchar(20) NOT NULL,
  `sex` varchar(4) DEFAULT NULL,
  `age` int(11) DEFAULT NULL,
  `address` varchar(50) DEFAULT NULL,
  `dept` varchar(20) DEFAULT NULL,
  PRIMARY KEY (`sno`)
) ENGINE=InnoDB DEFAULT CHARSET=gb2312
1 row in set (0.00 sec)
```

图 8-28 数据表 student 的结构

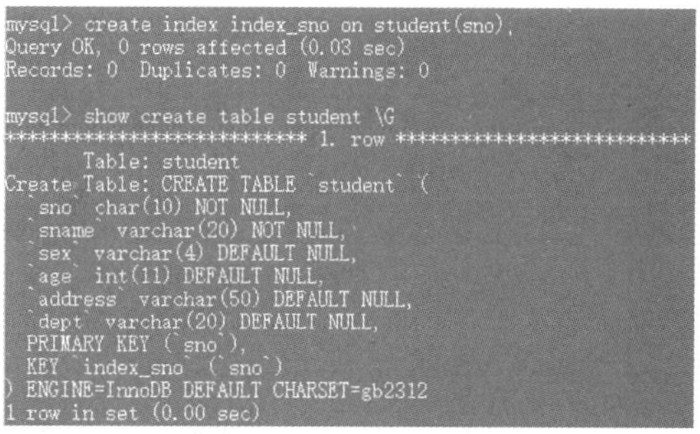

```
mysql> create index index_sno on student(sno);
Query OK, 0 rows affected (0.03 sec)
Records: 0  Duplicates: 0  Warnings: 0

mysql> show create table student \G
*************************** 1. row ***************************
       Table: student
Create Table: CREATE TABLE `student` (
  `sno` char(10) NOT NULL,
  `sname` varchar(20) NOT NULL,
  `sex` varchar(4) DEFAULT NULL,
  `age` int(11) DEFAULT NULL,
  `address` varchar(50) DEFAULT NULL,
  `dept` varchar(20) DEFAULT NULL,
  PRIMARY KEY (`sno`),
  KEY `index_sno` (`sno`)
) ENGINE=InnoDB DEFAULT CHARSET=gb2312
1 row in set (0.00 sec)
```

图 8-29 建立普通索引 index_sno 后数据表 student 的结构

3．创建全文索引

【例 8-23】在数据库 test 的数据表 example2 的字段 dept 上创建一个名为 index_dept 的全文索引。

```
create fulltext index index_dept on example2 ( dept );
```

上述代码中，fulltext 用来设置索引为全文索引；数据表 example2 中的字段 dept 必须为 char、varchar 或 text 等数据类型。

4．创建单列索引

【例 8-24】在数据库 test 的数据表 example6 的字段 name 上创建一个名为 index_name 的单列索引。字段 name 的数据类型为 varchar(20)，索引的数据类型为 char(4)。

```
create index index_name on example6 (name(4));
```

这样，查询时可以只查询 name 字段的前 4 个字符，而不需要全部查询。

5．创建多列索引

【例 8-25】在数据表 course 的字段 cno 和 cname 上创建一个名为 index_course 的多列索引。

```
create index index_course on course (cno,cname);
```

该索引创建成功后，查询条件中必须有 cname 字段才能使用索引。

8.8.3 采用 alter table 语句创建索引

在已经存在的表上，可以通过 alter table 语句直接为表上的一个或几个字段创建索引。基本语法格式如下。

```
alter table 表名 add [unique|fulltext|spatial] index 索引名(字段名 [(长度)] [asc|desc]);
```

上述代码中的参数与 8.8.1 和 8.8.2 小节所讲方式的参数是一样的。

1．创建普通索引

【例 8-26】在数据库 test 的数据表 example4 的字段 id 上创建一个名为 index_id 的索引。

```
alter table example4 add index index_id (id);
```

在创建索引之前，先使用 show create table 语句查看数据表 example4 的结构，如图 8-30 所示。创建索引的代码运行成功后，再次使用 show create table 语句查看数据表 student 的结构，建立普通索引 index_id 后数据表 example4 的结构如图 8-31 所示，可以看到创建索引后的数据表 example4 的结构中增加了 index_id 的相关信息，这说明成功在数据表 example4 上对字段 id 建立了一个普通索引 index_id。

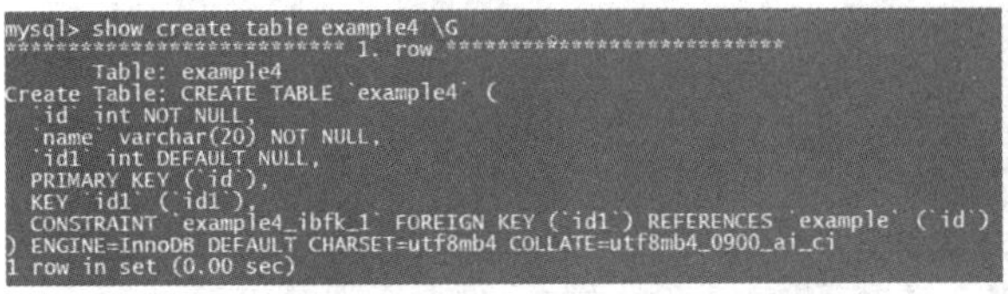

```
mysql> show create table example4 \G
*************************** 1. row ***************************
       Table: example4
Create Table: CREATE TABLE `example4` (
  `id` int NOT NULL,
  `name` varchar(20) NOT NULL,
  `id1` int DEFAULT NULL,
  PRIMARY KEY (`id`),
  KEY `id1` (`id1`),
  CONSTRAINT `example4_ibfk_1` FOREIGN KEY (`id1`) REFERENCES `example` (`id`)
) ENGINE=InnoDB DEFAULT CHARSET=utf8mb4 COLLATE=utf8mb4_0900_ai_ci
1 row in set (0.00 sec)
```

图 8-30　数据表 example4 的结构

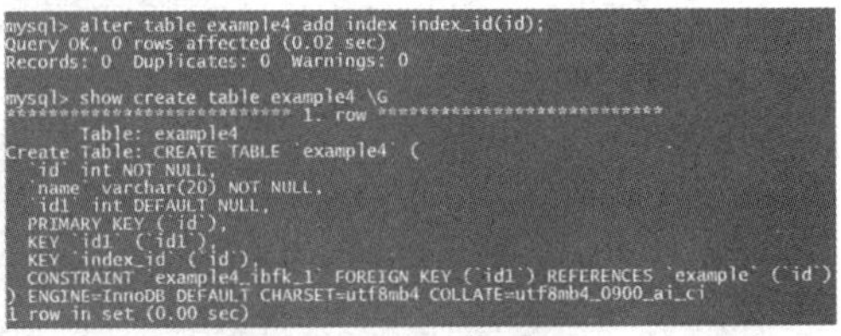

```
mysql> alter table example4 add index index_id(id);
Query OK, 0 rows affected (0.02 sec)
Records: 0  Duplicates: 0  Warnings: 0

mysql> show create table example4 \G
*************************** 1. row ***************************
       Table: example4
Create Table: CREATE TABLE `example4` (
  `id` int NOT NULL,
  `name` varchar(20) NOT NULL,
  `id1` int DEFAULT NULL,
  PRIMARY KEY (`id`),
  KEY `id1` (`id1`),
  KEY `index_id` (`id`),
  CONSTRAINT `example4_ibfk_1` FOREIGN KEY (`id1`) REFERENCES `example` (`id`)
) ENGINE=InnoDB DEFAULT CHARSET=utf8mb4 COLLATE=utf8mb4_0900_ai_ci
1 row in set (0.00 sec)
```

图 8-31　建立普通索引 index_id 后数据表 example4 的结构

2. 创建唯一索引

【例 8-27】在数据表 index6 中的字段 id 上建立名为 index_id 的唯一索引。

```
alter table index6 add unique index index_id (id);
```

上述代码中，index_id 为索引的名；unique 用来设置索引为唯一索引。数据表 index6 中的字段 id 可以有唯一性约束，也可以没有唯一性约束。

3. 创建全文索引

【例 8-28】在数据表 index7 中的字段 information 上建立名为 index_info 的全文索引。

```
alter table index7 add fulltext index index_info (information );
```

上述代码中，fulltext 用来设置索引为全文索引；数据表 index7 的字段 information 必须为 char、varchar 或 text 等数据类型。

4. 创建单列索引

【例 8-29】在数据表 index8 中的字段 address 上建立名为 index_addr 单列索引，字段 address 的数据类型为 varchar(20)，索引的数据类型为 char(4)。

```
alter table index8 add index index_addr( address(4));
```

这样，查询时可以只查询字段 address 的前 4 个字符，而不需要全部查询。

5. 创建多列索引

【例 8-30】在数据表 index9 中的字段 name 和 information 上建立名为 index_ni 的多列索引。

```
alter table index9 add index index_ni( name, information );
```

该索引创建好以后，查询条件中必须有 name 字段才能使用索引。

8.9 删除索引

删除索引是指将数据表中已经存在的索引删除。一些不再使用的索引会降低表的更新速度，影响数据库的性能，对于这样的索引，应该将其删除。对于已经存在的索引可以通过 drop 语句来删除。基本语法格式如下。

```
drop index 索引名 on 表名;
```

上述代码中，“索引名”参数指要删除的索引的名称；“表名”参数指索引所在的数据表。

【例 8-31】删除 index1 表的索引。在删除索引之前，使用 show create table 语句来查看索引的名称，代码如下。

```
show create table index1 \G
```

代码运行结果，查看数据表 index1 中的索引名如图 8-32 所示，可以看到数据表 index1 中索引的名字为 id。

使用 drop 语句来删除索引，代码如下。

```
drop index id on index1;
```

代码运行成功后，索引将被删除。为了确认是否已经成功删除索引，可再次使用 show creatf table 语句来查看 index1 表的结构，删除索引 id 后的数据表 index1 的结构如图 8-33 所示，索引名为 id 的索引不存在了。

```
mysql> show create table index1 \G
*************************** 1. row ***************************
       Table: index1
Create Table: CREATE TABLE `index1` (
  `id` int(11) DEFAULT NULL,
  `name` varchar(20) DEFAULT NULL,
  `sex` tinyint(1) DEFAULT NULL,
  KEY `id` (`id`)
) ENGINE=InnoDB DEFAULT CHARSET=gb2312
1 row in set (0.00 sec)
```

图 8-32 查看数据表 index1 中的索引名

```
mysql> drop index id on index1;
Query OK, 0 rows affected (0.01 sec)
Records: 0  Duplicates: 0  Warnings: 0

mysql> show create table index1 \G
*************************** 1. row ***************************
       Table: index1
Create Table: CREATE TABLE `index1` (
  `id` int DEFAULT NULL,
  `name` varchar(20) DEFAULT NULL,
  `sex` tinyint DEFAULT NULL
) ENGINE=InnoDB DEFAULT CHARSET=utf8mb4 COLLATE=utf8mb4_0900_ai_ci
1 row in set (0.00 sec)
```

图 8-33 删除索引 id 后的数据表 index1 的结构

8.10 应用示例：“供应”数据库中视图和索引的应用

5.6 节中已经创建了数据表“供应商”“工程”“零件”“供应”，基于这些表进行如下操作。

（1）使用数据库“供应”。

（2）在数据表“供应商”上创建视图 index_s，视图中包括“供应商编号”“供应商名”“供应商地址”“联系电话”。

（3）查看视图 index_s 的详细结构。

（4）更新视图 index_s，向视图 index_s 中插入两条记录。插入视图 index_s 中的记录如表 8-1 所示。

表 8-1 插入视图 index_s 中的记录

供应商编号	供应商名	供应商地址	联系电话
S006	宏图水泥厂	黑龙江省哈尔滨市	13795872000
S007	诚信木材厂	吉林省长春市	13804518890

（5）删除视图 index_s。

（6）在“供应商”数据表的字段“供应商地址”上创建单列索引 index_addr，索引长度为 10。

（7）在“供应商”数据表的字段“供应商名”和“联系电话”上建立多列索引 index_nt。

（8）在“零件”数据表的字段“简介”上建立全文索引 index_info。

（9）使用 alter table 语句在“工程”数据表的字段“工程编号”上添加唯一索引 index_id，而且以升序排列。

（10）删除“供应商”数据表上的多列索引 index_nt。

（11）删除“工程”数据表上的唯一索引 index_id。

实现过程如下。

（1）使用数据库“供应”。代码如下。

```
use 供应;
```

（2）在数据表“供应商”上创建视图 index_s，视图中包括“供应商编号”“供应商名”“供应商地址”“联系电话”。代码如下。

```
create view index_s(供应商编号,供应商名,供应商地址,联系电话)
as select 供应商编号,供应商名,供应商地址,联系电话
with loacl check option;
```

（3）查看视图 index_s 的详细结构。代码如下。

```
show create view index_s \G
```

（4）更新视图 index_s，向视图 index_s 中插入两条记录。代码如下。

```
insert into index_s values(S006,宏图水泥厂,黑龙江省哈尔滨市,13795872000);
insert into index_s values(S007,诚信木材厂,吉林省长春市,13804518890);
```

（5）删除视图 index_s。代码如下。

```
drop view index_s;
```

（6）在“供应商”数据表的字段“供应商地址”上创建单列索引 index_addr，索引长度为 10。

由于数据表“供应商”在数据库“供应”中已经存在，所以可以采用 create index 语句创建索引 index_addr。代码如下。

```
create index index_addr on 供应商(供应商地址(10));
```

代码运行成功后，使用 show create table 语句查看数据表“供应商”的结构，创建索引 index_addr 后的“供应商”数据表的结构如图 8-34 所示，可以看到创建索引后的数据表“供应商”的结构中增加了索引 index_addr。这说明成功在数据表“供应商”上对字段“供应商地址”建立了一个单列索引 index_addr。

（7）在“供应商”数据表的字段“供应商名”和“联系电话”上建立多列索引 index_nt。

采用 create index 语句创建索引 index_nt。代码如下。

```
create index index_nt on 供应商(供应商名,联系电话);
```

代码运行成功后，使用 show create table 语句查看数据表“供应商”的结构，创建索引 index_nt 后的“供应商”数据表的结构如图 8-35 所示，可以看到创建索引后的数据表“供应商”的结构中增加了索引 index_nt。这说明成功在数据表“供应商”上对字段“供应商名”和“联系电话”建立了一个多列索引 index_nt。

```
mysql> create index index_addr on 供应商(供应商地址(10));
Query OK, 0 rows affected (0.03 sec)
Records: 0  Duplicates: 0  Warnings: 0

mysql> show create table 供应商 \G
*************************** 1. row ***************************
       Table: 供应商
Create Table: CREATE TABLE `供应商` (
  `供应商编号` char(10) NOT NULL,
  `供应商名` varchar(20) NOT NULL,
  `联系电话` char(20) DEFAULT NULL,
  `供应商地址` varchar(50) DEFAULT NULL,
  PRIMARY KEY (`供应商编号`),
  KEY `index_addr` (`供应商地址`(10))
) ENGINE=InnoDB DEFAULT CHARSET=utf8mb4 COLLATE=utf8mb4_0900_ai_ci
1 row in set (0.00 sec)
```

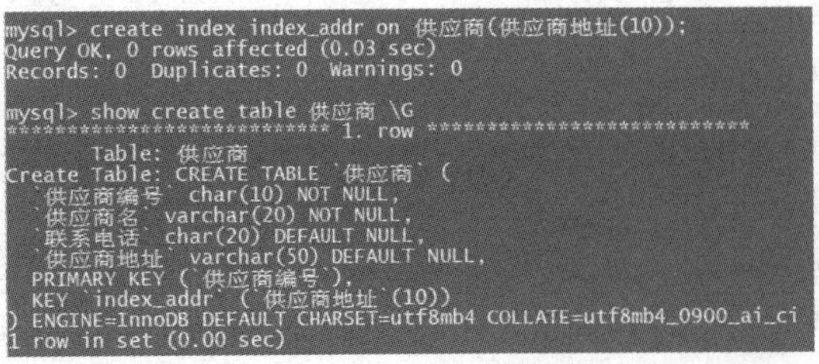

图 8-34　创建索引 index_addr 后的“供应商”数据表的结构

```
mysql> create index index_nt on 供应商(供应商名,联系电话);
Query OK, 0 rows affected (0.02 sec)
Records: 0  Duplicates: 0  Warnings: 0

mysql> show create table 供应商 \G
*************************** 1. row ***************************
       Table: 供应商
Create Table: CREATE TABLE `供应商` (
  `供应商编号` char(10) NOT NULL,
  `供应商名` varchar(20) NOT NULL,
  `联系电话` char(20) DEFAULT NULL,
  `供应商地址` varchar(50) DEFAULT NULL,
  PRIMARY KEY (`供应商编号`),
  KEY `index_addr` (`供应商地址`(10)),
  KEY `index_nt` (`供应商名`,`联系电话`)
) ENGINE=InnoDB DEFAULT CHARSET=utf8mb4 COLLATE=utf8mb4_0900_ai_ci
1 row in set (0.00 sec)
```

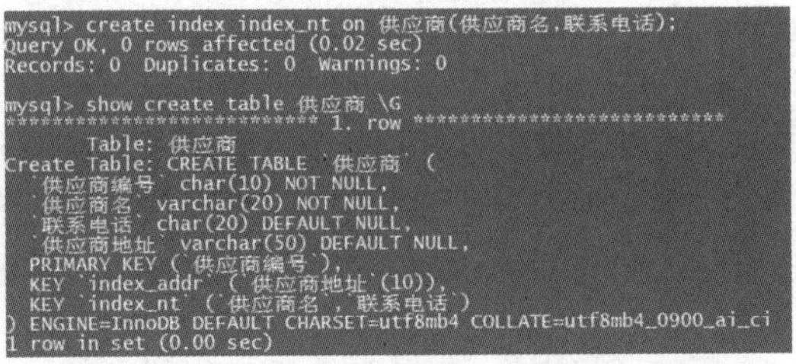

图 8-35　创建索引 index_nt 后的“供应商”数据表的结构

（8）在“零件”数据表的字段“简介”上建立全文索引 index_info。

采用 create index 语句创建索引 index_info。代码如下。

```
create fulltext index index_info on 零件(简介);
```

代码运行成功后，使用 show create table 语句查看数据表“零件”的结构，创建索引 index_info 后的“零件”数据表的结构如图 8-36 所示，可以看到创建索引后的数据表“零件”的结构中增加了索引 index_info。这说明成功在数据表“零件”上对字段“简介”建立了一个全文索引 index_info。

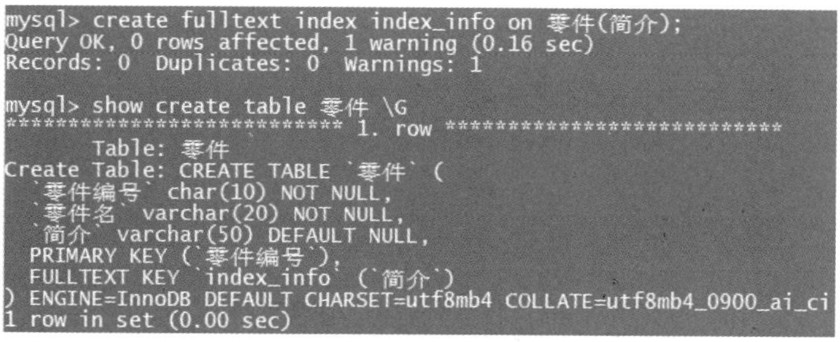

```
mysql> create fulltext index index_info on 零件(简介);
Query OK, 0 rows affected, 1 warning (0.16 sec)
Records: 0  Duplicates: 0  Warnings: 1

mysql> show create table 零件 \G
*************************** 1. row ***************************
       Table: 零件
Create Table: CREATE TABLE `零件` (
  `零件编号` char(10) NOT NULL,
  `零件名` varchar(20) NOT NULL,
  `简介` varchar(50) DEFAULT NULL,
  PRIMARY KEY (`零件编号`),
  FULLTEXT KEY `index_info` (`简介`)
) ENGINE=InnoDB DEFAULT CHARSET=utf8mb4 COLLATE=utf8mb4_0900_ai_ci
1 row in set (0.00 sec)
```

图 8-36　创建索引 index_info 后的“零件”数据表的结构

（9）使用 alter table 语句在“工程”数据表的字段“工程编号”上添加唯一索引 index_id，而且以升序排列。

使用 alter table 语句添加唯一索引 index_id，代码如下。

```
alter table 工程 add unique index index_id (工程编号 ASC);
```

代码运行成功后，使用 show create table 语句查看数据表“工程”的结构，创建索引 index_id 后的“工程”数据表的结构如图 8-37 所示，可以看到创建索引后的数据表“工程”的结构中增加了索引 index_id。这说明成功在数据表“工程”上对字段“工程编号”建立了一个唯一索引 index_id。

（10）删除“供应商”数据表上的多列索引 index_nt。

使用 drop 语句删除数据表“供应商”上的索引 index_nt。代码如下。

```
drop index index_nt on 供应商;
```

代码运行成功后，使用 show create table 语句查看数据表“供应商”的结构，删除索引 index_nt 后的“供应商”数据的结构如图 8-38 所示，可以看到删除索引后的数据表“供应商”的结构中索引 index_nt 已经不存在了。这说明已经将数据表“供应商”中字段“供应商名”和“联系电话”上的多列索引 index_nt 删除。

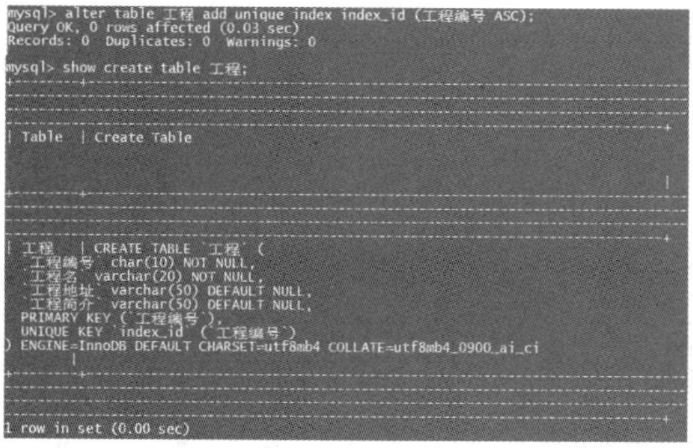

```
mysql> alter table 工程 add unique index index_id (工程编号 ASC);
Query OK, 0 rows affected (0.03 sec)
Records: 0  Duplicates: 0  Warnings: 0

mysql> show create table 工程;
| Table  | Create Table
| 工程   | CREATE TABLE `工程` (
  `工程编号` char(10) NOT NULL,
  `工程名` varchar(20) NOT NULL,
  `工程地址` varchar(50) DEFAULT NULL,
  `工程简介` varchar(50) DEFAULT NULL,
  PRIMARY KEY (`工程编号`),
  UNIQUE KEY `index_id` (`工程编号`)
) ENGINE=InnoDB DEFAULT CHARSET=utf8mb4 COLLATE=utf8mb4_0900_ai_ci
1 row in set (0.00 sec)
```

图 8-37　创建索引 index_id 后的“工程”数据表的结构

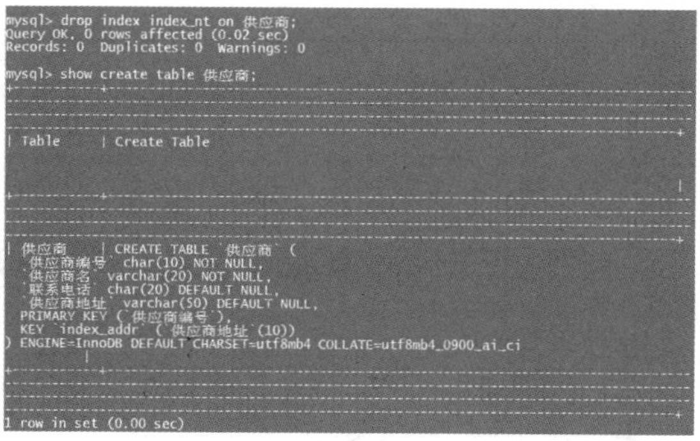

```
mysql> drop index index_nt on 供应商;
Query OK, 0 rows affected (0.02 sec)
Records: 0  Duplicates: 0  Warnings: 0

mysql> show create table 供应商;
| Table    | Create Table
| 供应商   | CREATE TABLE `供应商` (
  `供应商编号` char(10) NOT NULL,
  `供应商名` varchar(20) NOT NULL,
  `联系电话` char(20) DEFAULT NULL,
  `供应商地址` varchar(50) DEFAULT NULL,
  PRIMARY KEY (`供应商编号`),
  KEY `index_addr` (`供应商地址`(10))
) ENGINE=InnoDB DEFAULT CHARSET=utf8mb4 COLLATE=utf8mb4_0900_ai_ci
1 row in set (0.00 sec)
```

图 8-38　删除索引 index_nt 后的“供应商”数据表的结构

（11）删除“工程”数据表上的唯一索引 index_id。

使用 drop 语句删除数据表“工程”上的索引 index_id。代码如下。

```
drop index index_id on 工程;
```

代码运行成功后，使用 show create table 语句查看数据表“工程”的结构，删除索引 index_id 后的“工程”数据表的结构如图 8-39 所示，可以看到删除索引后的数据表“工程”的结构中索引 index_id 已经不存在了。这说明已经将数据表“工程”中字段“工程编号”上的唯一索引 index_id 删除。

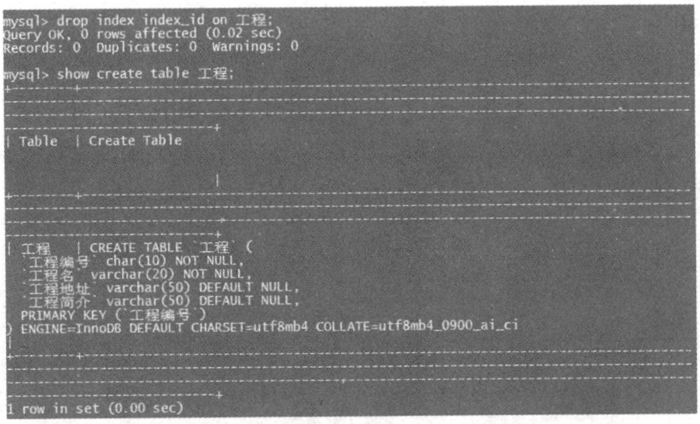

```
mysql> drop index index_id on 工程;
Query OK, 0 rows affected (0.02 sec)
Records: 0  Duplicates: 0  Warnings: 0

mysql> show create table 工程;
| Table | Create Table |
| 工程  | CREATE TABLE `工程` (
  `工程编号` char(10) NOT NULL,
  `工程名` varchar(20) NOT NULL,
  `工程地址` varchar(50) DEFAULT NULL,
  `工程简介` varchar(50) DEFAULT NULL,
  PRIMARY KEY (`工程编号`)
) ENGINE=InnoDB DEFAULT CHARSET=utf8mb4 COLLATE=utf8mb4_0900_ai_ci |
1 row in set (0.00 sec)
```

图 8-39　删除索引 index_id 后的“工程”数据表的结构

本章小结

本章介绍了 MySQL 数据库中视图的概念、视图的作用和优缺点，并详细讲解了创建视图、查看视图、修改视图、更新视图和删除视图的方法，同时介绍了 MySQL 数据库中索引的基础知识，创建索引和删除索引的方法。本章重点内容是创建视图、创建索引以及修改视图。本章的难点内容有两个：一个是对视图的更新，因为很多情况下的视图是不能进行更新的；另一个是索引的设计原则，索引的设计是为了提高数据库的查询效率，但并不是索引越多越好。

习　题

1. 选择题

1-1　视图可以用来（　　）。

A. 存储数据　　B. 删除数据　　C. 修改数据　　D. 显示数据

1-2　在 MySQL 中，视图可以由（　　）来定义。

A. create table 语句　　B. create trigger 语句

C. create view 语句　　D. create database 语句

1-3　下列关于视图的说法，错误的是（　　）。

A. 可以使用视图集中数据、简化和定制不同用户对数据库的不同要求

B. 视图可以使用户只关心其感兴趣的某些特定数据和他们所负责的特定任务

C. 视图可以让不同的用户以不同的方式看到不同的或者相同的数据集

D. 视图不能用于连接多表

1-4 在MySQL中，下列关于索引管理说法错误的是（ ）。

A. create table语句可用来创建索引，也可以单用create index或alter table语句来为表增加索引

B. 可通过唯一索引设定数据表中的某些字段不能包含重复值

C. alter table或drop index语句都能删除数据表中的索引

D. 查看索引的语句为show index 数据表名

1-5 为数据表创建索引的目的是（ ）。

A. 提高查询的检索效率　　B. 创建唯一索引

C. 创建主键　　D. 归类

1-6 下面的（ ）语句是正确的。

A. create view view _student as select * from Student;

B. create view view_student as insert into student(sname,age) values(Lily,18);

C. create view view_student as delete from student;

D. create view view_student as update student set age=19 where sno='20610024';

1-7 视图是一种常用的数据对象，它是提供（ ）数据的另一种途径，可以简化数据库操作。

A. 查看、存放　　B. 查看、检索　　C. 插入、更新　　D. 检索、插入

1-8 下面关于视图的描述，说法正确的是（ ）。

A. 使用视图可以筛选原始数据表中的数据，不能增加数据访问的安全性

B. 视图是一种虚拟表，数据只能来自一个原始数据表

C. create view语句中只可以有select、insert、update、 delete语句

D. 为了安全起见，一般只对视图执行查询操作，不推荐在视图上执行修改操作

2. 简答题

2-1 MySQL数据库中，视图和表的区别及联系是什么？

2-2 MySQL数据库中，索引、主键和唯一性的区别是什么？

3. 上机操作

基于第5章习题中的数据表animal进行如下操作。

（1）在数据表animal上创建视图view_an，视图中包括id、name、kinds的信息。algorithm设置为undefined类型，并为视图加上with check option条件。

（2）在视图中插入几条记录，然后查询记录是否插入成功。

（3）修改视图，将视图的条件设置为字段kinds是哺乳。

（4）删除视图view_an。

（5）在字段id上创建名为index_id的唯一索引。

（6）在字段behavior上创建名为index_havior的全文索引。

（7）删除索引index_havior。

第9章 触发器

触发器是一种与表操作有关的数据库对象。触发器的执行不是由程序主动调用，而是由事件来触发，只要预定义的事件发生，触发程序就会被 MySQL 自动调用。触发器经常用于实现加强数据的完整性约束和业务规则、记录日志、同步数据、跟踪监控用户对数据库的操作等功能。需要注意的是，触发器的使用应该谨慎，避免过度使用和滥用，以免影响数据库的性能和可维护性。

触发器

本章学习目标

（1）了解触发器的概念、优点和缺点。

（2）熟练掌握触发器的创建、查看和删除方法。

（3）能够在特定场景下运用触发器，实现检查约束、外键级联、自动计算数据等功能。

9.1 触发器概述

当对某个表进行 insert、delete、update 等操作时会激活并执行触发器。触发器基于一个表创建，但是触发器程序可以针对多个表进行操作。触发器类似于约束，但其比约束灵活，具有更强大的数据控制能力。

触发器具有以下优点。

（1）自动执行：当对表进行 insert、update、delete 操作时，相应操作的触发器即刻自动执行。

（2）级联更新：触发器可以对数据库中相关表进行层叠改变，这比直接把代码写在前端的做法更安全、更合理。

（3）强化约束：在触发程序中可以引用其他表中的字段，从而实现表的约束实现不了的复杂约束，确保数据的一致性和有效性。

（4）跟踪变化：触发器可以阻止数据库中未经许可的指定更新和变化。

（5）强制业务逻辑：触发器可用于执行管理任务，并强制影响数据库的复杂业务规则。

触发器具有以下缺点。

（1）难以调试：触发器的执行是在数据库内部进行的，对于复杂的触发器逻辑，调试起来可能会比较困难。

（2）影响性能：触发器的执行会增加数据库的负担，特别是在处理大量数据时，可能会对数据库的性能产生一定的影响。

（3）可维护性低：过度使用触发器可能会导致数据库的结构复杂化，增加了数据库的维护难度。

（4）隐式操作：触发器的存在可能会导致一些隐式的操作，对开发人员来说，可能需要更加谨慎地进行数据操作。

9.2 创建触发器

在 MySQL 中创建触发器需要采用 create trigger 语句，语法格式如下。

```
create trigger 触发器名
   before | after
   insert | update | delete on 表名
   for each row
   begin
      触发器主体;
   end
```

（1）触发器在当前数据库中必须具有唯一的名称，如果要在某个特定数据库中创建，触发器名前面应该加上相应的数据库名称。

（2）触发器是在表上创建的，此表必须是永久性表，不能是临时表或视图。

（3）触发器的触发事件有 3 种，分别为 insert、update 和 delete。

① insert：在表中新增新数据时激活触发器。

② update：在表中更新数据时激活触发器。

③ delete：从表中删除数据时激活触发器。

（4）触发器的触发时刻有两个，分别为 before 和 after。before 表示在触发事件发生之前触发程序；after 表示在触发事件发生之后触发程序，如果触发操作失败，则此触发器不会执行，可用于维护表间的一致性。

（5）for each row 表示行级触发器，对于受触发事件影响的每一行，都要激活触发器的动作。

（6）触发器主体由触发器激活时将要执行的 SQL 语句构成。如果要执行多条 SQL 语句，可使用 begin…end 复合语句结构，如果只执行一条 SQL 语句，begin…end 复合语句结构可省略。

（7）同一个表不能拥有两个具有相同触发时刻和事件的触发器。例如，对于一个表，不能同时有两个 before insert 触发器，但可以有一个 before insert 触发器和一个 before undate 触发器，或者一个 before insert 触发器和一个 after insert 触发器。

（8）触发器中的 new 关键字和 old 关键字。

① 在 insert 事件触发器中，new 用来表示插入的新数据。

② 在 update 事件触发器中，old 用来表示被修改的原数据，new 用来表示修改后的新数据。

③ 在 delete 事件触发器中，old 用来表示被删除的原数据。

old 是只读的，而 new 则可以在触发器中使用 set 赋值，这样并不会再次触发触发器，造成循环调用。使用方法为“new.数据表某一列名”或“old.数据表某一列名”。

【例 9-1】 创建触发器 tr_student_insert，触发器将记录 student 表的插入操作，包括用户、时间、操作类型和详细信息，并在 student 表中插入一条记录用以测试触发器。

创建 log 日志表，包含 user、time、operation、detail 等字段。

```
create table log(
   user varchar(30),
   time timestamp,
   operation varchar(10),
   detail varchar(50)
);
```

在 student 表上创建触发器，当对 student 表进行 insert 操作时触发，并向 log 表中插入相应信息。

```
create trigger tr_student_insert
    after insert on student
    for each row
        insert into log(user, time, operation, detail)
        values(user(), now(), 'INSERT', concat('新增记录：', new.sno));
```

为了测试触发器是否正常运行，现向 student 表中插入一条记录，并查询日志表 log，INSERT 触发器触发结果如图 9-1 所示。

```
insert into student
values('20201286','李强','男',21,'哈尔滨市南岗区','计算机科学与技术');
select * from log;
select *from log;
```

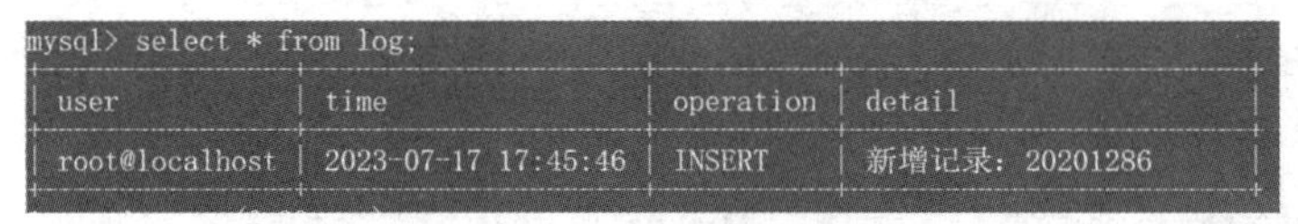
mysql> select * from log;

user	time	operation	detail
root@localhost	2023-07-17 17:45:46	INSERT	新增记录：20201286

图 9-1　INSERT 触发器触发结果

9.3 查看触发器

在 MySQL 中，通常可以使用 3 种方法查看触发器的定义、状态等信息。

9.3.1 使用 show triggers 语句查看触发器

选择特定的数据库，使用 show triggers 语句查看当前数据库中所有的触发器信息，语法格式如下。

```
use 数据库名;
show triggers;
```

在不切换数据库的情况下，从当前数据库中查看特定数据库中的触发器信息，MySQL 允许用户使用 from 或 in 子句，后跟数据库名称，语法格式如下。

```
show triggers from | in 数据库名;
```

MySQL 还提供了 like 子句选项，使用户能够使用不同的模式匹配过滤触发器名称，语法格式如下。

```
show triggers like 模式;
```

【例 9-2】查看例 9-1 中创建的触发器 tr_student_insert，用 show triggers 语句查看触发器的结果如图 9-2 所示。

```
use school;
show triggers like 'student%' \G
```

```
*************************** 1. row ***************************
             Trigger: tr_student_insert
               Event: INSERT
               Table: student
           Statement: INSERT INTO log(user, time, operation, detail)
        VALUES(USER(), now(), 'INSERT', concat('新增记录：', new.sno))
              Timing: AFTER
             Created: 2023-07-18 09:51:01.22
            sql_mode: ONLY_FULL_GROUP_BY,STRICT_TRANS_TABLES,NO_ZERO_IN_DATE,NO_ZERO_DATE,ERROR_FOR_DIVISION_BY_ZERO,NO_ENGINE_SUBSTITUTION
             Definer: root@localhost
character_set_client: utf8mb4
collation_connection: utf8mb4_0900_ai_ci
  Database Collation: utf8mb4_0900_ai_ci
```

图 9-2　用 show triggers 语句查看触发器的结果

9.3.2 使用 show create trigger 语句查看触发器

通过 show create trigger 语句查看触发器定义，语法格式如下。

```
show create trigger 触发器名;
```

【例 9-3】查看例 9-1 中创建的触发器 tr_student_insert，用 show create triggers 语句查看触发器的结果如图 9-3 所示。

```
show create trigger tr_student_insert \G
```

```
*************************** 1. row ***************************
               Trigger: tr_student_insert
              sql_mode: ONLY_FULL_GROUP_BY,STRICT_TRANS_TABLES,NO_ZERO_IN_DATE,NO_ZERO_DATE,ERROR_FOR_DIVISION_BY_ZERO,NO_ENGINE_SUBSTITUTION
SQL Original Statement: CREATE DEFINER=`root`@`localhost` TRIGGER `tr_student_insert` AFTER INSERT ON `student` FOR EACH ROW INSERT INTO log(user, time, operation, detail)
        VALUES(USER(), now(), 'INSERT', concat('新增记录: ', new.sno))
  character_set_client: utf8mb4
  collation_connection: utf8mb4_0900_ai_ci
    Database Collation: utf8mb4_0900_ai_ci
               Created: 2023-07-18 09:51:01.22
```

图 9-3 用 show create triggers 语句查看触发器的结果

9.3.3 通过查询系统表 triggers 查看触发器

information_schema 提供了对数据库元数据、统计信息以及有关 MySQL Server 信息的访问，MySQL 中所有触发器的定义也都存放在数据库 information_schema 的 triggers 表当中，查看 triggers 表的 SQL 语句如下。

```
select * from information_schema.triggers;
```

【例 9-4】查看例 9-1 中创建的触发器 tr_student_insert，通过查询系统表 triggers 查看触发器的结果如图 9-4 所示。

```
select * from information_schema.triggers where trigger_name='tr_student_insert' \G
```

```
*************************** 1. row ***************************
           TRIGGER_CATALOG: def
            TRIGGER_SCHEMA: school
              TRIGGER_NAME: tr_student_insert
        EVENT_MANIPULATION: INSERT
      EVENT_OBJECT_CATALOG: def
       EVENT_OBJECT_SCHEMA: school
        EVENT_OBJECT_TABLE: student
              ACTION_ORDER: 1
          ACTION_CONDITION: NULL
          ACTION_STATEMENT: INSERT INTO log(user, time, operation, detail)
        VALUES(USER(), now(), 'INSERT', concat('新增记录: ', new.sno))
        ACTION_ORIENTATION: ROW
             ACTION_TIMING: AFTER
ACTION_REFERENCE_OLD_TABLE: NULL
ACTION_REFERENCE_NEW_TABLE: NULL
  ACTION_REFERENCE_OLD_ROW: OLD
  ACTION_REFERENCE_NEW_ROW: NEW
                   CREATED: 2023-07-18 09:51:01.22
                  SQL_MODE: ONLY_FULL_GROUP_BY,STRICT_TRANS_TABLES,NO_ZERO_IN_DATE,NO_ZERO_DATE,ERROR_FOR_DIVISION_BY_ZERO,NO_ENGINE_SUBSTITUTION
                   DEFINER: root@localhost
      CHARACTER_SET_CLIENT: utf8mb4
      COLLATION_CONNECTION: utf8mb4_0900_ai_ci
        DATABASE_COLLATION: utf8mb4_0900_ai_ci
```

图 9-4 通过查询系统表 triggers 查看触发器的结果

9.4 运用触发器

触发器通常用来执行复杂的业务规则，用于实现数据库完整性约束难以实现的复杂约束，或用来自动生成并分配列值、维护表数据同步，提供审计、监控对数据库的各种操作、事件记录等。本节将就运用触发器检查约束、运用触发器实现外键级联和运用触发器自动计算数据 3 个具体场景展开详细介绍。

9.4.1 运用触发器检查约束

MySQL 检查约束是用来检查数据表中字段值有效性的一种手段，可以通过 create table 或 alter table 语句实现，也可以使用触发器实现。

【例 9-5】 创建 tr_sc_insert 触发器检查约束，实现在向 sc 表插入记录时，若 grade 字段的值不为空，则值的取值范围必须为 0 到 100；若 grade 字段的值小于 0，则填 0，大于 100 则填 100。然后用 insert 语句向 sc 表中插入一条 grade 字段值大于 100 的记录，对 tr_sc_insert 触发器进行测试，例 9-5 测试结果如图 9-5 所示。

```
use school;
delimiter //
create trigger tr_sc_insert
   before insert on sc
   for each row
   begin
      if new.grade is not null && new.grade<0 then
           set new.grade = 0;
      elseif new.grade is not null && new.grade>100 then
           set new.grade = 100;
      end if;
   end //
delimiter ;
insert into sc(sno,cno,grade) values('20201286','1001',777);
select * from sc where sno='20201286';
```

【例 9-6】 创建 tr_sc_update 触发器检查约束，实现在 sc 表中修改记录时，要修改记录的 grade 字段的值若不为空，则值的取值范围必须为 0 到 100；若 grade 字段的值不满足要求，则不做修改。然后用 UPDATE 语句修改 sc 表中的一条记录，使其 grade 字段的值为-10，对 tr_sc_update 触发器进行测试，例 9-6 测试结果如图 9-6 所示。

```
use school;
delimiter //
create trigger tr_sc_update
   before update on sc
   for each row
       begin
           if new.grade is not null && new.grade not between 0 and 100 then
               set new.grade = old.grade;
           end if;
       end //
delimiter ;
update sc set grade=-10 where sno='20201286';
select * from sc where sno='20201286';
```

cno	sno	grade
1001	20201286	100

图 9-5　例 9-5 测试结果

cno	sno	grade
1001	20201286	100

图 9-6　例 9-6 测试结果

9.4.2 运用触发器实现外键级联

在 MySQL 数据库中，外键约束是表的一个特殊字段，经常与主键约束一起使用。对两个具有关联关系的表而言，相关联字段中主键所在的表就是主表，外键所在的表就是从表。这些外键约束也可以使用触发器来实现。当然，外键约束和触发器都是不提倡使用的。因为外键约束和触发器容易给数据库服务器增加额外的负担，造成性能下降，甚至可能造成频发的锁等待或者死锁。

【例 9-7】将 student 表和 sc 表两个表间的外键约束关系改用触发器实现。具体实现以下两个功能。

（1）当修改 student 表中学生的学号时，自动修改 sc 表中相应学生的学号。

（2）当删除 student 表中的学生时，自动删除 sc 表中相应学生的所有成绩记录。

首先，删原 student 表和 sc 表，重新创建 student 表和 sc 表。

```
create table student(
 sno char(10) primary key,
 sname varchar(20) not null,
 sex varchar(4),
 age int,
 address varchar(50),
 dept varchar(20)
);
create table sc(
 cno char(10),
 sno char(10),
 grade float,
 primary key(cno,sno)
);
```

在 student 表里新增一条学号为 20201286 的记录。在 sc 表当中新增两条该学生成绩记录：一条记录中的课程号为 1001，成绩为 70 分；另一条记录中的课程号为 1002，成绩为 80 分。

```
insert into student
values('20201286','李强','男',21,'哈尔滨市南岗区','计算机科学与技术');
insert into sc(sno,cno,grade) values('20201286','1001',70),('20201286','1002',80);
```

创建两个触发器，以实现题目要求的功能。下面是创建两个触发器的代码。

```
-- 修改学号触发器
delimiter //
create trigger tr_update_sno
    after update on student
    for each row
    begin
        update sc
        set sno = new.sno
        where sno= old.sno;
    end //
delimiter ;

-- 删除学生触发器
delimiter //
create trigger tr_delete_sno
    after delete on student
    for each row
    begin
        delete from sc
        where sno=old.sno;
    end //
delimiter ;
```

在 student 表中，将学号为 20201286 的学生的学号修改为 20201286，查看 student 表和 sc 表，结果分别如图 9-7（a）和图 9-7（b）所示。

```
update student set sno='20211286' where sno='20201286';
select * from student;
select * from sc;
```

sno	sname	sex	age	address	dept
20211286	李强	男	21	哈尔滨市南岗区	计算机科学与技术

（a）student 表更新结果

cno	sno	grade
1001	20211286	70
1002	20211286	80

（b）修改学号触发器的触发结果

图9-7 查询结果

在 student 表中，将学号为 20201286 的学生删除，查看 student 表和 sc 表，删除学生的结果以及删除学生触发器的触发结果如图 9-8 所示。

```
delete from student where sno='20211286';
select * from student;
select * from sc;
```

```
mysql> select * from student;
Empty set (0.00 sec)

mysql> select * from sc;
Empty set (0.00 sec)
```

图9-8 删除学生的结果以及删除学生触发器的触发结果

9.4.3 运用触发器自动计算数据

触发器是一种强大的数据库工具，可以用于监视数据表中的特定活动并自动执行特定的操作。如果需要自动统计、计算数据表中的数据，则可以使用触发器来实现。

【例 9-8】使用触发器实现在 sc 表中新增、修改、删除学生成绩记录时，自动计算学生成绩总分和平均分。

为了实现这些功能，首先需要在 student 表中添加两个字段，分别为成绩总分 total_grade 和平均分 avg_grade。下面是创建 student 表的代码。

```
create table student(
  sno char(10) primary key,
  sname varchar(20) not null,
  sex varchar(4),
  age int,
  address varchar(50),
  dept varchar(20),
  total_grade decimal(5,2) not null default '0.00',
  avg_grade decimal(5,2) not null default '0.00'
);
```

创建 3 个触发器，以实现上述功能。下面是创建 3 个触发器的代码。

```
-- 新增成绩触发器
delimiter //
create trigger tr_insert_grade
    after insert on sc
    for each row
    begin
        update student
        set total_grade = total_grade + new.grade,
        avg_grade = total_grade/(select count(*) from sc where sno=new.sno)
        where sno= new.sno;
    end //
delimiter ;

-- 修改成绩触发器
delimiter //
create trigger tr_update_grade
    after update on sc
    for each row
```

```
    begin
        update student
        set total_grade = total_grade - old.grade + new.grade,
        avg_grade = total_grade/(select count(*) from sc where sno=new.sno)
        where sno= new.sno;
    end //
delimiter ;

-- 删除成绩触发器
delimiter //
create trigger tr_delete_grade
    after delete on sc
    for each row
    begin
        update student
        set total_grade = total_grade - old.grade,
        avg_grade = total_grade/(select count(*) from sc where sno=old.sno)
        where sno= old.sno;
    end //
delimiter ;
```

下面通过数据进行测试。

（1）在 student 表里新增一条学号为 20201286 的记录，在 sc 表中新增两条该学生成绩记录：一条记录中的课程号为 1001，成绩为 70 分；另一条记录中的课程号为 1002，成绩为 80 分。查看 student 表，新增成绩触发器的触发结果如图 9-9 所示。

```
insert into student
values('20201286','李强','男',21,'哈尔滨市南岗区','计算机科学与技术',0,0);
insert into sc(sno,cno,grade) values('20201286','1001',70),('20201286','1002',80);
select * from student;
```

sno	sname	sex	age	address	dept	total_grade	avg_grade
20201286	李强	男	21	哈尔滨市南岗区	计算机科学与技术	150.00	75.00

图 9-9 新增成绩触发器的触发结果

（2）更新 sc 表中学号为 20201286、课程号为 1001 的成绩记录，并查看 student 表，修改成绩触发器的触发结果如图 9-10 所示。

```
update sc set grade=72 where sno='20201286' and cno='1001';
select * from student;
```

sno	sname	sex	age	address	dept	total_grade	avg_grade
20201286	李强	男	21	哈尔滨市南岗区	计算机科学与技术	152.00	76.00

图 9-10 修改成绩触发器的触发结果

（3）删除 sc 表中学号为 20201286、课程号为 1001 的成绩记录，并查看 student 表，删除成绩触发器的触发结果如图 9-11 所示。

```
delete from sc where sno='20201286' and cno='1001';
select * from student;
```

sno	sname	sex	age	address	dept	total_grade	avg_grade
20201286	李强	男	21	哈尔滨市南岗区	计算机科学与技术	80.00	80.00

图 9-11 删除成绩触发器的触发结果

9.5 删除触发器

在 MySQL 中删除触发器需要用 drop trigger 语句，语法格式如下。

```
drop trigger [if exists] 触发器名;
```

其中，[if exists]是可选参数，用于判断触发器是否存在。该语句成功执行后，将删除触发器并释放系统资源。

【例 9-9】删除例 9-1 中创建的触发器 tr_student_insert。

```
drop trigger if exists tr_student_insert;
```

9.6 应用示例：创建具有备份和信息同步功能的触发器

示例要求：新增 log 表，应用触发器实现 log 表记录 sc 表的新增和修改信息；新增 student_backup 表，应用触发器实现将 student_backup 表与 student 表的信息同步。这里重新创建 student 表、course 表和 sc 表的语句如下。

```
create table course(
    cno char(10) primary key,
    cname varchar(20) not null,
    cpno char(10),
    credit int,
    foreign key(cpno) references course(cno));
create table student(
    sno char(10) primary key,
    sname varchar(20) not null,
    sex varchar(4),
    age int,
    address varchar(50),
    dept varchar(20));
create table sc(
    cno char(10),
    sno char(10),
    grade float,
    primary key(cno,sno),
    foreign key(cno) references course(cno),
    foreign key(sno) references student(sno));
```

（1）创建 log 表，包含操作用户（user）、时间（time）、操作类别（type）和详细信息（detail）等字段。

```
create table log(
    user varchar(30),
    time timestamp,
    type varchar(10),
    detail varchar(50)
);
```

（2）创建学生成绩新增触发器（tr_sc_insert）、学生成绩修改触发器（tr_sc_update）。

```
--学生成绩新增触发器
create trigger tr_sc_insert
after insert on sc
```

```
for each row
    insert into log
    values(user(),now(),'INSERT',concat(new.cno,'-',new.sno,'-',new.grade));
--学生成绩修改触发器
create trigger tr_sc_update
after update on sc
for each row
    insert into log
    values
    (user(),now(),'update',concat(old.cno,'-',old.sno,'-before_update:',old.grade));
```

（3）在 sc 表中新增一条记录，并查看 log 表，学生成绩新增触发器的触发结果如图 9-12 所示。

```
insert into sc(cno,sno,grade) values('1003','20201283',90);
select * from log;
```

user	time	type	detail
root@localhost	2023-08-02 12:51:05	INSERT	1003-20201283-90

图 9-12 学生成绩新增触发器的触发结果

（4）修改 cno 为 1003、sno 为 20201283 的记录，将 grade 改为 92，并查看该条记录在（3）中创建和（4）中修改的日志表，学生成绩修改触发器的触发结果如图 9-13 所示。

```
update sc set grade=92 where cno='1003' and sno='20201283';
select * from log;
```

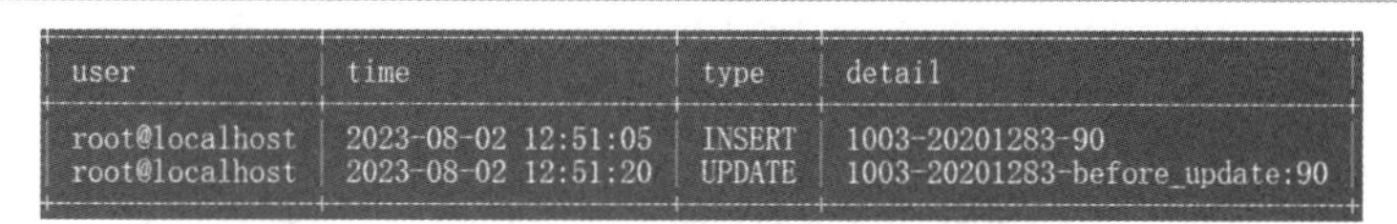

user	time	type	detail
root@localhost	2023-08-02 12:51:05	INSERT	1003-20201283-90
root@localhost	2023-08-02 12:51:20	UPDATE	1003-20201283-before_update:90

图 9-13 学生成绩修改触发器的触发结果

（5）创建 student_backup 表，复制 student 表的结构和数据。

```
create table student_backup select * from student;
```

（6）创建学生新增触发器（tr_student_insert）、学生修改触发器（tr_student_update）、学生删除触发器（tr_student_delete），实现将 student 表信息同步到 student_backup 表。

```
-- 学生新增触发器
create trigger tr_student_insert
after insert on student
for each row
    insert into student_backup
    values(new.sno,new.sname,new.sex,new.age,new.address,new.dept);

-- 学生修改触发器
create trigger tr_student_update
after update on student
for each row
    update student_backup set address=new.address,dept=new.dept
    where sno=new.sno;

-- 学生删除触发器
create trigger tr_student_delete
after delete on student
for each row
    delete from student_backup
    where sno=old.sno;
```

（7）在 student 表中新增两条记录，并查看 student_backup 表，学生新增触发器的触发结果如图 9-14 所示。

```
insert into student
values('20201286','李强','男',22,'哈尔滨市南岗区','计算机科学与技术'),
('20201287','王芳','女',22,'哈尔滨市南岗区','计算机科学与技术');
select * from student_backup;
```

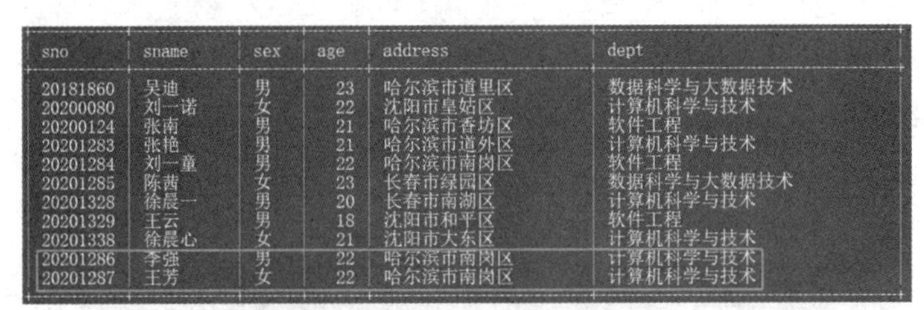

sno	sname	sex	age	address	dept
20181860	吴迪	男	23	哈尔滨市道里区	数据科学与大数据技术
20200080	刘一诺	女	22	沈阳市皇姑区	计算机科学与技术
20200124	张南	男	21	哈尔滨市香坊区	软件工程
20201283	张艳	男	21	哈尔滨市道外区	计算机科学与技术
20201284	刘一童	男	22	哈尔滨市南岗区	软件工程
20201285	陈茜	女	23	长春市绿园区	数据科学与大数据技术
20201328	徐晨一	男	20	长春市南湖区	计算机科学与技术
20201329	王云	男	18	沈阳市和平区	软件工程
20201338	徐晨心	女	21	沈阳市大东区	计算机科学与技术
20201286	李强	男	22	哈尔滨市南岗区	计算机科学与技术
20201287	王芳	女	22	哈尔滨市南岗区	计算机科学与技术

图 9-14　学生新增触发器的触发结果

（8）修改 student 表中 sno 为 20201286 的记录，将 address 修改为“哈尔滨市松北区”，dept 修改为“数据科学与大数据技术”，并查看 student_backup 表，学生修改触发器的触发结果如图 9-15 所示。

```
update student
set address='哈尔滨市松北区',dept='数据科学与大数据技术' where sno='20201286';
select * from student_backup;
```

sno	sname	sex	age	address	dept
20181860	吴迪	男	23	哈尔滨市道里区	数据科学与大数据技术
20200080	刘一诺	女	22	沈阳市皇姑区	计算机科学与技术
20200124	张南	男	21	哈尔滨市香坊区	软件工程
20201283	张艳	男	21	哈尔滨市道外区	计算机科学与技术
20201284	刘一童	男	22	哈尔滨市南岗区	软件工程
20201285	陈茜	女	23	长春市绿园区	数据科学与大数据技术
20201328	徐晨一	男	20	长春市南湖区	计算机科学与技术
20201329	王云	男	18	沈阳市和平区	软件工程
20201338	徐晨心	女	21	沈阳市大东区	计算机科学与技术
20201286	李强	男	22	哈尔滨市松北区	数据科学与大数据技术
20201287	王芳	女	22	哈尔滨市南岗区	计算机科学与技术

图 9-15　学生修改触发器的触发结果

（9）删除 student 表中 sno 为 20201286 的记录，并查看 student_backup，学生删除触发器的触发结果如图 9-16 所示。

```
delete from student where sno='20201286';
select * from student_backup;
```

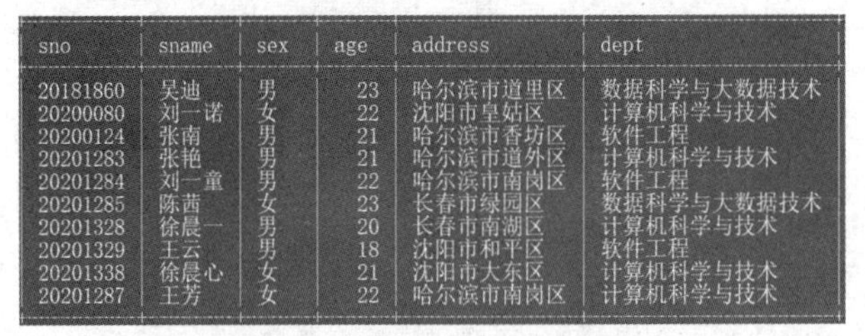

sno	sname	sex	age	address	dept
20181860	吴迪	男	23	哈尔滨市道里区	数据科学与大数据技术
20200080	刘一诺	女	22	沈阳市皇姑区	计算机科学与技术
20200124	张南	男	21	哈尔滨市香坊区	软件工程
20201283	张艳	男	21	哈尔滨市道外区	计算机科学与技术
20201284	刘一童	男	22	哈尔滨市南岗区	软件工程
20201285	陈茜	女	23	长春市绿园区	数据科学与大数据技术
20201328	徐晨一	男	20	长春市南湖区	计算机科学与技术
20201329	王云	男	18	沈阳市和平区	软件工程
20201338	徐晨心	女	21	沈阳市大东区	计算机科学与技术
20201287	王芳	女	22	哈尔滨市南岗区	计算机科学与技术

图 9-16　学生删除触发器的触发结果

本章小结

本章主要介绍了 MySQL 数据库中触发器的概念及其创建、查看、运用和删除方法。触发器是一种与表操作有关的数据库对象。触发器的执行不是由程序调用，而是由事件来触发。触发器有 3 种触发事件——insert、update 和 delete，在表中新增、更新、删除数据时分别激活 insert 事件触发器、update 事件触发器和 delete 事件触发器。触发器有两个触发时刻——before 和 after，before 表示在触发事件发生之前触发程序，after 表示在触发事件发生之后触发程序。创建触发器需要用 create trigger 语句，查看触发器需要用 show triggers 语句，删除触发器需要用 drop trigger 语句。本章的难点在于如何在特定场景下灵活地使用触发器实现目标功能。

习 题

1. 选择题

1-1 触发器创建在（ ）上。

A. 数据库 B. 表 C. 视图 D. 临时表

1-2 MySQL 支持的触发器类型不包括（ ）。

A. insert B. update C. delete D. check

1-3 （ ）语句可以用来创建一个触发器。

A. create procedure B. create table C. create trigger D. drop trigger

1-4 每个表最多可以创建（ ）个触发器。

A. 3 B. 4 C. 5 D. 6

1-5 关于 old 关键字和 new 关键字，下列说法错误的是（ ）。

A. new 在 insert 事件触发器中，用来访问被插入的记录

B. old 取到的字段值只能读不能被更新

C. new 在触发器中使用 set 语句赋值，会造成触发器循环触发

D. old 在 delete 事件触发器中，用来访问被删除的数据

1-6 使用（ ）语句不能查看到 tr_stu 触发器的信息。

A. show triggers;

B. show triggers from tr_stu;

C. select * from information_schema.triggers;

D. select * from information_schema.triggers where trigger_name = 'tr_stu';

1-7 （ ）语句可以用来删除一个触发器。

A. create trigger B. drop database C. show trigger D. drop trigger

1-8 当删除（ ）时，它关联的触发器同时被删除。

A. 表 B. 视图 C. 过程 D. 临时表

1-9 （ ）允许用户定义一组操作，这些操作通过对指定的表进行删除、插入和更新来执行或触发。

A. 存储过程 B. 视图 C. 触发器 D. 索引

1-10 定义触发器的主要目的是（ ）。

A. 提高数据的查询效率 B. 加强数据的保密性

C. 增强数据的安全性 D. 实现复杂的约束

2. 简答题

2-1 什么是触发器？请简述触发器的作用。

2-2 在 MySQL 当中，触发器有哪几种类型？

2-3 滥用触发器可能会造成哪些影响？

3. 上机操作

重新创建“供应商”表、“工程”表、“零件”表和“供应”表，SQL 语句如下。

```
create table 供应商(
    供应商编号 char(10) primary key,
    供应商名 varchar(20) not null,
    供应商地址 varchar(50) not null,
    联系电话 char(20));
create table 工程(
    工程编号 char(10) primary key,
    工程名 varchar(20) not null,
    地址 varchar(50) not null);
create table 零件(
    零件编号 char(10) primary key,
    零件名 varchar(20) not null,
    颜色 varchar(10) ,
    简介 varchar(50));
create table 供应(
    供应商编号 char(10),
    工程编号 char(10),
    零件编号 char(10),
    数量 float,
    primary key(供应商编号,工程编号,零件编号),
    foreign key(供应商编号) references 供应商(供应商编号),
    foreign key(工程编号) references 工程 (工程编号),
    foreign key(零件编号) references 零件(零件编号));
```

（1）新增“日志”表，应用触发器实现“日志”表记录“供应商”表的新增、修改和删除信息。

（2）新增“供应备份”表，应用触发器实现将“供应备份”表与“供应”表信息同步。

第10章 存储过程和存储函数

存储过程是预先定义、编译和保存的一段可重复执行的、用于完成特定功能的 SQL 语句集合，存储在数据库服务器端，客户端只需要向服务器端发出调用存储过程的命令，服务器端就会把这一组 SQL 语句全部执行。存储过程和存储函数是 MySQL 支持的过程式数据库对象，可以加快数据库的处理速度，提高数据库编程的代码复用性，减少了网络通信流量的同时，也降低了 SQL 语句暴露的风险，提高了数据查询的安全性。

存储过程

在 MySQL 中，用户不仅可以调用内置函数，还可以根据特定的需求自定义存储函数。函数既可以用在 select 语句中，也可以用在 insert、update 和 delete 语句当中。存储函数与存储过程很相似，都是预先定义的一些 SQL 语句的集合。存储函数可以通过 return 语句返回函数值，主要用于计算并返回一个值。而存储过程没有返回值，主要用于执行操作。

本章学习目标

（1）熟练掌握存储过程和存储函数的创建、调用、查看、修改和删除方法。

（2）理解存储过程和存储函数的相似性和特性，并能在实际应用当中灵活运用。

10.1 创建存储过程和存储函数

10.1.1 创建存储过程

在 MySQL 中创建存储过程需要用 create procedure 语句，语法格式如下。

```
create procedure 存储过程名([in | out | inout 参数名 参数类型[,…]])
[characteristics…]
begin
    存储过程主体;
end
```

（1）存储过程名要注意避免和 MySQL 内置函数名相同。

（2）参数名前面的 in | out | inout 的作用如下。

① in：当前参数为输入参数，存储过程只是读取这个参数的值。如果没有定义参数种类，默认为 in。

② out：当前参数为输出参数，该类参数由存储过程写入，调用这个存储过程的客户端或者应用程序可以读取这个参数的值。

③ inout：同时具有 in 参数和 out 参数的特性，存储过程可以读取和写入该类参数。

（3）参数类型可以是 MySQL 数据库中的任意数据类型。

（4）characteristics 是存储过程的特征参数，具体取值信息如下。

```
language sql
| [not] deterministic
| { contains sql | no sql | reads sql data | modifies sql data }
| sql security { definer | invoker }
| comment 'string'
```

① language sql：说明存储过程主体是由 SQL 语句组成的，当前系统支持的语言为 SQL。

② [not] deterministic：指明存储过程执行的结果是否确定。deterministic 表示结果是确定的，每次调用存储过程时，相同的输入会得到相同的输出；not deterministic 表示结果是不确定的，相同的输入可能得到不同的输出。如果没有指定，默认为 not deterministic。

③ { contains sql | no sql | reads sql data | modifies sql data }：指明子程序使用 SQL 语句的限制，默认情况下，系统会指定为 contains sql。

a. contains sql：表示当前存储过程的子程序不包含读写数据的 SQL 语句。

b. no sql：表示当前存储过程的子程序中不包含 SQL 语句。

c. reads sql data：表示当前存储过程的子程序中包含读数据的 SQL 语句。

d. modifies sql data：表示当前存储过程的子程序中包含写数据的 SQL 语句。

④ sql security { definer | invoker }：指明存储过程的权限，是以 definer（创建者）还是 invoker（调用者）的权限来执行，默认为 definer。

⑤ comment 'string'：注释信息，用来描述存储过程。

【例 10-1】创建存储过程 student_proc，根据提供的学生学号返回学生的姓名和专业。

```
delimiter //
create procedure student_proc(
    in i_sno char(10),
    out o_sname varchar(20),
    out o_dept varchar(20))
begin
    select sname, dept into o_sname, o_dept
    from student where sno=i_sno;
end//
delimiter ;
```

【例 10-2】创建存储过程 grade_up_proc，使用 inout 参数修改学生成绩，将其成绩上调 10 分。

```
create procedure grade_up_proc(inout p_grade float)
set p_grade = p_grade+10;
```

10.1.2 创建存储函数

在 MySQL 中创建存储函数需要用 create function 语句，语法格式如下。

```
create function 存储函数名([参数名 参数类型[,…]])
returns 函数返回值的数据类型
[characteristics…]
begin
    函数体;
end
```

函数体的末尾必须包含一条 return value 语句，value 用于指定存储函数的返回值。

【例 10-3】创建存储函数 student_func，根据提供的学生学号返回学生的姓名。

```
delimiter //
create function student_func(i_sno char(10))
returns char(20)
```

```
deterministic
begin
    return (select sname from student where sno=i_sno);
end//
delimiter ;
```

10.2 调用存储过程和存储函数

10.2.1 调用存储过程

在存储过程创建成功后，就可以多次调用该存储过程。在 MySQL 中调用存储过程需要用 call 语句，语法格式如下。

```
call 存储过程名([参数值[,…]]);
```

【例 10-4】调用例 10-1 中创建的存储过程 student_proc，调用存储过程 student_proc 结果如图 10-1 所示。

```
call student_proc('20201283',@o_sname,@o_dept);
select @o_sname,@o_dept;
```

【例 10-5】调用例 10-2 中创建的存储过程 grade_up_proc，先给 inout 类型变量 p_grade 赋值为 80，调用存储过程 grade_up_proc 结果如图 10-2 所示。

```
set @p_grade=80;
call grade_up_proc(@p_grade);
select @p_grade;
```

@o_sname	@o_dept
张艳	计算机科学与技术

图 10-1　调用存储过程 student_proc 结果

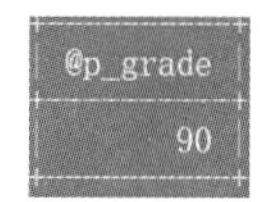

@p_grade
90

图 10-2　调用存储过程 grade_up_proc 结果

10.2.2 调用存储函数

调用用户自定义的存储函数与调用系统函数方法相同，语法格式如下。

```
select 函数名([参数值[,…]])
```

【例 10-6】调用例 10-3 中创建的存储函数 student_func，调用存储函数 student_func 结果如图 10-3 所示。

```
select student_func('20201283');
```

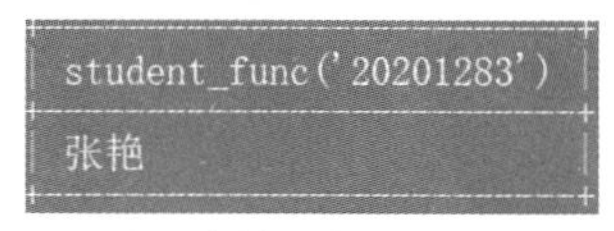

student_func('20201283')
张艳

图 10-3　调用存储函数 student_func 结果

10.3 查看存储过程和存储函数

在 MySQL 中，通常可以使用 3 种方法查看存储过程和存储函数的定义、状态等信息。

10.3.1 使用 show create 语句查看存储过程和存储函数的定义

使用 show create 语句查看存储过程和存储函数的定义，语法格式如下。

```
show create procedure | function 存储过程名或存储函数名;
```

【例 10-7】使用 show create 语句查看例 10-1 和例 10-3 中创建的存储过程 student_proc 和存储函数 student_func 的定义。

（1）查看例 10-1 中创建的存储过程 student_proc 的定义，使用 show create procedure 语句查看存储过程 student_proc 的定义如图 10-4 所示。

```
show create procedure student_proc \G
```

```
*************************** 1. row ***************************
           Procedure: student_proc
            sql_mode: ONLY_FULL_GROUP_BY,STRICT_TRANS_TABLES,NO_ZERO_IN_DATE,NO_ZERO_DATE,ERROR_FOR_DIVISION_BY_ZERO,NO_ENGINE_SUBSTITUTION
    Create Procedure: CREATE DEFINER=`root`@`localhost` PROCEDURE `student_proc`(
    IN i_sno char(10),
    OUT o_sname varchar(20),
    OUT o_dept varchar(20))
BEGIN
SELECT sname, dept INTO o_sname, o_dept
FROM student WHERE sno=i_sno;
END
character_set_client: utf8mb4
collation_connection: utf8mb4_0900_ai_ci
  Database Collation: utf8mb4_0900_ai_ci
```

图 10-4　使用 show create procedure 语句查看存储过程 student_proc 的定义

（2）查看例 10-3 创建的存储函数 student_func 的定义，使用 show create function 语句查看存储函数 student_proc 的定义如图 10-5 所示。

```
show create function student_func \G
```

```
*************************** 1. row ***************************
            Function: student_func
            sql_mode: ONLY_FULL_GROUP_BY,STRICT_TRANS_TABLES,NO_ZERO_IN_DATE,NO_ZERO_DATE,ERROR_FOR_DIVISION_BY_ZERO,NO_ENGINE_SUBSTITUTION
     Create Function: CREATE DEFINER=`root`@`localhost` FUNCTION `student_func`(i_sno char(10)) RETURNS char(20) CHARSET utf8mb4
    DETERMINISTIC
BEGIN
    RETURN (SELECT sname FROM student WHERE sno=i_sno);
END
character_set_client: utf8mb4
collation_connection: utf8mb4_0900_ai_ci
  Database Collation: utf8mb4_0900_ai_ci
```

图 10-5　使用 show create function 语句查看存储函数 student_proc 的定义

10.3.2 使用 show status 语句查看存储过程和存储函数的定义

使用 show status 语句查看存储过程和存储函数的定义，语法格式如下。

```
show procedure | function status [like 模式];
```

like 子句能够指定使用不同的模式匹配过滤存储过程或函数名称，可以省略，省略时会查询 MySQL 数据库中全部的存储过程或函数。

【例 10-8】使用 show status 语句查看例 10-1 和例 10-3 中创建的存储过程 student_proc 和存储函数 student_func 的信息。

（1）查看例 10-1 中创建的存储过程 student_proc 的信息，使用 show procedure status 语句查看存储过程的 student_proc 的信息如图 10-6 所示。

```
show procedure status like 'student%' \G
```

```
*************************** 1. row ***************************
                  Db: school
                Name: student_proc
                Type: PROCEDURE
             Definer: root@localhost
            Modified: 2023-07-18 15:59:51
             Created: 2023-07-18 15:59:51
       Security_type: DEFINER
             Comment:
character_set_client: utf8mb4
collation_connection: utf8mb4_0900_ai_ci
  Database Collation: utf8mb4_0900_ai_ci
```

图 10-6　使用 show procedure status 语句查看存储过程 student_proc 的信息

（2）查看例 10-3 中创建的存储函数 student_func 的信息，使用 show function status 语句查看存储函数 student_func 的信息如图 10-7 所示。

```
show function status like 'student%' \G
```

```
*************************** 1. row ***************************
                  Db: school
                Name: student_func
                Type: FUNCTION
             Definer: root@localhost
            Modified: 2023-07-18 16:00:54
             Created: 2023-07-18 16:00:54
       Security_type: DEFINER
             Comment:
character_set_client: utf8mb4
collation_connection: utf8mb4_0900_ai_ci
  Database Collation: utf8mb4_0900_ai_ci
```

图 10-7　使用 show function status 语句查看存储函数 student_func 的信息

10.3.3 通过系统表 routines 查看存储过程和存储函数的信息

通过查询数据库 information_schema 中的系统表 routines 查看存储过程和存储函数的信息，语法格式如下。

```
select * from information_schema.routines
where routine_name='存储过程名或存储函数名'
[and routine_type=procedure | function];
```

【例 10-9】通过系统表 routines 查看例 10-1 和例 10-3 中创建的存储过程 student_proc 和存储函数 student_func 的信息。

（1）查看例 10-1 中创建的存储过程 student_proc 的信息，通过系统表 routines 查看存储过程 student_proc 的信息如图 10-8 所示。

```
select * from information_schema.routines where routine_name='student_proc' \G
```

```
*************************** 1. row ***************************
           SPECIFIC_NAME: student_proc
         ROUTINE_CATALOG: def
          ROUTINE_SCHEMA: school
            ROUTINE_NAME: student_proc
            ROUTINE_TYPE: PROCEDURE
               DATA_TYPE:
CHARACTER_MAXIMUM_LENGTH: NULL
  CHARACTER_OCTET_LENGTH: NULL
       NUMERIC_PRECISION: NULL
           NUMERIC_SCALE: NULL
      DATETIME_PRECISION: NULL
      CHARACTER_SET_NAME: NULL
          COLLATION_NAME: NULL
          DTD_IDENTIFIER: NULL
            ROUTINE_BODY: SQL
      ROUTINE_DEFINITION: BEGIN
SELECT sname, dept INTO o_sname, o_dept
FROM student WHERE sno=i_sno;
END
           EXTERNAL_NAME: NULL
       EXTERNAL_LANGUAGE: SQL
         PARAMETER_STYLE: SQL
        IS_DETERMINISTIC: NO
         SQL_DATA_ACCESS: CONTAINS SQL
                SQL_PATH: NULL
           SECURITY_TYPE: DEFINER
                 CREATED: 2023-07-18 15:59:51
            LAST_ALTERED: 2023-07-18 15:59:51
                SQL_MODE: ONLY_FULL_GROUP_BY,STRICT_TRANS_TABLES,NO_ZERO_IN_DATE,NO_ZERO_DATE,ERROR_FOR_DIVISION_BY_ZERO,NO_ENGINE_SUBSTITUTION
         ROUTINE_COMMENT:
                 DEFINER: root@localhost
    CHARACTER_SET_CLIENT: utf8mb4
    COLLATION_CONNECTION: utf8mb4_0900_ai_ci
      DATABASE_COLLATION: utf8mb4_0900_ai_ci
```

图 10-8　通过系统表 routines 查看存储过程 student_proc 的信息

（2）查看例 10-3 中创建的存储函数 student_func 的信息，通过系统表 routines 查看存储函数 student_func 的信息如图 10-9 所示。

```
select * from information_schema.routines where routine_name='student_func' \G
```

```
*************************** 1. row ***************************
           SPECIFIC_NAME: student_func
         ROUTINE_CATALOG: def
          ROUTINE_SCHEMA: school
            ROUTINE_NAME: student_func
            ROUTINE_TYPE: FUNCTION
               DATA_TYPE: char
CHARACTER_MAXIMUM_LENGTH: 20
  CHARACTER_OCTET_LENGTH: 80
       NUMERIC_PRECISION: NULL
           NUMERIC_SCALE: NULL
      DATETIME_PRECISION: NULL
      CHARACTER_SET_NAME: utf8mb4
          COLLATION_NAME: utf8mb4_0900_ai_ci
          DTD_IDENTIFIER: char(20)
            ROUTINE_BODY: SQL
      ROUTINE_DEFINITION: BEGIN
    RETURN (SELECT sname FROM student WHERE sno=i_sno);
END
           EXTERNAL_NAME: NULL
       EXTERNAL_LANGUAGE: SQL
         PARAMETER_STYLE: SQL
        IS_DETERMINISTIC: YES
         SQL_DATA_ACCESS: CONTAINS SQL
                SQL_PATH: NULL
           SECURITY_TYPE: DEFINER
                 CREATED: 2023-07-18 16:00:54
            LAST_ALTERED: 2023-07-18 16:00:54
                SQL_MODE: ONLY_FULL_GROUP_BY,STRICT_TRANS_TABLES,NO_ZERO_IN_DATE,NO_ZERO_DATE,ERROR_FOR_DIVISION_BY_ZERO,NO_ENGINE_SUBSTITUTION
         ROUTINE_COMMENT:
                 DEFINER: root@localhost
    CHARACTER_SET_CLIENT: utf8mb4
    COLLATION_CONNECTION: utf8mb4_0900_ai_ci
      DATABASE_COLLATION: utf8mb4_0900_ai_ci
```

图 10-9　通过系统表 routines 查看存储函数 student_func 的信息

10.4 修改存储过程和存储函数

在 MySQL 中修改存储过程和存储函数需要用 alter 语句，语法格式如下。

```
alter procedure | function 存储过程名或存储函数名 [characteristic…];
```

（1）characteristic 是存储过程的特征参数，其具体说明见 10.1.1 小节。

（2）alert procedure|function 语句只能修改存储过程或存储函数的特征参数，若想要修改存储过程或存储函数的语句内容，则需要先删除该存储过程或存储函数，再重新创建。

【例 10-10】修改例 10-1 和例 10-3 中创建的存储过程 student_proc 和存储函数 student_func 的部分信息。

（1）修改例 10-1 中创建的存储过程 student_proc，将读写权限修改为 reads sql data，并添加注释信息 comment，执行如下 SQL 语句，修改存储过程 student_proc 如图 10-10 所示。

```
alter procedure student_proc
reads sql data
comment '根据提供的学生学号，返回学生的姓名和专业';
select * from information_schema.routines where routine_name='student_proc' \G
```

```
*************************** 1. row ***************************
           SPECIFIC_NAME: student_proc
         ROUTINE_CATALOG: def
          ROUTINE_SCHEMA: school
            ROUTINE_NAME: student_proc
            ROUTINE_TYPE: PROCEDURE
               DATA_TYPE:
CHARACTER_MAXIMUM_LENGTH: NULL
  CHARACTER_OCTET_LENGTH: NULL
       NUMERIC_PRECISION: NULL
           NUMERIC_SCALE: NULL
      DATETIME_PRECISION: NULL
      CHARACTER_SET_NAME: NULL
          COLLATION_NAME: NULL
          DTD_IDENTIFIER: NULL
            ROUTINE_BODY: SQL
      ROUTINE_DEFINITION: BEGIN
SELECT sname, dept INTO o_sname, o_dept
FROM student WHERE sno=i_sno;
END
           EXTERNAL_NAME: NULL
       EXTERNAL_LANGUAGE: SQL
         PARAMETER_STYLE: SQL
        IS_DETERMINISTIC: NO
         SQL_DATA_ACCESS: READS SQL DATA
                SQL_PATH: NULL
           SECURITY_TYPE: DEFINER
                 CREATED: 2023-07-18 15:59:51
            LAST_ALTERED: 2023-07-18 16:10:52
                SQL_MODE: ONLY_FULL_GROUP_BY,STRICT_TRANS_TABLES,NO_ZERO_IN_DATE,NO_ZERO_DATE,ERROR_FOR_DIVISION_BY_ZERO,NO_ENGINE_SUBSTITUTION
         ROUTINE_COMMENT: 根据提供的学生学号，返回学生的姓名和专业
                 DEFINER: root@localhost
    CHARACTER_SET_CLIENT: utf8mb4
    COLLATION_CONNECTION: utf8mb4_0900_ai_ci
      DATABASE_COLLATION: utf8mb4_0900_ai_ci
```

图 10-10　修改存储过程 student_proc

（2）修改例 10-3 中创建的存储函数 student_func，将读写权限修改为 reads sql data，并添加注释信息 comment，执行如下 SQL 语句，修改存储函数 student_func 如图 10-11 所示。

```
alter function student_func
reads sql data
comment '根据提供的学生学号，返回学生姓名';
select * from information_schema.routines where routine_name='student_func' \G
```

```
*************************** 1. row ***************************
           SPECIFIC_NAME: student_func
         ROUTINE_CATALOG: def
          ROUTINE_SCHEMA: school
            ROUTINE_NAME: student_func
            ROUTINE_TYPE: FUNCTION
               DATA_TYPE: char
CHARACTER_MAXIMUM_LENGTH: 20
  CHARACTER_OCTET_LENGTH: 80
       NUMERIC_PRECISION: NULL
           NUMERIC_SCALE: NULL
      DATETIME_PRECISION: NULL
      CHARACTER_SET_NAME: utf8mb4
          COLLATION_NAME: utf8mb4_0900_ai_ci
          DTD_IDENTIFIER: char(20)
            ROUTINE_BODY: SQL
      ROUTINE_DEFINITION: BEGIN
    RETURN (SELECT sname FROM student WHERE sno=i_sno);
END
           EXTERNAL_NAME: NULL
       EXTERNAL_LANGUAGE: SQL
         PARAMETER_STYLE: SQL
        IS_DETERMINISTIC: YES
         SQL_DATA_ACCESS: READS SQL DATA
                SQL_PATH: NULL
           SECURITY_TYPE: DEFINER
                 CREATED: 2023-07-18 16:00:54
            LAST_ALTERED: 2023-07-18 16:16:21
                SQL_MODE: ONLY_FULL_GROUP_BY,STRICT_TRANS_TABLES,NO_ZERO_IN_DATE,NO_ZERO_DATE,ERROR_FOR_DIVISION_BY_ZERO,NO_ENGINE_SUBSTITUTION
         ROUTINE_COMMENT: 根据提供的学生学号，返回学生姓名
                 DEFINER: root@localhost
    CHARACTER_SET_CLIENT: utf8mb4
    COLLATION_CONNECTION: utf8mb4_0900_ai_ci
      DATABASE_COLLATION: utf8mb4_0900_ai_ci
```

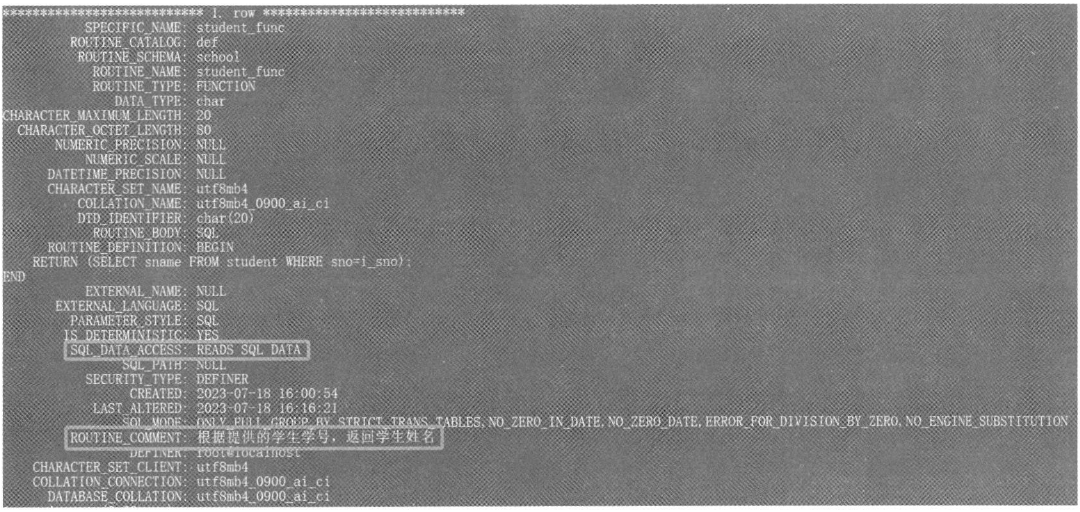

图 10-11　修改存储函数 student_func

10.5 删除存储过程和存储函数

在 MySQL 中删除存储过程和存储函数需要用 drop 语句，语法格式如下。

```
drop procedure | function [if exists] 存储过程名或存储函数名;
```

其中，[if exists]是可选参数，用于判断存储过程和存储函数是否存在。该语句成功执行后，将删除存储过程或存储函数并释放系统资源。

【例 10-11】删除例 10-1 和例 10-3 中创建的存储过程 student_proc 和存储函数 student_func。

（1）删除例 10-1 中创建的存储过程 student_proc。

```
drop procedure student_proc;
```

（2）删除例 10-3 中创建的存储函数 student_func。

```
drop function student_func;
```

10.6 MySQL 常用内置函数

MySQL 提供了大量内置函数，用户可以直接调用。按照功能大致可以分为数值函数、字符串函数、日期和时间函数、聚合函数等。本节将针对一些常用的内置函数进行说明和举例，MySQL 常用内置函数如表 10-1 所示。

表 10-1 MySQL 常用内置函数

分类	函数	作用
数值函数	abs(x)	取绝对值
	sign(x)	返回 x 的符号。正数返回 1，负数返回-1，0 返回 0
	pi()	返回圆周率的值
	least(e1,e2,e3,⋯)	返回多个参数的最小值
	greatest(e1,e2,e3,⋯)	返回多个参数的最大值
	rand()	返回 0～1 的随机值
	sqrt(x)	返回 x 的平方根，当 x 的值为负数时，返回 null
	pow(x,y)	返回 x 的 y 次方
字符串函数	length(s)	返回字符串 s 的长度
	concat(s1,s2,⋯,sn)	连接 s1～sn 为一个字符串
	instr(s, substr)	获取 substr 在 s 中首次出现的位置，没有出现则返回 0
	replace(str, a, b)	用字符串 b 替换字符串 str 中所有的字符串 a
	upper(s) ucase(s)	将字符串 s 的所有字母转换成大写形式
	lower(s) lcase(s)	将字符串 s 的所有字母转换成小写形式
	strcmp(s1, s2)	比较字符串 s1 和 s2 的大小
	substring(s, position [, length])	从字符串 s 的 position 开始，向后截取 length 个字符
日期和时间函数	curdate() current_date()	返回当前日期，包含年、月、日
	curtime() current_time()	返回当前时间，包含时、分、秒
	now() sysdate() current_timestamp() localtime() localtimestamp()	返回当前系统的日期和时间
聚合函数	sum()	求和，忽略 null 值
	avg()	求平均值，忽略 null 值
	max()	求最大值，忽略 null 值
	min()	求最小值，忽略 null 值
	count()	计算个数，忽略 null 值
其他函数	if(condition, true_result, false_result)	condition 是需要判断的条件表达式，true_result 是条件表达式成立时需要返回的结果，false_result 是条件表达式不成立时需要返回的结果
	uesr()	获取 MySQL 连接的当前用户名和主机名
	md5()	对一个字符串进行 MD5 加密，得到一个 32 位字符串
	database()	显示当前正在使用的数据库
	password()	对用户数据进行加密

【例 10-12】生成 3 个随机数，并求出其中的最大值和最小值，执行如下 SQL 语句，3 个随机数及其最大值和最小值如图 10-12 所示。

```
--创建一个临时表 temporary_table 存放 3 个随机数
create table temporary_table(
  a float, b float, c float
);
insert into temporary_table(a, b, c) values (rand(), rand(), rand());
--查询 temporary_table 表中的最大值和最小值
select a, b, c, greatest(a, b, c) as max, least(a, b, c) as min from temporary_table;
```

a	b	c	MAX	MIN
0.929813	0.0257502	0.339312	0.929813	0.0257502

图 10-12　3 个随机数及其最大值和最小值

【例 10-13】将 MySQL、is、a relational database management system 这 3 个字符串拼接在一起，计算合并后的字符串长度，再将 MySQL 替换为 Oracle，最后将所有字母变为大写形式，字符串拼接、求长度、替换、转换为大写形式如图 10-13 所示。

```
--字符串拼接
select concat('MySQL ', 'is ', 'a relational database management system') ;
--计算字符串长度
select length(concat('MySQL ', 'is ', 'a relational database management system')) ;
--将 MySQL 替换为 Oracle
select replace(
concat('MySQL ', 'is ', 'a relational database management system'), 'MySQL', 'Oracle') ;
--将所有字母变为大写形式
select upper(replace(
    concat('MySQL ', 'is ', 'a relational database management system'),
    'MySQL', 'Oracle') );
```

```
mysql> select concat('MySQL ', 'is ', 'a relational database management system') ;
+-----------------------------------------------------------------+
| concat('MySQL ', 'is ', 'a relational database management system') |
+-----------------------------------------------------------------+
| MySQL is a relational database management system                |
+-----------------------------------------------------------------+
1 row in set (0.20 sec)
mysql> select length(concat('MySQL ', 'is ', 'a relational database management system')) ;
+--------------------------------------------------------------------------+
| length(concat('MySQL ', 'is ', 'a relational database management system')) |
+--------------------------------------------------------------------------+
|                                                                       48 |
+--------------------------------------------------------------------------+
1 row in set (0.00 sec)
mysql> select replace(concat('MySQL ', 'is ', 'a relational database management system'), 'MySQL', 'Oracle') ;
+------------------------------------------------------------------------------------------+
| replace(concat('MySQL ', 'is ', 'a relational database management system'), 'MySQL', 'Oracle') |
+------------------------------------------------------------------------------------------+
| Oracle is a relational database management system                                        |
+------------------------------------------------------------------------------------------+
1 row in set (0.00 sec)
mysql> select upper(replace(concat('MySQL ', 'is ', 'a relational database management system'), 'MySQL', 'Oracle') );
+------------------------------------------------------------------------------------------------+
| upper(replace(concat('MySQL ', 'is ', 'a relational database management system'), 'MySQL', 'Oracle') ) |
+------------------------------------------------------------------------------------------------+
| ORACLE IS A RELATIONAL DATABASE MANAGEMENT SYSTEM                                              |
+------------------------------------------------------------------------------------------------+
1 row in set (0.00 sec)
```

图 10-13　字符串拼接、求长度、替换、转换为大写形式

【例 10-14】显示当前数据库、用户名和系统时间，如图 10-14 所示。

```
select database(), user(), now();
```

```
mysql> select database(),user(),now();
+------------+----------------+---------------------+
| database() | user()         | now()               |
+------------+----------------+---------------------+
| school     | root@localhost | 2024-07-31 00:29:19 |
+------------+----------------+---------------------+
1 row in set (0.00 sec)
```

图 10-14　当前数据库、用户名和系统时间

【例 10-15】查询 sc 表，将 grade 大于或等于 60 分的显示为“及格”，小于 60 分的显示为“不及格”，学生成绩表中所有成绩及格或不及格的情况如图 10-15 所示。

```
select *, if(grade>=60, '及格', '不及格') from sc;
```

```
+------+----------+-------+-----------------------------------+
| cno  | sno      | grade | if(grade>=60,'及格','不及格')      |
+------+----------+-------+-----------------------------------+
| 1001 | 20181860 |    79 | 及格                               |
| 1001 | 20200080 |    84 | 及格                               |
| 1001 | 20200124 |    50 | 不及格                             |
| 1001 | 20201283 |    70 | 及格                               |
| 1001 | 20201284 |    75 | 及格                               |
| 1001 | 20201285 |    73 | 及格                               |
| 1002 | 20200080 |    85 | 及格                               |
| 1002 | 20200124 |    85 | 及格                               |
| 1002 | 20201283 |    82 | 及格                               |
| 1002 | 20201284 |    80 | 及格                               |
| 1003 | 20201284 |    85 | 及格                               |
+------+----------+-------+-----------------------------------+
11 rows in set (0.00 sec)
```

图 10-15　学生成绩表中所有成绩及格或不及格的情况

10.7 应用示例：创建具有统计功能的存储过程和存储函数

示例要求：新增存储过程，统计学生总数、课程总数；新增存储函数，统计给定学生所选课程平均成绩；删除以上存储过程和存储函数。重新创建学生表（student 表）、课程表（course 表）学生成绩表（sc 表）的语句如下。

```
create table course(
    cno char(10) primary key,
    cname varchar(20) not null,
    cpno char(10),
    credit int,
    foreign key(cpno) references course(cno));
create table student(
    sno char(10) primary key,
    sname varchar(20) not null,
    sex varchar(4),
    age int,
    address varchar(50),
    dept varchar(20));
create table sc(
    cno char(10),
    sno char(10),
    grade float,
    primary key(cno,sno),
    foreign key(cno) references course(cno),
    foreign key(sno) references student(sno));
```

（1）创建存储过程 total_proc，实现统计学生总数、课程总数的功能。

```
delimiter //
create procedure total_proc(
    out o_student_total float,
    out o_course_total float)
begin
select count(*) into o_student_total from student;
select count(*) into o_course_total from course;
end//
delimiter ;
```

调用存储过程 total_proc，并查看调用结果，存储过程 total_proc 调用结果如图 10-16 所示。

```
call total_proc(@total_student,@total_course);
select @total_student,@total_course;
```

（2）新增存储函数 total_func，实现统计给定学生所选课程平均成绩的功能。

```
delimiter //
create function total_func(i_sno char(10))
returns float
deterministic
begin
    return (select avg(grade) from sc where sno=i_sno);
end//
delimiter ;
```

调用存储函数 total_fun，并查看调用结果，存储函数 total_func 调用结果如图 10-17 所示。

```
select total_func('20201284');
```

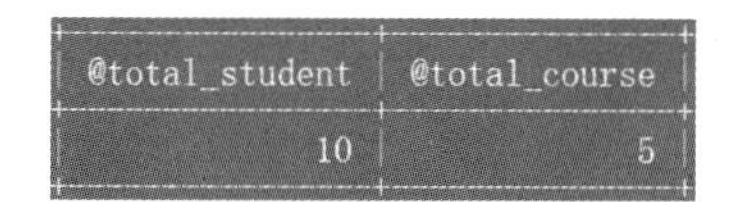

图 10-16　存储过程 total_proc 调用结果

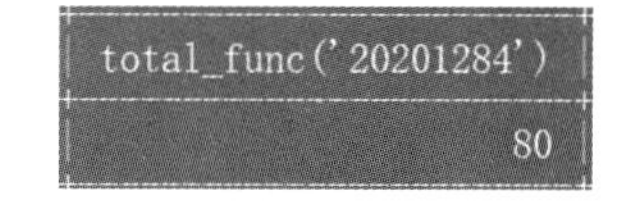

图 10-17　存储函数 total_func 调用结果

（3）删除存储过程 total_proc 和存储函数 total_func，通过 select 语句查看结果，删除存储过程 total_proc 和存储函数 total_func 后的结果如图 10-18 所示。

```
drop procedure if exists total_proc;
drop function if exists total_func;
```

```
mysql> drop procedure if exists total_proc;
Query OK, 0 rows affected (0.00 sec)

mysql> drop function if exists total_func;
Query OK, 0 rows affected (0.00 sec)

mysql> call total_proc(@total_student,@total_course);
ERROR 1305 (42000): PROCEDURE school.total_proc does not exist
mysql> select total_func('20201284');
ERROR 1305 (42000): FUNCTION school.total_func does not exist
```

图 10-18　删除存储过程 total_proc 和存储函数 total_func 后的结果

本章小结

本章介绍了存储过程和存储函数的创建、调用、查看、修改和删除，以及一些常用的 MySQL 内置函数。存储过程和存储函数是在数据库中存储的一组预定义的 SQL 语句集合，可以在需要时被调用和执行。它们的主要区别在于用途和返回值。

存储过程是一组 SQL 语句的集合，可以接收参数并返回一个或多个结果值。它可以用于实现复杂的业务逻辑，提高数据库的性能和安全性。存储过程可以被应用程序调用，也可以被其他存储过程调用。函数是一段可重用的 SQL 代码，接收参数并返回一个值。它可以用于计算、转换数据等。函数可以在 SQL 语句中直接调用，也可以在存储过程中使用。存储过程和存储函数的共性及特性如表 10-2 所示。

表 10-2　存储过程和存储函数的共性及特性

比较项	存储过程	存储函数
关键字	procedure	function
创建	create procedure 存储过程名	create function 存储函数名
调用	call 存储过程名()	select 函数名()

续表

比较项	存储过程	存储函数
查看	show porcedure status	show function status
修改	alter procedure 存储过程名	alter function 函数名
删除	drop procedure 存储过程名	drop function 函数名
返回	任意多个参数值	只能返回一个变量值
参数类型	in、out、inout	in

习　题

1. 选择题

1-1　存储过程是在 MySQL 服务器中定义并（　　）的 SQL 语句集合。

A. 保存　B. 执行　C. 解释　D. 编写

1-2　（　　）语句可以用来创建一个存储函数。

A. create procedure　B. create function　C. create table　D. create view

1-3　（　　）语句可以用来创建一个存储过程。

A. create procedure　B. create function　C. create table　D. create view

1-4　下列能够正确调用存储过程 p，并能得到返回结果的语句是（　　）。

A. call p(100,@x);　B. call p(100,"张三")

C. call p(@a, @b)　D. call p(@a,"张三")

1-5　关于 MySQL 中存储函数和存储过程的区别，下列说法不正确的是（　　）。

A. 存储过程可以有输出，而存储函数则没有

B. 存储函数必须使用 return 语句返回结果

C. 调用存储函数无须使用 call 语句

D. 存储函数中不能像存储过程那样定义局部变量

1-6　存储过程与存储函数的区别之一是存储过程不能包含（　　）。

A. set 语句　B. 局部变量　C. return 语句　D. 游标

1-7　在 MySQL 的命令窗口中调用存储过程 p 和存储函数 f 的方法分别是（　　）。

A. call p(), select f();　B. select p(), call f();

C. call p(), call f();　D. select p(), select f();

1-8　以下（　　）不是存储过程的优点。

A. 实现模块化编程，一个存储过程可以被多个用户共享和重用

B. 可以加快程序的运行速度

C. 可以增加网络的流量

D. 可以提高数据库的安全性

1-9　存储过程与外界的交互不能通过（　　）实现。

A. 表　B. 输入参数　C. 输出参数　D. 游标

1-10　要删除存储过程 p，应该使用（　　）语句。

A. delete procedur p;　B. alert procedur p;　C. drop procedur p;　D. drop function p;

2. 简答题

2-1　请简述什么是存储过程，并写出存储过程的创建、调用和删除语句。

2-2 请简述什么是存储函数，以及存储函数与存储过程的区别。

2-3 如何修改存储过程中的代码内容？

2-4 存储过程的参数有哪几种类型？

3. 上机操作

重新创建“供应商”表、“工程”表、“零件”表和“供应”表，SQL语句如下。

```
create table 供应商(
    供应商编号 char(10) primary key,
    供应商名 varchar(20) not null,
    供应商地址 varchar(50) not null,
    联系电话 char(20));
create table 工程(
    工程编号 char(10) primary key,
    工程名 varchar(20) not null,
    地址 varchar(50) not null);
create table 零件(
    零件编号 char(10) primary key,
    零件名 varchar(20) not null,
    颜色 varchar(10) ,
    简介 varchar(50));
create table 供应(
    供应商编号 char(10),
    工程编号 char(10),
    零件编号 char(10),
    数量 float,
    primary key(供应商编号,工程编号,零件编号),
    foreign key(供应商编号) references 供应商(供应商编号),
    foreign key(工程编号) references 工程 (工程编号),
    foreign key(零件编号) references 零件(零件编号));
```

（1）新增存储过程，统计供应商、工程、零件总数。

（2）新增存储函数，统计给定零件在给定工程中的使用数量。

（3）删除以上存储过程和存储函数。

第11章 用户管理

数据库安全概述

MySQL 是一个多用户的数据库系统，用户分为 root 用户和普通用户，root 用户为超级管理员，具有操作 MySQL 数据库的所有权限，而普通用户只具有被授予的部分权限。用户的权限验证可以分为两个阶段。第一个阶段，检查该用户是否允许连接服务器，这在创建用户时会加以限制；第二个阶段，对于用户发出的每一个请求，检查该用户是否有权限执行它。用户管理是指创建、修改和删除用户，并授予或撤销用户对数据库的权限。用户管理是数据库安全性的重要组成部分，它可以确保只有授权的用户能够访问和操作数据库。值得注意的是，用户管理涉及敏感的安全问题，需要谨慎操作和授权。确保只有必要的用户拥有适当的权限，并定期审查和更新权限配置。

本章学习目标

（1）了解权限表的作用与结构。

（2）熟练掌握创建用户、修改用户名和用户密码、删除用户的方法。

（3）熟练掌握授予和撤销权限的方法。

11.1 权限表

在安装 MySQL 时，系统会自动创建一个名为 mysql 的数据库，mysql 数据库中存储的表都是权限表，MySQL 会根据这些权限表中的内容赋予用户相应的权限。常用的权限表包括 user 表、db 表、tables_priv 表、columns_priv 表和 procs_priv 表等，其中 user 表存储了全局权限，db 表存储了数据库层级权限，tables_priv 表存储了表层级权限，columns_priv 表存储了列层级权限，procs_priv 表存储了对存储过程和存储函数设置的操作权限。低等级的表需要通过高等级的表赋予权限。

11.1.1 user 表

user 表是 MySQL 数据库中最重要的一张权限表，用于记录允许连接到服务器的账户信息，user 表中启用的所有权限都是全局的，适用于所有数据库。user 表中的字段可以分为 4 个类别，分别为用户列、权限列、安全列和资源控制列。

进入 MySQL 数据库，使用 desc user 语句查看 user 表，如图 11-1 所示。

```
use mysql;
desc user;
```

1．用户列

用户列包含用户连接 MySQL 数据库需要用到的信息，包括 Host、User 和 authentication_string 共 3 个字段，分别表示主机名、用户名和密码，只有这 3 个字段同时匹配，MySQL 数据库才被允许登录。

2. 权限列

权限列描述在全局范围内允许用户对数据和数据库进行操作的权限，包括以 priv 结尾的字段，这些字段的数据类型为 enum，取值为 Y 和 N，Y 表示该用户有相应权限，N 表示没有，新创建的用户所有权限列默认都为 N。

3. 安全列

安全列主要用来判断用户是否能够登录成功，包括 12 个字段，其中两个与 ssl 相关，两个与 x509 相关，其余的与授权插件和密码相关。

4. 资源控制列

资源控制列用来限制用户能够使用的资源，包括以 max 开头的 4 个字段，max_questions、max_updates、max_connections 规定每小时允许执行查询、更新、连接操作的次数，max_user_connections 表示允许用户同时建立的连接数。这些字段的默认值为 0，表示没有限制，可以通过 grant 语句修改这些字段的值。需要注意的是，如果用户在一小时内的操作次数超过资源控制限制，则该用户会被锁定，在下一小时才能再次执行相应操作。

Field	Type	Null	Key	Default	Extra
Host	char(255)	NO	PRI		
User	char(32)	NO	PRI		
Select_priv	enum('N','Y')	NO		N	
Insert_priv	enum('N','Y')	NO		N	
Update_priv	enum('N','Y')	NO		N	
Delete_priv	enum('N','Y')	NO		N	
Create_priv	enum('N','Y')	NO		N	
Drop_priv	enum('N','Y')	NO		N	
Reload_priv	enum('N','Y')	NO		N	
Shutdown_priv	enum('N','Y')	NO		N	
Process_priv	enum('N','Y')	NO		N	
File_priv	enum('N','Y')	NO		N	
Grant_priv	enum('N','Y')	NO		N	
References_priv	enum('N','Y')	NO		N	
Index_priv	enum('N','Y')	NO		N	
Alter_priv	enum('N','Y')	NO		N	
Show_db_priv	enum('N','Y')	NO		N	
Super_priv	enum('N','Y')	NO		N	
Create_tmp_table_priv	enum('N','Y')	NO		N	
Lock_tables_priv	enum('N','Y')	NO		N	
Execute_priv	enum('N','Y')	NO		N	
Repl_slave_priv	enum('N','Y')	NO		N	
Repl_client_priv	enum('N','Y')	NO		N	
Create_view_priv	enum('N','Y')	NO		N	
Show_view_priv	enum('N','Y')	NO		N	
Create_routine_priv	enum('N','Y')	NO		N	
Alter_routine_priv	enum('N','Y')	NO		N	
Create_user_priv	enum('N','Y')	NO		N	
Event_priv	enum('N','Y')	NO		N	
Trigger_priv	enum('N','Y')	NO		N	
Create_tablespace_priv	enum('N','Y')	NO		N	
ssl_type	enum('','ANY','X509','SPECIFIED')	NO			
ssl_cipher	blob	NO		NULL	
x509_issuer	blob	NO		NULL	
x509_subject	blob	NO		NULL	
max_questions	int unsigned	NO		0	
max_updates	int unsigned	NO		0	
max_connections	int unsigned	NO		0	
max_user_connections	int unsigned	NO		0	
plugin	char(64)	NO		caching_sha2_password	
authentication_string	text	YES		NULL	
password_expired	enum('N','Y')	NO		N	
password_last_changed	timestamp	YES		NULL	
password_lifetime	smallint unsigned	YES		NULL	
account_locked	enum('N','Y')	NO		N	
Create_role_priv	enum('N','Y')	NO		N	
Drop_role_priv	enum('N','Y')	NO		N	
Password_reuse_history	smallint unsigned	YES		NULL	
Password_reuse_time	smallint unsigned	YES		NULL	
Password_require_current	enum('N','Y')	YES		NULL	
User_attributes	json	YES		NULL	

图 11-1 查看 user 表

11.1.2 db 表

db 表是 MySQL 数据库中非常重要的权限表，db 表中存储了用户对某个数据库的操作权限。表中的字段可以分为两类，分别是用户列和权限列。

可以使用 desc db 语句查看 db 表，如图 11-2 所示。

```
desc db;
```

Field	Type	Null	Key	Default	Extra
Host	char(255)	NO	PRI		
Db	char(64)	NO	PRI		
User	char(32)	NO	PRI		
Select_priv	enum('N','Y')	NO		N	
Insert_priv	enum('N','Y')	NO		N	
Update_priv	enum('N','Y')	NO		N	
Delete_priv	enum('N','Y')	NO		N	
Create_priv	enum('N','Y')	NO		N	
Drop_priv	enum('N','Y')	NO		N	
Grant_priv	enum('N','Y')	NO		N	
References_priv	enum('N','Y')	NO		N	
Index_priv	enum('N','Y')	NO		N	
Alter_priv	enum('N','Y')	NO		N	
Create_tmp_table_priv	enum('N','Y')	NO		N	
Lock_tables_priv	enum('N','Y')	NO		N	
Create_view_priv	enum('N','Y')	NO		N	
Show_view_priv	enum('N','Y')	NO		N	
Create_routine_priv	enum('N','Y')	NO		N	
Alter_routine_priv	enum('N','Y')	NO		N	
Execute_priv	enum('N','Y')	NO		N	
Event_priv	enum('N','Y')	NO		N	
Trigger_priv	enum('N','Y')	NO		N	

图 11-2　查看 db 表

1．用户列

用户列标识从某台主机连接某个用户对某个数据库的操作权限，包括 Host、Db 和 User 这 3 个字段，分别表示主机名、数据库名和用户名。

2．权限列

db 表中的权限列和 user 表中的权限列大致相同，只是 user 表中的权限是全局的，即针对所有数据库的，而 db 表中的权限只针对指定的数据库，包括以 priv 结尾的 19 个字段，如果希望用户只对某个数据库有操作权限，则可以将 user 表中对应的权限设置为 N，将 db 表中对应数据库的操作权限设置为 Y。

11.1.3　tables_priv 表

tables_priv 表中存储了用户对单个数据表的操作权限。可以使用 desc tables_priv 语句查看 tables_priv 表，如图 11-3 所示。

```
desc tables_priv;
```

Field	Type	Null	Key	Default	Extra
Host	char(255)	NO	PRI		
Db	char(64)	NO	PRI		
User	char(32)	NO	PRI		
Table_name	char(64)	NO	PRI		
Grantor	varchar(288)	NO	MUL		
Timestamp	timestamp	NO		CURRENT_TIMESTAMP	DEFAULT_GENERATED on update CURRENT_TIMESTAMP
Table_priv	set('Select','Insert','Update','Delete','Create','Drop','Grant','References','Index','Alter','Create View','Show view','Trigger')	NO			
Column_priv	set('Select','Insert','Update','References')	NO			

图 11-3　查看 tables_priv 表

（1）Host、Db、User、Table_name 分别表示主机名、数据库名、用户名和表名。

（2）Grantor 表示修改该记录的用户名。

（3）Timestamp 表示修改该记录的时间。

（4）Table_priv 表示对表操作的权限。

（5）Column_priv 表示对列操作的权限。

11.1.4　columns_priv 表

columns_priv 表中存储了用户对单个数据列的操作权限。可以使用 desc columns_priv 语句查看 columns_priv 表，如图 11-4 所示。

```
desc columns_priv;
```

Field	Type	Null	Key	Default	Extra
Host	char(255)	NO	PRI		
Db	char(64)	NO	PRI		
User	char(32)	NO	PRI		
Table_name	char(64)	NO	PRI		
Column_name	char(64)	NO	PRI		
Timestamp	timestamp	NO		CURRENT_TIMESTAMP	DEFAULT_GENERATED on update CURRENT_TIMESTAMP
Column_priv	set('Select','Insert','Update','References')	NO			

图 11-4 查看 columns_priv 表

（1）Host、Db、User、Table_name、Column_name 分别表示主机名、数据库名、用户名、表名和列名。

（2）Timestamp 表示修改该记录的时间。

（3）Column_priv 表示对列操作的权限。

11.1.5 procs_priv 表

procs_priv 表中存储了用户对存储过程和存储函数的操作权限。我们可以使用 desc procs_priv 语句查看 procs_priv 表，如图 11-5 所示。

```
desc procs_priv;
```

Field	Type	Null	Key	Default	Extra
Host	char(255)	NO	PRI		
Db	char(64)	NO	PRI		
User	char(32)	NO	PRI		
Routine_name	char(64)	NO	PRI		
Routine_type	enum('FUNCTION','PROCEDURE')	NO	PRI	NULL	
Grantor	varchar(288)	NO	MUL		
Proc_priv	set('Execute','Alter Routine','Grant')	NO			
Timestamp	timestamp	NO		CURRENT_TIMESTAMP	DEFAULT_GENERATED on update CURRENT_TIMESTAMP

图 11-5 查看 procs_priv 表

（1）Host、Db、User 分别表示主机名、数据库名和用户名。

（2）Routine_name、Routine_type 分别表示存储过程（或存储函数）的名称、类型。

（3）Grantor 表示修改该记录的用户名。

（4）Proc_priv 表示拥有的权限。

（5）Timestamp 表示修改该记录的时间。

11.2 管理用户

在 MySQL 中，一般需要创建多个普通用户，给他们授予不同的权限用于管理不同类型的数据，并定期清理不需要的用户。

11.2.1 创建用户

在 MySQL 中创建用户有两种方式，可以使用 create user 语句，也可以直接在 mysql.user 表中添加用户，但是 MySQL 默认是禁止直接向 user 表中插入这种方式来创建用户的，所以在使用过程中也应当尽量避免使用这种插入方式。

使用 create user 语句创建用户，必须有 MySQL 数据库的全局 create user 权限或者 insert 权限，语法格式如下。

```
create user 用户名@主机名
    [identified by [password] 密码]
    [,用户名@主机名 [identified by [password] 密码]]…
```

（1）如果没有指定主机名，则默认为%，即一组主机。

（2）MySQL 允许创建相同用户名不同主机名的两个用户。

（3）identified by 关键字用来设置用户的密码，password 用于指定散列口令，如果密码是一个普通的字符串，就不需要使用 password 关键字。

（4）create user 语句可以同时创建多个用户。

（5）新用户可以没有初始密码。

【例 11-1】创建名为 test1 和 test2，主机名为 localhost 的两个用户，密码均为 12345。

```
create user
    test1@localhost identified by '12345',
    test2@localhost identified by '12345';
```

11.2.2 修改用户名

在 MySQL 中修改用户名需要用 rename user 语句，该语句只能对已有的用户重命名。必须有 MySQL 数据库的全局 create user 权限或者 update 权限才能使用 rename user 语句，语法格式如下。

```
rename user 旧用户名@主机名 to 新用户名@主机名
[,旧用户名@主机名 to 新用户名@主机名]…
```

【例 11-2】将名为 test1 和 test2，主机名为 localhost 的两个用户改名为 test_new1 和 test_new2。

```
rename user
    test1@localhost to test_new1@localhost,
    test2@localhost to test_new2@localhost;
```

11.2.3 修改用户密码

在 MySQL 中修改用户密码需要用 set password 语句，该语句只能修改已有的用户的密码，若用户不存在，则会报错。语法格式如下。

```
set password for 用户名@主机名=密码;
```

【例 11-3】将名为 test_new1、主机名为 localhost 的用户的密码修改为 54321。

```
set password for test_new1@localhost='54321';
```

11.2.4 删除用户

在 MySQL 中删除用户并撤销其权限有两种方式，可以使用 drop user 语句，也可以直接在 mysql.user 表中删除用户。

（1）要使用 drop user 语句，必须有 MySQL 数据库的全局 create user 权限或者 delete 权限，如果没有明确地给出主机名，则主机默认为%，语法格式如下。

```
drop user 用户名@主机名 [,用户名@主机名]…
```

【例 11-4】使用 drop user 语句，将名为 test_new1、主机名为 localhost 的用户删除。

```
drop user test_new1@localhost;
```

（2）使用 delete 语句删除 mysql.user 表中的用户，需要给定 host 和 user 两个字段的值，因为这两个字段是 mysql.user 表中的主键，能唯一确定一条记录，语法格式如下。

```
delete from mysql.user where host=主机名 and user=用户名;
```

【例 11-5】使用 delete 语句，将名为 test_new2、主机名为 localhost 的用户删除。

```
delete from mysql.user where host=test_new2 and user=localhost;
```

11.3 权限管理

关于 MySQL 的权限，简单理解就是 MySQL 只允许用户访问其权限范围内的资源、进行其权限范围内的操作，不可以越界。权限控制主要是出于安全因素考虑，因此需要遵循以下几个经验原则。

自助存取控制

（1）只授予能满足需要的最小权限。

（2）创建用户的时候限制用户的登录主机。

（3）由于在安装完数据库时会自动创建一些默认没有密码的用户，初始化数据库的时候要将这些用户删除。

（4）为每个用户设置满足密码复杂度的密码。

（5）定期清理不再需要的用户，撤销用户权限或者删除用户。

11.3.1 授予权限

在 MySQL 中授予权限需要用到 grant 语句，语法格式如下。

```
grant 权限[(列,…)][,权限(列,…)…]
   on [table | function | procedure] 权限应用级别
   to 用户 [identified by [password] 密码]
   [with [grant_option | 服务器资源选项]]
```

（1）可以被授予的权限在不同权限级别上有所区别，MySQL 支持的权限如表 11-1 所示。

表 11-1　MySQL 支持的权限

权限名称	权限级别	权限说明
create	数据库、表或索引	创建数据库、表或索引权限
drop	数据库或表	删除数据库或表权限
grant option	数据库、表或保存的程序	赋予权限选项
references	数据库或表	外键约束
alter	表	更改表，如添加字段、索引等
delete	表	删除数据权限
index	表	索引权限
insert	表	插入权限
select	表	查询权限
update	表	更新权限
view	视图	创建视图权限
show view	视图	查看视图权限

续表

权限名称	权限级别	权限说明
alter routine	存储过程	更改存储过程权限
create routine	存储过程	创建存储过程权限
execute	存储过程	执行存储过程权限
file	服务器主机上的文件访问	文件访问权限
create temporary tables	服务器管理	创建临时表权限
lock tables	服务器管理	锁表权限
create user	服务器管理	创建用户权限
process	服务器管理	查看进程权限
reload	服务器管理	执行 flush-hosts、flush-logs、flush-privileges、flush-status、flush-tables、flush-threads、refresh、reload 等命令的权限
replication client	服务器管理	允许用户查询主从复制状态
replication slave	服务器管理	复制权限
show databases	服务器管理	查看数据库权限
shutdown	服务器管理	关闭数据库权限
super	服务器管理	执行 kill 线程权限

（2）列是可选参数，用于指定要授权操作表中的哪些列。

MySQL 中权限应用级别支持全局、数据库级别、表级别和列级别，*.* 中前面的*用来指定数据库名，后面的*用来指定表名、视图名、存储过程名或存储函数名。

（3）with grant option 子句允许此用户授权或撤销其他用户拥有的权限。

（4）可以使用 WITH 子句分配 MySQL 数据库服务器资源，包含以下选项。

① max_queries_per_hour 一小时最大查询次数。

② max_updates_per_hour 一小时最大更新次数。

③ max_connections_per_hour 一小时最大连接次数。

④ max_user_per_hour 最大并发连接数。

（5）可以使用 show grants 语句查看账户的权限，语法格式如下。

```
show grants for 用户名@主机名;
```

【例 11-6】授予例 11-1 中创建的用户 test1@localhost 在数据库 school 的 student 表上对学生的专业和地址的 select 和 update 权限，并查看该用户权限，对用户 test1@localhost 的权限授予结果（1）如图 11-6 所示。

```
grant select(address, dept), update(address, dept)
   on school.student
   to test1@localhost;
show grants for test1@localhost;
```

```
Grants for test1@localhost
GRANT USAGE ON *.* TO `test1`@`localhost`
GRANT SELECT (`address`, `dept`), UPDATE (`address`, `dept`) ON `school`.`student` TO `test1`@`localhost`
```

图 11-6　对用户 test1@localhost 的权限授予结果（1）

【例 11-7】授予用户 test1@localhost 在数据库 school 的 course 表上的 select、insert 权限，并查看该用户权限，对用户 test1@localhost 的权限授予结果（2）如图 11-7 所示。

```
grant select, insert
   on school.course
   to test1@localhost;
show grants for test1@localhost;
```

```
+-----------------------------------------------------------------------+
| Grants for test1@localhost                                            |
+-----------------------------------------------------------------------+
| GRANT USAGE ON *.* TO `test1`@`localhost`                             |
| GRANT SELECT, INSERT ON `school`.`course` TO `test1`@`localhost`      |
| GRANT UPDATE (`address`, `dept`) ON `school`.`student` TO `test1`@`localhost` |
+-----------------------------------------------------------------------+
```

图 11-7 对用户 test1@localhost 的权限授予结果（2）

【例 11-8】授予用户 test2@localhost 对数据库 school 执行 select 操作的权限，并查看该用户权限，对用户 test2@localhost 的权限授予结果如图 11-8 所示。

```
grant select
   on school.*
   to test2@localhost;
show grants for test2@localhost;
```

```
+---------------------------------------------+
| Grants for test2@localhost                  |
+---------------------------------------------+
| GRANT USAGE ON *.* TO `test2`@`localhost`   |
| GRANT SELECT ON `school`.* TO `test2`@`localhost` |
+---------------------------------------------+
```

图 11-8 对用户 test2@localhost 的权限授予结果

【例 11-9】创建超级管理员用户 super_admin@localhost，并授予其在所有数据库中所有表上的所有权限，允许其将自身的权限授予其他用户，查看该用户权限，对用户 super_admin@localhost 的权限授予结果如图 11-9 所示。

```
create user super_admin@localhost;
grant all
   on *.*
   to super_admin@localhost
   with grant option;
show grants for super_admin@localhost \G
```

```
*************************** 1. row ***************************
Grants for super_admin@localhost: GRANT SELECT, INSERT, UPDATE, DELETE, CREATE, DROP, RELOAD
, SHUTDOWN, PROCESS, FILE, REFERENCES, INDEX, ALTER, SHOW DATABASES, SUPER, CREATE TEMPORARY
 TABLES, LOCK TABLES, EXECUTE, REPLICATION SLAVE, REPLICATION CLIENT, CREATE VIEW, SHOW VIEW
, CREATE ROUTINE, ALTER ROUTINE, CREATE USER, EVENT, TRIGGER, CREATE TABLESPACE, CREATE ROLE
, DROP ROLE ON *.* TO `super_admin`@`localhost` WITH GRANT OPTION
*************************** 2. row ***************************
Grants for super_admin@localhost: GRANT APPLICATION_PASSWORD_ADMIN,AUDIT_ABORT_EXEMPT,AUDIT_
ADMIN,AUTHENTICATION_POLICY_ADMIN,BACKUP_ADMIN,BINLOG_ADMIN,BINLOG_ENCRYPTION_ADMIN,CLONE_AD
MIN,CONNECTION_ADMIN,ENCRYPTION_KEY_ADMIN,FIREWALL_EXEMPT,FLUSH_OPTIMIZER_COSTS,FLUSH_STATUS
,FLUSH_TABLES,FLUSH_USER_RESOURCES,GROUP_REPLICATION_ADMIN,GROUP_REPLICATION_STREAM,INNODB_R
EDO_LOG_ARCHIVE,INNODB_REDO_LOG_ENABLE,PASSWORDLESS_USER_ADMIN,PERSIST_RO_VARIABLES_ADMIN,RE
PLICATION_APPLIER,REPLICATION_SLAVE_ADMIN,RESOURCE_GROUP_ADMIN,RESOURCE_GROUP_USER,ROLE_ADMI
N,SENSITIVE_VARIABLES_OBSERVER,SERVICE_CONNECTION_ADMIN,SESSION_VARIABLES_ADMIN,SET_USER_ID,
SHOW_ROUTINE,SYSTEM_USER,SYSTEM_VARIABLES_ADMIN,TABLE_ENCRYPTION_ADMIN,TELEMETRY_LOG_ADMIN,X
A_RECOVER_ADMIN ON *.* TO `super_admin`@`localhost` WITH GRANT OPTION
```

图 11-9 对用户 super_admin@localhost 的权限授予结果

11.3.2 撤销权限

在 MySQL 中撤销权限需要用到 revoke 语句，语法格式如下。

```
revoke 权限[(列,…)][,权限(列,…)…]
    on [table | function | procedure] 权限应用级别
    from 用户[,…]
```

（1）在 from 子句中可以指定一个或多个待撤销权限的用户账号。

（2）要使用 revoke 语句，必须具有 grant option 权限或要撤销的权限。

（3）要撤销用户的所有权限，可以使用 revoke all 语句，但是要注意，在执行 revoke all 语句时，必须具有全局 create user 权限或系统数据库 mysql 的 update 权限。

【例 11-10】撤销用户 test2@localhost 对数据库 school 执行 select 操作的权限，并查看该用户权限，对用户 test2@localhost 的权限撤销结果如图 11-10 所示。

```
revoke select
   on school.*
   from test2@localhost;
show grants for test2@localhost;
```

Grants for test2@localhost
GRANT USAGE ON *.* TO `test2`@`localhost`

图 11-10　对用户 test2@localhost 的权限撤销结果

【例 11-11】撤销用户 test1@localhost 和用户 super_admin@localhost 的所有权限，并查看用户权限，对用户 test1@localhost 和 super_admin@localhost 的权限撤销结果分别如图 11-11 和图 11-12 所示。

```
revoke all, grant option
   from test1@localhost, super_admin@localhost;
show grants for test1@localhost;
show grants for super_admin@localhost;
```

Grants for test1@localhost
GRANT USAGE ON *.* TO `test1`@`localhost`

图 11-11　对用户 test1@localhost 的权限撤销结果

Grants for super_admin@localhost
GRANT USAGE ON *.* TO `super_admin`@`localhost`

图 11-12　对用户 super_admin@localhost 的权限撤销结果

11.4 应用示例：用户与权限

示例要求：创建 3 个用户名分别为 test3、test4 和 test5，主机名均为 localhost，密码均为 12345 的新用户。向用户 test3 授予数据库 school 所有表的 select 权限，并授予其为其他用户授权的权限。向用户 test4 授予数据库 school 中 student 表、course 表两个表的 insert 权限、delete 权限，以及 student 表中 address 和 dept 字段的 update 权限。向用户 test5 授予数据库 school 中 sc 表的所有权限。撤销用户 test5 的所有权限。将以上 3 个用户删除。重新创建 student 表、course 表、sc 表的语句如下。

```
create table course(
    cno char(10) primary key,
    cname varchar(20) not null,
    cpno char(10),
    credit int,
    foreign key(cpno) references course(cno));
create table student(
    sno char(10) primary key,
    sname varchar(20) not null,
    sex varchar(4),
    age int,
    address varchar(50),
    dept varchar(20));
create table sc(
    cno char(10),
    sno char(10),
```

```
    grade float,
    primary key(cno,sno),
    foreign key(cno) references course(cno),
    foreign key(sno) references student(sno));
```

（1）创建 test3、test4 和 test5 这 3 个用户，并在 user 表中查询这些用户，用户 test3、test4、test5 创建结果如图 11-13 所示。

```
use mysql;
create user
   test3@localhost identified by '12345',
   test4@localhost identified by '12345',
   test5@localhost identified by '12345';
select user, host from user where user='test3' or user='test4' or user='test5';
```

（2）向用户 test3 授权，并查看该用户权限，向用户 test3 授权的结果如图 11-14 所示。

```
grant select
   on school.*
   to test3@localhost
   with grant option;
show grants for test3@localhost;
```

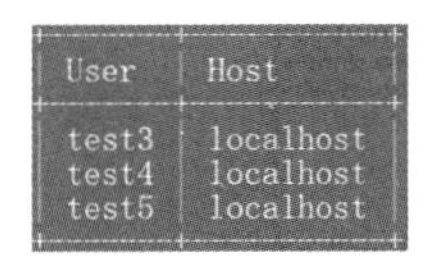

User	Host
test3	localhost
test4	localhost
test5	localhost

图 11-13 用户 test3、test4、test5 创建结果

```
Grants for test3@localhost
GRANT USAGE ON *.* TO `test3`@`localhost`
GRANT SELECT ON `school`.* TO `test3`@`localhost` WITH GRANT OPTION
```

图 11-14 向用户 test3 授权的结果

（3）向用户 test4 授权，并查看该用户权限，向用户 test4 授权的结果如图 11-15 所示。

```
grant insert, delete, update(address, dept)
   on school.student
   to test4@localhost;
   grant insert, delete
   on school.course
   to test4@localhost;
show grants for test4@localhost;
```

```
Grants for test4@localhost
GRANT USAGE ON *.* TO `test4`@`localhost`
GRANT INSERT, DELETE ON `school`.`course` TO `test4`@`localhost`
GRANT INSERT, UPDATE (`address`, `dept`), DELETE ON `school`.`student` TO `test4`@`localhost`
```

图 11-15 向用户 test4 授权的结果

（4）向用户 test5 授权，并查看该用户权限，向用户 test5 授权的结果如图 11-16 所示。

```
GRANT ALL
   on school.sc
   to test5@localhost;
show grants for test5@localhost;
```

```
Grants for test5@localhost
GRANT USAGE ON *.* TO `test5`@`localhost`
GRANT ALL PRIVILEGES ON `school`.`cs` TO `test5`@`localhost`
```

图 11-16 向用户 test5 授权的结果

（5）撤销用户 test5 的所有权限，并查看该用户权限，撤销用户 test5 权限的结果如图 11-17 所示。

```
revoke all, grant option
   from test5@localhost;
show grants for test5@localhost;
```

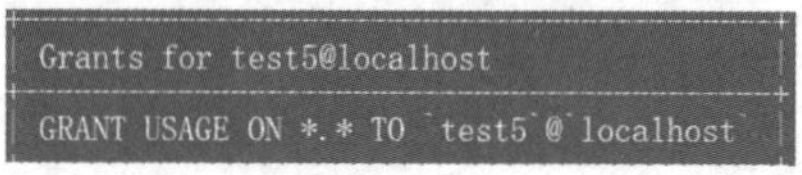

```
Grants for test5@localhost
GRANT USAGE ON *.* TO `test5`@`localhost`
```

图 11-17　撤销用户 test5 权限的结果

（6）删除 test3、test4 和 test5 这 3 个用户，并通过 select 语句查看是否删除成功，删除用户结果如图 11-18 所示。

```
drop user test3@localhost,test4@localhost,test5@localhost;
select user, host from user where user='test3' or user='test4' or user='test5';
```

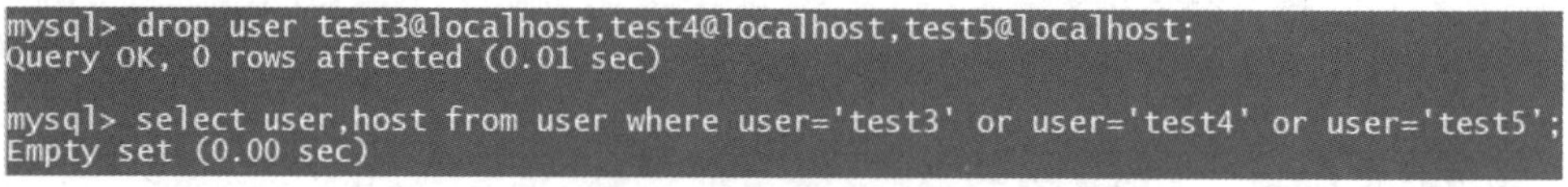

```
mysql> drop user test3@localhost,test4@localhost,test5@localhost;
Query OK, 0 rows affected (0.01 sec)

mysql> select user,host from user where user='test3' or user='test4' or user='test5';
Empty set (0.00 sec)
```

图 11-18　删除用户结果

本章小结

本章介绍了 MySQL 中的用户管理，包括重要的权限表，用户的创建、修改和删除，以及权限的授予和撤销。MySQL 的权限表存储在 mysql 数据库当中，最顶层的是 user 表，其次是 db 表，再次是 tables_priv 表，最后是 columns_priv 表。创建用户需要用 create user 语句，可以用 rename user 语句修改用户名，用 set password 语句修改用户密码，用 drop user 语句删除不再需要的用户。在实际应用当中，一般需要创建多个普通用户，授予他们不同的权限用于管理不同类型的数据，授权需要使用 grant 语句，而撤销权限则需要使用 revoke 语句。

习　题

1. 选择题

1-1　MySQL 中，预设的、拥有最高权限的超级用户为（　　）。

A. test　　B. Administrator　　C. DB　　D. root

1-2　MySQL 中存储用户全局权限的表是（　　）。

A. user　　B. db　　C. tables_priv　　D. columns_priv

1-3　新创建的用户连接到服务器之后，不能执行任何数据库操作的原因是（　　）。

A. 用户未激活　　B. 用户未修改密码

C. 用户没有被授予任何数据库操作的权限　　D. 以上皆有可能

1-4　修改 MySQL 服务器密码的语句是（　　）。

A. grant　　B. revoke　　C. set password　　D. change password

1-5　下列 SQL 语句中，用于删除用户账号的是（　　）。

A. drop user　　B. drop table　　C. delete user　　D. revoke user

1-6　下列 SQL 语句中，（　　）可以授予用户权限。

A. revoke　　B. grant　　C. deny　　D. create

1-7　MySQL 在授予用户权限时，在 grant 语句中，ON 子句使用（　　）表示所有数据库的所有数据表。

A. all　　B. *　　C. *.*　　D. all.*

1-8 为 user 用户分配数据库 school 中 student 表的查询和插入权限，以下 SQL 语句正确的是(　　)。

A. grant select,insert on school.student for user;

B. grant select,insert on school.student to user;

C. grant user to select,insert for school.student;

D. grant user to school.student on select, insert;

1-9 授予删除任何表的系统权限（drop any table）给 user 用户，并使其能继续将该权限授予其他用户，以下 SQL 语句正确的是（　　）。

A. grant drop any table to user;

B. grant drop any table to user with admin option;

C. grant all privileges to user;

D. grant drop any table to user with check option;

1-10 用户 user 有下面的权限，以下可以执行的 SQL 语句是（　　）。

```
+-------------------------------------------------------------------------------+
| grants for user@%                                                             |
+-------------------------------------------------------------------------------+
| grant usage on * * to 'user'@'%'                                              |
| grant update (sname) on 'school'.'student' to 'user'@'%'                      |
+-------------------------------------------------------------------------------+
```

A. update school.student set sname='李强' where sname='李雷';

B. updte school.student set sname='李强' limit 1;

C. updte school.student set sname='李强' order by sname limit 1;

D. updte school.student set sname=concat(sname,'强');

2. 简答题

2-1 请写出创建用户和删除用户的 SQL 语句。

2-2 请写出授予用户列权限和数据库权限的 SQL 语句。

2-3 如何禁止 MySQL 用户对特定数据库的访问?

2-4 如何将 MySQL 用户的数据库权限复制给另一个用户?

3. 上机操作

重新创建“供应商”表、“工程”表、“零件”表和“供应”表，SQL 语句如下。

```
create table 供应商(
    供应商编号 char(10) primary key,
    供应商名 varchar(20) not null,
    供应商地址 varchar(50) not null,
    联系电话 char(20));
create table 工程(
    工程编号 char(10) primary key,
    工程名 varchar(20) not null,
    地址 varchar(50) not null);
create table 零件(
    零件编号 char(10) primary key,
    零件名 varchar(20) not null,
    颜色 varchar(10) ,
    简介 varchar(50));
create table 供应(
    供应商编号 char(10),
    工程编号 char(10),
    零件编号 char(10),
```

```
数量 float,
primary key(供应商编号,工程编号,零件编号),
foreign key(供应商编号) references 供应商(供应商编号),
foreign key(工程编号) references 工程 (工程编号),
foreign key(零件编号) references 零件(零件编号));
```

（1）创建 3 个用户名分别为 apply1、apply2 和 apply3，主机名均为 localhost，密码均为 12345 的新用户。

（2）向用户 apply1 授予数据库“供应”所有表的 select 权限，并授予其为其他用户授权的权限。

（3）向用户 apply2 授予数据库“供应”中“供应商”“工程”“零件”3 个表的 insert 权限、delete 权限，以及“供应商”表中“供应商地址”和“联系电话”字段、“工程”表中“地址”字段的 update 权限。

（4）向用户 apply3 授予数据库“供应”中“供应”表的所有权限。

（5）撤销用户 apply3 的所有权限。

（6）将用户 apply2 删除。

第12章 数据备份与还原

在任何数据库环境中，总会有不确定的意外情况发生，例如意外的停电、计算机系统中的各种软硬件故障、人为破坏、管理员误操作等，这些情况可能会导致数据丢失、服务器瘫痪等严重的后果。为了有效防止数据丢失，并将损失降到最低，用户应定期对 MySQL 数据库服务器进行维护。如果数据库中的数据丢失或者出现错误，就可以使用备份的数据进行恢复，这样会尽可能地减少意外导致的损失。数据库的维护包括数据备份、数据还原、数据库迁移、表的导出和导入操作。

本章学习目标

（1）熟练掌握数据备份。

（2）灵活应用数据还原。

（3）了解数据库迁移。

（4）掌握表的导出和导入。

12.1 数据备份

数据备份是数据库管理中常用的操作。为了保证数据库中数据的安全，数据库管理员需要定期地进行数据备份。一旦数据库遭到破坏，可以通过备份的文件来还原数据库。因此，数据备份是很重要的工作。

12.1.1 采用 mysqldump 命令备份一个数据库

mysqldump 命令可以将数据库中的数据备份成一个文本文件。表的结构和表中的数据将存储在生成的文本文件中。mysqldump 命令并非 MySQL 中的命令，必须在 shell 命令行调用。

mysqldump 命令的工作原理很简单。首先，查出需要备份的表的结构，再在文本文件中生成一个 create 语句。然后，将表中的所有记录转换成一条 insert 语句。这些 create 语句和 insert 语句都是还原数据时使用的。还原数据时可以使用其中的 create 语句来创建表，使用其中的 insert 语句来还原数据。使用 mysqldump 命令备份一个数据库的基本语法格式如下。

```
mysqldump -u 用户名 -p[密码] 数据库名>备份文件名.sql
```

上述代码中，“用户名”参数表示拥有备份权限的用户，一般情况下为 root 用户；“密码”参数表示“用户名”参数对应的密码，为可选参数；“数据库名”参数表示需要备份的数据库名称；“备份文件名.sql”参数表示将数据库备份出来的文件的名称，文件名前面可以加上一个绝对路径。通常将数据库备份成一个扩展名为.sql 的文件。

用 mysqldump 命令备份的文件并非一定要求扩展名为.sql，备份成其他格式的文件也是可以的，例如扩展名为.txt 的文件。但是，通常情况下都会备份成扩展名为.sql 的文件。因为扩展名为.sql 的文件给人第一感觉就是与数据库有关的。

【例 12-1】使用 root 用户备份数据库 school。

```
mysqldump -uroot -p school>E:\schoolbackup.sql
```

命令执行成功后，可以在 E 盘下找到名为 schoolbackup.sql 的文件，打开 schoolbackup.sql 文件，可以看到 schoolbackup.sql 文件中的部分内容，如图 12-1 所示。

从备份文件 schoolbackup.sql 中看到，文件中以“--”开头的都是 SQL 语句的注释；以“/*!”开头、“*/”结尾的都是可执行的 MySQL 注释，这些语句可以被 MySQL 执行，但在其他数据库管理系统中被作为注释忽略，这可以提高数据库的可移植性。

文件开头首先表明了备份文件使用的 mysqldump 工具的版本号，然后是备份账户的名称和主机信息，以及备份的数据库的名称，最后是 MySQL 服务器的版本号，在这里为 8.0.33。

备份文件接下来的部分语句将系统变量值赋给用户定义变量以确保被恢复的数据库的系统变量和备份时的变量相同，例如以下语句。

```
/*!40101 SET @OLD_CHARACTER_SET_CLIENT=@@CHARACTER_SET_CLIENT */;
```

```
-- MySQL dump 10.13  Distrib 8.0.33, for Win32 (x86)
--
-- Host: localhost    Database: school
-- ------------------------------------------------------
-- Server version	8.0.33

/*!40101 SET @OLD_CHARACTER_SET_CLIENT=@@CHARACTER_SET_CLIENT */;
/*!40101 SET @OLD_CHARACTER_SET_RESULTS=@@CHARACTER_SET_RESULTS */;
/*!40101 SET @OLD_COLLATION_CONNECTION=@@COLLATION_CONNECTION */;
/*!40101 SET NAMES utf8 */;
/*!40103 SET @OLD_TIME_ZONE=@@TIME_ZONE */;
/*!40103 SET TIME_ZONE='+00:00' */;
/*!40014 SET @OLD_UNIQUE_CHECKS=@@UNIQUE_CHECKS, UNIQUE_CHECKS=0 */;
/*!40014 SET @OLD_FOREIGN_KEY_CHECKS=@@FOREIGN_KEY_CHECKS, FOREIGN_KEY_CHECKS=0 */;
/*!40101 SET @OLD_SQL_MODE=@@SQL_MODE, SQL_MODE='NO_AUTO_VALUE_ON_ZERO' */;
/*!40111 SET @OLD_SQL_NOTES=@@SQL_NOTES, SQL_NOTES=0 */;
--
-- Table structure for table `sc`
--

DROP TABLE IF EXISTS `sc`;
/*!40101 SET @saved_cs_client     = @@character_set_client */;
/*!40101 SET character_set_client = utf8 */;
CREATE TABLE `sc` (
  `cno` char(10) NOT NULL DEFAULT '',
  `sno` char(10) NOT NULL DEFAULT '',
  `grade` float DEFAULT NULL,
  PRIMARY KEY (`cno`,`sno`),
  KEY `sno` (`sno`),
  CONSTRAINT `sc_ibfk_1` FOREIGN KEY (`cno`) REFERENCES `course` (`cno`),
  CONSTRAINT `sc_ibfk_2` FOREIGN KEY (`sno`) REFERENCES `student` (`sno`)
) ENGINE=InnoDB DEFAULT CHARSET=gb2312;
/*!40101 SET character_set_client = @saved_cs_client */;

--
-- Dumping data for table `sc`
--

LOCK TABLES `sc` WRITE;
/*!40000 ALTER TABLE `sc` DISABLE KEYS */;
INSERT INTO `sc` VALUES ('1001','20181860',79),('1001','20200080',84),('1001','20201283',70),
('1001','20201284',75),('1001','20201285',73),('1002','20200080',99),('1002','20200124',99),
('1002','20201283',99),('1002','20201284',99),('1003','20201284',85),('1004','20201284',50);
/*!40000 ALTER TABLE `sc` ENABLE KEYS */;
UNLOCK TABLES;

--
-- Temporary table structure for view `sc_view1`
--

DROP TABLE IF EXISTS `sc_view1`;
```

图 12-1　schoolbackup.sql 文件中的部分内容

该语句将当前系统变量 character_set_client 的值赋给用户定义变量@old_character_set_client。其他变量与此类似。

后面的 drop 语句、create 语句和 insert 语句都是还原时使用的。drop table if exists course 语句用来判断数据库中是否存在名为 course 的表，如果存在，就删除这个表；create 语句用来创建数据表 course；insert 语句用来插入数据。

需要注意的是，备份文件开始的一些语句以数字开头。这类数字代表 MySQL 版本号，用于告诉我们，语句只有在指定的 MySQL 版本或者比该版本高的 MySQL 中才能执行，例如 40101，表明语句只有在 MySQL 4.01.01 或者更高版本下才可以被执行。文件的最后记录了备份的时间。

还需要注意的是，图 12-1 所示的文本中没有创建数据库的语句，因此 schoolbackup.sql 文件中的所有表和记录必须还原到一个已经存在的数据库中。还原数据时，create table 语句会在数据库中创建表，然后执行 insert 语句向表中插入记录。

12.1.2 采用 mysqldump 命令备份一个数据库中的部分表

使用 mysqldump 命令备份一个数据库的某几个表的基本语法格式如下。

```
mysqldump -u 用户名 -p[密码] 数据库名 数据表1 数据表2…>备份文件名.sql
```

上述代码中，“用户名”参数表示拥有备份权限的用户，一般情况下为 root 用户；“密码”参数表示用户名参数对应的密码，为可选参数；“数据库名 数据表 1 数据表 2…”参数表示需要备份数据库中的哪些数据表；“备份文件名.sql”参数表示将数据库备份出来的文件的名称，文件名前面可以加上一个绝对路径。通常将数据库备份成一个扩展名为.sql 的文件。

【例 12-2】使用 root 用户备份数据库 school 中的数据表 student。

```
mysqldump -u root -p school student > E:\studentbackup.sql
```

命令执行成功后，可以在 E 盘下找到名为 studentbackup.sql 的文件，打开 studentbackup.sql 文件，可以看到 studentbackup.sql 文件中的内容，如图 12-2 所示。

```
-- MySQL dump 10.13  Distrib 8.0.33, for Win32 (x86)
--
-- Host: localhost    Database: school
-- ------------------------------------------------------
-- Server version	8.0.33

/*!40101 SET @OLD_CHARACTER_SET_CLIENT=@@CHARACTER_SET_CLIENT */;
/*!40101 SET @OLD_CHARACTER_SET_RESULTS=@@CHARACTER_SET_RESULTS */;
/*!40101 SET @OLD_COLLATION_CONNECTION=@@COLLATION_CONNECTION */;
/*!40101 SET NAMES utf8 */;
/*!40103 SET @OLD_TIME_ZONE=@@TIME_ZONE */;
/*!40103 SET TIME_ZONE='+00:00' */;
/*!40014 SET @OLD_UNIQUE_CHECKS=@@UNIQUE_CHECKS, UNIQUE_CHECKS=0 */;
/*!40014 SET @OLD_FOREIGN_KEY_CHECKS=@@FOREIGN_KEY_CHECKS, FOREIGN_KEY_CHECKS=0 */;
/*!40101 SET @OLD_SQL_MODE=@@SQL_MODE, SQL_MODE='NO_AUTO_VALUE_ON_ZERO' */;
/*!40111 SET @OLD_SQL_NOTES=@@SQL_NOTES, SQL_NOTES=0 */;

--
-- Table structure for table `student`
--

DROP TABLE IF EXISTS `student`;
/*!40101 SET @saved_cs_client     = @@character_set_client */;
/*!40101 SET character_set_client = utf8 */;
CREATE TABLE `student` (
  `sno` char(10) NOT NULL,
  `sname` varchar(20) NOT NULL,
  `sex` varchar(4) DEFAULT NULL,
  `age` int(11) DEFAULT NULL,
  `address` varchar(50) DEFAULT NULL,
  `dept` varchar(20) DEFAULT NULL,
  PRIMARY KEY (`sno`),
--
-- Dumping data for table `student`
--

LOCK TABLES `student` WRITE;
/*!40000 ALTER TABLE `student` DISABLE KEYS */;
INSERT INTO `student` VALUES ('20181860','杨晓傲','男',23,'哈尔滨市道里区','数据科学与大数据技术'),('20200080','
陈逸超','男',22,'沈阳市皇姑区','计算机科学与技术'),('20200124','王一纯','女',21,'哈尔滨市香坊区','软件工程'),
('20201283','张荣泽','男',21,'哈尔滨市道外区','计算机科学与技术'),('20201284','云天','男',22,'哈尔滨市南岗区','软件工程
'),('20201285','王栎淇','女',23,'长春市绿园区','数据科学与大数据技术'),('20201328','王海权','男',20,'长春市南湖区','计算
机科学与技术'),('20201329','王冠男','男',18,'沈阳市和平区','软件工程'),('20201338','王文泽','男',21,'沈阳市大东区','计算
机科学与技术'),('20210910','李响',NULL,20,NULL,NULL),('20210920','张鑫',NULL,20,NULL,NULL),('20211340','田野','
男',21,NULL,'计算机科学与技术');
/*!40000 ALTER TABLE `student` ENABLE KEYS */;
UNLOCK TABLES;
/*!40103 SET TIME_ZONE=@OLD_TIME_ZONE */;

/*!40101 SET SQL_MODE=@OLD_SQL_MODE */;
/*!40014 SET FOREIGN_KEY_CHECKS=@OLD_FOREIGN_KEY_CHECKS */;
/*!40014 SET UNIQUE_CHECKS=@OLD_UNIQUE_CHECKS */;
/*!40101 SET CHARACTER_SET_CLIENT=@OLD_CHARACTER_SET_CLIENT */;
/*!40101 SET CHARACTER_SET_RESULTS=@OLD_CHARACTER_SET_RESULTS */;
/*!40101 SET COLLATION_CONNECTION=@OLD_COLLATION_CONNECTION */;
/*!40111 SET SQL_NOTES=@OLD_SQL_NOTES */;

-- Dump completed on 2023-09-01 23:06:47
```

图 12-2　studentbackup.sql 文件中的内容

通过文件内容可以看出，studentbackup.sql 文件中只包含了对数据表 student 的删除（drop）、创建（create）和插入（insert）语句。

12.1.3 采用 mysqldump 命令备份多个数据库

使用 mysqldump 命令备份多个数据库的基本语法格式如下。

```
mysqldump -u 用户名 -p[密码] --databases 数据库名1 数据库名2…>备份文件名.sql
```

上述代码中，“用户名”参数表示拥有备份权限的用户，一般情况下为 root 用户；“密码”参数表示用户名参数对应的密码，为可选参数；“数据库名 1 数据库名 2…”参数表示需要备份的多个数据库；“备份文件名.sql”参数表示将数据库备份出来的文件的名称，文件名前面可以加上一个绝对路径。通常将数据库备份成一个扩展名为.sql 的文件。

【例 12-3】使用 root 用户备份数据库 test 和数据库 school。

```
mysqldump -u root -p --databases test school > E:\tsbackup.sql
```

命令执行成功后，可以在 E 盘下找到名为 tsbackup.sql 的文件，通过文件内容可以看出，备份文件 tsbackup.sql 中包含了对数据库 test 和数据库 school 中所有表的操作命令。

【例 12-4】使用 root 用户备份所有的数据库。

```
mysqldump -u root -p --all-databases > E:\allbackup.sql
```

命令执行成功后，可以在 E 盘下找到名为 allbackup.sql 的文件，通过文件内容可以看出，备份文件 allbackup.sql 中包含了对所有数据库及其中所有表的操作命令。

12.1.4 直接复制整个数据库目录进行备份

MySQL 有一种简单的备份方法，就是将 MySQL 中的数据库文件直接复制出来。这种方法简单、快速。使用这种方法时，最好将 MySQL 服务先停止。这样可以保证在复制期间数据库数据不会发生变化。如果在复制数据库的过程中还有数据写入，就会造成数据不一致。

MySQL 的数据库目录位置不一定相同。在 Windows 平台下，MySQL 8.0 存放数据库的目录通常默认为“C:\ProgramData\MySQL\MySQL Server 8.0\Data”或者其他用户自定义的目录；在 Linux 平台下，数据库目录通常为“/var/lib/mysql/”，不同的 Linux 版本下目录会有所不同；在 macOS 平台下，数据库目录通常为“/user/local/mysql/data”。如需备份数据库，可根据不同系统类型找到对应的位置。

这是一种简单、快速、有效的备份方式，但不是最好的备份方法。因为，实际情况可能不允许停止 MySQL 服务或锁住表，而且这种方法对 InnoDB 存储引擎的表不适用。对于 MyISAM 存储引擎的表，这样备份和还原很方便。但是还原时最好是相同版本的 MySQL 数据库，否则可能会存在文件类型不同的情况。

要想保持备份的一致性，备份前需要对相关表执行 lock tables 操作，然后对表执行 flush tables 操作，这样当复制数据库目录中的文件时，允许其他用户继续查询表。需要 flush tables 语句来确保开始备份前将所有激活的索引页写入硬盘。当然，也可以先停止 MySQL 服务，再进行备份操作。

12.2 数据还原

数据库管理员的操作失误和计算机的软硬件故障都会破坏数据库文件。当数据库丢失或遭到破坏后，可以通过数据备份文件将数据恢复到备份时的状态。这样可以尽可能地减少损失。

12.2.1 使用 mysql 命令还原

管理员通常使用 mysqldump 命令将数据库中的数据备份成一个文本文件，这个文件的扩展名一般是.sql。需要恢复时，可以使用 mysql 命令来恢复备份的数据。

备份文件中通常包含 create 语句和 insert 语句。mysql 命令可以执行备份文件中的 create 语句和 insert 语句。通过 create 语句来创建数据库和数据表。通过 insert 语句来插入备份的数据。mysql 命令的基本语法格式如下。

```
mysql -u root -p[密码] [数据库名] < 备份数据库文件名.sql
```

上述代码中，“数据库名”参数表示数据库名，该参数是可选参数，可以指定数据库名，也可以不指定。指定数据库名时，表示还原该数据库下的表；不指定数据库名时，表示还原特定的一个数据库。而备份文件中有创建数据库的语句。

【例 12-5】使用 root 用户，用 mysql 命令将例 12-1 中备份的 E:\schoolbackup.sql 文件中的数据导入数据库中。

```
mysql -u root -p school<E:\schoolbackup.sql
```

上述代码运行之前，要确认在 MySQL 服务器中已经存在数据库 school，如果不存在数据库 school，将会报错。

【例 12-6】使用 root 用户，用 mysql 命令还原所有数据库。

```
mysql -u root -p <E:\allbackup.sql
```

代码运行成功后，MySQL 数据库就已经还原了 allbackup.sql 文件中的所有数据库。

如果使用--all-databases 参数备份了所有的数据库，那么恢复时不需要指定数据库。因为其对应的.sql 文件包含 create database 语句，可通过该语句创建数据库。创建数据库后，可以执行.sql 文件中的 use 语句选择数据库，再创建数据表并插入记录。

如果已经登录 MySQL 服务器，还可以使用 source 命令导入.sql 文件，基本语法格式如下。

```
use 数据库名;           //选择要恢复的数据库
source 还原数据文件所在路径;     //使用 source 命令导入备份文件
```

命令执行后，会列出备份文件中每一条语句的执行结果，文件中的数据都会导入当前的数据库中。

12.2.2 直接复制到数据库目录进行还原

之前介绍过一种直接复制数据的备份方式。通过这种方式备份的数据可以直接复制到 MySQL 的数据库目录下。通过这种方式还原时，必须保证两个 MySQL 数据库的主版本号是相同的。因为只有 MySQL 数据库主版本号相同时，才能保证这两个 MySQL 数据库文件类型是相同的。而且，这种方式对 MyISAM 存储引擎的表比较有效，对 InnoDB 存储引擎的表则不可用。

因为 InnoDB 表的表空间不能直接复制。在 MySQL 服务停止后，将备份的数据库文件复制到 MySQL 存放数据的位置，重新启动 MySQL 服务即可，如果需要恢复的数据库已经存在，那么使用 DROP 语句删除已经存在的数据库之后才能成功恢复。另外，MySQL 不同版本之间必须兼容，恢复之后的数据才可以使用。在 Linux 操作系统下，复制到数据库目录后，一定要将数据库的用户和组变成 mysql，其命令如下。

```
chown -R mysql.mysql dataDir
```

上述代码中，两个 mysql 分别表示组和用户；-R 参数可以改变文件夹下的所有子文件的用户和组；

dataDir 参数表示数据库目录。

Linux 操作系统下的权限设置得非常严格。通常情况下，MySQL 数据库只有 root 用户和 mysql 用户组下的 mysql 用户才可以访问。因此，将数据库目录复制到指定文件夹后，一定要使用 chown 命令将文件夹的用户组变为 mysql，将用户变为 mysql。

12.3 数据库迁移

数据库迁移是指将数据库从一个系统移动到另一个系统上。数据库迁移的原因是多样的，可能是计算机系统升级，也可能是部署新的开发系统，MySQL 数据库升级或者换成其他类型的数据库。根据上述情况，将数据库迁移分为 3 种，分别是相同版本的 MySQL 数据库之间的迁移，不同版本的 MySQL 数据库之间的迁移，以及不同数据库之间的迁移。

12.3.1 相同版本的 MySQL 数据库之间的迁移

相同版本的 MySQL 数据库之间的迁移就是在主版本号相同的 MySQL 数据库之间进行数据库移动。这种迁移的方式最容易实现，迁移的过程其实就是源数据库备份和目标数据库恢复过程的组合。

相同版本的 MySQL 数据库之间进行数据库迁移的原因很多，通常是换了新机器、安装了新的操作系统或者部署了新环境。因为迁移前后 MySQL 数据库的主版本号相同，所以可以通过复制数据库目录来实现数据库迁移，但是这种方法只适用于 MyISAM 存储引擎的数据表，对于 InnoDB 存储引擎的数据表，不能用直接复制文件的方式备份数据库。所以，常见且安全的方式是使用 mysqldump 命令导出数据，然后在目标数据库服务器使用 mysql 命令导入。

【例 12-7】使用 root 用户从一个名为 host1 的机器中备份所有数据库，然后将这些数据库迁移到名为 host2 的机器上。

```
mysqldump -h host1 -uroot -p[password1] --all-databases |
mysql -h host2 -uroot -p[password2]
```

上述代码中，|符号表示管道，其作用是将 mysqldump 命令备份的文件给 mysql；password1 是 host1 主机上 root 用户的密码，同理，password2 是 host2 主机上 root 用户的密码；--all-databases 表示要迁移所有的数据库。通过这种方式可以直接实现迁移。

12.3.2 不同版本的 MySQL 数据库之间的迁移

因为数据库升级，需要将旧版本的 MySQL 数据库中的数据迁移到较新版本的数据库中。例如，原来很多服务器使用 5.7 版本的 MySQL 数据库，8.0 版本解决了 5.7 版本的很多缺陷，因此需要把数据库升级到 8.0 版本。这就需要在不同版本的 MySQL 数据库之间进行数据迁移。

旧版本与新版本的 MySQL 可能使用不同的默认字符集，例如有的旧版本使用 latin1 作为默认字符集，而 MySQL 8.0 默认字符集为 utf8mb4，如果数据库中有中文数据，迁移过程中就需要对默认字符集进行修改，不然可能无法正常显示数据。

新版本的 MySQL 数据库通常都会兼容旧版本，因此可以从旧版本的 MySQL 数据库迁移新版本的 MySQL 数据库。对于 MyISAM 存储引擎的表可以直接复制，但是 InnoDB 存储引擎的表不可以使用这种方法。常用的办法是使用 mysqldump 命令来进行备份，然后通过 mysql 命令将备份文件导入目标 MySQL 数据库中。

12.3.3 不同数据库之间的迁移

不同数据库之间的迁移是指从其他类型的数据库迁移到 MySQL 数据库，或者从 MySQL 数据库迁移到其他类型的数据库。例如，某个管理系统原来使用 MySQL 数据库，后来出于某种原因，改用 Oracle 数据库；或者，某个管理系统原来使用 Oracle 数据库，因为希望降低成本，故改用 MySQL 数据库。这样不同的数据库之间的迁移常会发生，但这种迁移没有普遍适用的解决方法。

迁移之前，需要了解不同数据库的架构，比较它们之间的差异。不同数据库定义相同类型的数据的关键字可能会不同。例如，MySQL 中日期字段分为 date 和 time 两种数据类型，而 Oracle 数据库中日期字段只有 date 数据类型；SQL Server 数据库中有 ntext、Image 等数据类型，MySQL 数据库没有这些数据类型；MySQL 支持 enum 和 set 数据类型，SQL Server 数据库不支持这些。另外，不同的数据库厂商在设计数据库系统时并没有完全按照 SQL 标准。例如微软公司的 SQL Server 软件使用的是 T-SQL。T-SQL 中包含非标准的 SQL 语句，这就造成了 SQL Server 和 MySQL 的 SQL 语句不兼容。

不同类型的数据库之间的差异造成了互相迁移的困难，但是，不同类型的数据库之间的迁移并不是完全不可能的。例如，可以使用 MyODBC 实现 MySQL 数据库和 SQL Server 数据库之间的迁移。MySQL 官方提供的工具 MySQL Migration Toolkit 也可以在不同数据库之间进行数据迁移。MySQL 数据库迁移到 Oracle 数据库时，需要使用 mysqldump 命令导出 SQL 文件，然后手动更改 SQL 文件中的 create 语句。

12.4 表的导出与导入

在有些情况下，需要将 MySQL 数据库中的数据导出到外部存储文件中，MySQL 数据库的数据可以导出生成 SQL 文本文件、XML 文件或者 HTML 文件，同样，这些导出文件也可以导入 MySQL 数据库中。在日常维护中，经常需要进行数据表的导出和导入操作。

12.4.1 采用 select…into outfile 语句导出文本文件

在 MySQL 中，可以使用 select…into outfile 语句将数据表的内容导出成一个文本文件。其基本语法格式如下。

```
select 列名 from 数据表名 [where 语句]
into outfile '目标文件' [options];
```

该语句分为两个部分。前半部分是一个普遍的 select 语句，通过这个 select 语句来查询需要的数据；后半部分用于导出数据，其中，“目标文件”参数指出将查询的记录导出到哪个文件；[options]为可选参数，options 部分包括 fields 和 lines 子句，其可能的取值有以下几种。

fields terminated by'字符串'：设置字符串为字段之间的分隔字符，可以为单个或多个字符，默认情况下为制表符“\t”。

fields [optionally] enclosed by'字符'：设置字段的包围字符，只能为单个字符，如果使用了 optionally，就只有 char 和 varchar 等字符数据字段被包围。默认情况下不使用任何符号。

fields escaped by '字符'：设置转义字符，只能为单个字符，默认为“\”。

lines starting by '字符串'：设置每行数据开头的字符，可以为单个或多个字符，默认情况下不使用任何字符。

lines terminated by '字符串'：设置每行结尾的字符，可以为单个或多个字符，默认为“\n”。

fields 和 lines 两个子句都是自选的，但是如果两个都被指定了，FIELDS 就必须位于 LINES 的前面。

select…into outfile 语句可以非常快速地把一个表转存到服务器上。如果想要在服务器主机之外的部分用户主机上创建结果文件，就不能使用 select…into outfile 语句。在这种情况下，应该在用户主机上使用类似 MySQL -e"select…"> filename 的命令来生成文件。

select…into outfile 是 load data infile 的补语，用于 options 部分，包括部分 fields 和 lines 子句，这些子句与 load data infile 语句同时使用。

【例 12-8】使用 select…into outfile 语句将 school 数据库的数据表 student 中的记录导出到文本文件 E:\student1.txt 中。

```
select * from school.student into outfile "E:\student1.txt";
```

命令执行成功后，会在 E 盘中生成一个名为 student1 的.txt 文件，该文本文件中存储数据表 student 的信息，文件 student1.txt 中的内容如图 12-3 所示。

20181860	杨晓傲	男	23	哈尔滨市道里区	数据科学与大数据技术
20200080	陈逸超	男	22	沈阳市皇姑区	计算机科学与技术
20200124	王一纯	女	21	哈尔滨市香坊区	软件工程
20201283	张荣泽	男	21	哈尔滨市道外区	计算机科学与技术
20201284	云天	男	22	哈尔滨市南岗区	软件工程
20201285	王栎淇	女	23	长春市绿园区	数据科学与大数据技术
20201328	王海权	男	20	长春市南湖区	计算机科学与技术
20201329	王冠男	男	18	沈阳市和平区	软件工程
20201338	王文泽	男	21	沈阳市大东区	计算机科学与技术
20210910	李响	\N	20	\N	\N
20210920	张鑫	\N	20	\N	\N
20211340	田野	男	21	\N	计算机科学与技术

图 12-3　文件 student1.txt 中的内容

12.4.2 采用 mysqldump 命令导出文本文件

mysqldump 命令可以备份数据库中的数据，备份时在备份文件中保存了 create 语句和 insert 语句。mysqldump 命令还可以导出文本文件，其基本的语法格式如下。

```
mysqldump -u root -p[密码] -T 目标目录 数据库名 数据表名 [option];
```

上述代码中，“密码”参数表示 root 用户的密码，密码与-p 之间没有空格；“目标目录”参数是指导出的文本文件的路径；“数据库名”参数表示需要进行信息导出的数据库的名称；“数据表名”参数表示需要进行信息导出的数据表的名称；option 为可选参数，其选项主要有如下几种。

--fields-terminated-by＝字符串：设置字符串为字段之间的分隔字符，可以为单个或多个字符，默认情况下为制表符“\t”。

--fields-enclosed-by＝字符：设置字段的包围字符。

--fields-optionally-enclosed-by＝字符：设置字段的包围字符，只能为单个字符，只有 char 和 varchar 等字符数据字段被包围。

-fields-escaped-by＝'字符'：设置转义字符，只能为单个字符，默认为“\”。

--lines-terminated-by＝字符串：设置每行的结束符。可以为单个或多个字符，默认为“\n”。

以上这些选项使用时必须用双引号引起来，否则，MySQL 数据库将不能识别。

【例 12-9】用 mysqldump 命令导出 school 数据库中 student 表的记录。

```
    mysqldump -u root -p -T E: school student "--fields-terminated-by=,"
"--fields-optionally-enclosed-by=""
```

上述代码中，--fields-terminated-by 等选项都用双引号引起来了。命令执行完后，可以在 E 盘下看到 student.sql 文件和一个名为 student.txt 的文本文件。文件 student.sql 中的内容如图 12-4 所示。

```
"20181860","杨晓傲","男",23,"哈尔滨市道里区","数据科学与大数据技术"
"20200080","陈逸超","男",22,"沈阳市皇姑区","计算机科学与技术"
"20200124","王一纯","女",21,"哈尔滨市香坊区","软件工程"
"20201283","张荣泽","男",21,"哈尔滨市道外区","计算机科学与技术"
"20201284","云天","男",22,"哈尔滨市南岗区","软件工程"
"20201285","王栎淇","女",23,"长春市绿园区","数据科学与大数据技术"
"20201328","王海权","男",20,"长春市南湖区","计算机科学与技术"
"20201329","王冠男","男",18,"沈阳市和平区","软件工程"
"20201338","王文泽","男",21,"沈阳市大东区","计算机科学与技术"
"20210910","李响",\N,20,\N,\N
"20210920","张鑫",\N,20,\N,\N
"20211340","田野","男",21,\N,"计算机科学与技术"
```

图 12-4 文件 student.sql 中的内容

这些记录都以 “,” 隔开，而且字符数据都用引号进行标注。mysqldump 命令也是调用 select…into outfile 语句来导出文本文件的。除此之外，mysqldump 命令还同时生成了 student.sql 文件。这个文件中有表的结构和表中的记录。

需要注意的是，导出数据时，一定要注意数据的格式。通常每个字段之间都必须用分隔符隔开，可以使用逗号、空格或者制表符。每条记录占用一行，新记录要从下一行开始。字符串数据要使用双引号引起来。

mysqldump 命令还可以导出 XML 格式的文件，其基本语法格式如下。

```
mysqldump -u root -p[密码] --xml | -X 数据库名 数据表名 > E:\导出文件名.xml
```

上述代码中，“密码” 参数表示 root 用户的密码；使用--xml 或者-X 选项就可以导出 XML 格式的文件；“数据库名” 参数表示需要导出的数据库的名称；“数据表名” 参数表示需要导出的数据表的名称；“E:\导出文件名.xml” 参数表示导出的 XML 文件的路径。

12.4.3 采用 mysql 命令导出文本文件

mysql 命令可以用来登录 MySQL 服务器，也可以用来还原备份文件。同时，mysql 命令也可以导出文本文件，其基本语法格式如下。

```
mysql -u root -p[密码] -e "select 语句"数据库名> E:/导出文件名.txt
```

上述代码中，“密码” 参数表示 root 用户的密码；使用-e 选项就可以执行 SQL 语句；“select 语句” 用来查询记录；“E:\导出文件名.txt” 参数表示导出文件的路径。

【例 12-10】用 mysql 命令来导出 school 数据库中 student 数据表的记录。

```
mysql -u root -p -e "select * from student;" school > E:\student2.txt
```

上述命令将 student 表中的所有记录查询出来，然后写入 student2.txt 文本文件中。文件 student2.txt 中的内容如图 12-5 所示。

```
sno       sname   sex    age    address        dept
20181860          杨晓傲   男     23     哈尔滨市道里区   数据科学与大数据技术
20200080          陈逸超   男     22     沈阳市皇姑区     计算机科学与技术
20200124          王一纯   女     21     哈尔滨市香坊区   软件工程
20201283          张荣泽   男     21     哈尔滨市道外区   计算机科学与技术
20201284          云天     男     22     哈尔滨市南岗区   软件工程
20201285          王栎淇   女     23     长春市绿园区     数据科学与大数据技术
20201328          王海权   男     20     长春市南湖区     计算机科学与技术
20201329          王冠男   男     18     沈阳市和平区     软件工程
20201338          王文泽   男     21     沈阳市大东区     计算机科学与技术
20210910          李响     NULL   20     NULL   NULL
20210920          张鑫     NULL   20     NULL   NULL
20211340          田野     男     21     NULL   计算机科学与技术
```

图 12-5 文件 student2.txt 中的内容

mysql 命令还可以导出 XML 文件和 HTML 文件。mysql 命令导出 XML 文件的语法格式如下。

```
mysql -u root -p[密码] --xml | -X -e "select 语句"数据库名 > E:\导出文件名.xml
```

上述代码中，“密码”参数表示 root 用户的密码；使用--xml 或者-X 选项就可以导出 XML 格式的文件；使用-e 选项就可以执行 SQL 语句；“select 语句”用来查询记录；“E:\导出文件名.xml”参数表示导出的 XML 文件的路径。

mysql 命令导出 HTML 文件的语法格式如下。

```
mysql -u root -p[密码] --html|-H -e "select 语句"数据库名 > E:/导出文件名.html
```

上述代码中，使用--html 或者-H 选项就可以导出 html 格式的文件。

12.4.4 采用 load data infile 命令导入文本文件

MySQL 中可以使用 load data infile 命令将文本文件导入数据库中，其基本语法格式如下。

```
load data [local] infile 文本文件名 into table 数据表名 [option];
```

上述代码中，local 是在本地计算机中查找文本文件时使用的；“文本文件名”参数指定了文本文件的路径和名称；“数据表名”参数表示导入数据表的名称；option 参数是可选参数，其常用的选项有以下几种。

fields terminated by '字符串'：设置字符串为字段的分隔符，默认为“\t”。

fields [optionally] enclosed by '字符'：设置字段的包围字符，如果使用了 optionally，就只有 char 和 varchar 等字符数据字段被包围。默认情况下不使用任何符号。

fields escaped by '字符'：设置转义字符，只能为单个字符，默认为“\”。

lines starting by '字符串'：设置每行数据开头的字符，可以为单个或多个字符，默认情况下不使用任何字符。

lines terminated by '字符串'：设置每行结尾的字符，可以为单个或多个字符，默认为“\n”。

ignore *n* lines：忽略文件的前 *n* 行记录。

(字段列表)：根据字段列表中的字段和顺序来加载记录。

set column=expr：将指定的列 column 进行相应的转换后再加载，使用 expr 表达式来进行转换。

【例 12-11】用 load data infile 命令将 E:\student1.txt 文件中的记录导入 student1 表中。

```
load data infile 'E:\student1.txt' into table student1;
select * from student1;
```

在执行该命令前，应保证数据库 school 中存在数据表 student1，且表中没有会影响完整性约束的信息，例如，文本文件 student1.txt 中的学号与数据表 student1 原有数据的学号不能冲突，否则文本文件 student1.txt 中的数据将不能导入数据表 student1 中。将 student1.txt 文件中的记录导入数据表 student1 如图 12-6 所示。

【例 12-12】用 load data infile 命令将 E:\student.txt 文件中的记录导入 student2 表中。

```
load data infile 'E:\student.txt' into TABLE student2 fields terminated by ',' optionally
enclosed by '\"';
select * from student2;
```

在执行该命令前，应保证数据库 school 中存在数据表 student2，且表中没有会影响完整性约束的信息，例如，文本文件 student.txt 中的学号与数据表 student2 原有数据的学号不能冲突，否则文本文件 student.txt 中的数据将不能导入数据表 student2 中。使用 load data infile 导入文本时，要注意 student.txt 文件中的分隔符。将 student.txt 文件中的记录导入数据表 student2 如图 12-7 所示。

```
mysql> load data infile 'E:\student1.txt' into table student1;
Query OK, 12 rows affected (0.00 sec)
Records: 12  Deleted: 0  Skipped: 0  Warnings: 0

mysql> select * from student1;
+----------+--------+------+-----+----------------+--------------------+
| sno      | sname  | sex  | age | address        | dept               |
+----------+--------+------+-----+----------------+--------------------+
| 20170001 | 李亮   | 男   |  20 | NULL           | NULL               |
| 20181860 | 杨晓傲 | 男   |  23 | 哈尔滨市道里区 | 数据科学与大数据技术 |
| 20200080 | 陈逸超 | 男   |  22 | 沈阳市皇姑区   | 计算机科学与技术   |
| 20200124 | 王一纯 | 女   |  21 | 哈尔滨市香坊区 | 软件工程           |
| 20201283 | 张荣泽 | 男   |  21 | 哈尔滨市道外区 | 计算机科学与技术   |
| 20201284 | 云天   | 男   |  22 | 哈尔滨市南岗区 | 软件工程           |
| 20201285 | 王栎淇 | 女   |  23 | 长春市绿园区   | 数据科学与大数据技术 |
| 20201328 | 王海权 | 男   |  20 | 长春市南湖区   | 计算机科学与技术   |
| 20201329 | 王冠男 | 男   |  18 | 沈阳市和平区   | 软件工程           |
| 20201338 | 王文泽 | 男   |  21 | 沈阳市大东区   | 计算机科学与技术   |
| 20210910 | 李响   | NULL |  20 | NULL           | NULL               |
| 20210920 | 张鑫   | NULL |  20 | NULL           | NULL               |
| 20211340 | 田野   | 男   |  21 | NULL           | 计算机科学与技术   |
+----------+--------+------+-----+----------------+--------------------+
13 rows in set (0.00 sec)
```

图 12-6　将 student1.txt 文件中的记录导入数据表 student1

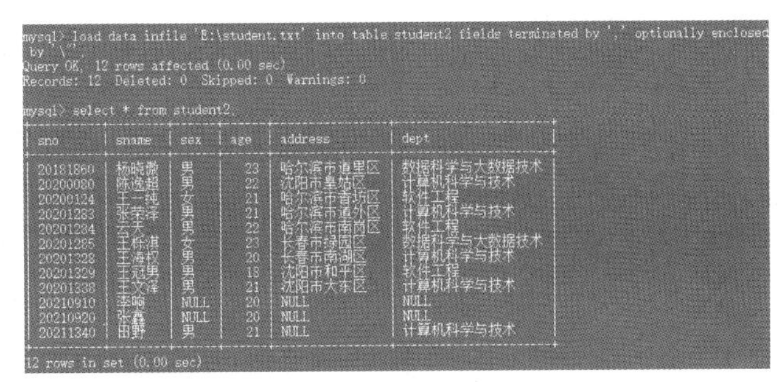

```
mysql> load data infile 'E:\student.txt' into table student2 fields terminated by ',' optionally enclosed
 by '\"';
Query OK, 12 rows affected (0.00 sec)
Records: 12  Deleted: 0  Skipped: 0  Warnings: 0

mysql> select * from student2;
+----------+--------+------+-----+----------------+--------------------+
| sno      | sname  | sex  | age | address        | dept               |
+----------+--------+------+-----+----------------+--------------------+
| 20181860 | 杨晓傲 | 男   |  23 | 哈尔滨市道里区 | 数据科学与大数据技术 |
| 20200080 | 陈逸超 | 男   |  22 | 沈阳市皇姑区   | 计算机科学与技术   |
| 20200124 | 王一纯 | 女   |  21 | 哈尔滨市香坊区 | 软件工程           |
| 20201283 | 张荣泽 | 男   |  21 | 哈尔滨市道外区 | 计算机科学与技术   |
| 20201284 | 云天   | 男   |  22 | 哈尔滨市南岗区 | 软件工程           |
| 20201285 | 王栎淇 | 女   |  23 | 长春市绿园区   | 数据科学与大数据技术 |
| 20201328 | 王海权 | 男   |  20 | 长春市南湖区   | 计算机科学与技术   |
| 20201329 | 王冠男 | 男   |  18 | 沈阳市和平区   | 软件工程           |
| 20201338 | 王文泽 | 男   |  21 | 沈阳市大东区   | 计算机科学与技术   |
| 20210910 | 李响   | NULL |  20 | NULL           | NULL               |
| 20210920 | 张鑫   | NULL |  20 | NULL           | NULL               |
| 20211340 | 田野   | 男   |  21 | NULL           | 计算机科学与技术   |
+----------+--------+------+-----+----------------+--------------------+
12 rows in set (0.00 sec)
```

图 12-7　将 student.txt 文件中的记录导入数据表 student2

12.4.5 采用 mysqlimport 命令导入文本文件

MySQL 中，可以使用 mysqlimport 命令将文本文件导入数据库中。其基本语法格式如下。

```
mysqlimport -u root -p[密码] [--local] 数据库名 文件名 [option]
```

上述代码中，“密码”参数是 root 用户的密码，与-p 之间不能存在空格；local 参数是在本地计算机中查找文本文件时使用的；“数据库名”参数表示导入表所在数据库的名称；“文件名”参数表示导入文本文件的路径和名称；option 参数是可选参数，其常用选项如下。

--fields-terminated-by = 字符串：设置字符串为字段之间的分隔字符，可以为单个或多个字符，默认情况下为制表符“\t”。

--fields-enclosed-by = 字符：设置字段的包围字符。

--fields-optionally-enclosed-by = 字符：设置字段的包围字符，只能为单个字符，只有 char 和 varchar 等字符数据字段被包围。

-fields-escaped-by = '字符'：设置转义字符，只能为单个字符，默认为“\”。

--lines-terminated-by = 字符串：设置每行的结束符，可以为单个或多个字符，默认为“\n”。

--ignore-lines=n：表示可以忽略前 n 行。

【例 12-13】用 mysqlimport 命令将 student3.txt 文件中的记录导入 student3 表中。

```
    mysqlimport -u root -p school E:\student3.txt "--fields-terminated-by=,"
"--fields-optionally-enclosed-by=""
```

使用 mysqlimport 命令导入时，要注意 student3.txt 文件中的分隔符。执行该命令之后就可以将 student3.txt 中的记录导入 school 数据库下的 student3 表中。

12.5 应用示例：数据的备份与恢复

备份有助于保护数据库，通过备份可以完整保存 MySQL 中各个数据库的特定状态。在系统出现故障、数据丢失或者不合理操作对数据库造成损害时，可以通过备份文件恢复数据库中的数据。作为 MySQL 的管理人员，应该定期备份所有活动的数据库，以免数据丢失。

按照要求对 school 数据库进行备份和恢复。

（1）使用 mysqldump 命令备份数据表 course，将备份文件存储在 E 盘。

（2）使用 mysql 命令还原 course 表到数据库 test 中。

（3）使用 select…into outfile 语句导出 sc 表，记录存储到 E:\scbackup.txt 文件中。

（4）使用 mysqldump 命令将 sc 数据表中的记录导入 backup.xml 文件中，该文件存储在 E 盘。

实现过程如下。

（1）使用 mysqldump 命令备份数据表 course。

```
mysqldump -u root -p school course >E:\course.sql
```

命令执行成功后，可以在 E 盘查看到 course.sql 文件，文件 course.sql 中的内容如图 12-8 所示。course.sql 文件中保存了主机名、数据库名和备份时间等信息。

```
-- MySQL dump 10.13  Distrib 8.0.3, for Win32 (x86)
--
-- Host: localhost    Database: school
-- ------------------------------------------------------
-- Server version	8.0.33

/*!40101 SET @OLD_CHARACTER_SET_CLIENT=@@CHARACTER_SET_CLIENT */;
/*!40101 SET @OLD_CHARACTER_SET_RESULTS=@@CHARACTER_SET_RESULTS */;
/*!40101 SET @OLD_COLLATION_CONNECTION=@@COLLATION_CONNECTION */;
/*!40101 SET NAMES utf8 */;
/*!40103 SET @OLD_TIME_ZONE=@@TIME_ZONE */;
/*!40103 SET TIME_ZONE='+00:00' */;
/*!40014 SET @OLD_UNIQUE_CHECKS=@@UNIQUE_CHECKS, UNIQUE_CHECKS=0 */;
/*!40014 SET @OLD_FOREIGN_KEY_CHECKS=@@FOREIGN_KEY_CHECKS, FOREIGN_KEY_CHECKS=0 */;
/*!40101 SET @OLD_SQL_MODE=@@SQL_MODE, SQL_MODE='NO_AUTO_VALUE_ON_ZERO' */;
/*!40111 SET @OLD_SQL_NOTES=@@SQL_NOTES, SQL_NOTES=0 */;

--
-- Table structure for table `course`
--

DROP TABLE IF EXISTS `course`;
/*!40101 SET @saved_cs_client     = @@character_set_client */;
/*!40101 SET character_set_client = utf8 */;
CREATE TABLE `course` (
  `cno` char(10) NOT NULL,
  `cname` varchar(20) NOT NULL,
  `cpno` char(10) DEFAULT NULL,
  `credit` int(11) DEFAULT NULL,
  PRIMARY KEY (`cno`),
  KEY `cpno` (`cpno`),
  CONSTRAINT `course_ibfk_1` FOREIGN KEY (`cpno`) REFERENCES `course` (`cno`)
) ENGINE=InnoDB DEFAULT CHARSET=gb2312;
/*!40101 SET character_set_client = @saved_cs_client */;

--
-- Dumping data for table `course`
--

LOCK TABLES `course` WRITE;
/*!40000 ALTER TABLE `course` DISABLE KEYS */;
INSERT INTO `course` VALUES ('1001','高等数学',NULL,5),('1002','离散数学','1001',2),('1003','高级程序设计语
言',NULL,2),('1004','数据结构与算法','1003',3),('1005','数据库原理及应用',NULL,3);
/*!40000 ALTER TABLE `course` ENABLE KEYS */;
UNLOCK TABLES;
/*!40103 SET TIME_ZONE=@OLD_TIME_ZONE */;

/*!40101 SET SQL_MODE=@OLD_SQL_MODE */;
/*!40014 SET FOREIGN_KEY_CHECKS=@OLD_FOREIGN_KEY_CHECKS */;
/*!40014 SET UNIQUE_CHECKS=@OLD_UNIQUE_CHECKS */;
/*!40101 SET CHARACTER_SET_CLIENT=@OLD_CHARACTER_SET_CLIENT */;
/*!40101 SET CHARACTER_SET_RESULTS=@OLD_CHARACTER_SET_RESULTS */;
/*!40101 SET COLLATION_CONNECTION=@OLD_COLLATION_CONNECTION */;
/*!40111 SET SQL_NOTES=@OLD_SQL_NOTES */;

-- Dump completed on 2023-09-05 21:10:27
```

图 12-8　文件 course.sql 中的内容

（2）使用 mysql 命令还原 course 表到数据库 test 中。在使用 mysql 命令还原表时，为了验证恢复之后数据的正确性，先查看数据库 test 中是否存在数据表 course，如果存在，可先将其删除，如果不存在，可直接进行数据还原。

```
mysql -u root -p test<E:\course.sql
```

命令执行成功后，可查看到数据库 test 中数据表 course 已还原，用 mysql 命令还原数据表 course 如图 12-9 所示。

（3）使用 select…into outfile 语句导出 sc 表。

```
select * from school.sc into outfile"E:\scbackup.txt";
```

代码运行成功后，在 E 盘可查看到文本文件 scbackup.txt，文件 scbackup.txt 中的内容如图 12-10 所示。

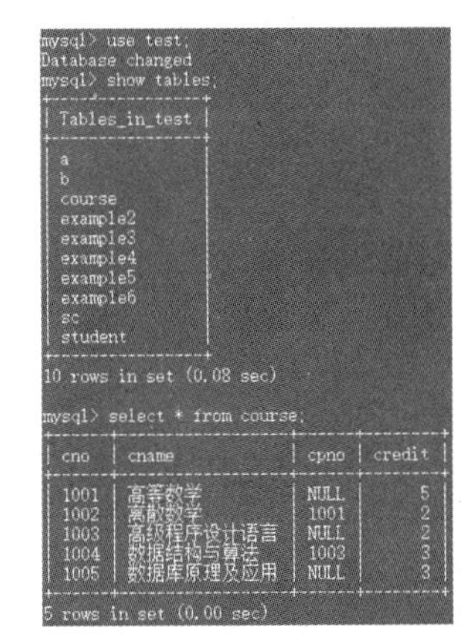

```
mysql> use test;
Database changed
mysql> show tables;
+----------------+
| Tables_in_test |
+----------------+
| a              |
| b              |
| course         |
| example2       |
| example3       |
| example4       |
| example5       |
| example6       |
| sc             |
| student        |
+----------------+
10 rows in set (0.08 sec)

mysql> select * from course;
+------+--------------------+------+--------+
| cno  | cname              | cpno | credit |
+------+--------------------+------+--------+
| 1001 | 高等数学           | NULL |      5 |
| 1002 | 离散数学           | 1001 |      2 |
| 1003 | 高级程序设计语言   | NULL |      2 |
| 1004 | 数据结构与算法     | 1003 |      3 |
| 1005 | 数据库原理及应用   | NULL |      3 |
+------+--------------------+------+--------+
5 rows in set (0.00 sec)
```

图 12-9 用 mysql 命令还原数据表 course

1001	20181860	79
1001	20200080	84
1001	20201283	70
1001	20201284	75
1001	20201285	73
1002	20200080	99
1002	20200124	99
1002	20201283	99
1002	20201284	99
1003	20201284	85
1004	20201284	50

图 12-10 文件 scbackup.txt 中的内容

（4）使用 mysqldump 命令将 sc 数据表中的记录导入 backupsc.xml 文件中。

```
mysqldump -u root -p --xml school sc > E:\backupsc.xml
```

命令执行成功后，在 E 盘可查看到文件 backupsc.xml，文件 backupsc.xml 中的内容如图 12-11 所示。

```
<?xml version="1.0"?>
<mysqldump xmlns:xsi="http://www.w3.org/2001/XMLSchema-instance">
<database name="school">
        <table_structure name="sc">
                <field Field="cno" Type="char(10)" Null="NO" Key="PRI" Default="" Extra="" Comment="" />
                <field Field="sno" Type="char(10)" Null="NO" Key="PRI" Default="" Extra="" Comment="" />
                <field Field="grade" Type="float" Null="YES" Key="" Extra="" Comment="" />
                <key Table="sc" Non_unique="0" Key_name="PRIMARY" Seq_in_index="1" Column_name="cno"
Collation="A" Cardinality="11" Null="" Index_type="BTREE" Comment="" Index_comment="" />
                <key Table="sc" Non_unique="0" Key_name="PRIMARY" Seq_in_index="2" Column_name="sno"
Collation="A" Cardinality="11" Null="" Index_type="BTREE" Comment="" Index_comment="" />
                <key Table="sc" Non_unique="1" Key_name="sno" Seq_in_index="1" Column_name="sno" Collation="A"
Cardinality="11" Null="" Index_type="BTREE" Comment="" Index_comment="" />
                <options Name="sc" Engine="InnoDB" Version="10" Row_format="Compact" Rows="11"
Avg_row_length="1489" Data_length="16384" Max_data_length="0" Index_length="16384" Data_free="6291456"
Create_time="2023-05-05 15:28:53" Collation="gb2312_chinese_ci" Create_options="" Comment="" />
        </table_structure>
        <table_data name="sc">
        <row>
                <field name="cno">1001</field>
                <field name="sno">20181860</field>
                <field name="grade">79</field>
        </row>
        <row>
                <field name="cno">1001</field>
                <field name="sno">20200080</field>
                <field name="grade">84</field>
        </row>
        <row>
                <field name="cno">1001</field>
                <field name="sno">20201283</field>
                <field name="grade">70</field>
        </row>
        <row>
                <field name="cno">1001</field>
                <field name="sno">20201284</field>
                <field name="grade">75</field>
        </row>
        <row>
                <field name="cno">1001</field>
                <field name="sno">20201285</field>
                <field name="grade">73</field>
        </row>
        <row>
                <field name="cno">1002</field>
                <field name="sno">20200080</field>
                <field name="grade">99</field>
        </row>
        <row>
                <field name="cno">1002</field>
                <field name="sno">20200124</field>
                <field name="grade">99</field>
        </row>
        <row>
                <field name="cno">1002</field>
                <field name="sno">20201283</field>
                <field name="grade">99</field>
        </row>
        <row>
                <field name="cno">1002</field>
                <field name="sno">20201284</field>
                <field name="grade">99</field>
        </row>
        <row>
                <field name="cno">1003</field>
                <field name="sno">20201284</field>
                <field name="grade">85</field>
        </row>
        <row>
                <field name="cno">1004</field>
                <field name="sno">20201284</field>
                <field name="grade">50</field>
        </row>
        </table_data>
</database>
</mysqldump>
```

图 12-11 文件 backupsc.xml 中的内容

本章小结

本章介绍了数据备份、数据还原、数据库迁移、导出表和导入表的内容。数据备份和数据还原是本章的重点内容。在实际应用中，通常使用 mysqldump 命令备份数据库，使用 mysql 命令恢复数据库。数据库迁移、导出表和导入表是本章的难点。

习　题

1. 选择题

1-1 select…into outfile 语句中用于指定字段值之间符号的选项是（　　）。

A. lines terminated by　　B. fields terminated by

C. fields enclosed by　　D. fields escaped by

1-2 下面关于 mysqldump 命令的使用，正确的是（　　）。

A. mysqldump -uroot -p12345 --databases employees test> file.sql

B. mysqldump -uroot -p12345 -databases employees test> file.sql

C. mysqldump -uroot -p12345 -database employee >file.sql

D. mysqldump -uroot -p12345 --all -databases >file.sql

1-3 MySQL 中，可以用于备份数据库的命令是（　　）。

A. mysqlimport　　B. mysqldump　　C. mysql　　D. copy

1-4 下面关于 mysqldump 命令的备份特性说法错误的是（　　）。

A. 是逻辑备份，需将表结构和数据转换成 SQL 语句

B. 备份与恢复速度比物理备份快

C. MySQL 服务必须运行

D. 支持 MySQL 所有存储引擎

1-5 下列关于 load data infile 命令和 mysqlimport 命令的说法不正确的是（　　）。

A. mysqlimport 命令支持 SQL 文件的导入

B. mysqlimport 命令本质上是 load data infile 的命令接口

C. mysqlimport 命令可以导入多个表

D. 两种方法都可以导入用 select…into outfile 语句导出的文件

2. 简答题

2-1 用 mysqldump 命令备份的文件只能在 MySQL 中使用吗？

2-2 如何选择备份数据库的方法？

第13章 日志与事务处理

MySQL 日志记录了 MySQL 数据库的日常操作和错误信息。MySQL 8.0 之前的版本有不同类型的日志文件：二进制日志、错误日志、通用查询日志和慢查询日志。MySQL 8.0 又新增了两种日志：中继日志和数据定义语句日志。分析这些日志，可以查询到 MySQL 数据库的运行情况、用户操作和错误信息等，可以为 MySQL 管理和优化提供必要的依据。对 MySQL 的管理工作而言，这些日志文件是必不可少的。

本章学习目标

（1）掌握二进制日志的用法。

（2）掌握错误日志的用法。

（3）掌握通用查询日志的用法。

（4）掌握慢查询日志的用法。

（5）掌握 MySQL 事务控制语句。

（6）了解 MySQL 事务隔离级别。

（7）了解锁机制。

13.1 日志概述

日志是 MySQL 数据库的重要组成部分。日志文件中记录着 MySQL 数据库运行期间发生的变化。当数据库遭到意外的损害时，可以通过日志文件来查询出错原因，并且可以通过日志文件进行数据恢复。

恢复技术的实现

恢复策略

MySQL 日志主要分为 6 类，使用这些日志文件可以查看 MySQL 内部发生的事情，这 6 类日志如下。

（1）二进制日志：记录所有更改数据的语句，可以用于用户数据复制。

（2）错误日志：记录 MySQL 服务启动、运行或停止时出现的问题。

（3）通用查询日志：记录建立的客户端连接和执行的语句。

（4）慢查询日志：记录执行时间超过 long_query_time 的所有查询或不适用索引的查询。

（5）中继日志：记录复制时从主服务器收到的数据改变。

（6）数据定义语句日志：记录数据定义语句执行的元数据操作。

除二进制文件外，其他日志都是文本文件。默认情况下，所有日志创建于 MySQL 数据目录中。通过刷新日志可以强制 MySQL 关闭和重新打开日志文件（或者在某些情况下切换到一个新的日志）。当执行一条 flush logs 语句或执行 mysqladmin flush-logs 和 mysqladmin refresh 命令时，将刷新日志。

默认情况下只开启错误日志，其他几类日志都需要数据库管理员进行设置。

启用日志功能会降低MySQL数据库的性能。例如，在查询非常频繁的MySQL数据库中，如果开启了通用查询日志和慢查询日志，MySQL 数据库会花费很多时间记录日志。同时，日志会占用大量的存储空间。对于用户量非常大、操作非常频繁的数据库，日志文件需要的存储空间甚至比数据库文件需要的存储空间还要大。

如果 MySQL 数据库意外停止服务，可以通过错误日志查看出现错误的原因，并且可以通过二进制日志文件来查看用户执行了哪些操作、对数据库文件做了哪些修改。然后就可以根据二进制日志中的记录来修复数据库。

13.2 二进制日志

二进制日志也叫作变更日志（Update Log），主要用于记录数据库的变化情况。通过二进制日志可以查询 MySQL 数据库中发生的改变。二进制日志以一种有效的格式，并且以事务安全的方式包含更新日志中可用的所有信息。二进制日志包含所有更新了数据或者已经潜在更新了数据的语句。该语句以“事件”的形式保存描述数据的更改情况。

二进制日志还包含关于每个更新数据库的语句的执行时间信息，它不包含没有修改任何数据的语句。如果想要记录所有语句，就使用一般查询日志功能。使用二进制日志的主要目的是最大可能恢复数据库，因为二进制日志包含备份后进行的所有更新。

13.2.1 开启二进制日志

二进制日志的操作包括开启二进制日志、查看二进制日志、使用二进制日志、停止二进制日志和删除二进制日志。

事务的基本概念

如果 MySQL 数据库意外停止，就可以通过二进制日志文件来查看用户执行的操作以及对数据库服务器文件做的修改，然后根据二进制日志文件中的记录来恢复数据库服务器。在默认情况下，MySQL 8.0 中的二进制日志是开启的，可以通过以下 SQL 语句来查询 MySQL 中的二进制日志的状态。

```
show variables like 'log_bin%';
```

二进制日志的状态如图 13-1 所示。

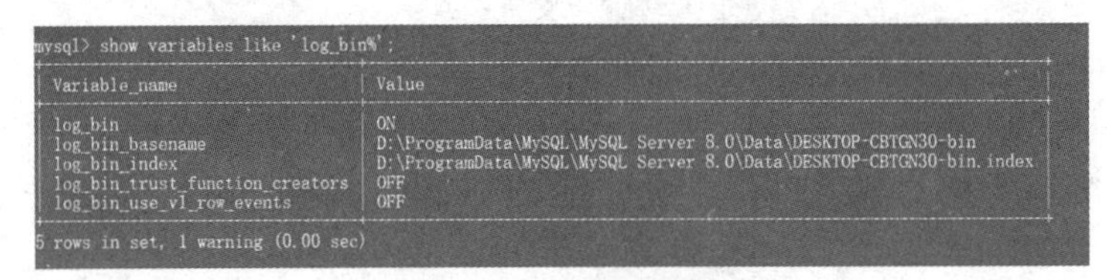

```
mysql> show variables like 'log_bin%';
+---------------------------------+-------------------------------------------------------------------+
| Variable_name                   | Value                                                             |
+---------------------------------+-------------------------------------------------------------------+
| log_bin                         | ON                                                                |
| log_bin_basename                | D:\ProgramData\MySQL\MySQL Server 8.0\Data\DESKTOP-CBTGN30-bin       |
| log_bin_index                   | D:\ProgramData\MySQL\MySQL Server 8.0\Data\DESKTOP-CBTGN30-bin.index |
| log_bin_trust_function_creators | OFF                                                               |
| log_bin_use_v1_row_events       | OFF                                                               |
+---------------------------------+-------------------------------------------------------------------+
5 rows in set, 1 warning (0.00 sec)
```

图 13-1　二进制日志的状态

从图 13-1 可以看出，MySQL 8.0 中的二进制日志默认是开启的。

如果二进制日志是关闭状态，可以通过修改 MySQL 的 my.cnf 或者 my.ini 文件开启二进制日志。以 Windows 系统为例，打开 MySQL 目录下的 my.ini 文件，首先检查配置文件中是否存在 skip-log-bin 或 disable-log-bin 配置项，如果存在，那么去掉这些配置项后重启 MySQL 服务；如果没有这些配置项，二进制日志依然处于关闭状态，可以将 log-bin 选项加入[mysqld]组中。

当命令执行成功后，可在“C:\ProgramData\MySQL\MySQL Server 8.0\Data”目录下查看到二进制日志文件和索引已经生成。

如果想改变二进制日志文件的目录和名称，可以对 my.ini 文件中的 log_bin 参数作如下修改。

```
[mysqld]
log-bin="D:\mysql\logs"
```

关闭并重启 MySQL 服务之后，新的二进制日志文件将出现在“D:\mysql\logs”文件夹下。

数据库文件最好不要与日志文件放在同一个磁盘上。这样，当数据库文件所在的磁盘发生故障时，可以使用日志文件恢复数据。

13.2.2 查看二进制日志

二进制日志存储了所有的变更信息，在 MySQL 中，二进制日志经常用到。当 MySQL 创建二进制日志文件时，首先创建一个以 filename 为名称、以.index 为扩展名的文件；再创建一个以 filename 为名称、以.000001 为扩展名的文件。MySQL 服务重新启动一次，以.000001 为扩展名的文件会增加一个，并且扩展名以 1 递增；如果二进制日志长度超过了 max_binlog_size 的上限（默认是 1GB），就会创建一个新的二进制日志文件。

使用 show binary logs 语句可以查看当前的二进制日志文件个数及文件名。MySQL 二进制日志并不能直接查看，如果要查看二进制日志内容，可以使用 mysqlbinlog 命令。

【例 13-1】查看二进制日志文件个数及文件名，命令如下。

```
show binary logs;
```

查看二进制日志文件个数及文件名如图 13-2 所示。

```
mysql> show binary logs;
+----------------------------+-----------+-----------+
| Log_name                   | File_size | Encrypted |
+----------------------------+-----------+-----------+
| DESKTOP-CBTGN30-bin.000035 |       180 | No        |
| DESKTOP-CBTGN30-bin.000036 |       180 | No        |
| DESKTOP-CBTGN30-bin.000037 |       180 | No        |
| DESKTOP-CBTGN30-bin.000038 |       180 | No        |
```

图 13-2　查看二进制日志文件个数及文件名

可以看到，当前有 4 个二进制日志文件，二进制日志文件的个数与 MySQL 服务启动的次数相同，每启动一次 MySQL 服务，将会产生一个新的二进制日志文件。

【例 13-2】使用 mysqlbinlog 命令查看二进制日志。

```
mysqlbinlog
"C:\ProgramData\MySQL\MySQL Server 8.0\DESKTOP-CBTGN30-BIN.000032"
```

如果在查看二进制日志时报错，提示无法识别 default-character-set，原因是 mysqlbinlog 工具无法识别 binlog 中配置的 default-character-set=utf8 指令。有两种方法可以解决这个问题：第一种方法是在 my.ini 文件中将 default-character-set=utf8 修改为 character-set-server=utf8，这需要重启 MySQL 服务，实际应用时代价比较大；第二种方法是用 mysqlbinlog--no-defaults 命令打开二进制日志。

```
mysqlbinlog --no-defaults
"C:\ProgramData\MySQL\MySQL Server 8.0\DESKTOP-CBTGN30-BIN.000032"
```

13.2.3 使用二进制日志恢复数据库

如果 MySQL 服务开启了二进制日志，在数据库意外丢失数据时，可以使用 mysqlbinlog 工具从指定的时间点开始（例如最后一次备份）直到现在或另一个指定的时间点的日志中恢复数据。

要从二进制日志恢复数据库，需要知道当前二进制日志文件的路径和文件名。一般可以从配置文件（macOS 和 Linux 系统对应的是 my.cnf 文件，Windows 系统对应的是 my.ini 文件）中找到路径。用 mysqlbinlog 命令恢复数据库的基本语法格式如下。

```
mysqlbinlog [option] 日志名|mysql -u用户名 -p[密码];
```

option 是可选参数，常用的 option 选项有如下几种。

--start-date、--stop-date：可以指定恢复数据库的起始时间点和结束时间点。

--start-position、--stop-position：可以指定恢复数据库的开始位置和结束位置。

该命令实质是读取日志文件中的内容，然后使用 mysql 命令将这些内容恢复到数据库中。

使用 mysqlbinlog 命令进行恢复操作时，必须是编号小的先恢复，例如 rlog.000001 必须在 rlog.000002 之前恢复。

【例 13-3】使用 mysqlbinlog 命令恢复 MySQL 数据库。

```
mysqlbinlog  /usr/local/mysql/data/DESKTOP-CBTGN30-BIN.000001|mysql -uroot -p;
mysqlbinlog  /usr/local/mysql/data/DESKTOP-CBTGN30-BIN.000002|mysql -uroot -p;
mysqlbinlog  /usr/local/mysql/data/DESKTOP-CBTGN30-BIN.000003|mysql -uroot -p;
mysqlbinlog  /usr/local/mysql/data/DESKTOP-CBTGN30-BIN.000004|mysql -uroot -p;
```

【例 13-4】使用 mysqlbinlog 命令恢复 MySQL 数据库到 2023 年 7 月 10 日 21:29:31 以前的状态。

```
mysqlbinlog  --stop-date="2023-07-10
21:29:31"/usr/local/mysql/data/DESKTOP-CBTGN30-BIN.000003|mysql    -uroot -p;
```

上述命令执行成功后，MySQL 数据库会根据 DESKTOP-CBTGN30-BIN.000003 二进制日志文件恢复至 2023 年 7 月 10 日 21:29:31 以前的状态。

13.2.4 停止二进制日志

在配置文件中设置 log-bin 选项以后，MySQL 服务将会一直开启二进制日志功能。删除该选项就可以停止二进制日志功能。如果需要再次开启二进制日志，就需要重新添加 log-bin 选项。在 MySQL 中停止二进制日志功能的语句是 set 语句，如果用户不希望自己执行的某些 SQL 语句记录在二进制日志中，就可以使用 set 语句来停止二进制日志功能。set 语句格式如下。

```
set sql log bin={0|1}
```

执行如下语句将停止记录二进制日志。

```
set sql log bin=0;
```

执行如下语句将恢复记录二进制日志。

```
set sol log bin=1;
```

13.2.5 删除二进制日志

MySQL 的二进制日志可以配置自动删除。同时，MySQL 也支持手动删除二进制日志，手动删除二进制日志有两个方法：使用 purge master logs 语句删除部分二进制日志文件，使用 reset master 语句删除所有的二进制日志文件。

1．使用 purge master logs 语句删除指定二进制日志文件

purge master logs 语句的基本语法格式如下。

```
purge {master | binary} logs to 'log_name'
purge {master | binary} logs before 'date'
```

【例 13-5】在 MySQL 中，使用 purge master logs 语句删除创建时间比 binlog.000061 早的所有二进制日志文件。

首先可以使用 show 语句显示二进制日志文件列表，代码如下。

```
show binary logs;
```

二进制日志文件列表如图 13-3 所示。

然后执行 purge master logs 语句删除创建时间比 DESKTOP-CBTGN30-bin.000061 早的所有二进制日志文件，代码如下。

```
purge master logs TO 'DESKTOP-CBTGN30-bin.000061';
```

删除创建时间比 binlog.000061 早的二进制日志文件如图 13-4 所示。

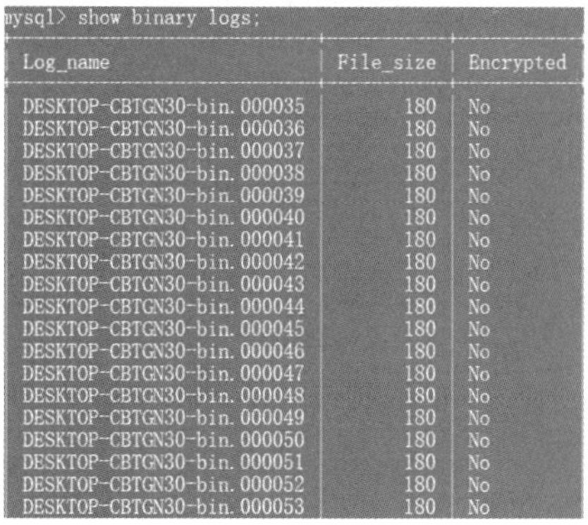

```
mysql> show binary logs;
| Log_name                   | File_size | Encrypted |
| DESKTOP-CBTGN30-bin.000035 |       180 | No        |
| DESKTOP-CBTGN30-bin.000036 |       180 | No        |
| DESKTOP-CBTGN30-bin.000037 |       180 | No        |
| DESKTOP-CBTGN30-bin.000038 |       180 | No        |
| DESKTOP-CBTGN30-bin.000039 |       180 | No        |
| DESKTOP-CBTGN30-bin.000040 |       180 | No        |
| DESKTOP-CBTGN30-bin.000041 |       180 | No        |
| DESKTOP-CBTGN30-bin.000042 |       180 | No        |
| DESKTOP-CBTGN30-bin.000043 |       180 | No        |
| DESKTOP-CBTGN30-bin.000044 |       180 | No        |
| DESKTOP-CBTGN30-bin.000045 |       180 | No        |
| DESKTOP-CBTGN30-bin.000046 |       180 | No        |
| DESKTOP-CBTGN30-bin.000047 |       180 | No        |
| DESKTOP-CBTGN30-bin.000048 |       180 | No        |
| DESKTOP-CBTGN30-bin.000049 |       180 | No        |
| DESKTOP-CBTGN30-bin.000050 |       180 | No        |
| DESKTOP-CBTGN30-bin.000051 |       180 | No        |
| DESKTOP-CBTGN30-bin.000052 |       180 | No        |
| DESKTOP-CBTGN30-bin.000053 |       180 | No        |
```

图 13-3 二进制日志文件列表

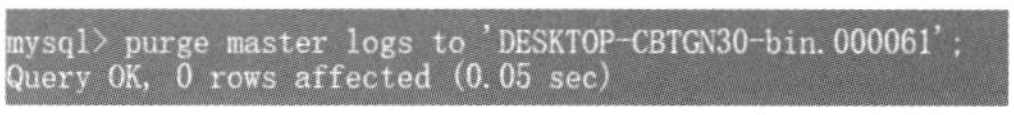

```
mysql> purge master logs to 'DESKTOP-CBTGN30-bin.000061';
Query OK, 0 rows affected (0.05 sec)
```

图 13-4 删除创建时间比 binlog.000061 早的二进制日志文件

最后显示二进制日志文件列表，代码如下。

```
show binary logs;
```

在 DESKTOP-CBTGN30-bin.000061 之前创建的二进制日志文件已删除如图 13-5 所示。

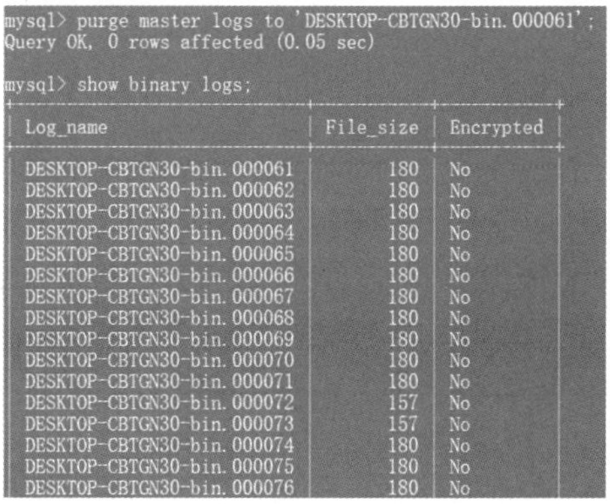

```
mysql> purge master logs to 'DESKTOP-CBTGN30-bin.000061';
Query OK, 0 rows affected (0.05 sec)

mysql> show binary logs;
| Log_name                   | File_size | Encrypted |
| DESKTOP-CBTGN30-bin.000061 |       180 | No        |
| DESKTOP-CBTGN30-bin.000062 |       180 | No        |
| DESKTOP-CBTGN30-bin.000063 |       180 | No        |
| DESKTOP-CBTGN30-bin.000064 |       180 | No        |
| DESKTOP-CBTGN30-bin.000065 |       180 | No        |
| DESKTOP-CBTGN30-bin.000066 |       180 | No        |
| DESKTOP-CBTGN30-bin.000067 |       180 | No        |
| DESKTOP-CBTGN30-bin.000068 |       180 | No        |
| DESKTOP-CBTGN30-bin.000069 |       180 | No        |
| DESKTOP-CBTGN30-bin.000070 |       180 | No        |
| DESKTOP-CBTGN30-bin.000071 |       180 | No        |
| DESKTOP-CBTGN30-bin.000072 |       157 | No        |
| DESKTOP-CBTGN30-bin.000073 |       157 | No        |
| DESKTOP-CBTGN30-bin.000074 |       180 | No        |
| DESKTOP-CBTGN30-bin.000075 |       180 | No        |
| DESKTOP-CBTGN30-bin.000076 |       180 | No        |
```

图 13-5 在 DESKTOP-CBTGN30-bin.000061 之前创建的二进制日志文件已删除

从图 13-5 的执行结果来看，比 DESKTOP-CBTGN30-bin.000061 早的所有二进制日志文件都已经被删除了。

【例 13-6】在 MySQL 数据库管理系统中，使用 purge master logs 语句删除 2022 年 7 月 10 日前创建的所有二进制日志文件。

```
purge master logs before '20190711';
```

2．使用 reset master 语句删除所有二进制日志文件

执行该命令后，所有二进制日志文件将被删除，MySQL 将会重建二进制日志文件，新的二进制日志文件的扩展名从.000001 开始。

【例 13-7】在 MySQL 中，使用 reset master 语句删除所有二进制日志文件。

```
reset master;
show binary logs;
```

代码运行成功后，删除所有二进制日志文件的结果如图 13-6 所示。删除完毕后，再查看二进制日志文件列表，原有的二进制日志文件全部删除，MySQL 的二进制日志文件从 000001 开始重新编号，MySQL 二进制日志文件重新编号如图 13-7 所示。

```
mysql> reset master;
Query OK, 0 rows affected (0.08 sec)
```

图 13-6　删除所有二进制日志文件的结果

```
mysql> show binary logs;
+--------------------------+-----------+-----------+
| Log_name                 | File_size | Encrypted |
+--------------------------+-----------+-----------+
| DESKTOP-CBTGN30-bin.000001 |     157 | No        |
+--------------------------+-----------+-----------+
1 row in set (0.00 sec)
```

图 13-7　MySQL 二进制日志文件重新编号

13.3 错误日志

错误日志是 MySQL 数据库中常见的一种日志。错误日志主要用来记录 MySQL 服务的开启、关闭和错误信息。

13.3.1 开启错误日志

在 MySQL 数据库中，错误日志功能默认是开启的。而且，错误日志无法被禁止。默认情况下，错误日志存储在 MySQL 数据库的数据文件夹下。错误日志文件的名称默认为 hostname.err。其中，hostname 表示 MySQL 服务器的主机名。

13.3.2 查看错误日志

错误日志中记录着开启和关闭 MySQL 服务的时间，以及服务运行过程中出现哪些异常等信息，通过错误日志可以查看系统的运行状态，便于及时发现故障、修复故障。如果 MySQL 服务出现异常，就可以到错误日志中查找原因。MySQL 错误日志是以文本文件形式存储的，可以使用文本编辑器直接查看 MySQL 错误日志。Windows 操作系统中使用文本文件查看器查看，Linux 系统中可以使用 vi 工具或者 gedit 工具查看，macOS 中可以使用文本文件查看器或者 vi 等工具查看。

查看错误日志文件可以采用 show variables 语句，基本语法格式如下。

```
show variables like 'log_err%';
```

【例 13-8】查看 MySQL 错误日志。

```
show variables like 'log_err%';
```

查看错误的日志如图 13-8 所示。

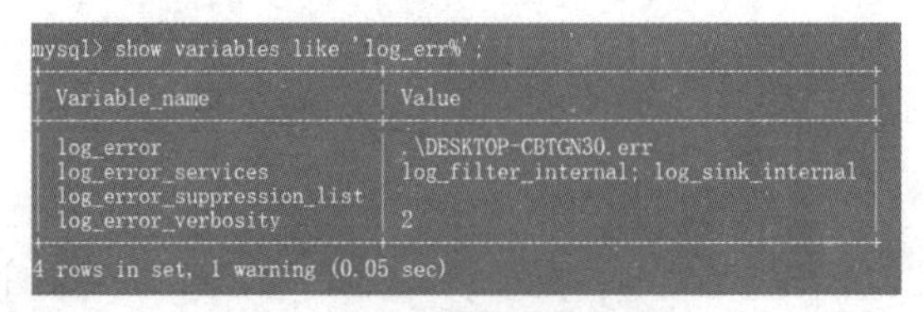

```
mysql> show variables like 'log_err%';
+----------------------------+----------------------------------------+
| Variable_name              | Value                                  |
+----------------------------+----------------------------------------+
| log_error                  | .\DESKTOP-CBTGN30.err                  |
| log_error_services         | log_filter_internal; log_sink_internal |
| log_error_suppression_list |                                        |
| log_error_verbosity        | 2                                      |
+----------------------------+----------------------------------------+
4 rows in set, 1 warning (0.05 sec)
```

图 13-8　查看错误日志

13.3.3 删除错误日志

错误日志以文本文件的格式存储在文件系统中，为了保证 MySQL 服务器上的存储空间，数据库管理员可直接删除存储时间较久的错误日志。

对于 MySQL 5.5.7 以前的版本，flush-logs 命令可以将错误日志文件重命名为 filename.err_old，并创建新的错误日志文件。但是从 MySQL 5.5.7 开始，flush-logs 命令只重新打开错误日志文件，并不进行错误日志备份和创建的操作。如果错误日志文件不存在，MySQL 启动或者执行 flush-logs 命令时会创建新的错误日志文件。

在运行状态下删除错误日志文件后，MySQL 并不会自动创建错误日志文件。flush-logs 在重新加载错误日志的时候，如果文件不存在，就会自动创建。所以在删除错误日志之后，如果需要重建错误日志文件，就需要在服务器端执行以下命令。

```
mysqladmin -u root -p[password] flush-logs
```

或者在客户端登录 MySQL 数据库，执行 flush logs 语句，代码如下。

```
flush logs;
```

13.4 通用查询日志

通用查询日志用来记录用户的所有操作，包括启动和关闭 MySQL 服务、执行更新语句和查询语句等。

13.4.1 开启通用查询日志

MySQL 服务默认情况下并没有开启通用查询日志。如果需要开启通用查询日志，可以通过修改 my.cnf 或者 my.ini 配置文件来开启，在[mysqld]组下加入 log 选项，形式如下。

```
[mysqld]
general_log=ON
[general_log_file=[path[filename]]]
```

general_log_file 为可选参数，用来指定通用查询日志的目录和文件名，path 参数表示日志文件所在的目录路径，filename 参数表示日志文件名。如果不指定目录和文件名，通用查询日志将默认存储在 MySQL 数据目录的 hostname.log 文件中。hostname 是 MySQL 数据库的主机名。

重启 MySQL 服务，MySQL 的 Data 目录下生成了新的通用查询日志，新生成的通用查询日志文件如图 13-9 所示。

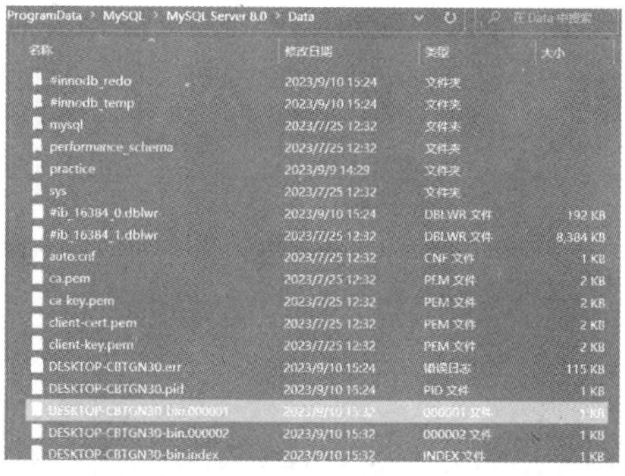

图 13-9　新生成的通用查询日志文件

在 MySQL 5.0 中，如果要开启通用查询日志和慢查询日志，就需要重启 MySQL 服务。从 MySQL 5.1.6 开始，通用查询日志和慢查询日志开始支持写到文件或者数据库表两种方式，并且通用查询日志的开启和输出方式都可以在 GLOBAL 级别动态修改。具体操作如下。

```
set global general_log=ON;
set global general_log=OFF;
set global general_log_file='path/filename';
```

通过命令行方式关闭已开启的通用查询日志，代码如下。

```
set global general_log=OFF;
show variables like 'general_log%';
```

关闭通用查询日志和查看通用查询日志状态分别如图 13-10 和图 13-11 所示。

```
mysql> set global general_log=OFF;
Query OK, 0 rows affected (0.00 sec)
```

图 13-10　关闭通用查询日志

```
mysql> show variables like 'general_log%';
+------------------+---------------------+
| Variable_name    | Value               |
+------------------+---------------------+
| general_log      | OFF                 |
| general_log_file | DESKTOP-CBTGN30.log |
+------------------+---------------------+
2 rows in set, 1 warning (0.00 sec)
```

图 13-11　查看通用查询日志状态

13.4.2　查看通用查询日志

通用查询日志记录了用户的所有操作。通过查看通用查询日志可以了解用户对 MySQL 进行的操作。通用查询日志是以文本文件的形式存储在文件系统中的，可以使用文本编辑器直接打开进行查看。

【例 13-9】 查看 MySQL 通用查询日志。

首先开启通用查询日志，代码如下。

```
set global general_log=ON;
```

然后查看通用查询日志信息，代码如下。

```
show variables like 'general_log%';
```

通用查询日志信息如图 13-12 所示。

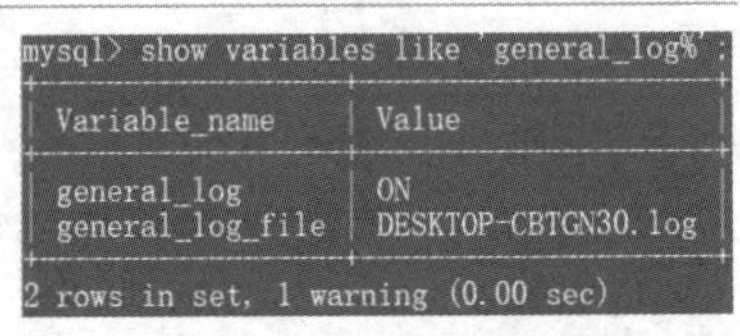

图 13-12　通用查询日志信息

通过例 13-9 结果可以看到通用查询日志为 DESKTOP-CBTGN30.log，用文本编辑器打开它，可以查看 MySQL 启动信息、用户 root 连接服务器和执行查询操作的记录。每台 MySQL 服务器的通用查询日志内容是不同的。

13.4.3　停止通用查询日志

停止通用查询日志有两种方法：一种是修改 my.cnf 或者 my.ini 文件，把[mysqld]组下的 general_log 设置为 OFF 或者 0，修改保存后，再重启 MySQL 服务，即可生效；另一种是使用 set 语句来设置。

【例 13-10】 修改 my.cnf 或者 my.ini 文件停止通用查询日志。

修改 my.cnf 或者 my.ini 文件，把[mysqld]组下的 general_log 设置为 OFF 并保存，操作如下。

```
[mysqld]
general_log=OFF
```

或者，把 general_log 一项注释掉，操作如下。

```
[mysqld]
#general_log=OFF
```

或者，把 general_log 一项删除。

【例 13-11】 使用 set 语句停止通用查询日志。

```
set global general_log=OFF;
```

13.4.4　删除通用查询日志

通用查询日志会记录用户的所有操作。如果数据使用非常频繁，通用查询日志会占用服务器非常大的存储空间。数据库管理员可以删除很长时间之前的查询日志，以保证 MySQL 服务器上的存储空间。

1．手动删除通用查询日志

通用查询日志文件在存储器中以文本文件的形式存储，所以可以查看通用查询日志的文件目录，在文件夹下手动删除通用查询日志文件。通常通用查询日志的目录默认为 MySQL 数据目录。

2．使用 mysqladmin 命令直接删除通用查询日志

使用 mysqladmin 命令之后，会开启新的通用查询日志，新的通用查询日志会直接覆盖旧的通用查询日志，不需要再手动删除。mysqladmin 命令的基本语法格式如下。

```
mysqladmin -uroot -p[密码] flush-logs
```

如果希望备份旧的通用查询日志，就必须先将旧的通用查询日志文件复制出来或者改名，再执行上面的 mysqladmin 命令。

13.5 慢查询日志

慢查询日志用来记录执行时间超过指定时间的查询语句。通过慢查询日志可以查找出哪些查询语句执行时间较长、执行效率较低，以便进行优化。

13.5.1 开启慢查询日志

在 MySQL 数据库中，慢查询日志默认是关闭的。开启 MySQL 慢查询日志有两种方法：一种是通过修改 my.cnf 或者 my.ini 文件再重启 MySQL 服务开启慢查询日志；另一种是通过 set 语句设置慢查询日志开关来开启慢查询日志。

1．修改配置文件开启慢查询日志

通过修改 my.cnf 或者 my.ini 文件，在里面设置选项，再重启 MySQL 服务，可以开启慢查询日志。在[mysqld]组下设置 long_query_time、slow_query_log 和 slow_query_log_file 的值，具体形式如下。

```
[mysqld]
long_query_time=n
slow_query_log=ON
[slow_query_log_file=[目录[文件名]]]
```

上述代码中，long_query_time 参数用于设定慢查询的临界值，超出该临界值的 SQL 语句即被记录到慢查询日志，默认值为 10 秒；slow_query_log 是开启慢查询日志的参数；slow_query_log_ file 参数表示慢查询日志的目录和文件名信息，其中“目录”参数指定慢查询日志的存储路径，“文件名”参数指定慢查询日志的文件名。如果不指定存储路径，慢查询日志将默认存储到 MySQL 数据库的数据文件夹下。如果不指定文件名，默认文件名为 hostname-slow.log。

【例 13-12】在 my.cnf 中修改配置文件来开启慢查询日志。

首先修改 my.cnf 文件，参数设置如下。

```
[mysqld]
long_query_time=2
slow_query_log=ON
```

然后重启 MySQL 服务，使用 show 语句查看慢查询日志信息，代码如下。

```
show variables like'%slow%';
show variables like'%long_query_time%';
```

上述操作执行成功后，设置后的慢查询日志信息如图 13-13 所示。

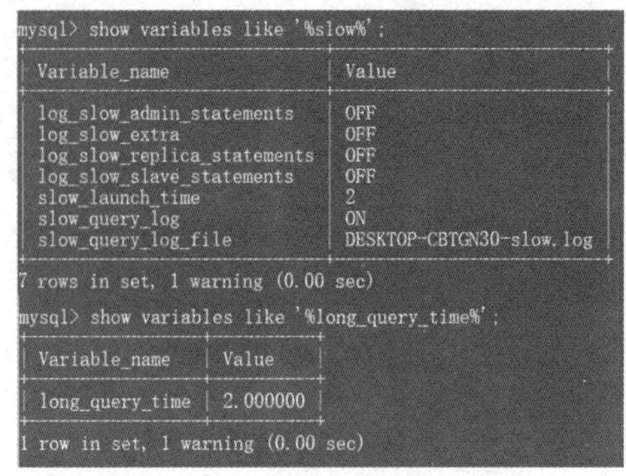

图 13-13　设置后的慢查询日志信息

从图 13-13 可以看出，慢查询日志已经开启且超时时长设置为 2 秒。

2．通过 set 语句开启慢查询日志

除了修改配置文件外，MySQL 5.7 及以上版本也支持通过 set 语句修改慢查询日志相关的全局变量来开启慢查询日志。

【例 13-13】采用 set 语句修改配置文件来开启慢查询日志。

```
set global slow_query_log=ON;
set global long_query_time=2;
set session long_query_time=2;
```

13.5.2 查看慢查询日志

MySQL 的慢查询日志是以文本文件形式存储的，可以直接使用文本编辑器查看。慢查询日志中记录着执行时间较长的查询语句，用户可以从慢查询日志中获取执行效率较低的查询语句，为优化查询提供重要的依据。

【例 13-14】查看 MySQL 慢查询日志内容。

查看慢查询日志所在目录，代码如下。

```
show variables like '%slow_query_log_file%';
```

查看慢查询日志要求的查询超时时长，代码如下。

```
show variables like '%long_query_time%';
```

13.5.3 停止慢查询日志

停止慢查询日志有两种方法：一种是修改 my.cnf 或者 my.ini 文件，把[mysqld]组下的 slow_query_log 设置为 OFF 或者 0，保存修改后，再重启 MySQL 服务，即可生效；另一种是使用 set 语句来设置。

【例 13-15】修改 my.cnf 或者 my.ini 文件停止慢查询日志。

```
[mysqld]
slow_query_log=OFF
```

或者，把 slow_query_log 一项注释掉，修改如下。

```
[mysqld]
#slow_query_log=OFF
```

或者，把 slow_query_log 一项删除。

然后重启 MySQL 服务，执行如下语句查询慢查询日志信息。

```
show variables like '%slow%';
show vartables like '%long_query_time%';
```

【例 13-16】使用 set 语句停止慢查询日志。

```
set global slow_query_log=OFF;
```

然后重启 MySQL 服务，使用 show 语句查询慢查询日志信息，代码如下。

```
show variables like '%slow%';
show variables like '%long_query_time%';
```

13.5.4 删除慢查询日志

慢查询日志和通用查询日志的删除方法是一样的，可以采用手动删除和 set 语句删除两种方式。

1．手动删除慢查询日志

慢查询日志文件在存储器中以文本文件的形式存储，所以可以查看慢查询日志的文件目录，在文件夹下手动删除慢查询日志文件。通常慢查询日志的目录默认为 MySQL 数据目录。

2．使用 mysqladmin 命令直接删除慢查询日志

使用 mysqladmin 命令之后，会开启新的慢查询日志，新的慢查询日志会直接覆盖旧的慢查询日志，不需要再手动删除。mysqladmin 命令的基本语法格式如下。

```
mysqladmin -uroot -p[密码] flush-logs
```

如果希望备份旧的慢查询日志，就必须先将旧的慢查询日志文件复制出来或者改名，再执行上面的 mysqladmin 命令。

通用查询日志和慢查询日志都是使用 mysqladmin flush-logs 命令来删除的。使用时一定要注意，一旦执行了这个命令，新的通用查询日志和慢查询日志都将只保存在新的日志文件中；如果需要旧的通用查询日志或慢查询日志，就必须事先备份。

13.6 事务和锁

当多个用户访问同一份数据时，一个用户在更改数据的过程中可能有其他用户同时发起更改请求，为保证数据的更新从一种一致性状态变更为另一种一致性状态，引入了事务的概念。MySQL 提供了多种存储引擎支持事务，支持事务的存储引擎有 InnoDB。InnoDB 存储引擎支持事务主要通过 UNDO 日志和 REDO 日志实现，MyISAM 和 MEMORY 存储引擎则不支持事务。

13.6.1 事务

事务具有以下 4 个特性（ACID）。

（1）原子性（Atomicity）：事务中所有的操作视为一个原子单元，即对事务所进行的数据修改等操作只能是完全提交或者完全回滚。

（2）一致性（Consistency）：事务在完成时，必须使所有的数据从一种一致性状态变更为另一种一致性状态，所有的变更都必须应用于事务的修改，以确保数据的完整性。

（3）隔离性（Isolation）：一个事务中的操作语句所做的修改必须与其他事务所做的修改隔离。在查看事务数据时，数据所处的状态要么是被另一并发事务修改之前的状态，要么是被另一并发事务修改之后的状态，即当前事务不会查看另一个并发事务正修改的数据。这种特性通过锁机制实现。

（4）持久性（Durability）：事务完成之后，所做的修改对数据的影响是永久的，即使系统重启或者出现系统故障，数据仍可恢复。

MySQL 中提供了多种事务型存储引擎，如 InnoDB，InnoDB 支持 ACID 事务、行级锁和高并发。为了支持事务，InnoDB 存储引擎引入了与事务相关的 REDO 日志和 UNDO 日志，同时事务依赖于 MySQL 提供的锁机制。

1．REDO 日志

事务执行时，需要将执行的事务日志写入日志文件里，对应的文件为 REDO 日志。当每条 SQL 语句进行数据更新操作时，首先将 REDO 日志写进日志缓冲区。当客户端执行 commit 命令提交时，日志缓冲区的内容将被刷新到磁盘，日志缓冲区的刷新方式或者时间间隔可以通过参数 innodb_flush_log_at_trx commit 控制。

REDO 日志对应磁盘上的 ib_logifleN 文件，该文件默认为 5MB，建议设置为 512MB 以便容纳较大的事务。在 MySQL 崩溃恢复时会重新执行 REDO 日志中的记录。

2．UNDO 日志

与 REDO 日志相反，UNDO 日志主要用于事务异常时的数据回滚，具体内容就是复制事务执行前的数据库内容到 UNDO 缓冲区，然后在合适的时间将内容刷新到磁盘。

与 REDO 日志不同的是，磁盘上不存在单独的 UNDO 日志文件，所有的 UNDO 日志均存放在表空间对应的.ibd 数据文件中，即使 MySQL 服务启动了独立表空间，依然如此。UNDO 日志又被称为回滚段。

13.6.2 MySQL 事务控制语句

MySQL 中可以使用 begin 语句开始事务，使用 commit 语句结束事务，中间可以使用 rollback 语句回滚事务。MySQL 通过 set autocommit、start transaction、commit 和 rollback 等语句支持本地事务。

一个应用程序的第一条 SQL 语句或者 commit 或 rollback 语句后的第一条 SQL 语句执行后，一个新的事务就开始了。可以使用 start transaction 或者 begin work 语句声明一个事务。

commit 语句用于结束一个事务，它是提交语句，使得自事务开始以来所执行的所有数据修改成为数据库的永久部分，也标志着一个事务结束。其基本语法格式如下。

```
commit [work] [and [no] chain] [ [no] release]
```

上述代码中，and chain 子句会在当前事务结束时立刻启动一个新事务，并且新事务与刚结束的事务有相同的隔离级别。release 子句在终止了当前事务后，会让服务器断开与当前客户端的连接，如果包含 no 关键字，可以抑制 chain 或 release 语句。

rollback 语句是撤销语句，该语句可撤销事务所做的修改，并结束当前事务。其基本语法格式如下。

```
rollback [work] [and [no] chain] [[no] release]
```

当执行 ROLLBACK 语句后，之前的数据操作将被撤销。

当一个会话开始时，系统变量 autocommit 值为 1，即自动提交功能是打开的，用户每执行一条 SQL 语句，该语句对数据库的修改就立即被提交成为持久性修改保存到磁盘上，一个事务也就结束了。因此，用户必须关闭自动提交功能，才能将多条 SQL 语句组成事务，其基本语法格式如下。

```
set autocommit={0|1}
```

在默认设置下，MySQL中的事务是默认提交的。如需对某些语句进行事务控制，则使用start transaction语句或者begin语句开始一个事务比较方便，这样事务结束之后可以自动回到自动提交的方式。

【例13-17】使用自动提交的应用。向数据库test中的数据表example2插入数据。

```
set @@autocommit=1;
insert into example2 values(1,001,'计算机');
```

以上代码成功运行后，使用数据库管理工具Navicat打开数据表example2，可以看到增加的“(1,001,'计算机')”记录，如果要删除这条记录，可以使用delete语句，代码如下。

```
delete from example2 where id1=1 and id2=001;
```

【例13-18】不使用自动提交的应用。向数据库test中的数据表example2插入数据。

```
set @@autocommit=0;
insert into example2 values(2,002, '软件工程');
```

以上代码成功运行后，使用数据库管理工具Navicat打开数据表example2，看不到增加的“(2,002,'软件工程')”记录，因为这个插入操作没有持久化，原因就是自动提交已经关闭。用户可以用rollback语句撤销这个插入操作，或者使用commit语句将这个插入操作持久化。

自动提交操作在使用过程中不要使用select语句查询记录，因为select语句不能反映此时表保存记录的情况。

【例13-19】将例13-18中的事务提交。

```
set @@autocommit=0;
commit;
```

以上代码成功运行后，使用数据库管理工具Navicat打开数据表example2，可以看到增加的“(2,002,'软件工程')”记录。

【例13-20】撤销事务的应用。将数据表example2中的记录“(2,002,'软件工程')”在不使用自动提交的情况下删除，然后将这个事务撤销。

```
set @@autocommit=0;
delete from example2 where id1=2 and id2=002;
rollback work;
```

以上代码成功运行后，DELETE操作将被撤销，“(2,002,'软件工程')”记录仍在数据表example2中。

13.6.3 MySQL事务隔离级别

事务型RDBMS的一个最重要的属性就是它可以“隔离”服务器上正在处理的不同的会话。在单用户的环境中，这个属性的作用不是很明显，因为在任意时刻只有一个会话处于活动状态。但是在多用户环境中，许多会话在任意给定时刻都是活动的，隔离事务才能互不影响，否则在同一个事务中不同查询的相同项可能检索到不同的结果，因为在这期间，该相同项可能已经被其他事务所修改。

数据库的并发控制概述

1. 事务隔离级别说明

只有支持事务的存储引擎才可以定义一个隔离级别。定义隔离级别可以使用set语句，其基本语法格式如下。

```
set [global|session] transaction isolation level
  serializable                   //序列化
  | repeatable read              //可重复读
```

```
| read committed              //提交读
| read uncommitted            //未提交读
```

上述代码中，如果指定 global，那么定义的隔离级别将适用于所有的 MySQL 用户，如果指定 session，则隔离级别只适用于当前运行的会话和连接。

基于 ANSI/ISO SQL 规范，MySQL 提供了 4 种隔离级别：序列化、可重复读、提交读和未提交读。

（1）序列化（Serializable）

对于同一个数据，同一个时间段内只能有一个会话访问，这样可以避免幻读问题。也就是说，对于同一（行）记录，“写”会加“写锁”，“读”会加“读锁”。当出现读写锁冲突的时候，后访问的事务必须等前一个事务执行完成才能执行。如果隔离级别为序列化，用户之间通过一个接一个的顺序执行当前的事务，提供了事务之间最大限度的隔离。

（2）可重复读（Repeatable Read）

当前执行的事务的变化不能看到，也就是说，如果用户在同一个事务中执行同一条 select 语句数次，结果总是相同的。虽然在事务提交确认前，事务对表的修改看不到，但 select 语句可以查询到它的变化。对于 select 语句，通过 MVCC 实现可解决脏读、幻读问题；对于数据库操纵语言（Data Manipulation Language，DML），通过范围锁实现可解决幻读问题。

（3）提交读（Read Committed）

不仅处于这一级的事务可以看到其他事务添加的新记录，而且其他事务对现存记录做出的修改一旦被提交，也可以看到，这意味着在事务处理期间，如果其他事务修改了相应的表，那么同一个事务的多条 select 语句可能返回不同的结果（幻读）。

（4）未提交读（Read Uncommitted）

它提供了事务之间最小限度的隔离。除了容易产生虚幻的读操作和不能重复的读操作，处于这个隔离级别的事务可以读到其他事务还没有提交的数据（脏读），如果这个事务使用其他事务未提交的变化作为计算的基础，然后那些未提交的变化被它们的父事务撤销，就会导致大量的数据变化。

2．事务隔离级别的查询和设置

MySQL 8.0 默认为可重复读隔离级别，其系统变量 transaction_isolation 中存储了事务的隔离级别，可以使用 select 语句获得当前隔离级别的值，代码如下。

```
select @@transaction_isolation as 当前事务隔离级别;
```

默认情况下，这个系统变量的值是基于每个会话设置的，但是可以通过向 set 语句添 global 关键字修改该系统变量的值。

当用户从无保护的可重复读隔离级别转移到更安全的序列化隔离级别时，RDBMS 的性能也会受到影响。因为用户要求系统提供的数据完整性越强，系统就越需要做更多的工作，运行的速度也就越慢，故需要在隔离性需求与性能之间进行协调。

MySQL 默认的可重复读隔离级别适用于大多数应用程序，只有在应用程序有具体的更高或更低隔离级别的要求时才需要改动。

13.6.4 全局锁

全局锁就是对整个数据库实例加锁，一般用于整个数据库的逻辑备份。全局锁让整个数据库（所有表）处于只读状态，使用这个命令后，数据库表的增删改、表结构的更改、更新事务的提交都会被阻塞，但查询是允许的。

全局锁会让数据库处于可读的状态，工作效率低，如果此时在主数据库上备份，那么在备份期间都不能执行更新，业务基本上就得停摆；如果在从数据库上备份，那么备份期间从数据库不能执行主数据库同步过来的 binlog，会导致延迟。MySQL 中加全局锁的命令如下。

```
flush table with read lock;
```

当需要让整个数据库处于只读状态的时候，就可以使用这个命令，之后所有线程的更新操作都会被阻塞。

还有一种方式可以实现使整个数据库只读，代码如下。

```
set global readonly=true;
```

但执行 flush 命令之后，由于客户端异常断开，MySQL 会自动释放这个全局锁，整个数据库可以回到正常更新的状态。执行 set global readonly 命令，数据库还是一直会保持只读状态，导致整个数据库长时间处于不可写状态，风险较高。

13.6.5 表锁

在修改表的时候，一般都会给表加上表锁（这种方式称为封锁），可以避免一些不同步情况的出现。表锁分为两种，一种是读锁（也称为共享锁或 S 锁），另一种是写锁（也称为独占锁、排他锁或 X 锁）。

数据库的并发控制
封锁

1．读锁、写锁的作用

加读锁（共享锁）的作用如下。

（1）加读锁的这个进程可以读加读锁的表，但是不能读其他的表。

（2）加读锁的这个进程不能更新加读锁的表。

（3）其他进程可以读加读锁的表（因为是共享锁），也可以读其他表。

（4）其他进程更新加读锁的表会一直处于等待的状态，直到解锁后才会更新成功。

加写锁（独占锁）的作用如下。

（1）加写锁进程可以对加写锁的表做任何操作。

（2）其他进程不能查询加写锁的表，必须等待解锁。

2．表锁语句

MySQL 中当要对数据表做结构变更的操作时，自动加写锁。当需要表显示加锁时，可使用下列语句。

（1）表加锁

```
lock tables 表名 read/write;
```

表加锁不仅会限制其他线程的读写，也会限制本线程接下来的操作。在客户端断开的时候自动解锁。

（2）解锁所有表

```
unlock tables;
```

（3）查看加锁的表

```
show open tables;
```

（4）分析加锁的表信息

```
show status like'table%';
```

分析加锁的表信息如图 13-14 所示。

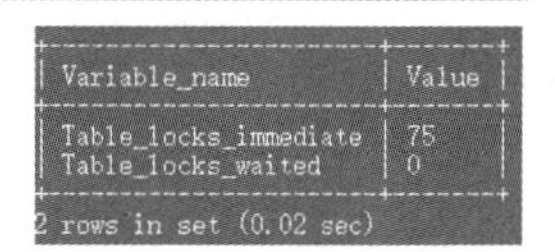

Variable_name	Value
Table_locks_immediate	75
Table_locks_waited	0

2 rows in set (0.02 sec)

图 13-14　分析加锁的表信息

Table_locks_immediate：产生表锁的次数。

Table_locks_waited：出现表锁争用而发生等待的次数（不能立即获取锁的次数，每等待一次锁值加 1），此值高则说明存在较严重的表锁争用情况。

【例 13-21】表锁的应用。为数据表 example2 分别添加读锁和写锁。

（1）为数据表 example2 添加读锁

```
use test;
lock tables example2 read;
select * from example2;
update example2 set dept='软件工程';
```

运行时可以执行 select 语句，不能执行 update 语句。

（2）为数据表 example2 添加写锁

```
use test;
lock tables example2 write;
select * from example2;
update example2 set dept='软件工程';
```

运行时可以执行 select 语句和 update 语句。

（3）对数据表 example2 进行解锁操作

```
use test;
unlock tables;
```

此后，在当前会话窗口和其他会话窗口中，均可查询和修改数据表 example2。

13.6.6 行锁

当对表中一行记录进行更新但不提交时，其他进程也对该行进行更新就需要等待；如果对一行进行更新，其他进程更新别的行不受影响，这就是行锁的作用。

行锁偏向被 InnoDB 存储引擎的支持，开销大，加锁慢；会出现死锁；锁粒度最小，发生锁冲突的概率最低，并发度也最高。不支持行锁的存储引擎意味着并发控制只能使用表锁，同一个表任何时刻只能有一个更新在执行，这就会影响到业务并发度。

一个事务不管持有几个行锁，都在执行 commit 命令的时候才一起解锁。

在 InnoDB 事务中，行锁在需要的时候才加上，例如一个事务有 n_1 行和 n_2 行两个 update 语句，行锁是在执行到 n_1 行和 n_2 行 update 语句时才分别加上的，并且不是语句执行后就立刻解锁，而是等到事务结束时一起解锁，这就是两阶段锁协议。所以在事务中需要锁多行时，要把最可能造成锁冲突、最可能影响并发度的锁尽量往后放，这样造成锁冲突的行在一个事务中停留的时间就会相对短一点。

1. 行锁场景

InnoDB 的行锁是针对索引加的锁，只要更新条件与索引项一致。记录加行锁是系统自动进行的。

例如，当前有两个会话对数据库 school 中数据表 student 相同的记录（sname）进行修改，但修改的“徐晨心”值是不同会话输入的，行锁场景如图 13-15 所示。

会话 1 事务	会话 2 事务
start transaction … update student set sname='徐晨心' where sno='20201285'; … commit;	start transaction … update student set sname='徐晨心' where sno='20201285'; … commit;

图 13-15　行锁场景

由于会话 1 首先进入事务修改数据表 student，sno='20201285'记录自动加行锁，因此会话 2 只能等待会话 1 事务完成并解锁，sno='20201285'记录行锁才能继续运行。

2. 行锁变表锁

InnoDB 的行锁是针对索引加的锁，而不是针对记录加的锁。并且该索引不能失效，否则都会从行锁升级为表锁。

例如，当前数据库 school 中数据表 student 相同的记录（sname）创建了唯一索引，有两个会话对数据表 student 进行更新，更新操作如图 13-16 所示。

会话 1	会话 2
update student set sname='徐晨心' where sno='20201285';	update student set sname='米蕊' where sno='20200124';
update student set sname='徐晨祎' where sno=20181860;	update student set sname='徐亮' where sno='20201329';

图 13-16 更新操作

（1）两个会话分别加不同的行记录锁，互不影响，可以同时更新。

（2）会话 1 的查询条件是 sno=20181860，20181860 没有加引号，查询语句是可以执行的，但不能用索引查询，这时行锁变成了数据表 student 表锁，会话 2 需要等待会话 1 完成更新，解锁数据表 student 后才能执行。

3. 锁定读取并发

如果查询数据，然后在同一事务中插入或更新相关数据，则常规 select 语句不会提供足够的保护。其他事务可以更新或删除刚才查询的相同行。InnoDB 支持以下几种类型的锁定读取，提供额外的安全保障。

（1）使用 select…for share 读取并发共享锁。

当前事务共享锁在读取的任何行上锁定，其他会话可以读取行，但在事务提交之前无法修改它们。如果这些行中的任何行已被另一个尚未提交的事务更改，则查询将等待该事务结束，然后使用最新值。

（2）使用 select…for update 读取并发独占锁。

对于查询遇到的索引记录，它锁定这些行和任何关联的索引条目，阻止其他事务更新这些行，执行 select…for share 或从某些事务隔离级别读取数据，一致性读取将忽略在读取视图中存在的记录上设置的任何锁定。

使用 select…from update 需要注意几个问题：提交或回滚事务时，将解除由 for share 和 for update 查询设置的所有锁；只有在禁用自动提交（使用 start transaction 或设置 autocommit=0）时，事务处理才能锁定读取；除非在子查询中指定了锁定读取子句，否则外部语句中的锁定读取子句不会锁定子查询的表中的行。

（3）使用 nowait 和 skip locked 锁定读取并发。

如果行被事务锁定，则请求相同锁定行的事务必须等到阻塞事务解除行锁。采用 nowait 和 skip locked，可以在请求的行被锁定时立即返回查询，或者从结果集中排除锁定的行，无须等待解锁。nowait 表示永不等待获取行锁定的锁定读取，查询立即执行，如果请求的行被锁定，则失败并显示错误；skip locked 表示永不等待获取行锁定的锁定读取，查询立即执行，从结果集中删除锁定的行。

13.6.7 死锁

数据库的并发控制
封锁协议

对于事务 A 和事务 B 操作同一个数据库中的同一个表，事务 A 在等待事务 B 解除 id=2 的行锁，而事务 B 在等待事务 A 解除 id=1 的行锁。事务 A 和事务 B 在互相等待对方的资源释放，于是进入了死锁状态，事务死锁如图 13-17 所示。

事务A	事务B
start transaction … update example2 set… id=1; … update example2 set… id=2; … commit;	start transaction … update example2 set… id=2; … update example2 set… id=1; … commit;

图 13-17　事务死锁

出现死锁以后，有以下两种解决方式。

（1）直接进入等待，直到超时。可以通过参数设置超时时间 n。

```
innodb_lock_wait_timeout=n;
```

但 n 设置太大会导致业务时延太长，设置得太小容易“误杀”该事务。

（2）出现死锁后，可以主动回滚死锁链条中的某一个事务，让其他事务得以继续执行。但必须用下列语句开启这个逻辑。

```
innodb_deadlock_detect=ON;
```

主动死锁检测在发生死锁的时候，是能够快速发现死锁并进行处理的，但是它会产生额外的内存消耗。

13.7 应用示例：MySQL 日志、事务和锁的综合应用

示例要求：对二进制日志进行实际操作，进一步理解二进制日志，提高操作二进制日志的能力；基于“供应”数据库，应用事务和锁的操作。

（1）在“供应”数据库中创建数据表 test，其字段包括主键编号（数据类型为 char(10)）和名称（数据类型为 char(20)），向表中插入记录“('1','李丽')”和“('2','王红')”。

（2）查看二进制日志。

（3）停止二进制日志。

（4）删除数据表 test。

（5）使用 mysqlbinlog 命令恢复数据表 test 和表数据。

（6）删除二进制日志。

（7）开启一个事务，更新数据表 test 中的编号为 1 的记录，将名称改为“赵丹”，再提交事务，然后查询数据表 test 记录的变化。

（8）开启一个事务，更新数据表 test 中的编号为 1 的记录，将名称改为“张迅”，再提交事务，然后查询数据表 test 记录的变化。

（9）对数据表 test 加读锁。

实现过程如下。

（1）在“供应”数据库中创建数据表 test。

```
use 供应;
create table test(编号 char(10) primary key,名称 char(20));
insert into test values('1', '李丽'),( '2', '王红');
```

代码运行结果，数据表 test 如图 13-18 所示。

```
mysql> use 供应;
Database changed
mysql> create table test(编号 char(10) primary key,名称 char(20));
Query OK, 0 rows affected (0.50 sec)

mysql> insert into test values('1','李丽'),('2','王红');
Query OK, 2 rows affected (0.01 sec)
Records: 2  Duplicates: 0  Warnings: 0

mysql> select * from test;
+------+------+
| 编号 | 名称 |
+------+------+
| 1    | 李丽 |
| 2    | 王红 |
+------+------+
2 rows in set (0.02 sec)
```

图 13-18　数据表 test

（2）使用 mysqlbinlog 命令查看二进制日志。

在查看二进制日志前，可以先使用 show variables 查看二进制日志文件的存储路径，因为 mysqlbinlog 是 shell 命令，需要明确文件所在位置的绝对路径，代码如下。

```
show variables like'log_bin%';
```

代码运行结果，二进制日志路径信息如图 13-19 所示。

```
mysql> show variables like 'log_bin%';
+---------------------------------+-----------------------------------------------------------------+
| Variable_name                   | Value                                                           |
+---------------------------------+-----------------------------------------------------------------+
| log_bin                         | ON                                                              |
| log_bin_basename                | D:\ProgramData\MySQL\MySQL Server 8.0\Data\DESKTOP-CBTGN30-bin       |
| log_bin_index                   | D:\ProgramData\MySQL\MySQL Server 8.0\Data\DESKTOP-CBTGN30-bin.index |
| log_bin_trust_function_creators | OFF                                                             |
| log_bin_use_v1_row_events       | OFF                                                             |
+---------------------------------+-----------------------------------------------------------------+
5 rows in set, 1 warning (0.00 sec)
```

图 13-19　二进制日志路径信息

使用 mysqlbinlog 命令查看二进制日志，代码如下。

```
mysqlbinlog --no-defaults testbinlog.000001
```

（3）停止二进制日志。

```
set sql_log_bin=0;
```

代码运行结果，停止二进制日志如图 13-20 所示。

（4）删除数据表 test。

```
drop table test;
```

代码运行结果，删除数据表 test 如图 13-21 所示。

图 13-20　停止二进制日志

```
mysql> drop table test;
Query OK, 0 rows affected (0.39 sec)
```

图 13-21　删除数据表 test

（5）使用 mysqlbinlog 命令恢复数据表 test 和表数据。

恢复数据表 test 前，恢复 MySQL 二进制日志功能，代码如下。

```
set sql_log_bin=1;
```

然后使用 mysqlbinlog 命令恢复数据表 test，代码如下。

```
mysqlbinlog --no-defaults testbinlog.000001 | mysql -uroot -p
```

上述代码中，二进制日志文件 testbinlog.000001 的名称可在 my.ini 文件中自由设定，并非统一文件名。mysqlbinlog 命令执行成功后，可以使用 select 语句在“供应”数据库中查询数据表 test，代码如下。

```
select * from test;
```

代码运行结果，恢复后的数据表 test 如图 13-22 所示。

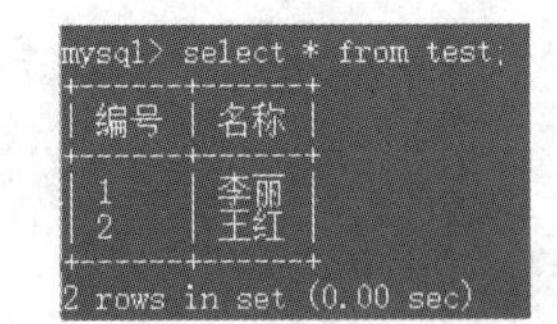

图 13-22　恢复后的数据表 test

（6）删除二进制日志，代码如下。

```
reset master;
```

代码运行成功后，二进制日志文件存储目录中的所有二进制日志文件全部被删除，生成了新的二进制日志文件，编号为 000001。

（7）开启一个事务，执行更新操作，代码如下。

```
begin;
update test set 名称='赵丹'where 编号='1';
```

代码运行成功后，将事务提交，代码如下。

```
commit;
```

查询数据表 test 记录的变化，代码如下。

```
select * from test;
```

代码运行结果，更新记录后提交事务再查询 test 表如图 13-23 所示。

（8）开启一个事务，执行更新操作，代码如下。

```
begin;
update test set 名称='张迅' where 编号='1';
```

代码运行成功后，回滚事务，代码如下。

```
rollback;
```

查询数据表 test 记录的变化，代码如下。

```
select * from test;
```

代码运行结果，更新记录后回滚事务再查询 test 表如图 13-24 所示。

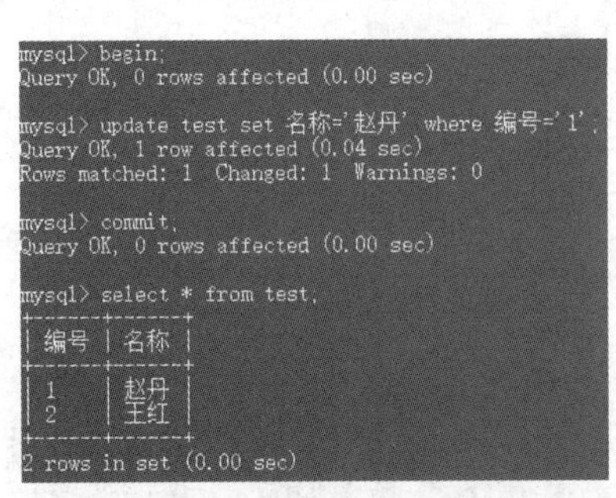

图 13-23　更新记录后提交事务再查询 test 表

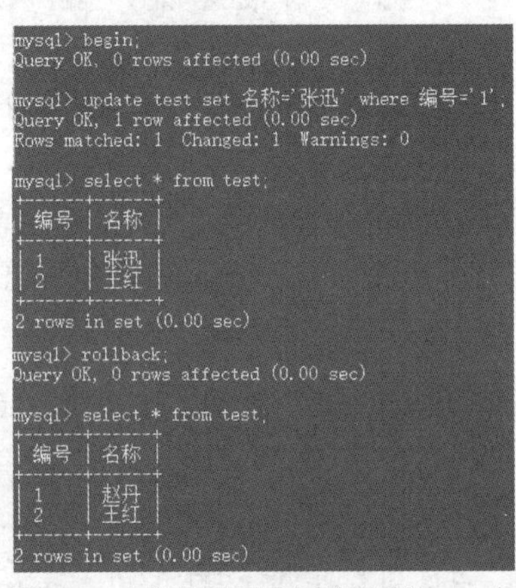

图 13-24　更新记录后回滚事务再查询 test 表

通过图 13-24 可以看出，在 update 操作执行后，数据表 test 中编号为 1 的名称已经改为“张迅”，但是进行 rollback 操作后，编号为 1 的名称恢复为原来的“赵丹”。

（9）对数据表 test 加读锁。

```
use 供应;
lock table test read;
```

本章小结

本章主要介绍了日志的含义、作用，以及不同类型的日志的内容，同时还介绍了事务的基本概念、事务的 4 种特性、事务控制语句、事务隔离级别还有锁机制。本章的重点内容是二进制日志、错误日志和通用查询日志，因为这几种日志的使用频率比较高。通过事务控制语句可以控制事务的开启、提交或者进行事务回滚等操作，数据库事务在各种不同隔离级别下可能会导致脏读、不可重复读或者幻读的问题。二进制日志、事务控制语句、锁机制是本章的难点。

习　题

1. 选择题

1-1　下列关于不同存储引擎的数据表的描述，错误的是（　　）。

A. MyISAM 存储引擎不支持事务和行级锁　B. InnoDB 的行锁是针对索引加的锁

C. MySQL 中的存储引擎都不支持并发插入　D. MEMORY 存储引擎支持内存表的实现

1-2　数据库管理系统的并发控制的主要实现方法是（　　）机制。

A. 封锁　B. 完整性　C. 视图　D. 索引

1-3　下面（　　）不是数据库系统必须提供的数据控制功能。

A. 安全性　B. 可移植性　C. 完整性　D. 并发控制

1-4　事务的原子性是指（　　）。

A. 事务中包括的所有操作要么都做，要么都不做

B. 事务一旦提交，对数据库的改变是永久的

C. 一个事务内部的操作及使用的数据对并发的其他事务是隔离的

D. 事务必须使数据库从一个一致性状态变到另一个一致性状态

1-5　多用户的数据库系统的目标之一是使每个用户能像面对着一个单用户的数据库一样使用它，为此数据库系统必须进行（　　）。

A. 安全性控制　B. 完整性控制　C. 并发控制　D. 可靠性控制

1-6　假设有两个事务 T1、T2，其并发操作如图 13-25 所示，下面评价正确的是（　　）。

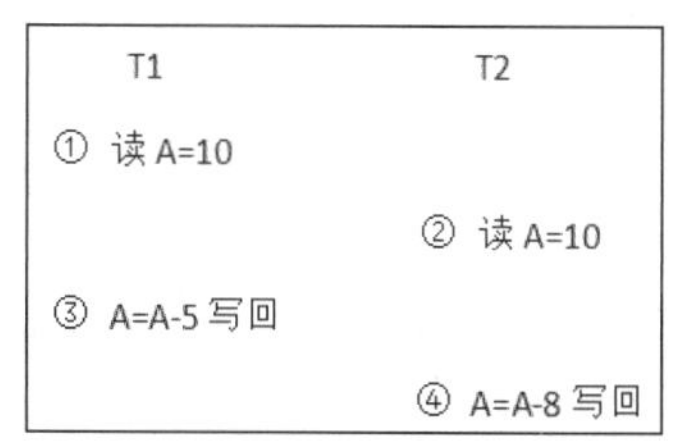

图 13-25　并发操作

A. 该操作不存在问题　B. 该操作丢失修改问题

C. 该操作不能重复读　D. 该操作读“脏”数据

1-7 若事务 T 对数据 R 已加 X 锁，则其他事务对数据 R（ ）。

A. 可以加 S 锁，不能加 X 锁　　B. 不能加 S 锁，可以加 X 锁

C. 可以加 S 锁，也可以加 X 锁　　D. 不能加任何锁

1-8 对并发控制不加以控制，可能会导致（ ）。

A. 不安全　　B. 死锁　　C. 死机　　D. 不一致

1-9 （ ）用来记录对数据库中数据进行的每一次更新操作。

A. 后援副本　　B. 日志文件　　C. 数据库　　D. 缓冲区

2. 简答题

2-1 简述事务的概念和事务的 4 个特性。

2-2 在数据库中为什么要并发控制？

2-3 什么是封锁？

2-4 基本的封锁有哪几种？简述它们的含义。

第 14 章 基于 Java 环境操作 MySQL 数据库

在进行软件开发的过程中，可以将 Java 与 MySQL 数据库相连接，使用 Java 来操作数据库内的数据，向 Java 应用程序提供数据支持。基于 JDBC API，用户可以建立数据库连接，执行 SQL 语句进行数据的插入、更新、删除以及查询操作。

本章学习目标

（1）学习 Java 连接 MySQL 数据库的方法。

（2）掌握基于 Java 环境对数据库中的数据进行基本的插入、更新、删除、查询的方法。

（3）掌握基于 Java 环境对数据库进行备份与还原的方法。

14.1 连接 MySQL 数据库

JDBC 是连接 Java 应用程序与 MySQL 数据库的“桥梁”。JDBC（Java Database Connectivity）API，即 Java 数据库互连接口，是一组标准的 Java 接口和类，使用这些接口和类，Java 项目可以访问各种不同类型的数据库。例如，建立数据库连接、执行 SQL 语句，进行数据的存取操作。其连接方法如下。

1．下载 MySQL 连接驱动

根据下载的 MySQL 数据库的版本，下载相应版本可以使用的连接驱动；如本书中使用的 MySQL 数据库版本为 MySQL 8.0.33，则可以下载 mysql-connector-java-8.0.19.jar 用于连接。连接驱动下载页面如图 14-1 所示。

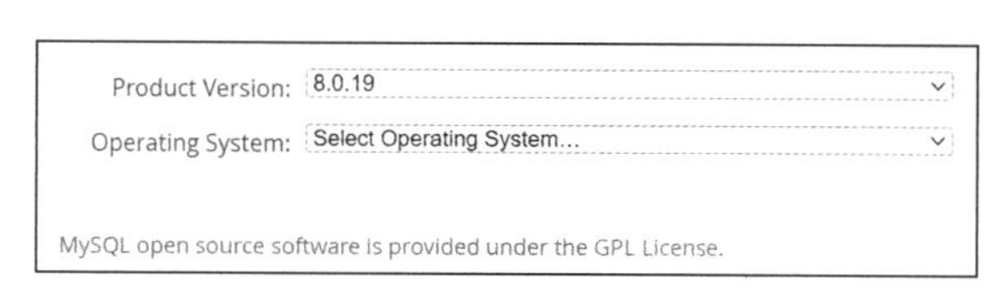

图 14-1　连接驱动下载页面

2．创建项目

在 JDBC.idea 中创建一个工程项目，取名为 jdbc。

3．加载 JDBC 驱动

在 JDBC.idea 中，将 mysql-connector-java-8.0.19.jar 文件复制到 jdbc 工程下的 src 文件夹里，复制文件如图 14-2 所示。

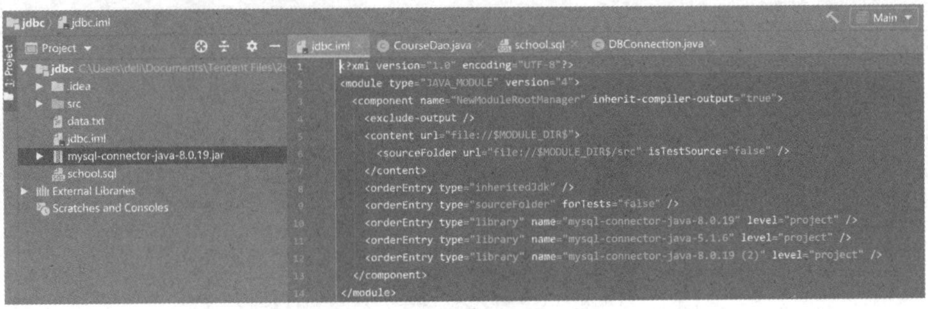

图 14-2　复制文件

4．与 MySQL 数据库建立连接

编写输入数据库地址、数据库名以及数据库密码，从而获取数据库连接与释放数据库连接的代码。相应 Java 代码如下。

```
    import java.sql.*;
public class DBConnection {
    //驱动
    public static final String driverName = "com.mysql.cj.jdbc.Driver";
    //数据库地址
    public static final String url = "jdbc:mysql://localhost:3306/school?useSSL=
false&serverTimezone=UTC&characterEncoding=UTF-8&allowPublicKeyRetrieval=true";
    //数据库用户名
    public static final String user = "root";
    //数据库密码
    public static final String password = "password";
    public static Connection connection = null;
    //获取数据库连接
    public static Connection getConnection() throws SQLException {
        try {
            Class.forName(driverName);
            connection = DriverManager.getConnection(url, user, password);
        } catch (ClassNotFoundException e) {
            e.printStackTrace();
        }
        return connection;
    }
    //释放数据库连接
    public static void close(ResultSet rs, Statement st, Connection conn) {
        try {
            if (rs != null) {
                rs.close();
            }
        } catch (SQLException e) {
            e.printStackTrace();
        } finally {
            try {
                if (st != null) {
                    st.close();
                }
            } catch (SQLException e) {
                e.printStackTrace();
            } finally {
                if (conn != null) {
                    try {
                        conn.close();
```

```
                        } catch (SQLException e) {
                            e.printStackTrace();
                        }
                    }
                }
            }
        }
}
```

14.2 操作 MySQL 数据库

使用 Java 代码连接 MySQL 数据库后，可以创建数据库与表结构，也可以对表数据进行查询、插入、更新及删除操作。

14.2.1 基于 Java 环境创建数据库与表结构

school 数据库中存在 3 个表，分别是 student 表、sc 表及 course 表。用 Java 编写一个学生类 Student，该类成员变量包括学号 no、姓名 name、性别 sex、年龄 age、地址 address 和专业 dept。代码如下。

```
    //学生类
class Student {
    private String no;
    private String name;
    private String sex;
    private int age;
    private String address;
    private String dept;

    public Student() {
    }

    public Student(String no, String name, String sex, int age, String address, String
dept) {
        this.no = no;
        this.name = name;
        this.sex = sex;
        this.age = age;
        this.address = address;
        this.dept = dept;
    }
```

查看 student 表中所有数据。运行 Java 代码，student 表全部数据如图 14-3 所示。

```
    //获取全部数据
public static ArrayList<Student> getList() {
    ArrayList<Student> list = new ArrayList<Student>();
    try {
        Connection con = DBConnection.getConnection();
        String sql = "select * from `Student`";
        PreparedStatement ps = con.prepareStatement(sql);
        ResultSet rs = ps.executeQuery();
        while (rs.next()) {
            Student p = new Student();
            p.setNo(rs.getString(1));
            p.setName(rs.getString(2));
```

```
            p.setSex(rs.getString(3));
            p.setAge(rs.getInt(4));
            p.setAddress(rs.getString(5));
            p.setDept(rs.getString(6));

            list.add(p);
        }
        DBConnection.close(rs, ps, con);
    } catch (SQLException e) {
        e.printStackTrace();
    }
    return list;
}
    public static void test() {
    System.out.println("\n查询全部");
for (Student student : getList()) {
    System.out.println(student);
}}
```

```
查询全部
Student{no='20181860', name='吴迪', sex='男', age='23', address='哈尔滨市道里区', dept='数据科学与大数据技术'}
Student{no='20200080', name='刘一诺', sex='女', age='22', address='沈阳市皇姑区', dept='计算机科学与技术'}
Student{no='20200124', name='张南', sex='男', age='21', address='哈尔滨市香坊区', dept='软件工程'}
Student{no='20201283', name='张艳', sex='男', age='21', address='哈尔滨市道外区', dept='计算机科学与技术'}
Student{no='20201284', name='刘一童', sex='男', age='22', address='哈尔滨市南岗区', dept='软件工程'}
Student{no='20201285', name='陈茜', sex='女', age='23', address='长春市绿园区', dept='数据科学与大数据技术'}
Student{no='20201328', name='徐晨一', sex='男', age='20', address='长春市南湖区', dept='计算机科学与技术'}
Student{no='20201329', name='王云', sex='男', age='18', address='沈阳市和平区', dept='软件工程'}
Student{no='20201338', name='徐晨心', sex='女', age='21', address='沈阳市大东区', dept='计算机科学与技术'}
```

图 14-3　student 表全部数据

14.2.2 基于 Java 环境插入数据

【例 14-1】在 school 数据库中，向 sc 表中插入一条数据记录“("1004","20201284",80)”。

运行 Java 代码，插入数据如图 14-4 所示。

```
    //添加
public static void add(SC p) {
    try {
        Connection con = DBConnection.getConnection();
        String sql = "insert into `SC` values( '" + p.getCno() + "'"
                + ",?"
                + ",?"
                + ")";
        PreparedStatement ps = con.prepareStatement(sql);
        ps.setString(1, p.getSno());
        ps.setDouble(2, p.getGrade());
        ps.executeUpdate();
        DBConnection.close(null, ps, con);
    } catch (SQLException e) {
        e.printStackTrace();
    }
}

    //测试
public static void test() {
    SC p = new SC("1004","20201284",80);
    System.out.println("\n查询全部");
    for (SC SC : getList()) {
```

```
            System.out.println(SC);
        }
        System.out.println("\n增加选课后，查询全部");
        add(p);
        for (SC SC : getList()) {
             System.out.println(SC);
        }}
```

```
查询全部
SC{cno='1001', sno='20181860', grade=79.0}
SC{cno='1001', sno='20200080', grade=84.0}
SC{cno='1001', sno='20201283', grade=70.0}
SC{cno='1001', sno='20201284', grade=75.0}
SC{cno='1001', sno='20201285', grade=73.0}
SC{cno='1002', sno='20200080', grade=85.0}
SC{cno='1002', sno='20200124', grade=85.0}
SC{cno='1002', sno='20201283', grade=82.0}
SC{cno='1002', sno='20201284', grade=80.0}
SC{cno='1003', sno='20201284', grade=85.0}

增加选课后，查询全部
SC{cno='1001', sno='20181860', grade=79.0}
SC{cno='1001', sno='20200080', grade=84.0}
SC{cno='1001', sno='20201283', grade=70.0}
SC{cno='1001', sno='20201284', grade=75.0}
SC{cno='1001', sno='20201285', grade=73.0}
SC{cno='1002', sno='20200080', grade=85.0}
SC{cno='1002', sno='20200124', grade=85.0}
SC{cno='1002', sno='20201283', grade=82.0}
SC{cno='1002', sno='20201284', grade=80.0}
SC{cno='1003', sno='20201284', grade=85.0}
SC{cno='1004', sno='20201284', grade=80.0}
```

图 14-4　插入数据

14.2.3 基于 Java 环境更新与删除数据

【例 14-2】在 school 数据库中，将 sc 表中课程号为 1004 的成绩由 80 分修改为 90 分。运行 Java 代码，更新数据如图 14-5 所示。

```
    //修改
public static void update(SC p) {
    try {
        Connection con = DBConnection.getConnection();
        String sql = "update `SC` set " +
                     "`grade` = ?" +
                     " where `cno` =  '" + p.getCno() + "'"+
        " and `sno` = '" + p.getSno() + "'";
        PreparedStatement ps = con.prepareStatement(sql);
        ps.setDouble(1, p.getGrade());
        ps.executeUpdate();
        DBConnection.close(null, ps, con);
    } catch (SQLException e) {
        e.printStackTrace();
    }
}
public static void test() {
System.out.println("\n修改选课后，查询全部");
p.setGrade(90);
update(p);
for (SC SC : getList()) {
    System.out.println(SC);
}}
```

```
修改选课后，查询全部
SC{cno='1001', sno='20181860', grade=79.0}
SC{cno='1001', sno='20200080', grade=84.0}
SC{cno='1001', sno='20201283', grade=70.0}
SC{cno='1001', sno='20201284', grade=75.0}
SC{cno='1001', sno='20201285', grade=73.0}
SC{cno='1002', sno='20200080', grade=85.0}
SC{cno='1002', sno='20200124', grade=85.0}
SC{cno='1002', sno='20201283', grade=82.0}
SC{cno='1002', sno='20201284', grade=80.0}
SC{cno='1003', sno='20201284', grade=85.0}
SC{cno='1004', sno='20201284', grade=90.0}
```

图 14-5　更新数据

【例 14-3】在 school 数据库中，删除 sc 表中课程号为 1004 的数据记录。运行 Java 代码，删除数据如图 14-6 所示。

```
    //删除
public static void delete(String cno,String sno) {
    try {
        Connection con = DBConnection.getConnection();
        String sql = "delete from `SC` where `cno` = ? and `sno` = ? ";
        PreparedStatement ps = con.prepareStatement(sql);
        ps.setString(1, cno);
        ps.setString(2, sno);
        ps.executeUpdate();
        DBConnection.close(null, ps, con);
    } catch (SQLException e) {
        e.printStackTrace();
    }
}
    public static void test() {
    System.out.println("\n 删除选课后，查询全部");
delete(p.getCno(),p.getSno());
for (SC SC : getList()) {
    System.out.println(SC);
}}
```

```
删除选课后，查询全部
SC{cno='1001', sno='20181860', grade=79.0}
SC{cno='1001', sno='20200080', grade=84.0}
SC{cno='1001', sno='20201283', grade=70.0}
SC{cno='1001', sno='20201284', grade=75.0}
SC{cno='1001', sno='20201285', grade=73.0}
SC{cno='1002', sno='20200080', grade=85.0}
SC{cno='1002', sno='20200124', grade=85.0}
SC{cno='1002', sno='20201283', grade=82.0}
SC{cno='1002', sno='20201284', grade=80.0}
SC{cno='1003', sno='20201284', grade=85.0}
```

图 14-6　删除数据

14.3 备份与还原 MySQL 数据库

为了应对项目中数据库突然崩溃，导致数据丢失的情况，可以通过 Java 代码实现数据库的定时备份与还原，这样即使数据库宕机了，用户也可以将之前备份好的数据信息还原到数据库中。运行 Java 代码，数据库备份与还原如图 14-7 所示。

```
    public class Main {
    public static void recover() {
        try {
            String dbUser = DBConnection.user;
            String dbPassword = DBConnection.password;
            String backupPath = "school.sql";
            String command = "mysql -u" + dbUser + " -p" + dbPassword +" < " + backupPath;
            ProcessBuilder processBuilder = new ProcessBuilder("cmd.exe", "/c", command);
            Process process = processBuilder.start();
            int exitCode = process.waitFor();
            if (exitCode == 0) {
                System.out.println("数据库还原成功");
            } else {
                System.out.println("数据库还原失败");
            }
        } catch (IOException | InterruptedException e) {
            e.printStackTrace();
        }
    }

    public static void backup() {
        try {
            String dbName = "school";
            String dbUser = DBConnection.user;
            String dbPassword = DBConnection.password;
            String backupPath = "school.sql";
            String command = "mysqldump --user=" + dbUser + " --password=" + dbPassword
+ " --databases " + dbName + " > " + backupPath;
            ProcessBuilder processBuilder = new ProcessBuilder("cmd.exe", "/c", command);
            Process process = processBuilder.start();
            int exitCode = process.waitFor();
            if (exitCode == 0) {
                System.out.println("数据库备份到" + new File(backupPath).
getAbsoluteFile());
            } else {
                System.out.println("数据库备份失败");
            }
        } catch (IOException | InterruptedException e) {
            e.printStackTrace();
        }
    }

    public static void main(String[] args) {
        StudentDao.test();
        CourseDao.test();
        SCDao.test();
        backup();
        recover();
    }
}
```

```
数据库备份到C:\Users\dell\Documents\Tencent Files\2961272047\FileRecv\jdbc\jdbc\school.sql
数据库还原成功

Process finished with exit code 0
```

图 14-7　数据库备份与还原

数据库备份完成后，会自动生成 school.sql 文件，存放于 jdbc 项目中。备份文件存放位置见图 14-8。

名称	修改日期	类型	大小
.idea	2023/8/14 21:42	文件夹	
out	2023/8/14 17:08	文件夹	
src	2023/8/14 21:26	文件夹	
data.txt	2023/8/5 12:18	文本文档	1 KB
jdbc.iml	2023/8/5 11:42	IML 文件	1 KB
mysql-connector-java-8.0.19.jar	2022/4/29 0:09	JAR 文件	2,302 KB
school.sql	2023/8/14 20:32	SQL 文件	9 KB
供应.sql	2023/7/15 15:07	SQL 文件	3 KB

图 14-8　备份文件存放位置

在备份文件 school.sql 中，创建 course 表。备份时一般都有这样的语句 drop table if exists 'course';，表示如果数据库中有这个表，先删除表，然后创建表，再进行数据的插入。其命令如下所示。

```
   drop table if exists 'course';
   create table 'course' (
'cno' char(10) not null,
'cname' varchar(20) not null,
'cpno' char(10) default null,
'credit' int default null,
primary key ('cno'),
key 'cpno' ('cpno'),
constraint 'course_ibfk_1' foreign key ('cpno') references 'course' ('cno')
```

course 表创建好后，向表中添加数据。其命令如下所示。

```
    lock tables 'course' write;
/*!40000 alter table 'course' disable keys */;
insert into 'course' values ('1001','高等数学',null,5),('1002','离散数学','1001',2),
('1003','高级程序设计语言',NULL,2),('1004','数据结构与算法','1003',3),('1005','数据库原理及
应用',null,3);
/*!40000 alter table 'course' enable keys */;
unlock tables;
```

14.4 应用示例：基于 Java 环境操作 school 数据库

示例要求：连接 MySQL 数据库，基于 Java 环境，对 school 数据库中的 student 表和 course 表进行数据的增删改查操作。

实现过程如下。

（1）在 school 数据库中，查询所有学生选课名称。运行 Java 代码，查询所有学生选课名称如图 14-9 所示。

```
     //多表查询所有学生选课名称
public static void find() {
     try {
         Connection con = DBConnection.getConnection();
         String sql = "select student.sname, course.cname\n" +
                    "from sc\n" +
                    "left join student on student.sno = sc.sno\n" +
                    "left join course on sc.cno = course.cno;\n";
         PreparedStatement ps = con.prepareStatement(sql);
        ResultSet rs = ps.executeQuery();
        while (rs.next()) {
```

```
            System.out.println(rs.getString(1)+" "+rs.getString(2));
        }
        DBConnection.close(rs, ps, con);
    } catch (SQLException e) {
        e.printStackTrace();
    }
}
    System.out.println("\n 多表查询所有学生选课名称");
find();
```

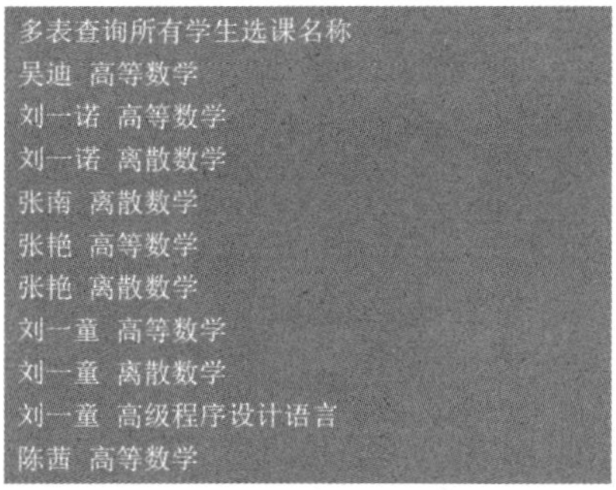

```
多表查询所有学生选课名称
吴迪 高等数学
刘一诺 高等数学
刘一诺 离散数学
张南 离散数学
张艳 高等数学
张艳 离散数学
刘一童 高等数学
刘一童 离散数学
刘一童 高级程序设计语言
陈茜 高等数学
```

图 14-9　查询所有学生选课名称

（2）在 school 数据库中插入一条学生信息“("20201340", "张三", "男", 22, "沈阳市和平区", "软件工程")”。运行 Java 代码，插入学生信息结果如图 14-10 所示。

```
    //添加
public static void add(Student p) {
    try {
        Connection con = DBConnection.getConnection();
        String sql = "insert into `Student` values( '" + p.getNo() + "'"
                + ",?"
                + ",?"
                + ",?"
                + ",?"
                + ",?"
                + ")";
        PreparedStatement ps = con.prepareStatement(sql);
        ps.setString(1, p.getName());
        ps.setString(2, p.getSex());
        ps.setInt(3, p.getAge());
        ps.setString(4, p.getAddress());
        ps.setString(5, p.getDept());
        ps.executeUpdate();
        DBConnection.close(null, ps, con);
    } catch (SQLException e) {
        e.printStackTrace();
    }
    }
    public static void test() {
    Student p = new Student("20201340", "张三", "男", 22, "沈阳市和平区", "软件工程");
    System.out.println("\n 增加学生后，查询全部");
    add(p);
    for (Student student : getList()) {
         System.out.println(student);
    }
    }
```

```
增加学生后，查询全部
Student{no='20181860', name='吴迪', sex='男', age='23', address='哈尔滨市道里区', dept='数据科学与大数据技术'}
Student{no='20200080', name='刘一诺', sex='女', age='22', address='沈阳市皇姑区', dept='计算机科学与技术'}
Student{no='20200124', name='张南', sex='男', age='21', address='哈尔滨市香坊区', dept='软件工程'}
Student{no='20201283', name='张艳', sex='男', age='21', address='哈尔滨市道外区', dept='计算机科学与技术'}
Student{no='20201284', name='刘一童', sex='男', age='22', address='哈尔滨市南岗区', dept='软件工程'}
Student{no='20201285', name='陈茜', sex='女', age='23', address='长春市绿园区', dept='数据科学与大数据技术'}
Student{no='20201328', name='徐晨一', sex='男', age='20', address='长春市南湖区', dept='计算机科学与技术'}
Student{no='20201329', name='王云', sex='男', age='18', address='沈阳市和平区', dept='软件工程'}
Student{no='20201338', name='徐晨心', sex='女', age='21', address='沈阳市大东区', dept='计算机科学与技术'}
Student{no='20201340', name='张三', sex='男', age='22', address='沈阳市和平区', dept='软件工程'}
```

图 14-10　插入学生信息结果

（3）在 school 数据库中，插入一条课程数据“("1006", "Java ", "1003", 4)”。运行 Java 代码，插入课程信息结果如图 14-11 所示。

```
     //添加
public static void add(Course p) {
     try {
          Connection con = DBConnection.getConnection();
          String sql = "insert into `Course` values( '" + p.getNo() + "'"
                    + ",?"
                    + ",?"
                    + ",?"

                    + ")";
          PreparedStatement ps = con.prepareStatement(sql);
          ps.setString(1, p.getName());
          ps.setString(2, p.getCpno());
          ps.setInt(3, p.getCredit());

          ps.executeUpdate();
          DBConnection.close(null, ps, con);
     } catch (SQLException e) {
          e.printStackTrace();
     }
}
     //测试
public static void test() {
     Course p = new Course("1006", "Java ", "1003", 4);

     System.out.println("\n增加课程后，查询全部");
     add(p);
     for (Course Course : getList()) {
          System.out.println(Course);
     }
}
```

```
增加课程后，查询全部
Course{no='1001', name='高等数学', cpno='null', credit=5}
Course{no='1002', name='离散数学', cpno='1001', credit=2}
Course{no='1003', name='高级程序设计语言', cpno='null', credit=2}
Course{no='1004', name='数据结构与算法', cpno='1003', credit=3}
Course{no='1005', name='数据库原理及应用', cpno='null', credit=3}
Course{no='1006', name='Java', cpno='1003', credit=4}
```

图 14-11　插入课程信息结果

（4）在 school 数据库中，将课程号为 1006 的课程名更新为“概率论”，先行课号更新为 1003。运行 Java 代码，更新课程信息结果如图 14-12 所示。

```
    //更新
public static void update(Course p) {
    try {
        Connection con = DBConnection.getConnection();
        String sql = "update `Course` set " +
                  "`cname` = ?" +
                  ",`cpno` = ?" +
                  ",`credit` = ?" +

                  " where `cno` = '" + p.getNo() + "'";
        PreparedStatement ps = con.prepareStatement(sql);
        ps.setString(1, p.getName());
        ps.setString(2, p.getCpno());
        ps.setInt(3, p.getCredit());

        ps.executeUpdate();
        DBConnection.close(null, ps, con);
    } catch (SQLException e) {
        e.printStackTrace();
    }
}
    public static void test() {
    Course p = new Course("1006", "Java ", "1003", 4);
    System.out.println("\n 更新课程后，查询全部");
    p.setName("概率论");
    p.setCpno("1001");
    p.setCredit(4);
    update(p);
    for (Course Course : getList()) {
         System.out.println(Course);
    }
}
```

```
更新课程后，查询全部
Course{no='1001', name='高等数学', cpno='null', credit=5}
Course{no='1002', name='离散数学', cpno='1001', credit=2}
Course{no='1003', name='高级程序设计语言', cpno='null', credit=2}
Course{no='1004', name='数据结构与算法', cpno='1003', credit=3}
Course{no='1005', name='数据库原理及应用', cpno='null', credit=3}
Course{no='1006', name='概率论', cpno='1001', credit=4}
```

图 14-12　更新课程信息结果

（5）在 school 数据库中，删除 course 表中课程号为 1006 的数据记录。运行 Java 代码，删除课程信息结果如图 14-13 所示。

```
    //删除
public static void delete(String no) {
    try {
        Connection con = DBConnection.getConnection();
        String sql = "delete from `Course` where `cno` = ?";
        PreparedStatement ps = con.prepareStatement(sql);
        ps.setString(1, no);


        ps.executeUpdate();
        DBConnection.close(null, ps, con);
    } catch (SQLException e) {
        e.printStackTrace();
     }
```

```
}
    //测试
public static void test() {
     Course p = new Course("1006", "概率论", "1003", 4);

System.out.println("\n 删除课程后，查询全部");
delete(p.getNo());
for (Course Course : getList()) {
     System.out.println(Course);
}
}
```

```
删除课程后，查询全部
Course{no='1001', name='高等数学', cpno='null', credit=5}
Course{no='1002', name='离散数学', cpno='1001', credit=2}
Course{no='1003', name='高级程序设计语言', cpno='null', credit=2}
Course{no='1004', name='数据结构与算法', cpno='1003', credit=3}
Course{no='1005', name='数据库原理及应用', cpno='null', credit=3}
```

图 14-13　删除课程信息结果

本章小结

本章主要介绍了如何使用 Java 连接 MySQL 数据库，以及如何使用 Java 对数据库中的表数据进行增删改查、如何使用 Java 备份与还原数据库等操作。通过本章的学习，读者可以在创建 Java 工程项目时，根据自身需求连接 MySQL 数据库，实现数据的更新查询。

习　题

上机操作

操作要求：连接 MySQL 数据库，基于 Java 环境，对“供应”数据库中的表（见第 5 章）进行数据的增删改查操作。

实现过程如下。

（1）使用 Java 连接“供应”数据库。

（2）创建工程类 Project。

（3）查询“工程”表中的所有数据。

（4）向“工程”表增加一行完整的数据“("p004","云上小区","吉林省长春市")”。

（5）在“工程”表中，修改工程编号为 p004 的数据记录，将工程名更改为“学校寝室楼改造”，地址更改为“黑龙江省哈尔滨市”。

（6）查询“工程”表中工程编号为 p004 的工程信息。

（7）在“工程”表中删除工程编号为 p004 的数据记录。

（8）创建零件类 Item。

（9）查询“零件”表中的所有数据。

（10）向“零件”表中插入一行完整的数据“("g008","彩钢房","蓝色","二层蓝色彩钢房")”。

（11）在“零件”表中，修改零件编号为 g008 的数据记录，将零件名称更改为“土石混合料”，颜色更改为“白色”。

（12）查询“零件”表中零件编号为 g008 的零件信息。

（13）删除“零件”表中零件编号为 g008 的数据记录。

第15章 校园生活购物系统的数据库设计与实现

MySQL 数据库的应用非常广泛，当前很多 Web 应用程序的数据都使用 MySQL 数据库进行管理。本章以校园生活购物系统的数据库设计为例，详细介绍数据库设计的相关基本概念以及各个设计步骤。

本章学习目标

（1）了解系统分析，能够根据系统功能的需求分析系统功能结构。

（2）熟悉数据库设计，能够根据系统分析设计出系统的实体图、E-R 图、数据库逻辑结构。

（3）掌握系统的开发，能够实现各个模块的开发与应用。

15.1 数据库设计概述

15.1.1 数据库设计的步骤

数据库设计概述

数据库设计通常包含以下几个阶段。

1．需求分析阶段

数据库的需求分析指的是在设计和开发数据库之前，对用户和系统需求进行详细调查和分析的过程。在这个阶段，开发团队与用户和利益相关者沟通，深入了解他们对数据库系统的期望和要求。需求分析的目标是确保设计的数据库能够满足用户的实际需求，并在数据库设计和开发的过程中提供指导。需求分析是最费时、最复杂的一步，但也是最重要的一步，相当于大厦的地基，它决定了以后各部分设计的速度与质量，需求分析做得不好，可能会导致整个数据库最后返工重做。

2．概念结构设计阶段

数据库中的概念结构设计是数据库设计正式开始的第一步，也称为高层数据模型设计。它关注的是数据的逻辑结构，独立于具体的数据库管理系统和物理存储方式。概念结构设计旨在定义数据库中的实体、属性和约束，以及它们之间的关系，形成一个抽象的、独立于技术细节的数据库模型。概念结构设计的目标是通过抽象模型的描述，表达出数据库的逻辑结构和实体之间的关系，为后续的逻辑结构设计和物理设计打下了基础。概念结构设计使数据库设计人员能够更好地理解业务需求和数据库中的数据流动，确保数据库能够准确地反映现实世界的情况，并且便于后续的逻辑结构设计和物理设计。

3．逻辑结构设计阶段

数据库中的逻辑结构设计是在概念结构设计的基础上进一步细化和规范化数据库的结构，以便更加具体地描述数据的组织方式、关系和约束。逻辑结构设计独立于具体的数据库管理系统，但已经考虑了数据的逻辑组织和操作。逻辑结构设计将概念结构设计中的实体、属性和关系转化为具体的表和字段，定义了数据库的结构和关系，但尚未考虑具体的物理实现方式。逻辑结构设计为数据库的物理设计和实现打下了基础，使数据库开发人员能够更好地理解数据的组织和操作方式，确保设计的数据库能够准确、高效地存储和管理数据。

4．物理设计阶段

数据库的物理设计是在概念结构设计和逻辑结构设计的基础上进行的。物理设计阶段关注的是如何将数据库逻辑结构转换为具体的数据库管理系统可执行的物理结构，以便实际存储和处理数据。在数据库的物理设计阶段，主要进行的工作有存储结构设计、索引设计、数据划分和分区、冗余和备份策略设计、数据安全性设计、性能优化、数据迁移等。物理设计阶段的目标是根据数据库的实际需求和性能要求，选择合适的物理结构和存储方案，确保数据库能够高效地存储、管理和查询数据。完成这一步后就可以开始数据库的实际建设和上线使用。

5．数据库实施

在数据库实施阶段，设计人员运用数据库管理系统提供的数据库语言及高级编程语言（如 Java、C#、Python、PHP 等），根据逻辑结构设计和物理设计的结果，建立数据库与调试应用程序，组织数据入库并进行试运行。数据库实施阶段主要完成的工作有建立实际数据库结构、装入数据、应用程序编写与调试、数据库试运行（包括功能测试、性能测试、整理文档）。

6．数据库运行与维护

在数据库运行和维护阶段主要的工作是确保数据库在生产环境中保持稳定、高效和安全的状态。这个阶段是数据库的实际运营阶段，需要持续监控和维护数据库。数据库运行和维护阶段要做的主要工作有监控和优化性能、安全管理、空间管理、备份和恢复、故障处理、数据库升级和迁移、安全漏洞监测等。

15.1.2 数据库设计规范

数据库设计规范是一系列准则和标准，旨在确保数据库的性能、稳定性、安全性和可维护性。以下是一些常见的数据库设计规范。

数据库设计规范化：采用规范化的数据库设计，避免数据冗余，确保数据一致性和完整性。

数据安全和权限管理：设计合理的数据访问权限，保护敏感数据，避免未授权用户访问。采用加密技术保证数据的传输和存储过程中的安全性。

性能优化和查询优化：设计合理的主键和索引，优化查询性能，减少查询时间和资源消耗。定期监控数据库性能，分析慢查询和性能瓶颈，并进行优化。

异常处理和事务管理：设计合理的异常处理机制，保证数据库在发生错误时能够进行回滚或适当的处理，确保数据的完整性。使用事务管理来确保数据操作的一致性和可靠性。

可维护性和版本管理：设计易于维护的数据库结构和代码，包括良好的注释、命名规范、模块化设计等。使用版本控制系统来管理数据库模式和代码的变更，方便团队协作和回滚操作。

数据库设计规范是一个综合性的指导框架，遵循这些规范可以提高数据库的质量，并为后续的数据库管理和开发工作提供便利。

15.2 需求分析

需求分析是数据库设计的关键阶段，它的主要目标是明确数据库的功能需求和数据存储需求。在进行需求分析时，通常需要进行以下具体工作。

设计者需要与数据库涉及的不同用户进行沟通：本例中，数据库的设计首先要建立在充分了解各种角色的需求上，设计者应与学生、商家、管理员进行充分的沟通，了解他们的需求和期望。收集并记录所有相关方的需求，确保对数据库开发目标有全面的了解。

定义数据库的用途和目标：明确数据库的用途和目标。例如，本例中设计的数据库用于校园生活购物系统，了解实际应用范围将有助于确定数据库的数据模型和功能要求。

15.2.1 系统现状

如今的学生群体因其年轻化、潮流化、信息多元化等优势，在当今社会的网络生活中扮演着重要角色。校园生活购物系统在全球范围内蓬勃发展。这种类型的平台在许多高校内部以及周边地区都取得了广泛的应用。现阶段，校园生活购物系统的发展一般分成以下几类。

1. 高校内部平台

许多高校内部建立了校园生活购物系统，专门为学生和教职员工提供服务。这些平台通常与学校的信息系统整合，方便学生在校园内部购买学习用品、生活用品以及其他商品。这些平台的特点是对学校社区提供专门的定制服务。

2. 第三方平台

除了学校内部平台之外，也有许多第三方平台。这些平台为不同高校的学生提供统一的购物平台，让学生可以方便地在校园周边购买各类商品（从学习用品到生活必需品，如服装、食品等）。

3. 移动端应用

校园生活购物系统大多提供移动端应用，使学生可以随时随地通过手机或平板电脑访问和购物。移动端应用的方便性对于年轻的学生群体有极大的吸引力。

除此以外，一些校园生活购物平台与周边商家合作，提供更多优质商品和服务。同时，一些平台还拓展到校园周边城市，为离校学生提供校园外的购物服务。

开发校园生活购物系统可以给学生便利的购物体验；提供适合学生的学习用品、生活用品等；促进了校园内外商家的发展，提供了更多优质商品给学生；提供了安全的交易环境，保障学生的交易安全和个人信息保密，这对于年轻的学生群体尤为重要；校园生活购物系统不仅是商品的交易平台，还可以促进校园社区的建设，平台上的社交互动和社区服务功能可以加强学生之间的联系和沟通；通过校园生活购物系统收集的数据可以为学校、商家和平台运营者提供有价值的信息，这些数据可以用于商业决策、产品优化和市场分析等；校园生活购物系统的开发和应用推动了校园内部服务的数字化转型，通过互联网和移动技术，提供更便捷和高效的服务。

15.2.2 用户需求

校园生活购物系统需要满足学生在校园的购物需求，并提供方便、安全、可靠的服务。下面是对这个系统的需求分析，尽可能详细地列举了主要功能和要求。

1．用户功能需求分析

用户在登录后的页面中可以进行的主要操作涉及页面浏览、个人信息完善、收货地址管理、购物车管理、订单管理等。详细分析如下。

（1）页面浏览：浏览首页、新手帮助页面、商品详情页面等，浏览到自己喜欢的商品可查看商品详情。

（2）个人信息完善：在登录之后可以对自己的信息进行完善，如果用户对之前的密码不满意或者原密码不便于记忆，可以对自己的密码进行修改。

（3）收货地址管理：用户在登录之后可以在收货地址页面进行收货地址管理，能够在新增收货地址页面新增收货地址，能够在收货地址管理页面将某一条收货地址设置为默认，也能够对收货地址进行删除。

（4）购物车管理：在商品详情页面中如不想立即购买可以先将商品添加到购物车中，在购物车页面可以对想要购买的商品进行勾选，之后可以对数量进行相关调整并提交订单，跳转到订单页面。

（5）订单管理：在订单页面可以选择自己的收货地址并下单；在线下等待商品，到手后单击相关订单确认收货，完成该次交易。

2．管理员功能需求分析

管理员在登录后的页面可以进行的操作涉及商品管理、违规用户删除、密码修改、用户订单管理、公告板管理等。详细分析如下。

（1）商品管理：对商品进行全面管理，新增想要售卖的商品，对在售的商品进行信息修改，将不再需要进行售卖的商品下架。

（2）违规用户删除：发现有违规操作的用户或信息填写不正确的用户，可以将该用户删除。

（3）密码修改：可以对自己的账户密码进行修改。

（4）用户订单管理：可以查看所有用户的订单，并对其进行相关处理。

（5）公告板管理：可以在公告板管理页面更改公告板的内容，在首页对其进行显示，方便通知。

3．界面设计需求分析

关于界面的设计分为 3 个部分：注册登录部分、页面浏览部分、信息修改部分。注册登录部分的设计要求是风格简单，无论是用户还是管理员都能直观地根据信息的提示完成操作。页面浏览部分要求页面美观，风格大致统一，色调柔和，让用户能够以最舒适的心情浏览页面。信息修改部分要求功能分类明确，显示直观，提示准确，让用户能够顺利地完成一系列流程。

以上是校园生活购物系统的需求分析，它可以为校园内的学生和商家提供便捷的购物和售卖体验，促进校园商业的发展，给学生的生活带来便利。在实际开发过程中，还需要进一步细化需求并与相关利益者共同确认，以确保系统满足实际需求。

15.3 系统功能分析与开发环境搭建

15.3.1 系统功能概述

该系统是面向广大学生群体，以贴合校园生活为主进行相关商品网络售卖的平台。学生通过输入自己所在学校和学号进行注册后即可进行登录和使用。平台用户被分为两大类，分别是学生用户和管理员。学生用户可以对自己的账户信息进行完善并可实现商品购买，也可对收货地址和购物车等进行设置和调整。管理员可以对学生用户、商品、订单以及公告板等进行管理。

根据不同用户，系统具体功能如下。

学生用户功能区可以实现以下功能。

（1）学生用户进行注册并登录。

（2）学生用户编辑个人资料信息。

（3）学生用户浏览商品信息。

（4）学生用户查找商品信息。

（5）学生用户选择商品并放进购物车。

（6）学生用户提交商品订单信息。

（7）学生用户查看或编辑订单信息。

管理员功能区可实现以下功能。

（1）管理员添加、修改、删除商品信息。

（2）管理员查看学生用户订单信息。

（3）管理员查看或删除学生用户信息。

15.3.2 系统功能模块设计

校园生活购物系统可以学生用户、管理员两种不同的身份来访问。

整体的系统功能模块如图 15-1 所示。

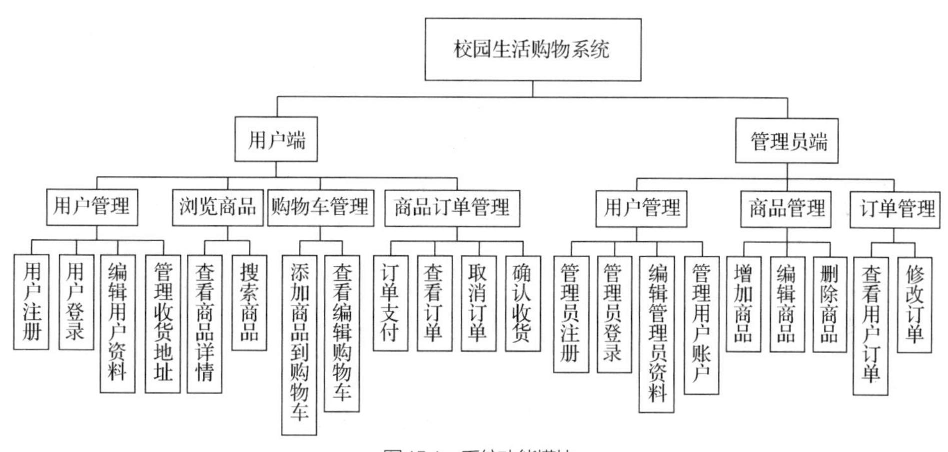

图 15-1 系统功能模块

15.3.3 系统开发环境搭建

正式开发校园生活购物系统之前，需要搭建好系统的开发环境。首先需要安装 Java 开发工具包（Java Development Kit，JDK），然后安装 Web 服务器和 MySQL 数据库，最后为提高开发效率，还需要安装集成开发环境（Integrated Development Environment，IDE）工具。校园生活购物系统的开发环境如下。

操作系统：Windows 10。

Java 开发工具包：JDK1.8.0-201。

SpringBoot 框架：SpringBoot 2.3.5.RELEASE。

Web 服务器：Nginx 1.18.0。

数据库：MySQL 8.0.33。

IDE 工具：IntelliJ IDEA 2022.3.2。

浏览器：Google Chrome 92.0（64 位）

15.4 系统数据库设计

数据库在一个系统的设计实现中占有非常重要的地位，数据库结构设计的好坏将直接对系统的效率以及实现的效果产生影响，合理的数据库结构设计可以提高数据存储的效率，保证数据的完整性和一致性，同时，合理的数据库结构设计也将有利于系统的实现。

15.4.1 数据库概念结构设计

概念结构设计

在需求分析的基础上，使用概念化数据模型来表示数据之间的逻辑关系，如 E-R 图。E-R 图是一种能够对概念模型进行有效描述的方法。图中设计出实体、属性、关系、约束等，描述数据之间的关系和组织方式。通俗地说就是将现实之中的种种关系抽象成一个有语义表达能力的图像。

E-R 图主要有以下 3 个基本要素。

（1）实体（Entity）：实体代表现实世界中独立存在并具有特征的事物，可以是一个对象、一个人、一个地方或一个概念等。每个实体在 E-R 图中通常表示为一个矩形，矩形内写有实体的名称。

（2）属性（Attribute）：属性是实体的特征，用于描述实体的特性。属性通常放于椭圆中，并用一条线段将椭圆与实体所在矩形连接起来。

（3）关系（Relationship）：关系表示实体之间的联系或连接。关系可以是一对一、一对多或多对多的。关系在 E-R 图中通常表示为菱形，连接表示实体的矩形，菱形中标注了关系的名称。

学生和课程都是具有一定特征的实体，每个特征可以抽象为属性。学生和课程之间存在着学生选修课程的联系。一个学生可以选择多门课程，一门课程也可以被多个学生选修，所以它们之间是多对多的关系。学生与课程 E-R 图如图 15-2 所示就是根据这种描述所画出的 E-R 图。

图 15-2　学生与课程 E-R 图

要画一个 E-R 图，可以按照以下步骤操作。

（1）确定实体：确定要表示的实体，它们可以是系统中的重要对象或概念。

（2）为实体确定属性：为每个实体确定相关的属性，描述实体的特征。

（3）确定关系：确定实体之间的关系，包括关系类型和关系的性质。考虑每个关系连接的实体以及它们之间的联系。

（4）绘制图形：使用合适的工具绘制实体、属性和关系的图形。矩形代表实体，椭圆形代表属性，菱形代表关系。

（5）标注名称：在每个图形中标注名称，包括实体的名称、属性的名称和关系的名称。

（6）连接图形：使用连接线连接实体、属性和关系，表示它们之间的联系（一对一、一对多、多对多）。

（7）确保 E-R 图的完整性：确保 E-R 图完整地表示了系统的数据结构和关系，反映了实际业务需求。

请注意，E-R 图是一种高层次的抽象表示，用于展示数据库的结构和关系，不涉及具体的编程或实现细节。绘制 E-R 图可以使用专门的 E-R 图绘制工具，也可以使用通用的绘图软件。

本例中的实体设计如下。

（1）用户：存储用户的基本信息，如用户 id、用户名、密码等。

（2）管理员：存储管理员的信息，如管理员 id、管理员姓名、管理员密码等。

（3）商品：存储商品的信息，如商品 id、商品名称、价格等。

（4）订单：存储订单的信息，如订单 id、订单状态、总价格等。

（5）收货地址：存储用户的收货地址信息，如收货人姓名、电话号码、收货地址等。

（6）购物车：存储用户的购物车信息，包括购物车 id、创建时间等。

（7）首页公告：存储平台发布的公告信息，如公告 id、公告内容、创建时间等。

设计好实体后，还要为实体确定相应的属性。具体的属性在后面逻辑结构设计阶段会给出完整的属性名称与属性含义。本例涉及的所有实体属性图如图 15-3 所示。

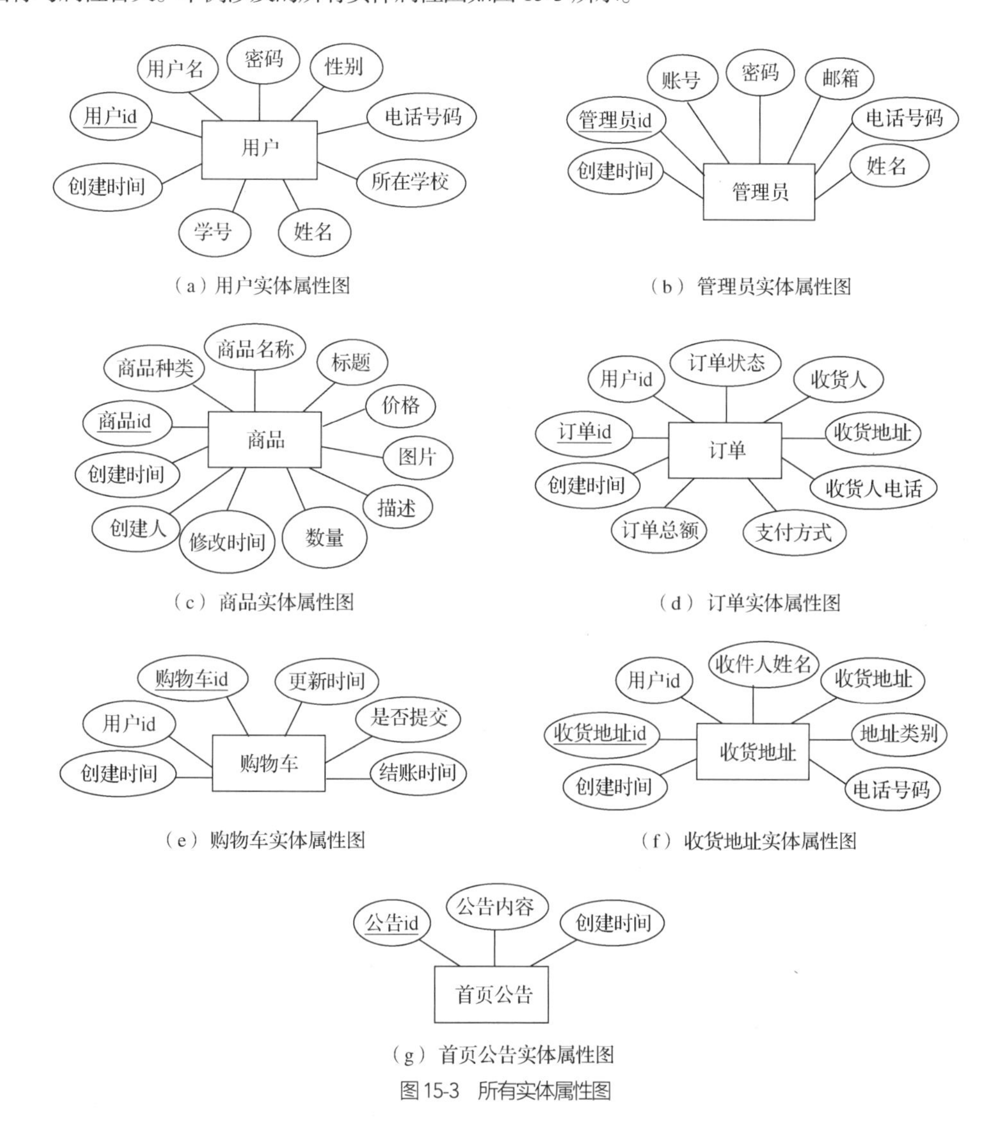

图 15-3　所有实体属性图

以上展示的这些实体之间存在着以下关系。

（1）管理员与用户：一个管理员可以管理多个用户，一对多关系。

（2）管理员与商品：一个管理员可以管理多个商品，一对多关系。

（3）管理员与订单：一个管理员可以管理多个订单，一对多关系。

（4）管理员与首页公告：一个管理员可以管理多条公告信息，一对多关系。

（5）用户与商品：一个用户可以查看和选购多个商品，一对多关系。

（6）用户与订单：一个用户可以有多个订单，一对多关系。

（7）用户与首页公告：一个用户可以查看多条公告信息，一对多关系。

（8）用户与购物车：一个用户有一个购物车，一对一关系。

（9）用户与收货地址：一个用户可以有多个收货地址，一对多关系。

（10）订单与商品：一个订单可以包含多种商品，一对多关系。

（11）购物车与商品：一个购物车可以包含多种商品，一对多关系。

由于所涉及的属性太多，所以这里给出了精简版不带属性的系统总体 E-R 图，如图 15-4 所示。

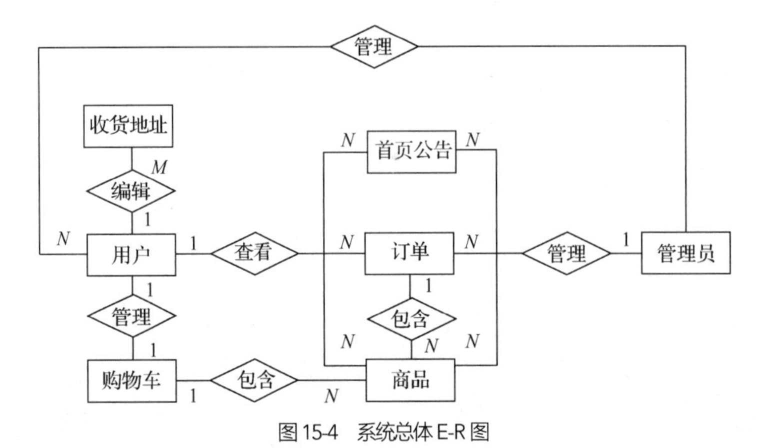

图 15-4　系统总体 E-R 图

15.4.2　数据库逻辑结构设计

数据库逻辑设计是在数据库概念结构设计的 E-R 图基础上进行的下一步工作，旨在将概念结构设计中的 E-R 图转化为具体的数据库结构。在逻辑结构设计中，会考虑如何将 E-R 图中的实体、关系和属性映射到实际的数据表中，以及如何定义数据表的字段、主键、外键、索引和其他约束等信息。这包括以下内容。

逻辑数据库设计

（1）实体到数据表的映射：将 E-R 图中的实体映射为数据表。每个实体通常会对应一个数据表，数据表的名称和字段的定义会反映实体的特征。

（2）属性到字段的映射：将 E-R 图中实体的属性映射为数据表的字段。每个属性会成为数据表的一字段，定义了数据类型、长度、约束等信息。

（3）关系到外键的映射：将 E-R 图中实体之间的关系映射为数据表之间的外键关系。外键用于建立不同数据表之间的联系。

（4）确定主键和唯一标识：为每个数据表确定主键，以及可能需要的唯一标识。主键用于唯一标识数据表中的记录。

（5）索引设计：根据查询需求和性能优化需求，设计数据表的索引以提高数据检索效率。

（6）约束和验证规则：定义数据表的数据约束、默认值和验证规则，以确保数据的完整性和准确性。

（7）视图和存储过程设计：根据业务需求，设计视图和存储过程，以简化复杂查询和数据操作。

逻辑结构设计是从高级概念到具体实现的关键转化步骤，它为物理数据库的创建和实现提供了具体的依据。在逻辑结构设计完成后，可以进一步实施数据库，创建实际的数据表并开始数据的插入、更新和查询等操作。

在理论知识中，往往强调一个实体转换成一个关系，一个联系转换成一个关系。然而实际开发中，将联系转换成关系表的情况是比较少的，主要原因是出于简化查询和性能考虑，将联系转换为关系表可能会导致复杂的查询操作。为了简化查询并提高性能，开发人员可能会选择将某些联系信息直接存储在一个表中，而不是创建额外的关系表。另外，实际需求可能会导致联系转换成关系表的复杂性增加。例如，如果联系的属性很多或者联系的属性在不同实体之间有差异，将其转换为关系表可能会导致表结构复杂化。

在本例中，根据前面设计的 E-R 模型，经逻辑结构设计后形成以下数据表结构。用户表 t_user 如表 15-1 所示，用于存放用户的基本信息。

表 15-1 用户表 t_user

字段名	说明	数据类型	长度	可否为空	主键
uid	用户 id	int	11	否	是
username	用户名	varchar	50	否	否
password	密码	char	32	否	否
salt	盐值（加密使用）	varchar	40	是	否
gender	性别	int	2	是	否
phone	电话号码	varchar	20	是	否
email	电子邮箱	varchar	50	是	否
studentsnumber	学生学号	varchar	20	是	否
school	所在学校	varchar	50	是	否
role	角色	varchar	20	是	否
created_user	创建人	varchar	20	是	否
created_time	创建时间	datetime		是	否
modified_user	最后修改人	varchar	20	是	否
modified_time	最后修改时间	datetime		是	否
is_delete	是否删除	int	255	是	否

管理员表 t_manager 如表 15-2 所示，用于存放管理员的基本信息。

表 15-2 管理员表 t_manager

字段名	说明	数据类型	长度	可否为空	主键
mid	管理员 id	int	11	否	是
managername	管理员姓名	varchar	20	否	否
managerpassword	管理员密码	char	32	否	否
modified_manager	最后修改人	varchar	20	是	否
modified_time	最后修改时间	datetime		是	否

商品表 t_goods 如表 15-3 所示，用于存放商品的相关信息。

表 15-3 商品表 t_goods

字段名	说明	数据类型	长度	可否为空	主键
id	商品 id	int	11	否	是
category_id	种类 id	int	11	否	否
item_type	商品种类	bigint	20	否	否
title	标题	varchar	100	否	否
sell_piont	卖点	varchar	500	是	否
price	单价	int	20	否	否
num	库存数量	int	11	否	否
image	图片路径	varchar	100	是	否
status	商品状态	int	1	是	否
priority	显示优先级	int	10	是	否
created_user	创建人	varchar	20	是	否
created_time	创建时间	datetime		是	否
modified_user	最后修改人	varchar	20	是	否
modified_time	最后修改时间	datetime		是	否

这里有个特别说明，购物平台展示的图片通常会存储在文件系统中，而不是直接存储在数据库中。数据库中会存储图片的路径或引用，以便在前端应用中加载和展示图片。表 15-3 中 image 这个字段用来展示商品图片，它的类型是 varchar(100)就是这个原因。

上传图片：图片会被上传到服务器的文件系统中，通常会在某个目录下创建一个文件夹来存储所有商品图片。例如，可以在项目根目录下创建一个名为 images 的文件夹。

存储图片路径：在数据库中，将商品的图片路径存储在 image 列中。当上传图片时，可以将图片的相对路径保存到数据库中。例如，如果上传的图片 product1.jpg 保存在 images 文件夹下，可以将图片路径存储为 images/product1.jpg。

访问图片：在前端应用中，通过从数据库中检索商品信息并获取图片路径，然后构建完整的图片 URL 来加载和展示图片。前端应用会将图片路径与基本的服务器 URL 进行拼接，以获取完整的图片 URL。

购物车表 t_cart 如表 15-4 所示，用于存放购物车的基本信息。

表 15-4　购物车表 t_cart

字段名	说明	数据类型	长度	可否为空	主键
cid	购物车 id	int	11	否	是
uid	用户 id	int	11	否	否
gid	商品 id	bigint	20	否	否
num	数量	int	11	否	否
created_user	创建人	varchar	20	是	否
created_time	创建时间	datetime		是	否
modified_user	最后修改人	varchar	20	是	否
modified_time	最后修改时间	datetime		是	否

订单表 t_order 如表 15-5 所示，用于存放订单的基本信息。

表 15-5　订单表 t_order

字段名	说明	数据类型	长度	可否为空	主键
oid	订单 id	int	11	否	是
uid	用户 id	int	11	是	否
recv_name	收货人姓名	varchar	50	是	否
recv_phone	收货人手机号	varchar	20	是	否
recv_address	收货地址	varchar	250	是	否
total_price	总价格	bigint	20	是	否
state	订单状态	int	11	是	否
order_time	下单时间	datetime		是	否
pay_time	支付时间	datetime		是	否
created_user	创建人	varchar	20	是	否
created_time	创建时间	datetime		是	否
modified_user	最后修改人	varchar	20	是	否
modified_time	最后修改时间	datetime		是	否

收货地址表 t_address 如表 15-6 所示，用于存放用户收货地址的基本信息。

表 15-6　收货地址表 t_address

字段名	说明	数据类型	长度	可否为空	主键
aid	收货地址 id	int	11	否	是
uid	用户 id	int	11	是	否
name	收货人姓名	varchar	50	是	否

续表

字段名	说明	数据类型	长度	可否为空	主键
province_name	省份名称	varchar	50	是	否
city_name	城市名称	varchar	50	是	否
zip	邮政编码	char	6	是	否
area_name	区域名称	varchar	50	是	否
address	收货地址	varchar	100	是	否
phone	手机号	varchar	20	否	否
tel	电话号码	varchar	20	否	否
tag	地址类别	varchar	20	否	否
is_default	是否为默认地址	int	11	否	否
created_time	创建时间	datetime		是	否
created_user	创建人	varchar	20	是	否
modified_user	最后修改人	varchar	20	是	否
modified_time	最后修改时间	datetime		是	否

订单详情表 t_order_item 如表 15-7 所示，用于存放一个订单内的具体相关信息。

表 15-7 订单详情表 t_order_item

字段名	说明	数据类型	长度	可否为空	主键
id	主键	int	11	否	是
gid	商品 id	int	11	是	否
oid	订单 id	int	11	是	否
title	商品名称	varchar	255	是	否
image	商品图片	varchar	255	是	否
price	价格	int	20	是	否
num	数量	int	10	是	否
created_time	创建时间	datetime		是	否
created_user	创建人	varchar	20	是	否
modified_user	最后修改人	varchar	20	是	否
modified_time	最后修改时间	datetime		是	否

首页公告表 t_note 如表 15-8 所示，用于存放公告的基本信息。

表 15-8 首页公告表 t_note

字段名	说明	数据类型	长度	可否为空	主键
bid	公告 id	int	11	否	是
content	内容	varchar	100	是	否
created_time	创建时间	datetime		是	否

15.4.3 数据库物理设计

数据库的物理结构设计

1. 创建并使用数据库

```
create database Campus_Shopping;
use Campus_Shopping;
```

2. 创建用户表 t_user

```
create table `t_user` (
 'uid' int(11) not null auto_increment comment '用户 id',
 'username' varchar(50) not null default '' comment '用户名',
 'password' char(32) not null default '' comment '密码',
 'salt' varchar(40) default null comment '盐值（加密使用）',
 'gender' int(2) default null comment '性别：0-女，1-男',
 'phone' varchar(20) default null comment '电话号码',
 'email' varchar(50) default null comment '电子邮箱',
 'avatar' varchar(50) default null comment '头像',
 'studentsnumber' varchar(20) default '' comment '学生学号',
 'school' varchar(50) characte-r set utf8mb4 default '' comment '所在学校',
 'role' varchar(20) characte-r set utf8mb4 default null comment '角色',
 'created_user' varchar(20) default null comment '创建人',
 'created_time' datetime default null comment '创建时间',
 'modified_user' varchar(20) default null comment '最后修改人',
 'modified_time' datetime default null comment '最后修改时间',
 'is_delete` int(255) default null comment '是否删除：0-未删除，1-已删除',
 primary key ('uid') using btree
) engine=InnoDB auto_increment=26 default charset=utf8 row_format=compact comment=
'用户表';
```

3. 创建管理员表 t_manager

```
create table 't_manager' (
 'mid' int(11) not null auto_increment comment '管理员 id',
 'managername' varchar(20) not null default '' comment '管理员姓名',
 'managerpassword' char(32) not null default '' comment '管理员密码',
 'modified_manager' varchar(20) default null comment '最后修改人',
 'modified_time' datetime default null comment '最后修改时间',
 primary key ('mid') using btree,
 unique key 'managername' ('managername') using btree
) engine=InnoDB auto_increment=2 default charset=utf8 row_format=compact;
```

4. 创建商品表 t_goods

```
create table 't_goods' (
 'id' bigint(11) not null auto_increment comment '商品 id',
 'category_id' int(20) default null comment '种类 id',
 'item_type' varchar(100) default null comment '商品种类',
 'title' varchar(100) default null comment '标题',
 'sell_point' varchar(150) default null comment '卖点',
 'price' int(20) default null comment '单价',
 'num' int(10) default null comment '库存数量',
 'image' varchar(500) default null comment '图片路径',
 'status' int(1) default '1' comment '商品状态  1：上架   2：下架   3：删除',
 'priority' int(10) default null comment '显示优先级',
 'created_time' datetime default null comment '创建时间',
 'modified_time' datetime default null comment '最后修改时间',
 'created_user' varchar(20) default null comment '创建人',
```

```
 'modified_user' varchar(20) default null comment '最后修改人',
 primary key (`id`) using btree
) engine=InnoDB auto_increment=100000453 default charset=utf8 row_format=compact
comment='商品表';
```

5. 创建购物车表 t_cart

```
create table `t_cart` (
 'cid' int(11) not null auto_increment comment '购物车id',
 'uid' int(11) not null default '0' comment '用户id',
 'gid' bigint(20) not null default '0' comment '商品id',
 'num' int(11) not null default '0' comment '数量',
 'created_user' varchar(20) default null comment '创建人',
 'created_time' datetime default null comment '创建时间',
 'modified_user' varchar(20) default null comment '最后修改人',
 'modified_time' datetime default null comment '最后修改时间',
 primary key (`cid`)
) engine=InnoDB auto_increment=20 default charset=utf8 row_format=compact comment=
'购物车表';
```

6. 创建订单表 t_order

```
create table `t_order` (
 'oid' int(11) not null auto_increment,
 'uid' int(11) default null,
 'recv_name' varchar(50) default null comment '收货人姓名',
 'recv_phone' varchar(20) default null comment '收货人手机号',
 'recv_address' varchar(250) default null comment '收货地址',
 'total_price' bigint(20) default null comment '总价格',
 'state' int(11) default null comment '订单状态',
 'order_time' datetime default null comment '下单时间',
 'pay_time' datetime default null comment '支付时间',
 'created_user' varchar(20) default null comment '创建人',
 'created_time' datetime default null comment '创建时间',
 'modified_user' varchar(20) default null comment '最后修改人',
 'modified_time' datetime default null comment '最后修改时间',
 primary key (`oid`) using btree
) engine=InnoDB auto_increment=8 default charset=utf8 row_format=compact comment='订单表';
```

7. 创建收货地址表 t_address

```
create table 't_address' (
 'aid' int(11) unsigned not null auto_increment comment '收货地址id ',
 'uid' int(11) unsigned default null comment '用户id',
 'name' varchar(50) default null comment '收货人姓名',
 'province_name' varchar(50) default null comment '省份名称',
 'city_name' varchar(50) default null comment '城市名称',
 'area_name' varchar(50) default null comment '区域名称',
 'zip' char(6) default null comment '邮编',
 'address' varchar(100) default null comment '收货地址',
 'phone' varchar(20) default null comment '手机号',
```

```
 'tel' varchar(20) default null comment '电话号码',
 'tag' varchar(20) default null comment '地址类别',
 'is_default' int(11) default null comment  '是否默认地址',
 'created_user' varchar(20) default null comment '创建人',
 'created_time' datetime default null comment '创建时间',
 'modified_user' varchar(20) default null comment '最后修改人',
 'modified_time' datetime default null comment '最后修改时间',
 primary key (`aid`) using btree
) engine=InnoDB auto_increment=20 default charset=utf8 row_format=compact comment=
'收货地址表';
```

8．创建订单详情表 t_order_item

```
create table 't_order_item' (
 'id' int not null auto_increment,
 'gid' bigint default null,
 'oid' bigint unsigned default null comment '订单id',
 'title' varchar(255) default null comment '商品title',
 'image' varchar(255) default null comment '商品图片',
 'price' bigint default null comment '价格',
 'num' int default null comment '数量',
 'created_user' varchar(20) default null comment '创建人',
 'created_time' datetime default null comment '创建时间',,
 ' modified_user ' varchar(20) default null comment '最后修改人',
 ' modified_time ' datetime default null comment '最后修改时间',
 primary key (`id`) using btree,
 unique key `uk_oid` (`oid`) using btree comment '唯一主键值'
) engine=InnoDB auto_increment=21 default charset=utf8mb3 row_format=compact comment=
'订单详情表';
```

9．创建首页公告表 t_note

```
create table 't_note' (
 'bid' int(11) not null auto_increment,
 'content' varchar(100) default null comment '内容',
 'created_time' datetime default null comment '创建时间',
 primary key (`bid`) using btree
) engine=InnoDB auto_increment=15 default charset=utf8 row_format=compact comment=
'首页公告表';
```

在 MySQL 中，查询到数据库 campus_shopping 中的数据表，查询数据表如图 15-5 所示。

数据表创建后，将数据插入各个数据表当中，下面简单列出各个数据表中的数据，以 MySQL 中的操作界面展示具体数据。

查看管理员 t_manager 表中的数据，如图 15-6 所示。

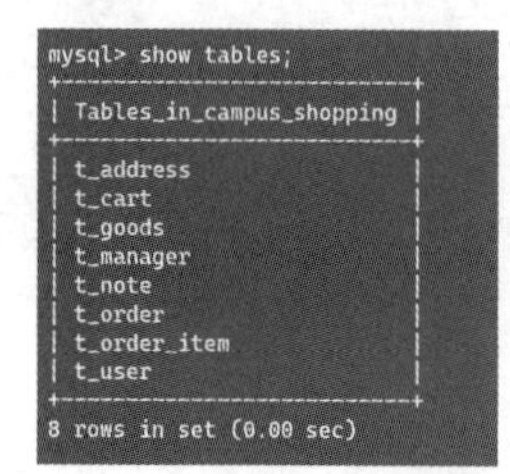

```
mysql> show tables;
+---------------------------+
| Tables_in_campus_shopping |
+---------------------------+
| t_address                 |
| t_cart                    |
| t_goods                   |
| t_manager                 |
| t_note                    |
| t_order                   |
| t_order_item              |
| t_user                    |
+---------------------------+
8 rows in set (0.00 sec)
```

图 15-5　查询数据表

```
mysql> select * from t_manager;
+-----+-------------+-----------------+------------------+---------------------+
| mid | managername | managerpassword | modified_manager | modified_time       |
+-----+-------------+-----------------+------------------+---------------------+
|   1 | manager1    | 12345678        | manager1         | 2022-05-13 12:33:24 |
|   2 | manager2    | 87654321        | manager2         | 2023-07-10 00:00:00 |
+-----+-------------+-----------------+------------------+---------------------+
2 rows in set (0.00 sec)
```

图 15-6　t_manager 表中的数据

查看用户 t_user 表中的数据，如图 15-7 所示。

```
mysql> select * from t_user;
+-----+-------------+----------+------+--------+-------------+--------------------+--------+----------------+---------
-----------+-------------+---------------------+---------------+---------------------+-----------+
| uid | username    | password | salt | gender | phone       | email              | avatar | studentsnumber | school
            | role    | created_user | created_time        | modified_user | modified_time       | is_delete |
+-----+-------------+----------+------+--------+-------------+--------------------+--------+----------------+---------
-----------+-------------+---------------------+---------------+---------------------+-----------+
|   1 | root        | 000000   | NULL |      1 | 15500131006 | 41607083@qq.com    | NULL   | 5464546515     | NULL
            | admin   | root         | 2023-04-10 13:21:13 | root          | 2023-05-29 11:16:46 |         0 |
|   2 | GoodBye998  | 000000   | NULL |      1 | 17745160690 | 1280251739@qq.com  | NULL   | 5464546515     | 黑龙江科
技大学      | student | tym1998      | 2023-05-14 22:13:13 | root          | 2023-05-14 22:13:13 |         0 |
|   6 | LoveIsButi  | 000000   | NULL |      1 | 15910474444 | 15745454444@qq.com | NULL   | 5464546515     | 黑龙江农
业工程学院  | student | tym1998      | 2020-05-31 11:23:03 | root          | 2020-05-31 10:02:23 |         0 |
|   7 | WangDuoYu   | 000000   | NULL |      0 | 15945162479 | 5464546515@qq.com  | NULL   | 5464546515     | 北京传媒
艺术学院    | student | tym1998      | 2020-05-31 11:23:03 | root          | 2020-05-31 10:02:23 |         0 |
|  10 | Charlie     | 000000   | NULL |      0 | 15945162479 | 1213893340@qq.com  | NULL   | 5464546515     | 哈尔滨工
程大学      | student | tym1998      | 2023-05-31 10:02:23 | root          | 2023-05-31 10:02:23 |         0 |
|  11 | Matthew     | 000000   | NULL |      0 | 18800000002 | 2018052812@qq.com  | NULL   | 5464546515     | 东北农业
大学        | student | root3        | 2023-05-31 10:02:23 | root          | 2023-05-31 10:02:23 |         0 |
|  13 | hebhdxy     | 000000   | NULL |      0 | 15910470000 | 1280251739@qq.com  | NULL   | 5464546515     | 哈尔滨华
德学院      | student | xunuo19980708 | 2020-05-31 11:23:03 | root         | 2020-05-31 11:29:49 |         0 |
|  28 | Jam         | 000000   | NULL |      1 | 15945165555 | 15484545151@qq.com | NULL   | 5464546515     | 哈尔滨商
业大学      | student | tym1998      | 2020-05-31 11:23:03 | root          | 2020-05-31 10:02:23 |         0 |
+-----+-------------+----------+------+--------+-------------+--------------------+--------+----------------+---------
-----------+-------------+---------------------+---------------+---------------------+-----------+
8 rows in set (0.00 sec)
```

图 15-7　t_user 表中的数据

如果在 MySQL 命令窗口中展示的数据导致每个记录占用多行，像 t_user 表中，数据项较多，每个数据项中的内容也很多，横向显示比较混乱，效果不佳。这种情况下可以采取以下措施来改善显示效果：在查询语句的结尾，使用\G 代替;，将结果以垂直格式展示。这可以更好地显示每个字段的内容，纵向展示 t_user 表中的数据如图 15-8 所示。

查看商品 t_goods 表中的数据，如图 15-9 所示。

```
mysql> select * from t_user\G;
*************************** 1. row ***************************
           uid: 1
      username: root
      password: 000000
          salt: NULL
        gender: 1
         phone: 15500131006
         email: 41607083@qq.com
        avatar: NULL
studentsnumber: 5464546515
        school: NULL
          role: admin
  created_user: root
  created_time: 2023-04-10 13:21:13
 modified_user: root
 modified_time: 2023-05-29 11:16:46
     is_delete: 0
*************************** 2. row ***************************
           uid: 2
      username: GoodBye998
      password: 000000
          salt: NULL
        gender: 1
         phone: 17745160690
         email: 1280251739@qq.com
        avatar: NULL
studentsnumber: 5464546515
        school: 黑龙江科技大学
          role: student
  created_user: tym1998
  created_time: 2023-05-14 22:13:13
 modified_user: root
 modified_time: 2023-05-14 22:13:13
     is_delete: 0
```

图 15-8　纵向展示 t_user 表中的数据

```
mysql> select * from  t_goods;
+----------+-------------+------------------+----------------------------------------------------------------+--------
--------------------------------------------------------------------------------------------------------+--------
-+------+------------------------------------------+--------+----------+---------------------+--------------------
-------+--------------+---------------+
| id       | category_id | item_type        | title                                                          | sell_p
oint                                                                                                     | price
 | num  | image                                    | status | priority | created_time        | modified_time
       | created_user | modified_user |
+----------+-------------+------------------+----------------------------------------------------------------+--------
--------------------------------------------------------------------------------------------------------+--------
-+------+------------------------------------------+--------+----------+---------------------+--------------------
-------+--------------+---------------+
| 10000001 |         238 | 牛皮纸记事本     | 广博(GuangBo)10本装40张A5牛皮纸记事本子日记本办公软抄本GBR0731 | 经典办
公用品！超值特惠！                                                                                       |     23
 | 5000 | /images/portal/00GuangBo1040A5GBR0731/   |      1 |       62 | 2023-05-25 15:08:55 | 2023-05-25 15:
08:00 | admin        | admin         |
| 10000002 |         238 | 皮面日程本       | 广博(GuangBo)皮面日程本子 计划记事本效率手册米色FB60322         | 超值特
惠！                                                                                                     |     46
 | 5000 | /images/portal/001GuangBo)FB60322/       |     -1 |       49 | 2023-05-25 15:08:55 | 2023-10-25 15:
08:55 | admin        | admin         |
| 10000003 |         238 | 16k记事本        | 广博(GuangBo)16K115页线圈记事本子日记本文具笔记本图案随机       | 超高性
价比！超值特惠！                                                                                         |     13
 | 6000 | /images/portal/01GuangBo16K115FB60506/   |      1 |       58 | 2023-05-25 15:08:55 | 2023-05-25 15:
06:40 | admin        | admin         |
| 10000004 |         241 | 计算器           | 得力 (deli) 1548A商务办公桌面计算器 太阳能双电源                 | 经典回
顾！超值特惠！                                                                                           |     58
 | 8000 | /images/portal/002calculator1548A/       |      1 |       42 | 2023-05-25 15:08:55 | 2023-10-25 15:
08:55 | admin        | admin         |
| 10000006 |         236 | 票据网格拉链袋   | 三木(SUNWOOD) C4523 票据网格拉链袋/文件袋 12个装 颜色随机       | 办公好
助手！超值特惠！                                                                                         |     28
```

图 15-9　t_goods 表中的数据

查看购物车 t_cart 表中的数据，如图 15-10 所示。

```
mysql> select * from t_cart;
+-----+-----+-----------+-----+---------------+---------------------+---------------+---------------------+
| cid | uid | gid       | num | created_user  | created_time        | modified_user | modified_time       |
+-----+-----+-----------+-----+---------------+---------------------+---------------+---------------------+
|   6 |   1 |  10000022 |   3 | root          | 2023-08-18 11:55:09 | root          | 2023-09-05 16:03:14 |
|   7 |   5 |  10000017 |   4 | xunuohaha     | 2023-07-29 10:57:59 | xunuohaha     | 2023-08-29 10:58:06 |
|  10 |   6 |  10000003 |   4 | wangxin       | 2023-05-29 22:44:54 | wangxin       | 2023-06-29 22:44:54 |
|  11 |   6 |  10000042 |   1 | wangxin       | 2023-05-15 22:48:27 | wangxin       | 2023-05-29 22:48:27 |
|  12 |   7 |  10000003 |   3 | xunuo1998     | 2023-05-10 10:34:16 | xunuo1998     | 2023-05-30 10:34:41 |
|  13 |   7 |  10000017 |   1 | xunuo1998     | 2023-05-09 10:47:58 | xunuo1998     | 2023-05-30 10:47:58 |
|  15 |  13 |  10000022 |   1 | xunuo19980708 | 2023-04-30 11:28:12 | xunuo19980708 | 2023-05-31 11:28:12 |
|  19 |   1 |  10000042 |   1 | root          | 2022-10-18 16:55:34 | root          | 2022-10-18 16:55:34 |
|  20 |   1 | 100000451 |   1 | root          | 2023-10-19 13:20:07 | root          | 2023-10-19 13:20:07 |
|  21 |   1 |  10000003 |   1 | root          | 2023-10-19 14:14:31 | root          | 2023-10-19 14:14:31 |
|  22 |   1 |  10000017 |   1 | root          | 2023-10-22 23:32:08 | root          | 2023-10-22 23:32:08 |
|  23 |  28 | 100000459 |   4 | Jam           | 2023-10-22 23:46:37 | Jam           | 2023-10-23 18:24:01 |
|  25 |  28 |  10000017 |   1 | Jam           | 2023-10-23 16:15:11 | Jam           | 2023-10-23 16:15:11 |
|  26 |  28 | 100000451 |   3 | Jam           | 2023-10-23 17:22:17 | Jam           | 2023-10-23 18:24:47 |
+-----+-----+-----------+-----+---------------+---------------------+---------------+---------------------+
14 rows in set (0.00 sec)
```

图 15-10　t_cart 表中的数据

查看收货地址表 t_address 中的数据，如图 15-11 所示。

```
mysql> select * from t_address;
+-----+-----+--------+---------------+-----------+-----------+--------+--------------------------------+-------------+-
-------------+------+------------+--------------+---------------------+---------------+---------------------+
| aid | uid | name   | province_name | city_name | area_name | zip    | address                        | phone       |
tel          | tag  | is_default | created_user | created_time        | modified_user | modified_time       |
+-----+-----+--------+---------------+-----------+-----------+--------+--------------------------------+-------------+-
-------------+------+------------+--------------+---------------------+---------------+---------------------+
|   1 |   2 | 小许   | 黑龙江省      | 哈尔滨市  | 道里区    | 150001 | 尚志大街152号                  | 15584689856 |
0451-84324561 | 单位 |          1 | 系统管理员   | 2023-08-29 13:20:24 | 系统管理员    | 2023-08-29 13:20:24 |
|   2 |  10 | 王昕   | 黑龙江省      | 哈尔滨市  | 道外区    | 150020 | 红旗大街999号 黑龙江工程学院   | 15235423500 |
0451-88028575 | 学校 |          0 | Charlie      | 2023-05-29 22:45:35 | Charlie       | 2023-05-29 22:45:35 |
|   3 |  11 | 李一林 | 黑龙江省      | 哈尔滨市  | 南岗区    | 150080 | 学府路74号 黑龙江大学          | 13945596095 |
0451-88685978 | 学校 |          1 | Matthew      | 2023-05-18 22:45:59 | Matthew       | 2023-05-18 22:46:13 |
|   4 |  11 | 李一林 | 山西省        | 太原市    | 迎泽区    | 030024 | 解放路223号3栋4单元501         | 13009900871 |
0351-56881649 | 家   |          0 | Matthew      | 2023-04-30 10:31:55 | Matthew       | 2023-04-30 10:31:55 |
|   5 |  13 | 张秋   | 黑龙江省      | 哈尔滨市  | 南岗区    | 150081 | 学府路157号 哈尔滨医科大学     | 13009900871 |
0451-87502550 | 学校 |          1 | hebhdxy      | 2023-04-18 10:32:16 | hebhdxy       | 2023-04-18 10:32:39 |
|   6 |  27 | 许程婉 | 黑龙江省      | 哈尔滨市  | 南岗区    | 150080 | 学府路52号 哈尔滨理工大学      | 13009900871 |
0451-86418022 | 学校 |          0 | WangDuoYu    | 2023-03-31 11:26:31 | WangDuoYu     | 2023-03-31 11:26:31 |
|   8 |  28 | 王城公 | 黑龙江省      | 哈尔滨市  | 南岗区    | 150001 | 学府路92号 哈尔滨工业大学      | 15545596095 |
15945162479  | 家   |          1 | Jam          | 2023-10-23 00:04:03 | Jam           | 2023-10-23 00:04:03 |
+-----+-----+--------+---------------+-----------+-----------+--------+--------------------------------+-------------+-
-------------+------+------------+--------------+---------------------+---------------+---------------------+
7 rows in set (0.00 sec)
```

图 15-11　t_address 表中的数据

查看订单 t_order 表中的数据，如图 15-12 所示。

```
mysql> select * from t_order;
+-----+-----+-----------+--------------+------------------------------------------------+-------------+-------+
---------------------+----------+--------------+---------------------+---------------+---------------------+
| oid | uid | recv_name | recv_phone   | recv_address                                   | total_price | state |
 order_time          | pay_time | created_user | created_time        | modified_user | modified_time       |
+-----+-----+-----------+--------------+------------------------------------------------+-------------+-------+
---------------------+----------+--------------+---------------------+---------------+---------------------+
|   1 |   2 | 小许      | 15584689856  | 黑龙江省哈尔滨市道里区尚志大街152号            |        5119 |     4 |
 2023-05-30 03:40:45 | NULL     | root         | 2023-05-30 03:40:45 | root          | 2023-05-30 03:40:45 |
|   7 |   2 | 小许      | 15584689856  | 黑龙江省哈尔滨市道里区尚志大街152号            |          39 |     0 |
 2023-06-05 16:03:21 | NULL     | root         | 2023-06-05 16:03:21 | root          | 2023-06-05 16:03:21 |
|   8 |  10 | 王昕      | 15235423500  | 黑龙江省哈尔滨市道外区红旗大街999号 黑龙江工程学院 |     5119 |     0 |
 2023-10-19 13:22:41 | NULL     | root         | 2023-10-19 13:22:41 | root          | 2023-10-19 13:22:41 |
|   9 |  10 | 王昕      | 15235423500  | 黑龙江省哈尔滨市道外区红旗大街999号 黑龙江工程学院 |     4604 |     6 |
 2023-10-19 14:14:59 | NULL     | root         | 2023-10-19 14:14:59 | root          | 2023-10-19 14:14:59 |
|  10 |  11 | 李一林    | 13945596095  | 黑龙江省哈尔滨市南岗区学府路74号 黑龙江大学     |        4604 |     0 |
 2023-10-22 23:32:41 | NULL     | root         | 2023-10-22 23:32:41 | root          | 2023-10-22 23:32:41 |
|  11 |  11 | 李一林    | 0351-56881649 | 山西省太原市迎泽区解放路223号3栋4单元501      |          60 |     1 |
 2023-10-23 00:04:16 | NULL     | Jam          | 2023-10-23 00:04:16 | Jam           | 2023-10-23 00:04:16 |
|  12 |  13 | 张秋      | 15910470048  | 黑龙江省哈尔滨市南岗区王岗大街街道74号          |          60 |     0 |
 2023-10-23 00:07:26 | NULL     | Jam          | 2023-10-23 00:07:26 | Jam           | 2023-10-23 00:07:26 |
|  13 |  27 | 许程婉    | 15910470048  | 黑龙江省哈尔滨市南岗区王岗大街街道74号          |          60 |     6 |
 2023-10-23 00:10:40 | NULL     | Jam          | 2023-10-23 00:10:40 | Jam           | 2023-10-23 00:10:40 |
|  14 |  28 | 王城公    | 15910470048  | 黑龙江省哈尔滨市南岗区王岗大街街道74号          |          60 |     6 |
 2023-10-23 00:15:22 | NULL     | Jam          | 2023-10-23 00:15:22 | Jam           | 2023-10-23 00:15:22 |
+-----+-----+-----------+--------------+------------------------------------------------+-------------+-------+
---------------------+----------+--------------+---------------------+---------------+---------------------+
9 rows in set (0.00 sec)
```

图 15-12　t_order 表中的数据

查看订单详情 t_order_item 表中的数据，如图 15-13 所示。

```
mysql> select * from t_order_item;
+----+-----------+-----+---------------------------------------------------+-------------------------------------
-----------+-------+-----+--------------+---------------------+---------------------+---------------+
| id | gid       | oid | title                                             | image
           | price | num | created_user | created_time        | modified_time       | modified_user |
+----+-----------+-----+---------------------------------------------------+-------------------------------------
-----------+-------+-----+--------------+---------------------+---------------------+---------------+
|  1 | 10000022  |   8 | 联想 (Lenovo) IdeaPad310经典版黑色                | /images/portal/13LenovoIdeaPad31
0_black/   |  5119 |   1 | root         | 2023-05-30 03:40:45 | 2023-05-30 03:40:45 | root          |
|  2 | 10000017  |   9 | 戴尔(DELL)XPS13-9360-R1609 13.3高配版银色         | /images/portal/12DELLXPS13-silve
ry/        |  4604 |   1 | root         | 2023-05-30 03:41:55 | 2023-05-30 03:41:55 | root          |
|  3 | 10000022  |   1 | 联想 (Lenovo) IdeaPad310经典版黑色                | /images/portal/13LenovoIdeaPad31
0_black/   |  5119 |   1 | root         | 2023-05-30 03:42:27 | 2023-05-30 03:42:27 | root          |
|  4 | 10000003  |   7 | 广博(GuangBo)16K115页线圈记事本子日记本文具笔记本图案随机 | /images/portal/01GuangBo16K115FB
60506/     |    13 |   3 | xunuo1998    | 2020-05-30 10:35:15 | 2023-05-30 10:35:15 | xunuo1998     |
| 10 | 10000017  |  10 | 戴尔(DELL)XPS13-9360-R1609 13.3高配版银色         | /images/portal/12DELLXPS13-silve
ry/        |  4604 |   1 | root         | 2023-10-22 23:32:41 | 2023-10-22 23:32:41 | root          |
| 11 | 100000459 |  11 | 经典留声机留住你的声音                            | nyzpdfe2rno126wzcyj1/
           |    20 |   3 | Jam          | 2023-10-23 00:04:16 | 2023-10-23 00:04:16 | Jam           |
| 12 | 100000459 |  12 | 经典留声机留住你的声音                            | nyzpdfe2rno126wzcyj1/
           |    20 |   3 | Jam          | 2023-10-23 00:07:26 | 2023-10-23 00:07:26 | Jam           |
| 13 | 100000459 |  13 | 经典留声机留住你的声音                            | nyzpdfe2rno126wzcyj1/
           |    20 |   3 | Jam          | 2023-10-23 00:10:40 | 2023-10-23 00:10:40 | Jam           |
| 14 | 100000459 |  14 | 经典留声机留住你的声音                            | nyzpdfe2rno126wzcyj1/
           |    20 |   3 | Jam          | 2023-10-23 00:15:22 | 2023-10-23 00:15:22 | Jam           |
+----+-----------+-----+---------------------------------------------------+-------------------------------------
-----------+-------+-----+--------------+---------------------+---------------------+---------------+
9 rows in set (0.00 sec)
```

图 15-13　t_order_item 表中的数据

查看首页公告 t_note 表中的数据，如图 15-14 所示。

```
mysql> select * from t_note;
+-----+------------------------------------------------------------------------------------------------------
--------------+--------------+
| bid | content
              | created_time |
+-----+------------------------------------------------------------------------------------------------------
--------------+--------------+
|  14 | 校园生活购物网公告：欢迎参加我们的秋季特惠活动！购买任意商品满100元即可享受免费配送服务。快来选购你喜爱的商品
，尽享优惠！  | NULL         |
+-----+------------------------------------------------------------------------------------------------------
--------------+--------------+
1 row in set (0.00 sec)
```

图 15-14　t_note 表中的数据

15.5 系统详细设计

15.5.1 数据库连接

在使用 Spring Boot 对 MySQL 进行连接时，由于其内置了 JDBC，所以无须导入 jar 包，只需要在 application.properties 文件中加载 jdbc 驱动，并将 datasource 中的 url、username、和 password 配置好即可。通过这些配置，Spring Boot 可以连接到指定的数据库，并使用 MyBatis 进行数据库操作，还可以控制 JSON 序列化时属性的包含规则，指定文件上传的路径，以及设置访问上传文件的 URL。这样可以方便地进行 JSON 数据的处理和文件上传功能的实现。连接代码如下。

```
spring.datasource.url=jdbc:mysql://101.42.48.133:33086/tedu_store?serverTimezone=
Asia/
    Shanghai&useUnicode=true&characterEncoding=UTF-8&useSSL= false&zeroDateTimeBehavior
    =convertToNull&allowMultiQueries=true
    spring.datasource.username=root
    spring.datasource.password=admin123.
    spring.datasource.driver-class-name=com.mysql.jdbc.Driver
    mybatis.mapper-locations=classpath:mappers/*.xml
    spring.jackson.default-property-inclusion=non-null
    upload.path=E:\\web-app\\tes\\store\\resources\\
    picUrlPath=http://localhost:10014/resources/
```

如果连接失败请到 pom.xml 文件中查看自己的数据库相关依赖版本是否正确，版本过低可能会导致连接失败。依赖的相关代码如下。

```
<dependency>
            <groupId>mysql</groupId>
            <artifactId>mysql-connector-java</artifactId>
            <version>8.0.33</version>
        </dependency>
```

完成以上内容，数据库就能够正式连接到项目上了。

15.5.2 用户端各功能模块设计

1. 首页介绍

校园生活购物系统首页左上角为该校园生活购物系统的标志，单击该标志可以触发跳转，从而回到首页。右边是一个由内置图标所引用的框组，由“订单”“购物车”“用户管理”“登录”4 个模块组成，其中“用户管理”具有下拉菜单，单击右方的“+”可以选择管理功能。首页的主体部分左边为公告显示区域，占据大部分空间的是一个具有 5 张图片的轮播系统，单击左右两边的按钮即可更换轮播图片。下方的两个商品售卖区域分别为左边的“最新上架”区域和右边的“冲单人气王”区域，首页如图 15-15 所示。

页面开发使用了 Bootstrap 框架的 Carousel 组件，定义了一个轮播容器<div id="myCarousel" class="carousel slide">，定义了轮播指示器<ol class="carousel-indicators">，定义了轮播项目<div class="carousel-inner">，定义了轮播导航<a class="left carousel-control" href="#myCarousel" role="button" data-slide="prev">和<a class="right carousel-control" href="#myCarousel" role="button" data-slide="next">。通过设置不同的图片路径和样式，实现了轮播图的效果。

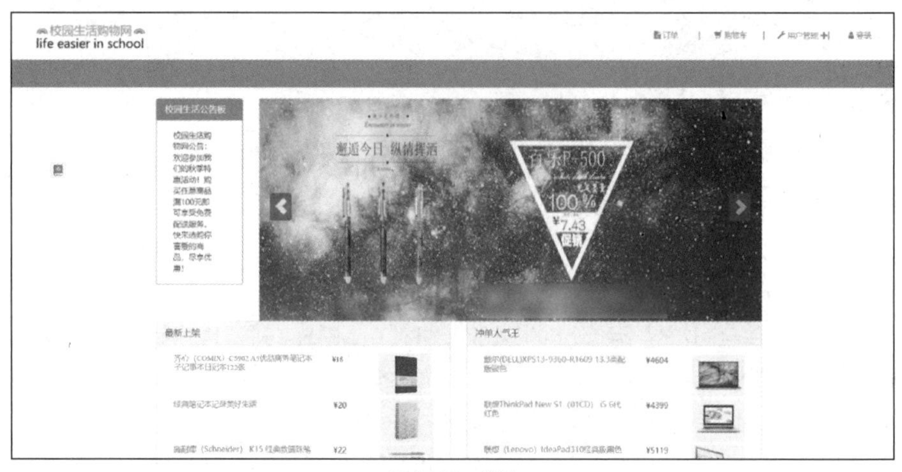

图 15-15　首页

代码如下。

```
<div id="myCarousel" class="carousel slide">
     <!-- 轮播（Carousel）指示器 -->
    <ol class="carousel-indicators">
         <li data-target="#myCarousel" data-slide-to="0" class="active"></li>
         <li data-target="#myCarousel" data-slide-to="1"></li>
         <li data-target="#myCarousel" data-slide-to="2"></li>
         <li data-target="#myCarousel" data-slide-to="3"></li>
         <li data-target="#myCarousel" data-slide-to="4"></li>
     </ol>
     <!-- 轮播（Carousel）项目 -->
     <div class="carousel-inner" align="center">
          <div class="item active">
               <img style="width:1000px; height:400px" src="../images/index/piclunbo
(1).jpg">
          </div>
          <div class="item">
               <img style="width:1000px; height:400px" src="../images/index/piclunbo
(2).jpg">
          </div>
          <div class="item">
               <img style="width:1000px; height:400px" src="../images/index/piclunbo
(3).jpg">
          </div>
          <div class="item">
               <img style="width:1000px; height:400px" src="../images/index/piclunbo
(4).jpg">
          </div>
          <div class="item">
               <img style="width:1000px; height:400px" src="../images/index/piclunbo
(5).png">
          </div>
     </div>
     <!-- 轮播（Carousel）导航 -->
     <a class="left carousel-control" href="#myCarousel" role="button" data-slide=
"prev">
          <span class="glyphicon glyphicon-chevron-left" aria-hidden="true"></span>
          <span class="sr-only">Previous</span>
     </a>
     <a class="right carousel-control" href="#myCarousel" role="button" data-slide=
"next">
```

```
            <span class="glyphicon glyphicon-chevron-right" aria-hidden="true"></span>
            <span class="sr-only">Next</span>
        </a>
</div>
```

2. 用户注册

用户需要注册，才能进行购物，注册页面的输入框组里面共有 4 个必填项目，分别是“用户名”“密码”“学生学校”“学生学号”，每个输入框内都有相关的输入提示，用户注册如图 15-16 所示。下方是“立即注册”按钮，填好信息后单击此按钮即可立即进行注册并跳转到首页。

图 15-16　用户注册

这里使用了 jQuery 库和 AJAX 技术来发送异步请求并处理服务器返回的数据。在这段代码中，当用户单击 id 为 btn-reg 的按钮时，会触发一个单击事件处理函数。在该函数中，通过 AJAX 请求将表单数据发送到服务器的指定 URL（/store/users/reg）。请求类型为 POST，数据使用$("#form-reg").serialize()进行序列化，以便服务器能够获取表单中的数据。当服务器成功响应时，会执行 SUCCESS 回调函数。在该函数中，通过判断返回的 JSON 对象中的状态码（json.state），可以确定注册是否成功。

```
<script type="text/javascript">
        $(document).ready(function(){
            $("#btn-reg").click(function(){
                $.ajax({
                    "url":"/store/users/reg",
                    "data":$("#form-reg").serialize(),
                    "type":"post",
                    "dataType":"json",
                    "success":function(json){
                        if(json.state == 2000){
                            alert("注册成功");
                            //跳转到某个页面
                        }else{
                            alert(json.message);
                        }
                    }
                });
            });
        });
        </script>
    </body>
</html>
```

后端使用了 Spring MVC 框架来处理请求和返回响应，定义了一个处理用户数据相关请求的控制器类，包含了多个请求处理方法，用于处理用户注册、登录、修改密码、获取用户信息等操作。对应的主要代码如下，其中，reg()方法用于用户注册，login()方法用于用户登录，changePassword()方法用于修改密码，getByUid()方法用于根据用户 id 获取用户信息。

```
@Autowired
private IUserService userService;

@RequestMapping("reg")
public JsonResult<Void> reg(User user) {
     userService.reg(user);
     return new JsonResult<Void>(SUCCESS);
}

@RequestMapping("login")
public JsonResult<User> login(String username, String password, HttpSession session)
{
     User user = userService.login(username, password);
     StpUtil.login(user.getUid());
     session.setAttribute("uid", user.getUid());
     session.setAttribute("username", user.getUsername());
     return new JsonResult<>(SUCCESS, user);
}

@RequestMapping("change_password")
public JsonResult<Void> changePassword(@RequestParam("old_password") String
oldPassword, @RequestParam("new_password") String newPassword,
     HttpSession session) {
     Integer uid = Integer.valueOf(session.getAttribute("uid").toString());
     String username = session.getAttribute("username").toString();
     userService.changePassword(uid, username, oldPassword, newPassword);
     return new JsonResult<>(SUCCESS);
}

@GetMapping("get_info")
public JsonResult<User> getByUid(HttpSession session) {
     Integer uid = getUidFromSession(session);
     User data = userService.getByUid(uid);
     return new JsonResult<>(SUCCESS, data);
}
```

3．用户修改个人信息

用户登录后可以修改密码，用户修改密码界页面如图 15-17 所示。左边是两个导航栏将用户的功能分为了两个部分，一个是“我的订单”部分，另一个是“资料修改”部分。选择“资料修改”，该导航栏中功能文字颜色就会变深，选择“修改密码”，文字会加粗，右侧显示修改密码的 3 个输入框，分别为“原密码”“新密码”“确认密码”，在输入完成后单击“修改”按钮即可进行修改，如果原密码不正确会弹出提示。

图 15-17　用户修改密码界面

这部分的设计代码中会设置一个XML配置文件，用于配置校园生活购物系统中的用户数据的映射和操作。这个配置文件可以通过参数占位符来接收传入的参数值，并将其应用于SQL语句中。在执行数据库操作时，持久层框架会根据配置文件中定义的SQL语句和映射规则，将传入的参数值替换到对应的参数占位符上，从而生成最终的SQL语句。如果要执行插入操作，可以调用配置文件对应的类的insert()方法，并传入相应的参数值。持久层框架会将传入的参数值替换到配置文件中的#{}占位符上，生成最终的插入SQL语句，然后执行该SQL语句将数据插入数据库中。通过这种方式，配置文件可以灵活地接收和应用传入的参数值，从而实现动态的数据库操作。

此处定义了一个名为changePassword的请求映射方法，用于处理修改密码的请求。该方法接收两个请求参数old_password和new_password，分别表示旧密码和新密码。然后，从HttpSession中获取用户的uid和username，并调用userService.changePassword()方法来执行密码修改操作。最后，返回一个表示修改成功的JsonResult<Void>对象作为响应。

```
@RequestMapping("change_password")
public JsonResult<Void> changePassword(
        @RequestParam("old_password") String oldPassword,
        @RequestParam("new_password") String newPassword,
        HttpSession session) {
    Integer uid = Integer.valueOf(session.getAttribute("uid").toString());
    String username = session.getAttribute("username").toString();
    userService.changePassword(uid, username, oldPassword, newPassword);
    // 响应修改成功
    return new JsonResult<>(SUCCESS);
}
```

在上述代码中，控制器层的changePassword()方法调用了服务层的userService.changePassword()方法，后者负责执行数据库更新操作。密码更新的SQL语句如下所示。

```
<!-- 更新密码 -->
<!-- Integer updatePassword(
     @Param("uid") Integer uid,
     @Param("password") String password,
     @Param("modifiedUser") String modifiedUser,
     @Param("modifiedTime") Date modifiedTime) -->
<update id="updatePassword">
    update
       t_user
    set
       password=#{password},
       modified_user=#{modifiedUser},
       modified_time=#{modifiedTime}
    where
       uid=#{uid}
</update>
```

“修改密码”的旁边是“个人资料”，在其中可以修改个人资料，用户管理个人资料如图15-18所示。“用户名”由于是无法修改的，所以设置成了只读，“电话号码”“电子邮箱”“性别”填写完成之后单击“修改”按钮即对个人资料进行了完善。

图15-18 用户管理个人资料

在用户对个人信息进行修改的同时，后端应用程序要确保这些更改能够准确无误地反映在数据库中。这里使用 MyBatis 框架来定义数据操作。在下述代码中定义了如何将新的用户数据插入 t_user 表中。

```
<?xml version="1.0" encoding="UTF-8" ?>
<!DOCTYPE mapper PUBLIC "-//ibatis.apache.org//DTD Mapper 3.0//EN"
 "http://ibatis.apache.org/dtd/ibatis-3-mapper.dtd">

<mapper namespace="cn.tedu.store.mapper.UserMapper">

   <!-- 插入用户数据 -->
   <!-- Integer insert(User user) -->
   <insert id="insert"
      useGeneratedKeys="true"
      keyProperty="uid">
      insert into t_user (
         username, password,
         salt, gender,
         phone, email,
         avatar, is_delete,
         school, studentsnumber,
         created_user, created_time,
         modified_user, modified_time
      ) values (
         #{username}, #{password},
         #{salt}, #{gender},
         #{phone}, #{email},
         #{avatar}, #{isDelete},
         #{school}, #{studentsnumber},
         #{createdUser}, #{createdTime},
         #{modifiedUser}, #{modifiedTime}
      )
   </insert>
      <!-- 根据用户名查询用户数据 -->
   <!-- User findByUsername(String username) -->
   <select username ="findByUsername"
      resultType="cn.tedu.store.entity.User">
      select
        uid, username,
        password,is_delete as isDelete
      from
        t_user
      where
        username=#{username}
   </select>

    <!-- 根据用户 id 查询用户数据 -->
   <!-- User findByUid(Integer uid) -->
   <select id="findByUid"
      resultType="cn.tedu.store.entity.User">
      select
        username,phone,
        email,gender,
        school,studentsnumber,
        password,is_delete as isDelete
      from
        t_user
      where
        uid=# {uid}
</select>
```

用户管理收货信息界面如图 15-19 所示。

图 15-19 用户管理收货信息界面

此处通过一个控制器类 AddressController 接收前端发送的请求，并根据请求的内容执行相应的业务逻辑。

```
package cn.tedu.store.controller.web;
import java.util.List;
import javax.servlet.http.HttpSession;
import cn.tedu.store.param.web.AddressParam;
import io.swagger.annotations.Api;
import io.swagger.annotations.ApiOperation;
import org.springframework.beans.factory.annotation.Autowired;
import org.springframework.validation.annotation.Validated;
import org.springframework.web.bind.annotation.*;
import cn.tedu.store.entity.Address;
import cn.tedu.store.service.IAddressService;
import cn.tedu.store.util.JsonResult;
@Api("web-地址")
@RestController
@RequestMapping("addresses")
public class AddressController extends BaseController {
@Autowired
     private IAddressService addressService;

     @ApiOperation("新增地址")
     @PostMapping("addnew")
     public JsonResult<Void> addnew(@Validated AddressParam address, HttpSession
session) {
          Integer uid = getUidFromSession(session) ;
          String username = getUsernameFromSession(session);
          addressService.addnew(address, uid, username);
          return new JsonResult<>(SUCCESS);
     }
@GetMapping("/")
     public JsonResult<List<Address>> getByUid(
               HttpSession session) {
          // 从 session 中获取 uid
          Integer uid = getUidFromSession(session);
          // 调用业务层对象获取数据
          List<Address> data = addressService.getByUid(uid);
          // 响应
          return new JsonResult<>(SUCCESS, data);
     }
     @RequestMapping("{aid}/set_default")
     public JsonResult<Void> setDefault(
          @PathVariable("aid") Integer aid,
          HttpSession session) {
          // 从 session 中获取 uid 和 username
          Integer uid = getUidFromSession(session);
```

```
        String username = getUsernameFromSession(session);
        // 调用业务层对象，保持默认设置
        addressService.setDefault(aid, uid, username);
        // 响应成功
        return new JsonResult<>(SUCCESS);
    }
    @RequestMapping("{aid}/delete")
    public JsonResult<Void> delete(
        @PathVariable("aid") Integer aid,
        HttpSession session) {
        // 从session中获取uid和username
        Integer uid = getUidFromSession(session);
        String username = getUsernameFromSession(session);
        // 调用业务层对象，保持默认设置
        addressService.delete(aid, uid, username);
        // 响应成功
        return new JsonResult<>(SUCCESS);
    }
}
```

该控制器类中会调用AddressMapper.xml文件中定义的SQL语句来执行数据库操作。这些SQL语句包括插入数据、查询数据、更新数据和删除数据等操作。

```
<mapper namespace="cn.tedu.store.mapper.AddressMapper">
    <!-- 插入收货地址数据 -->
    <!-- Integer insert(Address address) -->
    <insert id="insert"
        useGeneratedKeys="true"
        keyProperty="aid">
        insert into t_address (
            uid, name,
            province_code, province_name,
            city_code, city_name,
            area_code, area_name,
            zip, address,
            phone, tel,
            tag, is_default,
            created_user, created_time,
            modified_user, modified_time
        ) values (
            #{uid}, #{name},
            #{provinceCode}, #{provinceName},
            #{cityCode}, #{cityName},
            #{areaCode}, #{areaName},
            #{zip}, #{address},
            #{phone}, #{tel},
            #{tag}, #{isDefault},
            #{createdUser}, #{createdTime},
            #{modifiedUser}, #{modifiedTime}
        )
    </insert>
    <!-- 统计某个用户收货地址数据的数量
    //select一定要写resultType-->
    <!-- Integer countByUid(Integer uid) -->
    <select id="countByUid"
        resultType="java.lang.Integer">
        select
            count(*)
        from
```

```
            t_address
        where
            uid=#{uid}
    </select>
    <!-- 根据用户 id 查询该用户的收货地址列表 -->
<!-- List<Address> findByUid(Integer uid) -->
<select id="findByUid"
    resultType="cn.tedu.store.entity.Address">
    select
        aid, name,
        address, phone,
        is_default as isDefault,
        tag
    from
        t_address
    where
        uid=#{uid}
    ORDER BY
        is_default desc,
        modified_time desc
</select>
<!-- 将某用户的所有收货地址设置为非默认 -->
<!-- Integer updateNonDefault(Integer uid) -->
<update id="updateNonDefault">
    update
        t_address
    set
        is_default=0
    where
        uid=#{uid}
</update>
<!-- 将指定的收货地址设置为默认 -->
<!-- Integer updateDefault(
    @Param("aid") Integer aid,
    @Param("modifiedUser") String modifiedUser,
    @Param("modifiedTime") Date modifiedTime) -->
<update id="updateDefault">
    update
        t_address
    SET
        is_default=1,
        modified_user=#{modifiedUser},
        modified_time=#{modifiedTime}
    where
        aid=#{aid}
</update>
<!-- 根据收货地址 id 查询详情 -->
<!-- Address findByAid(Integer aid) -->
<select id="findByAid"
    resultType="cn.tedu.store.entity.Address">
    select
        uid, is_default AS isDefault,
        name, phone,
        address
    from
        t_address
    where
        aid=#{aid}
</select>
<!-- 根据收货地址 id 删除数据-->
```

```
<!-- Integer deleteByAid(Integer aid) -->
<delete id="deleteByAid">
    delete from
        t_address
    where
        aid=#{aid}
</delete>
<!-- 查询某用户最后一次修改的收货地址数据 -->
<!-- Address findLastModified(Integer uid) -->
<select id="findLastModified"
    resultType="cn.tedu.store.entity.Address">
    select
        aid
    from
        t_address
    where
        uid=#{uid}
    order by
        modified_time desc
    limit 0,1
</select>
</mapper>
```

4．用户选购商品

用户可以在首页中单击心仪的商品，可以查看商品相关数据和图片，并可以调整数量，单击“加入购物车”按钮可以将商品添加进购物车，用户查看商品如图 15-20 所示。

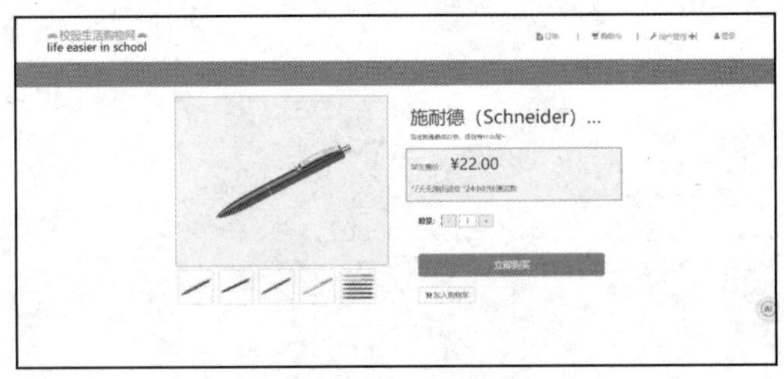

图 15-20　用户查看商品

购物车页面如图 15-21 所示。该页面显示商品的图片、名称、单价、数量、金额和用户可做的操作。勾选复选框即可选中自己想要的商品。单击加或减按钮可以调整数量，单击“删除”按钮可删除相应商品，单击“结算”按钮将携带信息跳转到订单页面。

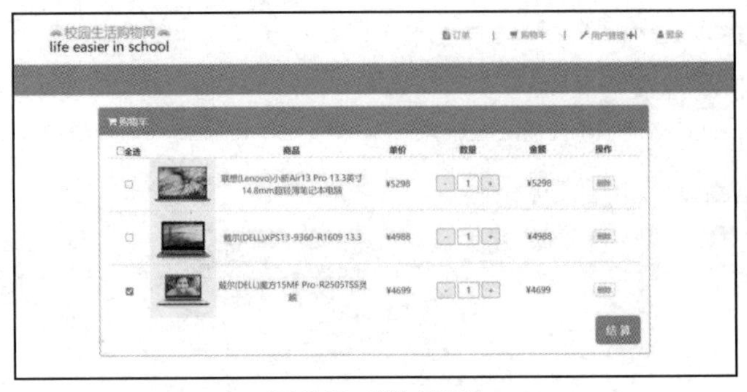

图 15-21　购物车页面

此处采用 Java Spring 框架中的控制器方法和业务逻辑方法，接收一个购物车对象和 HttpSession 对象，将商品添加到购物车中，并返回一个表示操作结果的 JsonResult 对象。如果购物车中已经存在该商品，则更新商品数量；否则，插入一条新的购物车记录。

```
@RequestMapping("add_to_cart")
       public JsonResult<Void> addToCart(Cart cart, HttpSession session) {
            // 从 session 中获取 uid 和 username
            Integer uid = getUidFromSession(session);
            String username = getUsernameFromSession(session);
            // 调用业务层对象执行加入购物车操作
            cartService.addToCart(cart, uid, username);
            // 响应成功
            return new JsonResult<>(SUCCESS);
       }
    // 调用方法
    @Override
    public void addToCart(Cart cart, Integer uid, String username) throws InsertException,
UpdateException {
        // 创建时间对象
        Date now = new Date();
        // 根据参数 cart 中封装的 uid 和 gid 执行查询操作
        Cart result = findByUidAndGid(uid, cart.getGid());
        // 检查查询结果是否为 null
        if (result == null) {
             // 查询结果为 null
            // 基于参数 uid 向参数 cart 中封装 uid
            cart.setUid(uid);
            // 基于参数 username 向参数 cart 中封装 createdUser 和 modifiedUser
            cart.setCreatedUser(username);
            cart.setModifiedUser(username);
            // 向参数 cart 中封装 createdTime 和 modifiedTime
            cart.setCreatedTime(now);
            cart.setModifiedTime(now);
            // 执行插入数据操作
            insert(cart);
            // 执行 SQL 语句
            inse-rt into t_cart (
               uid, gid,
               num,
               created_user, created_time,
               modified_user, modified_time
            ) values (
               #{uid}, #{gid},
               #{num},
               #{createdUser}, #{createdTime},
               #{modifiedUser}, #{modifiedTime}
            )
        } else {
            // 查询结果不为 null
            updateNum(cid, num, modifiedUser, modifiedTime);
            // 从查询结果中获取 cid
            Integer cid = result.getCid();
            // 从查询结果中获取 oldNum，它是商品的原数量
            Integer oldNum = result.getNum();
            // 将以上获取的原数量与参数 cart 中的 num 相加，得到新的数量
            Integer newNum = oldNum + cart.getNum();
```

```
            // 执行修改数量操作
            updateNum(cid, newNum, username, now);
            // 执行 SQL 语句
            // update
                   t_cart
            set
                   num=#{num},
                   modified_user=#{modifiedUser},
                   modified_time=#{modifiedTime}
            where
                   cid=#{cid}
          }
}
```

用户选中想要购买的商品后，可单击“结算”按钮进入订单页面，如图 15-22 所示。

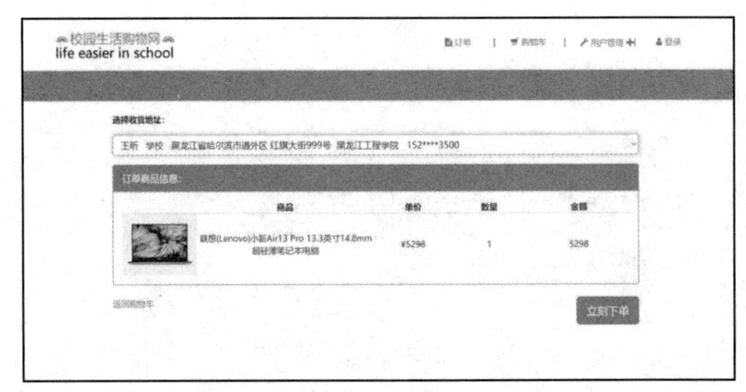

图 15-22　订单页面

下单后就跳转到支付页面，如图 15-23 所示。

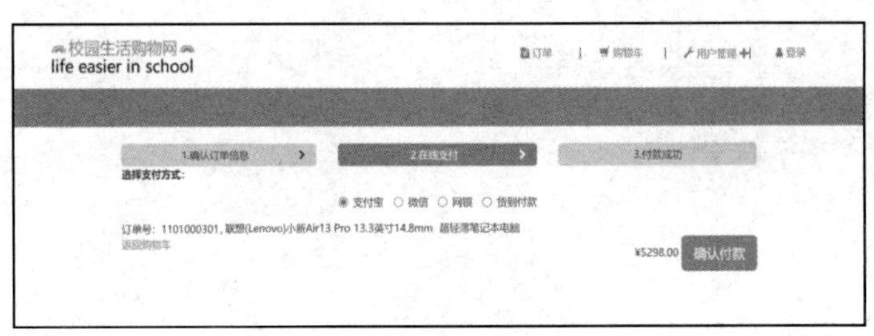

图 15-23　支付页面

由于支付环节涉及用户敏感信息保护、付款安全性、加密敏感信息安全标准、第三方支付集成、支付错误处理、支付跟踪和记录等多方面的难题，所以本例中没有开发真实的支付环节，只是模拟了一下支付页面。支付成功后会弹出提示，支付成功提示如图 15-24 所示。

图 15-24　支付成功提示

单击“前去查看订单”就可以看到已经完成付款的订单，查看订单如图 15-25 所示。

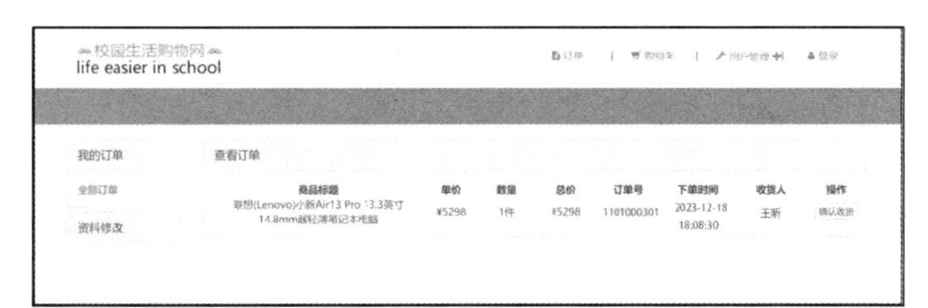

图 15-25 查看订单

这部分的代码运用名为 OrderController 的类，以处理与订单相关的 HTTP 请求。

```
@RestController
@RequestMapping("orders")
public class OrderController extends BaseController {
     @Autowired
     private IOrderService orderService;
     @GetMapping("/")
     public JsonResult<List<OrderVO>> getByUid(HttpSession session) {
          Integer uid = getUidFromSession(session);
          List<OrderVO> data = orderService.getByUid(uid);
          return new JsonResult<>(SUCCESS, data);
     }
@RequestMapping("create")
     public JsonResult<Order> create(
          Integer aid, Integer[] cids, HttpSession session) {
          if(aid == null){
               throw new InsertException("未获取到有效邮寄地址！");
          }
          // 从 session 中获取 uid 和 username
          Integer uid = getUidFromSession(session);
          String username = getUsernameFromSession(session);
          // 调用业务层对象
          Order data = orderService.create(aid, cids, uid, username);
          // 响应
          return new JsonResult<>(SUCCESS, data);
     }
    @RequestMapping("{oid}/delete")
     public JsonResult<Void> delete( @PathVariable("oid") Integer oid,  HttpSession
session) {
          // 更改交易状态为完成
          orderService.upStatus(oid, OrderStatusEnum.IS_FINISHED.getType());
          return new JsonResult<>(SUCCESS);
     }
     @GetMapping("managerorder")
     public JsonResult<List<OrderVO>> getAll() {
          // 调用业务层对象获取数据
          List<OrderVO> data
               = orderService.getAll();
          // 响应
          return new JsonResult<>(SUCCESS, data);
     }
}
```

这里用到了名为 IOrderService 的接口服务，用于定义订单相关的服务接口，它包含一些方法的声明，用于在订单系统中执行不同的操作。这些方法与 OrderController 类中的订单操作方法相对应，提供了对订单的创建、查询、删除、更新等功能。

```
public interface IOrderService {
      /**
       * 创建订单
       * @param aid 用户选择的收货地址 id
       * @param cids 用户的购物车 id
       * @param uid 当前登录的用户 id
       * @param username 当前登录的用户名
       * @return 成功创建的订单数据
       * @throws InsertException 插入数据异常
       */
      Order create(Integer aid, Integer[] cids,
                 Integer uid, String username)
                 throws InsertException;
      List<OrderVO> getByUid(Integer uid);
      void delete(Integer oid) throws AccessDeniedException,DeleteException;
      List<OrderVO> getAll();
/**
       * 更新订单状态
       * @param oid
       * @param status
       */
     void upStatus(Integer oid, Integer status);
     /**
      * 订单列表
      * @param userName
      * @param currentNum
      * @param size
      * @return
      */
     IPage<OrderPageVO> page(String userName, Integer currentNum, Integer size);
     /**
      * 订单信息
      * @param oid
      * @return
      */
     OrderInfoVO info(Integer oid);
}
```

与订单相关的数据库操作由如下代码完成，包含了一些 SQL 语句和映射配置，用于实现订单数据的插入、查询和删除。

```
<mapper namespace="cn.tedu.store.mapper.OrderMapper">
<!-- 插入订单数据 -->
      <!-- Integer insertOrder(Order order) -->
      <insert id="insertOrder"
          useGeneratedKeys="true"
          keyProperty="oid">
          insert into t_order (
             uid, recv_name,
             recv_phone, recv_address,
             total_price, state,
             order_time, pay_time,
             created_user, created_time,
             modified_user, modified_time
          ) values (
             #{uid}, #{recvName},
             #{recvPhone}, #{recvAddress},
```

```
            #{totalPrice}, #{state},
            #{orderTime}, #{payTime},
            #{createdUser}, #{createdTime},
            #{modifiedUser}, #{modifiedTime}
        )
    </insert>
    <!-- 插入订单商品数据 -->
    <!-- Integer insertOrderItem(OrderItem orderItem) -->
    <insert id="insertOrderItem"
        useGeneratedKeys="true"
        keyProperty="id">
        insert into t_order_item (
            id, gid,
            title, image,
            price, num,
            created_user, created_time,
            modified_user, modified_time
        ) values (
            #{id}, #{gid},
            #{title}, #{image},
            #{price}, #{num},
            #{createdUser}, #{createdTime},
            #{modifiedUser}, #{modifiedTime}
        )
    </insert>
    <!-- 根据用户 id 查询该用户的收货地址列表 -->
    <!-- List<OrderVO> findByUid(Integer uid) -->
    <select id="findByUid"
      resultType="cn.tedu.store.vo.OrderVO">
       select
           t_order.oid,uid,
           title,price,
           num,total_price as totalPrice,
           date_format(order_time, '%Y-%m-%d %H: %i: %s') as orderTime,
           recv_name AS recvName
       from
           t_order
       left join
           t_order_item
       on
           t_order.oid=t_order_item.oid
       where
           uid=#{uid}
     </select>
<!-- 根据收货地址 id 删除数据 -->
    <!-- Integer deleteByOid(Integer oid) -->
    <delete id="deleteByOid">
         delete t_order
         from
         t_order,t_order_item
         where
         oid=#{oid}
    </delete>
    <!-- 根据用户 id 查询该用户的收货地址列表 -->
        <select id="findAll"
          resultType="cn.tedu.store.vo.OrderVO">
           select
                t_order.oid,
                uid,
                title,price,
```

```
                num,total_price as totalPrice,
                order_time as orderTime,recv_name as recvName,
                recv_address as recvAddress,recv_phone as recvPhone,
                id
            from
                t_order
            left join
                t_order_item
            on
                t_order.oid=t_order_item.id
    </select>
</mapper>
```

15.5.3 管理员端各功能模块设计

1. 管理员登录

管理员登录页面如图 15-26 所示。输入管理员用户名和密码之后即可进行登录，登录成功后会有弹窗提示登录成功，随后跳转到管理员管理功能中的修改密码页面，各部分功能和用户修改密码一致，提示也一致，在此不做详细介绍。

图 15-26　管理员登录页面

这部分的设计中定义了两个请求映射方法，分别是 changeManagerPassword()和 login()。login()方法处理/manager/login 路径的 POST 请求，用于实现管理员登录功能。它接收管理员姓名和管理员密码作为参数，并使用 managerService 调用 login() 方法进行登录验证。如果登录成功，将管理员 id 和管理员姓名存储在 HttpSession 中，并返回一个包含操作成功和管理员对象的 JsonResult 对象。changeManagerPassword()方法处理 POST 请求，用于实现管理员修改密码功能。它接收旧密码和新密码作为参数，并从 HttpSession 中获取管理员 id 和管理员姓名。然后使 managerService 调用 changeManagerPassword()方法进行密码修改。最后，返回一个表示操作成功的 JsonResult 对象。

以下代码是接收来自前端的管理员相关请求，通过调用 IManagerService 接口中的方法来处理这些请求，并将处理结果封装成 JsonResult 对象返回给前端。它实现了管理员登录和密码修改功能，并通过 HttpSession 来存储和获取管理员的相关信息。

```
package cn.tedu.store.controller.web;
import javax.servlet.http.HttpSession;
import org.springframework.beans.factory.annotation.Autowired;
import org.springframework.web.bind.annotation.RequestMapping;
import org.springframework.web.bind.annotation.RequestParam;
import org.springframework.web.bind.annotation.RestController;
import cn.tedu.store.entity.Manager;
import cn.tedu.store.service.IManagerService;
import cn.tedu.store.util.JsonResult;
@RestController
@RequestMapping("manager")
public class ManagerController extends BaseController{
    @Autowired
    private IManagerService managerService;
    @RequestMapping("login")
    public JsonResult<Manager> login(
        String managername, String managerpassword,
        HttpSession msession) {
```

```
            // 执行登录，获取登录返回结果
            Manager manager = managerService.login(managername, managerpassword);
            // 向 session 中封装数据
            msession.setAttribute("mid", manager.getMid());
            msession.setAttribute("managername", manager.getManagername());
            // 向客户端响应操作成功
            return new JsonResult<>(SUCCESS, manager);
        }
        @RequestMapping("change_managerpassword")
        public JsonResult<Void> changeManagerPassword(
            @RequestParam("old_managerpassword") String oldManagerPassword,
            @RequestParam("new_managerpassword") String newManagerPassword,
            HttpSession msession) {
            Integer mid = Integer.valueOf(msession.getAttribute("mid").toString());
            String managername = msession.getAttribute("managername").toString();
            managerService.changeManagerPassword(mid, managername, oldManagerPassword,
newManagerPassword);
            return new JsonResult<>(SUCCESS);
        }
}
```

更新管理员信息时，ManagerMapper 接口定义了插入管理员信息的方法 insert()。该方法用于将管理员数据对象插入数据库中。在方法注释中，可以看到@param 标签指定了参数 manager 代表管理员数据对象，@return 标签说明了返回值为受影响的行数。

```
package cn.tedu.store.mapper;
import java.util.Date;
import org.apache.ibatis.annotations.Param;
import cn.tedu.store.entity.Manager;
public interface ManagerMapper {
        /**
         * 插入管理员数据
         * @param namager 管理员数据对象
         * @return 受影响的行数
         */
        Integer insert(Manager manager);
        /**
         * 根据管理员姓名查询用户数据
         * @param managername 管理员姓名
         * @return 匹配的用户数据，如果没有匹配的数据，则返回 null
         */
        Manager findByManagername(String managername);
        /**
         * 根据管理员 id 更新管理员密码
         * @param mid 管理员 id
         * @param managerpassword 管理员密码
         *
         * @return 匹配的管理员数据，如果没有，就返回 null
         */
        Integer updateManagerPassword(
                    @Param("mid") Integer mid,
                    @Param("managerpassword") String managerpassword);
            Manager findByMid(Integer mid);
}
```

通过 MyBatis 框架的映射机制，将 SQL 语句与接口方法关联起来，实现对管理员数据的持久化操作。

在运行时，MyBatis 会根据接口方法的调用，自动执行对应的 SQL 语句，并将结果映射到指定的实体对象中。

```
    <!-- 插入管理员数据 -->
    <!-- Integer insert(Manager manager) -->
    <insert id="insert"
        useGeneratedKeys="true"
        keyProperty="mid">
        insert into t_manager (
            managername, managerpassword,
            modified_manager, modified_time
        ) values (
            #{managername}, #{managerpassword},
            #{modifiedManager}, #{modifiedTime}
        )
    </insert>
         <!-- 根据管理员姓名查询管理员数据 -->
    <!-- User findByManagername(String managername) -->
    <select id="findByManagername"
        resultType="cn.tedu.store.entity.Manager">
        select
            mid, managername,
            managerpassword
        from
            t_manager
        where
            managername=#{managername}
     </select>
     <!-- 更新管理员密码 -->
    <!-- Integer updatePassword(
                @Param("mid") Integer mid,
                @Param("managerpassword") String managerpassword,
                ); -->
    <update id="updateManagerPassword">
        update
          t_manager
        set
          managerpassword=#{managerpassword}
        where
      mid=#{mid}
           </update>
           <!-- 根据管理员 id 查询管理员数据 -->
<!-- User findByMid(Integer mid) -->
<select id="findByMid"
     resultType="cn.tedu.store.entity.Manager">
     select
       managerpassword
     from
       t_manager
     where
        mid=#{mid}
</select>
</mapper>
```

2．管理员的各项管理职能

管理员可以对首页公告内容进行更新，管理员更新公告如图 15-27 所示。

管理员可以对用户进行管理，可以添加用户，单个或批量删除用户，也可以对用户信息进行修改，管理员管理用户如图 15-28 所示。

管理员可以对商品进行管理，管理员管理商品如图 15-29 所示。可以添加商品，单个或批量删除商品，也可以对商品信息进行修改。

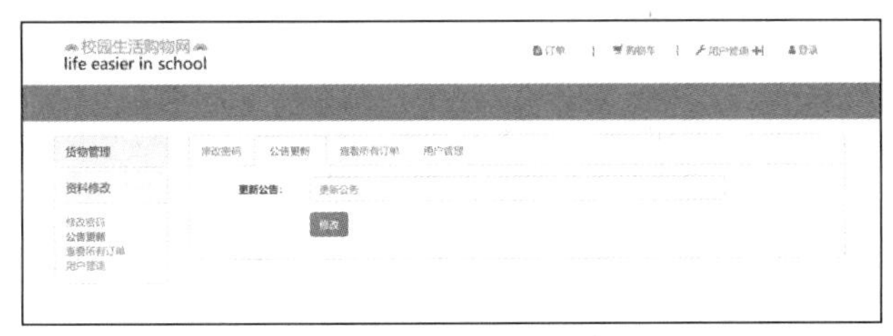

图 15-27　管理员更新公告

图 15-28　管理员管理用户

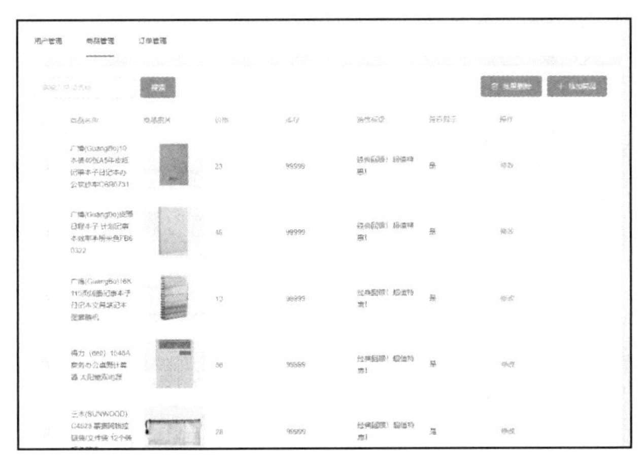

图 15-29　管理员管理商品

管理员可以添加商品，管理员添加商品如图 15-30 所示。

图 15-30　管理员添加商品

对商品的新增、修改、删除所涉及的主要数据库操作代码如下。

```
//新增商品
insert into 'tedu_store'. 't_goods' (
    'id',    'category_id',   'item_type', 'title', 'sell_point', 'price', 'num',
'image', 'status', 'priority',
    'created_time', 'modified_time', 'created_user', 'modified_user')
values
    (
          '100000460', '1', '类型名称', '戴尔 Dell 燃 700R1605 经典版银色', '经典回顾！超值特
惠！', '200','200', '/images/portal/21ThinkPad_New_S1/', '1', null, '2023-10-23
17:56:42',
'2023-10-23 17:56:42',null, null);

//修改商品
update 'tedu_store'. 't_goods'
set 'id' = '100000460',
 'category_id' = '1',
 'item_type' = '经典笔记本',
 'title' = '戴尔 Dell 燃 700R1605 经典版银色',
 'sell_point' = '经典回顾！超值特惠！',
 'price' = '2000',
 'num' = '200',
 'image' = '/images/portal/21ThinkPad_New_S1/',
 'status' = '1',
 'priority' = null,
 'created_time' = '2023-10-23 17:56:42',
 'modified_time' = '2023-10-23 18:08:12',
 'created_user' = null,
 'modified_user' = null
where
    ('id' = '100000460');

//删除商品，更新状态为删除
update t_goods set status=3 where (id in (100000451))
```

管理员可以对订单进行管理，可以按用户名查找订单，也可以对订单进行修改，管理员管理订单如图 15-31 所示。

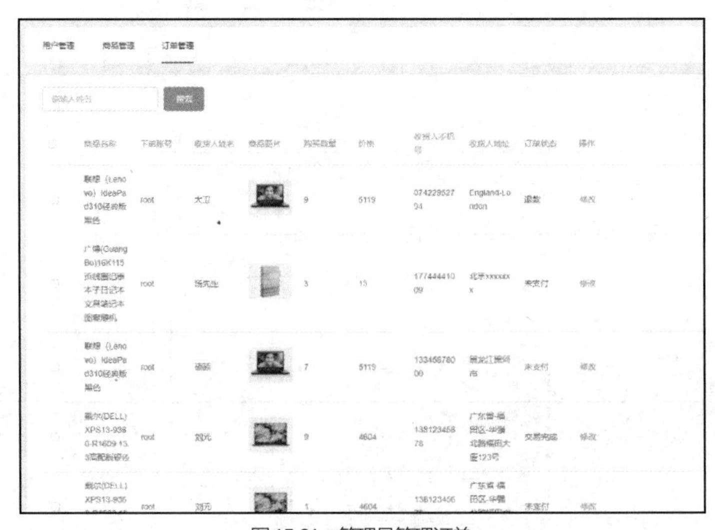

图 15-31　管理员管理订单

按用户名查看订单时，在搜索框内输入用户名，可查询该用户以往所有的下单记录，管理员按用户名查看订单如图 15-32 所示。

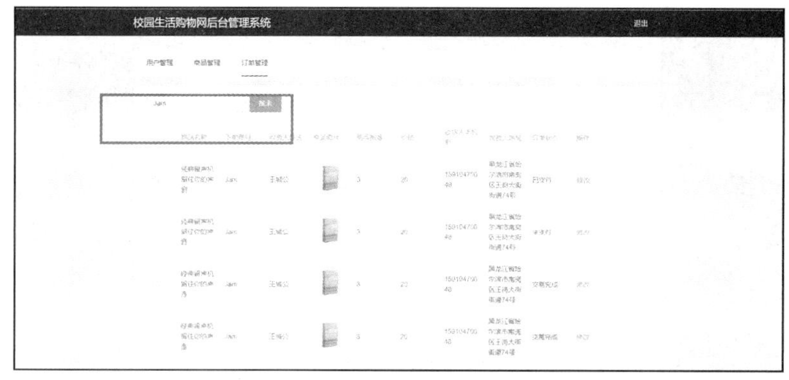

图 15-32 管理员按用户名查看订单

相应的代码如下。

```
@GetMapping("page")
@SaCheckLogin
@ApiOperation(value = "订单列表")
public Result<IPage<OrderPageVO>> page(String userName, Integer pageNum, Integer
size ) {
     if(pageNum ==null){
          pageNum = 1;
     }
     IPage<OrderPageVO> page = iOrderService.page(userName, pageNum, size);
     return Result.success(page);
}
   // 调用方法
 @Override
public IPage<OrderPageVO> page(String userName, Integer pageNum, Integer size) {
 // 查询当前用户名
    List<Integer> userIds = userService.likeUserName(userName);
    QueryWrapper<Order> queryWrapper = new QueryWrapper<>();
    if(StrUtil.isNotBlank(userName)){
         if(CollectionUtil.isNotEmpty(userIds)){
              queryWrapper.lambda().in(Order::getUid, userIds);
         }else{
              return new Page<>(pageNum, size);
         }
    }
    IPage<Order> page = new Page<>(pageNum, size);
    //  执行 SQL 语句
      SELECT uid,modified_time,role,salt,modified_user,gender,is_delete,avatar,
password,school,phone,studentsnumber,created_time,email,created_user,username  FROM
t_user where
(username LIKE ?)
    page = page(page, queryWrapper);
    IPage<OrderPageVO> convert = page.convert(order -> {
        OrderInfoVO info = info(order.getOid());
        OrderPageVO pageVO = BeanUtil.transform(OrderPageVO.class, info);
        pageVO.setImages(iGoodsService.getBigImageByToken(info.getImage()));
        return pageVO;
    });
    return convert;
}
```

本章小结

本章介绍了校园生活购物系统的开发过程，主要涉及需求分析、系统功能分析与开发环境搭建、系统数据库设计、系统详细设计等主要内容。希望本章的开发实例能够帮助读者理解和掌握数据库在实际开发环境中的应用，并了解项目开发的基本流程，在实际项目开发中体会并运用所学知识。

习　题

选择题

1-1　数据库在应用开发中的主要作用是（　　）。

A. 存储和管理数据　　B. 控制用户访问权限

B. 实现前端页面的交互　　D. 设计系统的用户页面

1-2　在数据库设计中，（　　）是应该最先进行的。

A. 数据库优化　　B. 数据库规范化　　C. 数据库实施　　D. 数据库需求分析

1-3　概念结构设计主要关注（　　）。

A. 数据库的物理存储方式　　B. 数据库的用户页面设计

C. 数据库的逻辑结构和数据模型　　D. 数据库的查询优化

1-4　逻辑结构设计中的关键任务之一是（　　）。

A. 确定数据库的物理存储方式　　B. 设计数据库的用户页面

C. 定义数据库的逻辑结构和数据模型　　D. 优化数据库的查询性能

1-5　在数据库设计中，（　　）的概念被用于描述实体的唯一标识符。

A. 表　　B. 列　　C. 主键　　D. 外键